U0662218

JICHUANG DIANQI KONGZHI
YU PLC YINGYONG

机床电气控制与PLC应用

廖晓梅　江永富　主编

中国电力出版社
CHINA ELECTRIC POWER PRESS

内 容 提 要

本书以典型机床的PLC改造实例为主线，采用图文并茂的形式，由浅入深地介绍了继电器—接触器控制电路、PLC指令及控制方法。以FX2N系列PLC为典型机型，从典型应用案例出发，讲述PLC的原理和主要常规应用。同时重点讲述了将机床的传统继电器—接触器控制系统改造为PLC控制系统的设计理念和设计方法。

本书包括四大部分，第一部分重点讲述了继电器—接触器控制系统的特点及应用；第二部分以三菱FX2N系列PLC为例，对PLC的由来、发展、构成、工作原理及其接线做了详细说明，并对其编程元件、基本指令、步进指令、常见编程方法和机床电气控制中几种常用控制环节的PLC程序设计做了系统、详细的介绍，同时还列举了PLC的大量实例；第三部分重点讲述了几种常用机床的结构、运动形式、故障分析与维修以及如何将原有的继电器—接触器控制系统改造为PLC控制系统；第四部分安排了与理论知识相呼应的实验内容，加强理论与实践的结合。

本书适用于职业院校、本科院校相关专业的教学，也可供技术培训及在职技术人员、广大初中级电工自学者使用。

图书在版编目(CIP)数据

机床电气控制与PLC应用/廖晓梅，江永富主编. —北京：中国电力出版社，2013.8（2023.1重印）

ISBN 978-7-5123-4622-2/01

Ⅰ.①机… Ⅱ.①廖… ②江… Ⅲ.①机床-电气控制 ②plc技术 Ⅳ.①TG502.35②TM571.6

中国版本图书馆CIP数据核字(2013)第143541号

中国电力出版社出版、发行
（北京市东城区北京站西街19号　100005　http://www.cepp.sgcc.com.cn）
北京雁林吉兆印刷有限公司印刷
各地新华书店经售

*

2013年8月第一版　　2023年1月北京第五次印刷
787毫米×1092毫米　16开本　20印张　490千字
定价**56.00**元

版 权 专 有　侵 权 必 究

本书如有印装质量问题，我社营销中心负责退换

前　言

普通机床的电气控制是采用传统的继电器—接触器实现控制的，随着科学技术的发展和自动化程度要求的提高，PLC 应用技术越来越广泛应用于机床领域。PLC（也称可编程控制器）是在传统的继电器—接触器控制基础上发展起来的，它是以微机技术为核心的通用工业控制装置，是集计算机技术、自动控制技术和通信技术的高新技术产品。其具有功能完备、可靠性高、使用灵活方便等优点。

机床电气控制与 PLC 控制技术是综合了机床设备、电气控制和 PLC 应用技术的一门新兴科学，是实现机械加工、工业生产、科学研究以及其他各个领域自动化的重要技术之一，它是“机械设计制造及其自动化”、“机械电子工程”、“电气工程及其自动化”、“自动化”等专业的一门重要的新专业课，应用特别广泛。该新兴技术教学的目的无疑就是使学生掌握典型机床加工设备的机械结构组成、生产工艺过程、对电气控制的要求以及传统机床设备电气控制特点，并了解传统机电技术上的落后，从而采用先进的 PLC 技术加以改造和研发创新；这是一门工学结合、学用一致、理论紧密联系生产实际、能有效培养学生分析和解决生产实际问题的工程实践创新能力和综合素质的应用技术。

本书由企业的高级工程师及高校教师共同编写，以典型机床的 PLC 改造实例为主线，采用图文并茂的形式，由浅入深地介绍了继电器—控制器电路、三菱 FX 系列 PLC 指令及控制方法。以三菱 FX2N 系列 PLC 为典型机型，从典型应用案例出发，讲述 PLC 的原理和主要常规应用。同时重点讲述了将机床的传统继电器—接触器控制系统改造为 PLC 控制系统的设计理念和设计方法。

本书包括四大部分，第一部分重点讲述了继电器—接触器控制系统的特点及应用；第二部分以三菱 FX2N 系列 PLC 为例，对 PLC 的由来、发展、构成、工作原理及其接线做了详细说明，并对其编程元件、基本指令、步进指令、常见编程方法和机床电气控制中几种常用控制环节的 PLC 程序设计做了系统、详细的介绍，同时还列举了大量实例；第三部分重点讲述了几种常用机床的结构、运动形式、故障分析与维修以及如何将原有的继电器—接触器控制系统改造为 PLC 控制系统；第四部分安排了与理论知识相呼应的实验内容，加强理论与实践的结合。

本书案例较多，主要是作者设计并调试好后供客户现场使用的。读者通过本书的学习，可以尽快、全面地掌握电气控制和 PLC 应用技术。本书适用于职业院校、本科院校相关专业的教学，也可供技术培训及在职技术人员、广大初中级电工自学者使用。

本书参考学时数为56学时，其中，理论教学为48学时，实验教学为8学时。另外，各院校还可根据需要安排1～2周综合性设计训练。

本书由桂林电子科技大学信息科技学院廖晓梅、中国化工集团桂林橡胶机械厂高级工程师江永富担任主编，其中绪论和附录由江永富编写，其余章节由廖晓梅编写。同时，郭振军、于新业、朱剑芳、莫荣在本书的编写过程中也付出了辛勤的劳动，在此表示感谢。

在编写过程中，三菱（上海）自动化公司以及桂林电子科技大学信息科技学院机电工程系的老师对于本书的编写给予了支持和帮助。在此，向他们致以诚挚的谢意。

由于编者水平有限，时间比较仓促，书中难免有错误和不妥之处，恳请使用本书的广大读者给予批评指正。

作　者

目　录

第二部分　PLC可编程控制技术

第三部分　典型机床的电气与 PLC 控制

第四部分　实　　验

绪 论

机床的电气控制系统已经成为现代机床不可缺少的重要组成部分。在电气自动控制方面，现代化机床综合应用了许多先进科学技术成果。

一、电气自动控制在现代机床中的地位和作用

现代机床由工作机构、传动机构、原动机构和自动控制系统四个部分组成。

所谓自动控制是指在没有人直接参与或仅有少量人力参与的情况下，利用自动控制系统，使被控对象或生产过程自动地按预定的规律去进行工作。如机床按规定的程序自动地启动和停车；机床按照可编程控制器中预先编制的程序，实现各种自动加工循环；数控机床按照计算机发出的程序指令，自动按预定的轨迹加工等。所有这些都是电气自动控制的应用。

实现自动控制的手段是多种多样的，可用电气的方法实现，也可用机械、液压、气动等方法实现。由于现代化的金属切削机床均采用交流电动机或直流电动机作为原动机，因而电气自动控制是现代机床的主要控制手段。即使采用其他控制方法，一般也离不开电气自动控制的配合。电气自动控制化程度越高，机床的加工性能、质量、效率就越高。

机床电气自动控制的方法同样也适用于其他机械设备及生产过程。现代机床在电气自动控制方面综合应用了许多先进的科学技术成果，如计算机技术、电子技术、传感技术、伺服驱动技术，使机床的自动化程度、加工效率、加工精度、可靠性不断提高，同时扩大了工艺范围，缩短了新产品的试制周期，在加速产品更新换代、降低成本和减轻工人劳动强度诸方面起到了重要作用。

现代生产技术和生产力的高速发展，要求机器具有更高的精度、更高的效率、更多的品种、更高的自动化程度及可靠性。科学技术特别是微电子技术的高速发展为电气控制的进步创造了良好的条件，现代机床在电气自动控制方面综合应用了许多先进科学技术成果，如计算技术、电子技术、传感技术、伺服驱动技术。特别是价廉可靠的微机在机床行业的广泛应用，使机床的自动化程度、加工效率、加工精度、可靠性不断提高，同时对扩大工艺范围，缩短新产品的试制周期，加速产品更新换代，降低成本和减轻工人劳动强度起到重要作用。近年来出现的各种机电一体化产品、数控机床、机器人、柔性制造单元及系统等均是电气自动控制现代化的硕果。

可见电气自动控制对于现代机床的发展有极其重要的作用，机械制造专业的学生以及从事机械设计和制造的工程技术人员都必须掌握机床电气自动控制的理论和方法。

二、机床电气控制技术的发展概况

机床经过一百多年的发展，结构不断改进，性能不断提高，在很大程度上取决于电气拖动与电气控制系统的更新。电气拖动在速度调节方面具有无可比拟的优越性和发展前途。采用直流或交流无级调速电动机驱动机床，使结构复杂的变速箱变得十分简单，简化了机床结构，提高了效率和刚度，也提高了精度。近年研究成功的电动机一主轴部件，将交流电动机转子直接安装在主轴上，使其振动和噪声均较小，它完全代替了主轴变速齿轮箱，对机床传动与结构将产生变革性影响。

1. 电气拖动的发展

电气控制与电气拖动有着密切关系。20 世纪初，由于电动机的出现，使得机床的拖动发生了变革，用电动机代替蒸汽机，机床的电气拖动随电动机的发展而发展。

（1）单电动机拖动。一台电机拖动一台机床，较之成组拖动简化了传动机构、缩短了传动线、提高了传动效率，至今中小型通用机床仍有采用单台电动机拖动的。

（2）多电动机拖动。由于生产的发展，机床的运动增多、要求提高，出现了采用多台电动机驱动一台机床的拖动方式。采用了多电动机拖动以后，不但简化了机械结构，提高了传动效率，而且易于实现各运动部件的自动化。多电动机拖动是现代机床最基本的拖动方式。

（3）交、直流无级调速。电气无级调速具有可灵活选择最佳切削速度和极大简化机械传动结构的优点。由于直流电动机具有良好的启动、制动和调速性能，可以很方便地在宽范围内实现平滑无级调速，所以 20 世纪 30 年代以后直流调速系统在重型和精密机床上得到广泛应用。20 世纪 60 年代以后，由于大功率晶闸管的问世，大功率整流技术和大功率晶体管的发展，晶闸管直流电动机无级调速系统取代了直流电动机—直流电动机、电磁放大机等直流调速系统，采用脉宽调制的直流调速系统也获得广泛应用。20 世纪 80 年代以后，由于半导体变流技术的发展，使得交流电动机调速系统有突破性进展。交流调速有许多优点，单机容量和转速可大大高于直流电动机。无电刷交流电动机易于维护，可靠性高，可用于带腐蚀性、易爆性、含尘气体等特殊环境中。与直流电动机相比，交流电动机还具有体积小，质量轻、制造简单、坚固耐用等优点。交流调速已突破关键性技术，是近年来新兴的控制技术，它能使交流调速的优越调速性能。交流变频调速器、矢量控制微量伺服单元及交流伺服电动机已日益广泛地应用于工业中。交流调速发展必将对机床产生深远影响，必须引起充分重视。

2. 电气控制系统的发展

电气拖动的控制方式经历了一个从低级到高级的发展过程。它由继电器、接触器、按钮、行程开关等组成，最初采用手动控制。最早的自动控制是 20 世纪～30 年代出现的继电器—接触器控制，它可以实现对机床启动、停车、调速、自动循环以及保护等控制。继电器—接触器控制系统的优点是结构简单、维护方便、抗干扰性强、价格低，因此在机床控制上得到长期、广泛的应用。它的缺点是体积大、功耗大、控制速度慢、改变控制程序困难，由于是有触点控制，在控制复杂时可靠性较低。目前，在我国继电器—接触器控制仍然是机床和其他机械设备最基本的电气控制形式之一。

在实际生产中，由于大量存在用开关量控制的简单的程序控制过程，而实际生产工艺和流程又是经常变化的，因而传统的继电器接触式控制系统不能满足这种要求，因此曾出现了继电器—接触器控制和电子技术相结合的控制装置，叫做顺序控制器。它是继电器和半导体元件综合应用的控制装置，具有程序改变容易、通用性较强等优点，广泛用于组合机床、自动线上。随着计算机技术的发展，它能够根据生产的需要改变控制程序，而又远比电子计算机结构简单，价格低廉，通过组合逻辑元件插接或编程来实现继电器接触控制。但它的装置体积大，功能也受到一定限制。随着大规模集成电路和微处理机技术的发展及应用，上述控制技术也发生了根本性的变化，在 20 世纪 70 年代将计算机的存储技术引入顺序控制器，又出现了以微型计算机为基础的具有编程、存储、逻辑控制及数字运算功能的可编程控制器(Programmable Logic Controller，PLC)。PLC 的设计以工业控制为目标，因而具有功率级输出、接线简单、通用性强，编程容易、抗干扰性强、工作可靠等一系列优点。它一问世即以强大的生命力，大面积地占领了传统的控制领域。PLC 的发展方向是微型、简易、价廉，以图取代传统的继电器控制；而它的另一个发展方向是大容量、高速、高性能、对大规模复杂控制系统能进行综合控制。

数字控制是机床电气控制发展的另外一个重要方面。数控机床是数控技术用于机床的产物。它是 20 世纪 50 年代初，为适应中小批机械加工自动化的需要，应用电子技术、计算技术、现代控制理论、精密测量技术、伺服驱动技术等现代科学技术的成果。数控机床既有专用机床生产效率高的优点，又有通用机床工艺范围广、使用灵活的特点，并且还具有能自动加工复杂成型表面，精度高的优点。数控机床集高效率、高精度、高柔性于一身，成为当今机床自动化的理想形式。

数控机床的控制系统，最初是由硬件逻辑电路组成的专用数控装置 NC，它的灵活性差，可靠性不够。随着价格低廉工作可靠的微型计算机的发展，数控机床的控制系统无疑已为微机控制所取代，成为 CNC 或 MNC 系统。

加工中心机床是工序高度集中的数控机床，其显著特征是具有刀库和换刀机械手。在加工中心机床上，工件可以通过一次装夹完成全部加工。

从现代控制理论中的“最优控制理论”出发，研制了自适应数控机床（AC）。它能自动适应毛坯裕量变化、硬度不均匀、刀具磨损等随机因素的变化，使刀具具有最佳的切削用量，从而始终保证有高的生产率和加工质量。

为了发挥计算机运算速度快的能力，可由一台计算机控制多台数控机床，它称为计算机群控系统 DNC，又称为“直接数控系统”。

20 世纪 90 年代以后，“直接数控系统”在不断消退，而由制造系统取而代之。

顺应生产的发展，由单个机床的自动化发展为生产过程的综合自动化。柔性制造系统 FMS 是由一中心计算机控制的机械加工自动线，是数控机床、工业机器人、自动搬运车、自动化检测、自动化仓库组成的技术产物。加工计算机辅助设计 CAD、计算机辅助制造 CAM、计算机辅助质量检测 CAQ 及计算机信息管理系统将构成计算机集成制造系统 CIMS。它是当前机械加工自动化发展的最高形式。机床电气自动化的水平在电气控制技术迅速发展的进程中将被不断推向新的高峰。

第一部分

继电器—接触器控制系统

继电器—接触器控制系统主要由继电器、接触器、按钮、行程开关等组成。由于其控制方式是断续的，故称为断续控制系统。它具有控制简单、方便实用、价格低廉、易于维护、抗干扰能力强、接线方式固定等优点。同时又具有灵活性差、工作频率低、触点易损坏、可靠性差、难以适应复杂和程序可变的控制对象需要等缺点。由于继电器—接触器控制系统是许多生产机械设备广泛采用的基本电气控制形式，所以它也是学习更先进电气控制系统的基础。

第一章　常用机床低压电器

本章主要内容　了解常用低压电器的概念、分类、结构及特点；熟悉常用低压电器的工作原理、作用、符号（文字和图形）。

机床电器分类虽多，种类虽广，但不外乎两大基本类别：一是机床拖动的动力源—电动机，例如直流电动机、三相交流笼型异步电动机、三相交流绕线转子异步电动机等；二是控制这些电动机运转的各种控制电器元件，例如接触器、继电器、按钮等。本章主要介绍机床各种控制电器元件的基本知识，并以国际电工委员会制定的标准及我国新颁布的电气技术国家标准为依据，给出各种常用电器元件在电路中的图形符号及文字符号。

第一节　低压电器概述

低压电器是指使用在交流额定电压1200V、直流额定电压1500V及以下的电路中，根据外界施加的信号和要求，通过手动或自动方式，断续或连续地改变电路参数，以实现对电路或非电对象的切换、控制、检测、保护、变换和调节的电器。

低压电器广泛应用在工业、农业、交通、国防以及人们日常生活中，低压供电的输送、分配和保护是依靠刀开关、自动开关以及熔断器等低压电器来实现的。而低压电器的使用则是将电能转换为其他能量，其过程中的控制、调节和保护都是依靠各类接触器和继电器等低压电器来完成的。无论是低压供电系统还是控制生产过程的电力拖动控制系统均是由用途不同的各类低压电器所组成。

第二节　低压电器的分类

低压电器的种类繁多，按其结构、用途及所控制的对象不同，可以有不同的分类方式，常用的有以下三种分类方式。

一、按用途和控制对象不同，可将低压电器分为配电电器和控制电器

1. 用于低压电力网的配电电器

这类电器包括刀开关、转换开关、空气断路器和熔断器等。对配电电器的主要技术要求是断流能力强、限流效果在系统发生故障时保护动作准确，工作可靠；有足够的热稳定性和动稳定性。

2. 用于电力拖动及自动控制系统的控制电器

这类电器包括接触器、起动器和各种控制继电器等。对控制电器的主要技术要求是操作频率高、寿命长，有相应的转换能力。

二、按操作方式不同，可将低压电器分为自动电器和手动电器

1. 自动电器

通过电磁（或压缩空气）操作来完成接通、分断、起动、反向和停止等动作的电器称为自动电器。常用的自动电器有接触器、继电器等。

2. 手动电器

通过人力直接操作来完成接通、分断、起动、反向和停止等动作的电器称为手动电器。常用的手动电器有刀开关、转换开关和主令电器等。

三、按工作原理可分为非电量控制电器和电磁式电器

1. 非电量控制电器

电器的工作是靠外力或某种非电物理量的变化而动作的电器，如行程开关、按钮、速度继电器、压力继电器和温度继电器等。

2. 电磁式电器

根据电磁感应原理工作的电器，如接触器、各类电磁式继电器等。电磁式电器在低压电器中占有十分重要的地位，在电气控制系统中应用最为普遍。

另外，低压电器按工作条件还可划分为一般工业电器、船用电器、化工电器、矿用电器、牵引电器及航空电器等几类，对不同类型低压电器防护型式，其耐潮湿、耐腐蚀、抗冲击等性能的要求也不同。现以电磁式低压电器为例讲解。

电磁式低压电器一般都具有两个基本组成结构，即检测部分和执行部分。检测部分接受外界输入信号，通过转换、放大与判断做出一定的反应，使执行部分动作，输出相应的指令，实现控制的目的。对于有触点的电磁式电器，检测部分是电磁机构，执行部分是触头系统。

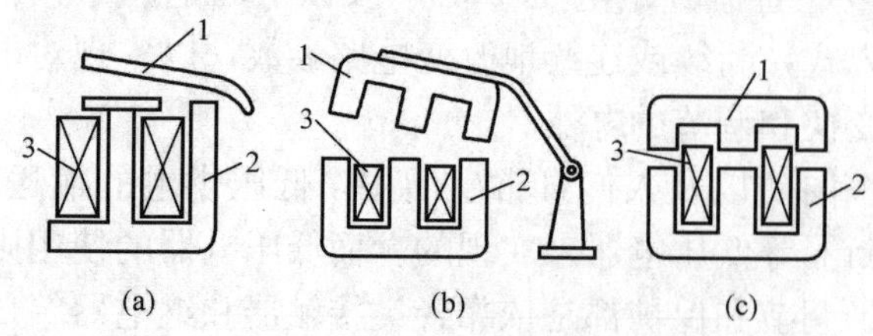

图 1-1　常见的电磁机构

(a)、(c) 直动式；(b) 拍合式

1—衔铁；2—铁心；3—吸引线圈

（1）机构。电磁机构由吸引线圈、铁心和衔铁组成，其结构形式按衔铁的运动方式可分为直动式和拍合式。图 1-1 是直动式和拍合式电磁机构的常用结构形式。

吸引线圈的作用是将电能转换为磁能，即产生磁通，衔铁在电磁吸力作用下产生机械位移使铁心吸合。根据线圈在电路中的连接方式可分为串联线圈（即电流线圈）和并联线圈（即电压线圈）。串联（电流）线圈串接在线路中，流过的电流大，为减少对电路的影响，线圈的导线粗，匝数少，线圈的阻抗较小。并联（电压）线圈并联在线路上，为减少分流作用，降低对原电路的影响，需要较大的阻抗，因此线圈的导线细且匝数多。

1）直流电磁铁和交流电磁铁。根据吸引线圈所通电流性质的不同，电磁铁可分为直流电磁铁和交流电磁铁。

直流电磁铁由于通入的是直流电，其铁心不发热，只有线圈发热，因此，线圈与铁心接触利于散热，并将线圈做成无骨架、高而薄的瘦高型，以改善线圈自身散热。铁心和衔铁由软钢和工程纯铁制成。

交流电磁铁由于通入的是交流电，铁心中存在磁滞损耗和涡流损耗，这样线圈和铁心都发热，所以交流电磁铁的吸引线圈设有骨架，使铁心与线圈隔离，并将线圈制成短而厚的矮胖型，这样做有利于铁心和线圈的散热。铁心用硅钢片叠加而成，以减小涡流损耗。

电磁铁工作时，线圈产生的磁通作用于衔铁，产生电磁吸力，并使衔铁产生机械位移。衔铁在复位弹簧的作用下复位，衔铁回到原位。因此，作用在衔铁上的力有两个，即电磁吸力和反力。电磁吸力由电磁机构产生，反力则由复位弹簧和触头弹簧所产生。铁心吸合时要求电磁吸力大于反力，即衔铁位移的方向与电磁吸力方向相同；衔铁复位时要求反力大于电磁吸力。直流电磁铁的电磁吸力公式为

$$F = 4B^2 S \times 10^5 \tag{1-1}$$

式中　F——电磁吸力，N；

　　B——气隙磁感应强度，T；

　　S——磁极截面积，m^2。

由上式知：当线圈中通以直流电时，B 不变，F 为恒值。当线圈中通以交流电时，磁感应强度为交变量，即

$$B = B_m \sin\omega t \tag{1-2}$$

由式（1-1）和式（1-2）可得：

$$\begin{aligned} F &= 4B^2 S \times 10^5 \\ &= 4S \times 10^5 {B_m}^2 \sin^2\omega t \\ &= 2B_m^2 S(1-\cos^2\omega t) \times 10^5 \\ &= 2B_m^2 S \times 10^5 - 2B_m^2 S \times 10^5 \cos^2\omega t \end{aligned} \tag{1-3}$$

由式（1-3）可知，交流电磁铁的电磁吸力在 0（最小值）～F_m（最大值）之间变化，其吸力曲线如图 1-2 所示。在一个周期内，当电磁吸力的瞬时值大于反力时，铁心吸合；当电磁吸力的瞬时值小于反力时，铁心释放。所以电源电压变化一个周期，电磁铁吸合两次、释放两次，使电磁机构产生剧烈的振动和噪声，因而不能正常工作。

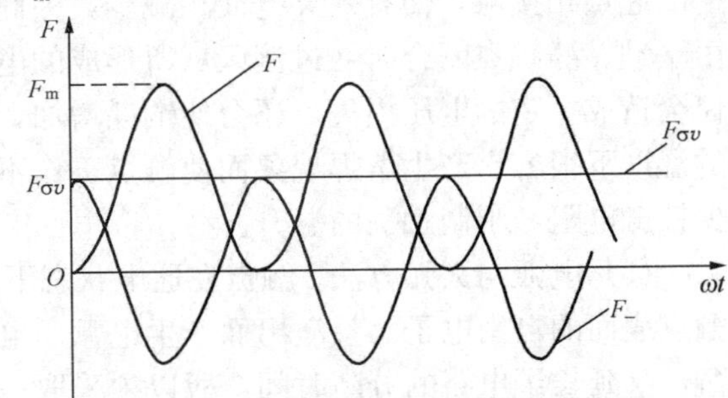

图 1-2　交流电磁铁吸力变化情况

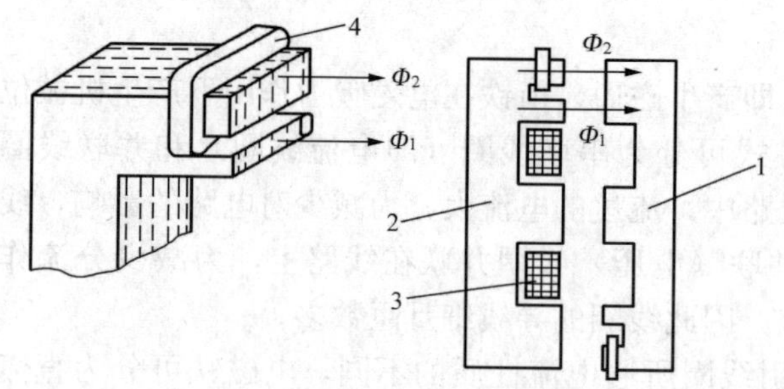

图 1-3　交流电磁铁的短路环

1—衔铁；2—铁心；3—线圈；4—短路环

2）短路环的作用。为了消除交流电磁铁产生的振动和噪声，在铁心的端面开一小槽，在槽内嵌入铜制短路环，如图 1-3 所示。加上短路环后，磁通被分成大小相近、相位相差约 90°电角度的两相磁通 Φ_1 和 Φ_2，因此两相磁通不会同时为零。由于电磁吸力与磁通的平方成正比，所以由两相磁通产生的合成电磁吸力较为平坦，在电磁铁通电期间电磁吸力始终大于反力，使铁心牢牢吸合，这样就消除了振动和噪声。

（2）触头系统。触头是电磁式电器的执行部分，电器就是通过触头的动作来分合被控制的电路。触头在闭合状态下动、静触点完全接触，并有工作电流通过时，称为电接触。电接触的情况将影响触头的工作可靠性和使用寿命。影响电接触工作情况的主要因素是触头的接触电阻，接触电阻大时，易使触头发热而温度升高，从而易使触头产生熔焊现象，这样既影响工作可靠性又降低了触头的寿命。触头的接触电阻不仅与触头的接触形式有关，而且还与接触压力、触头材料及表面状况有关。

触头主要有两种结构型式：桥式触头和指形触头。如图 1-4 所示。

触点的接触形式有点接触、线接触和面接触三种，如图 1-5 所示。

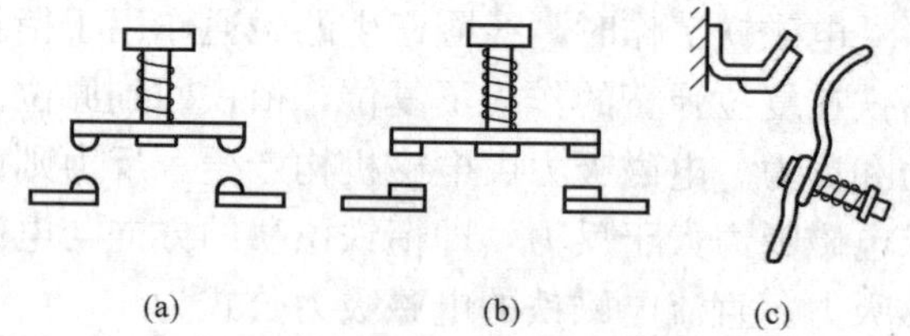

图 1-4　触头的结构形式

（a）、（b）桥式触头；（c）指形触头

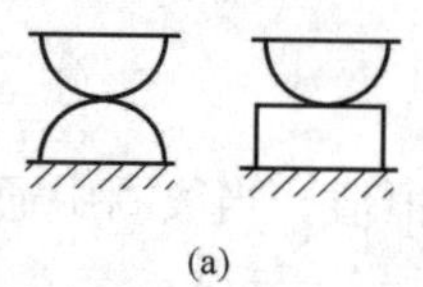

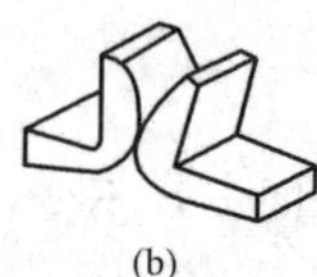

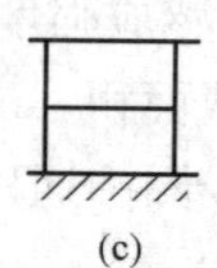

图 1-5　触点的接触形式

（a）点接触；（b）线接触；（c）面接触

当动、静触点闭合后，不可能是全部紧密地接触，从微观上来看，只是在一些突出的凸起点存在着有效接触，从而造成了从一个导体到另外一个导体的过渡区域。在过渡区域里，电流只通过一些相接触的凸起点，因而使这个区域的电流密度大大增加。另外，由于只是一些凸起点相接触，使有效导电面积减少，因此该区域的电阻远远大于金属导体的电阻。这种由于动、静触点闭合时在过渡区域所形成的电阻，称为接触电阻。由于接触电阻的存在，不仅会造成一定的电压损失，还会使铜耗增加，造成触点温升超过允许值。这样，触点在较高的温度下很容易产生熔焊现象而使触点工作不可靠，因此，在实际中，应采取相应措施来减少接触电阻，限制触头的温升。

（3）电弧与灭弧方法。触点在通电状态下动、静触点脱离接触时，由于电场的存在，使触点表面的自由电子大量溢出而产生电弧。电弧的存在既烧损触点金属表面，降低电器的寿命，又延长了电路的分断时间，所以须采取一定的措施使电弧迅速熄灭。

常用的灭弧方法有增大电弧长度、冷却弧柱、把电弧分成若干短弧等。灭弧装置就是根据这些原理设计的。

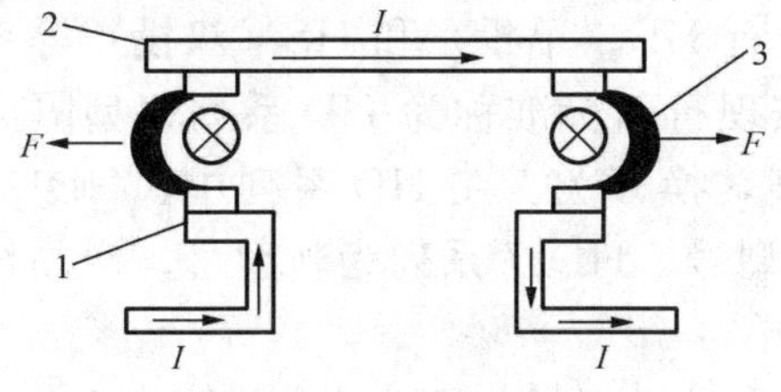

图 1-6　电动力灭弧示意图

1—静触头；2—动触头；3—电弧

1）电动力吹弧。电动力吹弧如图 1-6 所示。桥式触点在分断时本身就具有电动力吹弧功能，不用任何附加装置，便可使电弧迅速熄灭。这种灭弧方法多用于小容量交流接触器中。

2）磁吹灭弧。在触点电路中串入吹弧线圈，如图 1-7 所示。该线圈产生的磁场由导磁夹板引向触点周围，其方向由右手定则确定（为图 1-7 中×所示）。触点间的电弧所产生的磁场，其方向为⊙所示。这两个磁场在电弧下方方向相同（叠加），在弧柱上方方向相反（相减），所以弧柱下方的磁场强于上方的磁场。在下方磁场作用下，电弧受力的方向为 F 所指的方向，在 F 的作用下，电弧被吹离触点，经引弧角引进灭弧罩，使电弧熄灭。

3）栅片灭弧。灭弧栅是一组薄铜片，它们彼此间相互绝缘，如图 1-8 所示。当电弧进入栅片被分割成一段段串联的短弧，而栅片就是这些短弧的电极。每两片灭弧片之间都有 150～250V 的绝缘强度，使整个灭弧栅的绝缘强度大大加强，以致外加电压无法维持，电弧迅速熄灭。此外，栅片还能吸收电弧热量，使电弧迅速冷却。基于上述原因，电弧进入栅片后就会很快熄灭。由于栅片灭弧装置的灭弧效果在交流时要比直流时强得多，因此在交流电器中常采用栅片灭弧。

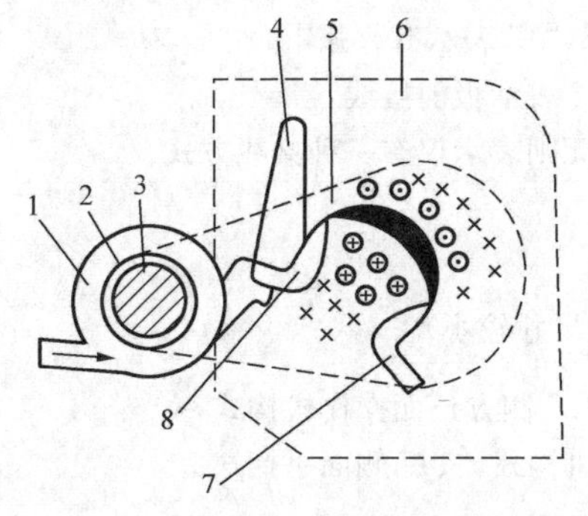

图 1-7　磁吹灭弧示意图

1—磁吹线圈；2—绝缘套；3—铁心；4—引弧角；5—导磁夹板；6—灭弧罩；7—动触点；8—静触点

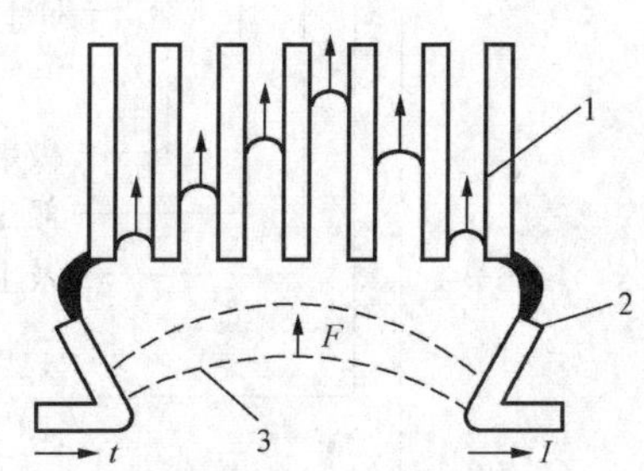

图 1-8　栅片灭弧示意图

1—灭弧栅片；2—触点；3—电弧

第三节　刀　开　关

刀开关是低压配电电器中结构最简单、应用最广泛的电器，主要用在低压成套配电装置中，作为不频繁地手动接通和分断交直流电路或作隔离开关用。也可以用于不频繁地接通与分断额定电流以下的负载，如小型电动机等。

一、刀开关的结构

刀开关的典型结构如图 1-9 所示，它由手柄、触刀、静插座和底板组成。

刀开关按极数分为单极、双极和三极；按操作方式分为直接手柄操作式、杠杆操作机构式和电动操作机构式；按刀开关转换方向分为单投和双投等。

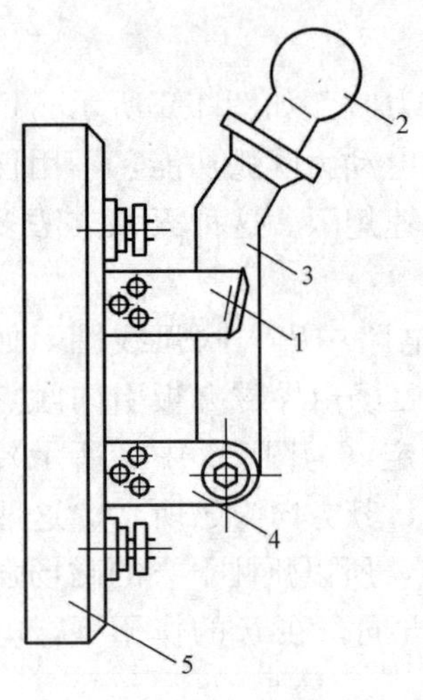

2
3
1
4
5

图 1-9　刀开关典型结构
1—静插座；2—手柄；3—触刀；4—铰链支座；5—绝缘底板

二、常用的刀开关

目前常用的刀开关型号有 HD（单投）和 HS（双投）等系列。其中 HD 系列刀开关按现行新标准称为 HD 系列刀型隔离器，而 HS 系列为双投刀型转换开关。在 HD 系列中，HD11、HD12、HD13、HD14 为老型号，HD17 系列为新型号，产品结构基本相同，功能相同。

HD 系列刀开关、HS 系列刀型转换开关，主要用于交流 380V、50Hz 电力网路中作电源隔离或电流转换之用，是电力网路中必不可少的电器元件，常用于各种低压配电柜、配电箱、照明箱中。当电源一接入首先是接刀开关，之后再接熔断器、断路器、接触器等其他电器元件，以满足各种配电柜、配电箱的功能要求。当其以下的电器元件或线路中出现故障，切断隔离电源就靠它来实现，以便对设备、电器元件的修理更换。HS 刀型转换开关，主要用于转换电源，即当一路电源不能供电，需要另一路电源供电时就由它来进行转换，当转换开关处于中间位置时，可以起隔离作用。

刀开关的型号及其含义如下：

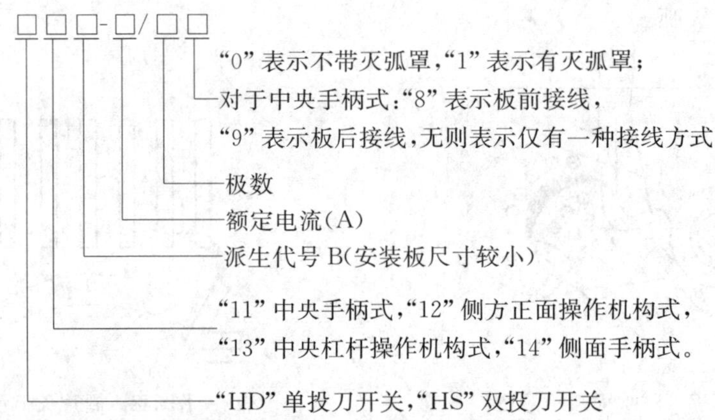

□□□-□/□□
“0” 表示不带灭弧罩，“1” 表示有灭弧罩；
对于中央手柄式：“8” 表示板前接线，
“9” 表示板后接线，无则表示仅有一种接线方式。
极数
额定电流（A）
派生代号 B（安装板尺寸较小）
“11” 中央手柄式，“12” 侧方正面操作机构式，
“13” 中央杠杆操作机构式，“14” 侧面手柄式。
“HD” 单投刀开关，“HS” 双投刀开关

HD17 系列刀开关的主要技术参数如表 1-1。

为了使用方便和减少体积，在刀开关上安装熔丝或熔断器，组成兼有通断电路和保护作用的开关电器，如胶盖刀开关、熔断器式刀开关等。

表 1-1　　HD17 系列刀开关的主要技术参数

额定电流（A）	通断能力（A）			在 AC380V 和 60% 额定电流时，刀开关的电气寿命（次）	电动稳定性电流峰值（kA）	1s 热稳定性电流（kA）
	AC 380V $\cos\varphi=0.72-0.8$	DC				
		220V	440V			
		$T=0.01-0.011$s				
200	200	200	100	1000	30	10
400	400	400	200	1000	40	20
600	600	600	300	500	50	25
1000	1000	1000	500	500	60	30
1500	—	—	—	—	80	40

三、胶盖刀开关

胶盖刀开关即开启式负荷开关，适用于交流 50Hz，额定电压单相 220V、三相 380V，额定电流至 100A 的电路中，作为不频繁地接通和分断有负载电路与小容量线路的短路保护之用。其中三极开关适当降低容量后，可作为小型感应电动机手动不频繁操作的直接起动及分断用。常用的有 HK1 和 HK2 系列。

胶盖刀开关的型号及其含义如下：

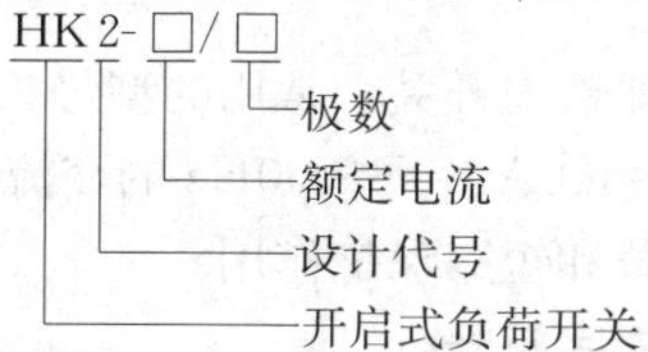

HK2 系列开启式负荷开关的主要技术参数如表 1-2。

表 1-2　　HK2 开启式负荷开关的主要技术参数

型号规格	额定电压(V)	极　数	额定电流(A)	型号规格	额定电压(V)	极　数	额定电流(A)
HK2-100/3	380	3	100	HK2-60/2	220	2	60
HK2-60/3	380	3	60	HK2-30/2	220	2	30
HK2-30/3	380	3	30	HK2-15/2	220	2	15
HK2-15/3	380	3	15	HK2-10/2	220	2	10

四、熔断器式刀开关

熔断器式刀开关即熔断器式隔离开关，是以熔断体或带有熔断体的载熔件作为动触点的一种隔离开关。常用的型号有 HR3、HR5、HR6 系列，主要用于额定电压 AC 660V（45～62Hz），额定发热电流至 630A 的具有高短路电流的配电电路和电动机电路中，作为电源开关、隔离开关、应急开关，并作为电路保护用，但一般不作为直接开关单台电动机之用。HR5、HR6 熔断器式隔离开关中的熔断器为 NT 型低压高分断型熔断器。NT 型熔断器是引进德国 AEG 公司制造技术生产的产品。

HR5、HR6 系列若配用有熔断撞击器的熔断体，当某极熔断体熔断，撞击器弹出使辅助开关发出信号，以实现断相保护。

熔断器式刀开关的型号及其含义如下：

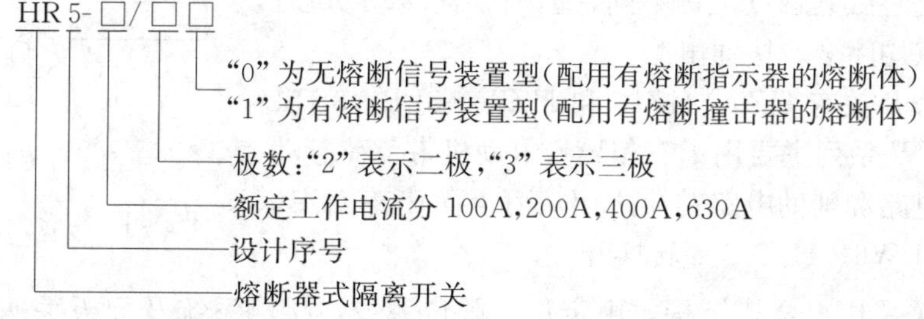

HR5 系列的主要技术参数及所配用的熔体如表 1-3。

表 1-3　**HR5 系列熔断器式隔离开关的主要技术参数**

额定工作电压（V）	380		660	
约定发热电流（A）	100	200	400	630
熔体电流值（A）	4～160	80～250	125～400	315～630
熔断体号	00	1	2	3

另外，还有封闭式负荷开关即铁壳开关，常用的型号为 HH3、HH4 系列，适用于额定工作电压 380V、额定工作电流至 400A、频率 50Hz 的交流电路中，可作为手动不频繁地接通、分断有负载的电路，并有过载和短路保护作用。

五、刀开关的选用及图形、文字符号

刀开关的额定电压应等于或大于电路额定电压。其额定电流应等于（在开启和通风良好的场合）或稍大于（在封闭的开关柜内或散热条件较差的工作场合，一般选 1.15 倍）电路工作电流。在开关柜内使用还应考虑操作方式，如杠杆操作机构、旋转式操作机构等。当用刀开关控制电动机时，其额定电流要大于电动机额定电流的 3 倍。

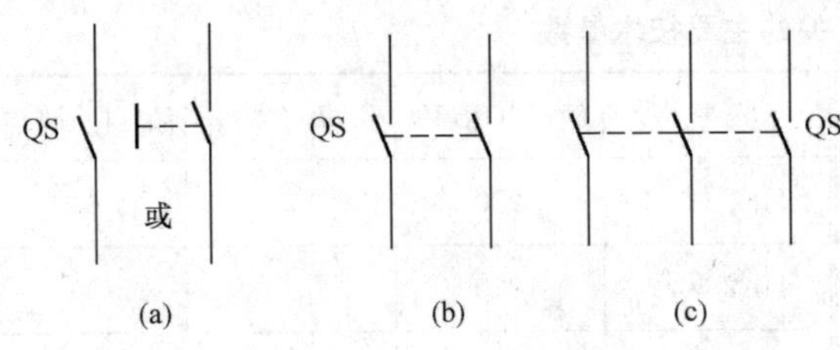

图 1-10　刀开关的图形符号及文字符号
（a）单极；（b）双极；（c）三极

刀开关的图形符号及文字符号如图 1-10 所示。

第四节　组　合　开　关

组合开关又称转换开关，也是一种刀开关。不过它的刀片（动触片）是转动式的，比刀开关轻巧而且组合性强，能组成各种不同的线路。

组合开关有单极、双极和三极之分，由若干个动触点及静触点分别装在数层绝缘件内组成，动触点随手柄旋转而变更其通断位置。顶盖部分是由滑板、凸轮、扭簧及手柄等零件构成操作机构。由于该机构采用了扭簧储能结构从而能快速闭合及分断开关，使开关闭合和分断的速度与手动操作无关，提高了产品的通断能力。其结构示意图如图 1-11 所示。由图可知，静止时虽然触点位置不同，但当手柄转动 90°时，三对动、静触点均闭合，接通电路。

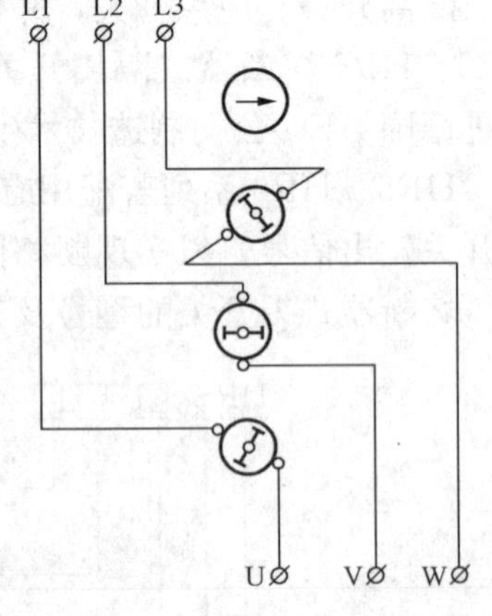

图 1-11　组合开关结构示意图

常用的组合开关有 HZ5、HZ10 和 HZW（3LB、3ST1）系列。其中 HZW 系列主要用于三相异步电动机带负荷起动、转向以及作主电路和辅助电路转换之用，可全面代替 HZ10、HZ12、LW5、LW6、HZ5-S 等转换开关。

HZW1 开关采用组合式结构，由定位、限位系统，接触系统及面板手柄等组成。接触系统采用桥式双断点结构。绝缘基座分为 1-10 节共 10 种，定位系统采用棘爪式结构，可获得 360°旋转范围内 90°、60°、45°、30°定位，相应实现 4 位、6 位、8 位、12 位的开关状态。

组合开关的型号及其含义如下：

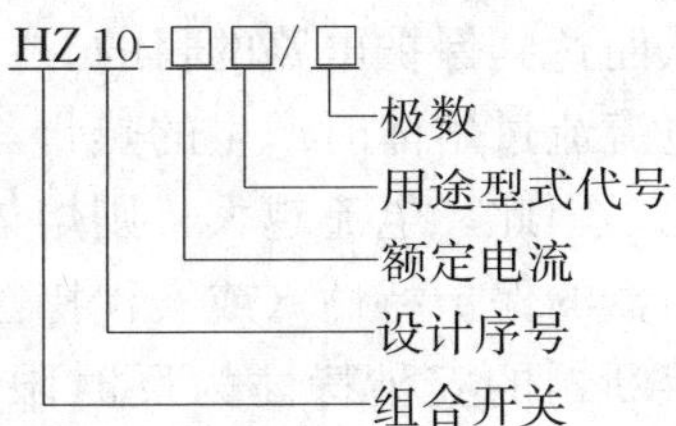

HZ10 系列组合开关的主要技术参数如表 1-4。

表 1-4　　HZ10 系列组合开关主要技术参数

<table>
<tr><th rowspan="2">型　号</th><th rowspan="2">用　途</th><th colspan="2">AC（A）</th><th colspan="2">DC（A）</th><th rowspan="2">次数</th></tr>
<tr><th>接通</th><th>断开</th><th>接通</th><th>断开</th></tr>
<tr><td>HZ10-10（1，2，3 极）</td><td rowspan="2">作配电电器用</td><td>10</td><td>10</td><td colspan="2">10</td><td>10 000</td></tr>
<tr><td>HZ10-25（2，3 极）</td><td>25</td><td>25</td><td colspan="2">25</td><td>15 000</td></tr>
<tr><td>HZ10-60（2，3 极）</td><td rowspan="3">作控制交流
电动机用</td><td>60</td><td>60</td><td colspan="2">60</td><td>5000</td></tr>
<tr><td>HZ10-10（3 极）</td><td>60</td><td>10</td><td colspan="2" rowspan="2"></td><td rowspan="2">500</td></tr>
<tr><td>HZ10-25（3 极）</td><td>150</td><td>25</td></tr>
</table>

组合开关的图形和文字符号如图 1-12 所示。

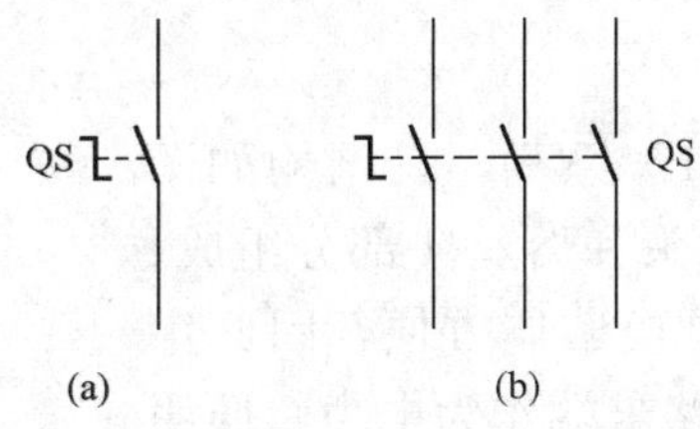

图 1-12　组合开关的图形和文字符号

（a）单极；（b）三极

第五节　熔　断　器

熔断器是一种广泛应用的简单有效的保护电器，在电路中用于过载与短路保护。具有结构简单、体积小、质量轻、使用维护方便、价格低廉等优点。熔断器的主体是低熔点金属丝或金属薄片制成的熔体，串联在被保护的电路中。在正常情况下，熔体相当于一根导线，当发生短路或过载时，电流很大，熔体因过热熔化而切断电路。

一、熔断器的结构和工作原理

熔断器主要由熔体（俗称保险丝）和安装熔体的熔管（或熔座）组成。熔体是熔断器的主要部分，其材料一般由熔点较低、电阻率较高的金属材料铝锑合金丝、铅锡合金丝和铜丝制成。熔管是装熔体的外壳，由陶瓷、绝缘钢纸或玻璃纤维制成，在熔体熔断时兼有灭弧作用。

熔断器的熔体与被保护的电路串联，当电路正常工作时，熔体允许通过一定大小的电流

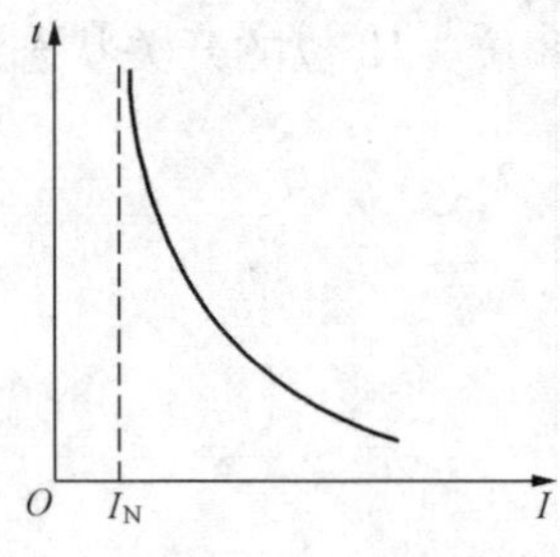

图 1-13　熔断器的保护特性

而不熔断。当电路发生短路或严重过载时，熔体中流过很大的故障电流，当电流产生的热量达到熔体的熔点时，熔体熔断切断电路，从而达到保护电路的目的。

电流流过熔体时产生的热量与电流的平方和电流通过的时间成正比，因此，电流越大，则熔体熔断的时间越短。这一特性称为熔断器的保护特性（或安秒特性），如图 1-13 所示。

熔断器的安秒特性为反时限特性，即短路电流越大，熔断时间越短，这样就能满足短路保护的要求。由于熔断器对过载反应不灵敏，不宜用于过载保护，主要用于短路保护。表 1-5 表示出某熔体安秒特性数值关系。

表 1-5　　常用熔体的安秒特性

熔体通过电流（A）	$1.25I_N$	$1.6I_N$	$1.8I_N$	$2.0I_N$	$2.5I_N$	$3I_N$	$4I_N$	$8I_N$
熔断时间（s）	∞	3600	1200	40	8	4.5	2.5	1

二、熔断器的分类

熔断器的类型很多，按结构形式可分为瓷插式熔断器、螺旋式熔断器、封闭管式熔断器、快速熔断器和自复式熔断器等。

1. 瓷插式熔断器

常用的瓷插式熔断器有 RC1A 系列，其结构如图 1-14 所示。它由瓷盖、瓷座、触头和熔丝 4 部分组成。由于其结构简单、价格便宜、更换熔体方便，因此广泛应用于 380V 及以下的配电线路末端作为电力、照明负荷的短路保护。

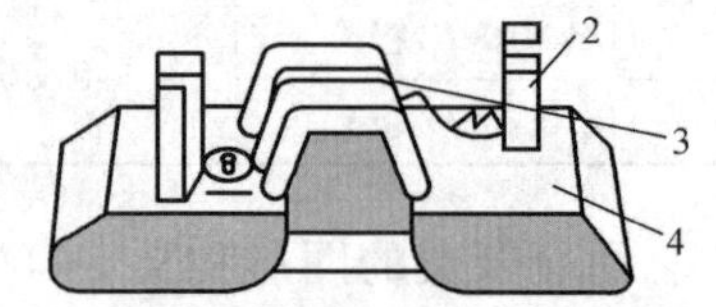

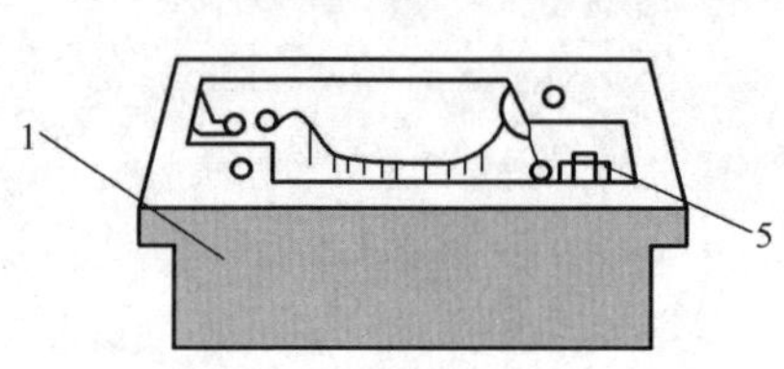

图 1-14　瓷插式熔断器

1—瓷底座；2—动触点；3—熔踢；4—瓷插件；5—静触点

2. 螺旋式熔断器

常用的螺旋式熔断器是 RL1 系列，其外形与结构如图 1-15 所示，由瓷座、瓷帽和熔断管组成。熔断管上有一个标有颜色的熔断指示器，当熔体熔断时熔断指示器会自动脱落，显示熔丝已熔断。

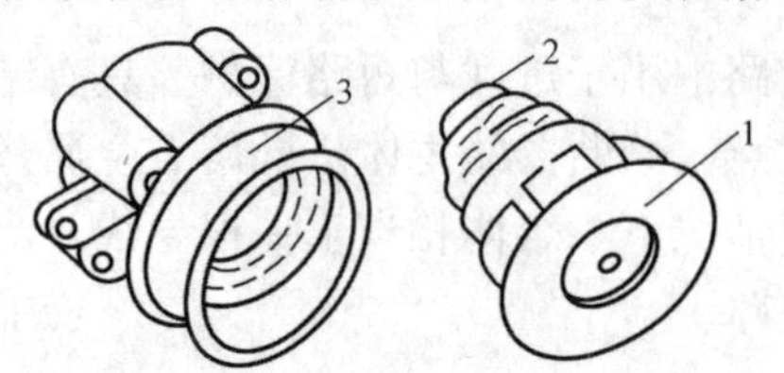

图 1-15　螺旋式熔断器

1—瓷帽；2—熔心；3—底座

在装接使用时，电源线应接在下接线座，负载线应接在上接线座，这样在更换熔断管时（旋出瓷帽），金属螺纹壳的上接线座便不会带电，保证维修者安全。它多用于机床配线中作短路保护。

3. 封闭管式熔断器

封闭管式熔断器主要用于负载电流较大的电力网络或配电系统中，熔体采用封闭式结构，一是可防止电弧的飞出和熔化金属的滴出。二是在熔断过程中，封闭管内将产生大量的气体，使管内压力升高，从而使电弧因受到剧烈压缩而很快熄灭。封闭式熔断器有无填料式和有填料式两种，常用的型号有 RM10 系列、RT0 系列。

4. 快速熔断器

快速熔断器是在 RL1 系列螺旋式熔断器的基础上，为保护晶闸管元件而设计的，其结构与 RL1 完全相同。常用的型号有 RLS 系列、RS0 系列等，RLS 系列主要用于小容量晶闸管元件及其成套装置的短路保护；RS0 系列主要用于大容量晶闸管元件的短路保护。

5. 自复式熔断器

RZ1 型自复式熔断器是一种新型熔断器，其结构熔体如图 1-16 所示，它采用金属钠作熔体。在常温下，钠的电阻很小，允许通过正常工作电流。当电路发生短路时，短路电流产生高温使钠迅速气化，气态钠电阻变得很高，从而限制了短路电流。当故障消除时，温度下降，气态钠又变为固态钠，恢复其良好的导电性。其优点是动作快，能重复使用，无需备用熔体。缺点是它不能真正分断电路，只能利用高阻闭塞电路，故常与自动开关串联使用，以提高组合分断性能。

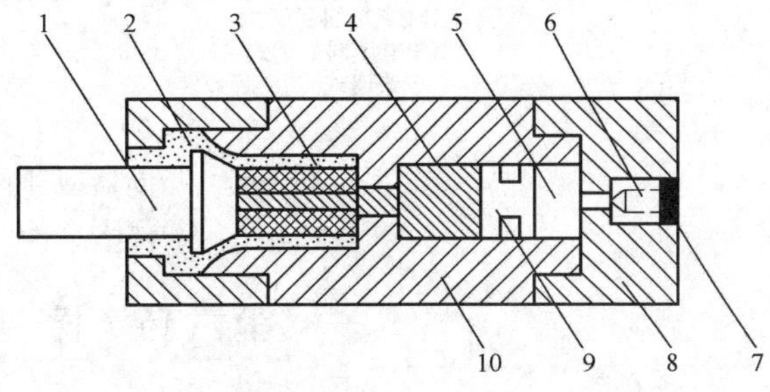

图 1-16　自复式熔断器结构图

1—进线端子；2—特殊玻璃；3—瓷心；4—溶体；5—氩气；6—螺钉；7—软铅；8—出线端子；9—活塞；10—套管

三、熔断器的选择

在选用熔断器时，应根据被保护电路的需要，首先确定熔断器的型式，然后选择熔体的规格，再根据熔体确定熔断器的规格。

1. 熔断器类型的选择

选择熔断器的类型时，主要根据线路要求、使用场合、安装条件、负载要求的保护特性和短路电流的大小等来进行。电网配电一般用管式熔断器；电动机保护一般用螺旋式熔断器；照明电路一般用瓷插式熔断器；保护晶闸管则应选择快速式熔断器。

2. 熔断器额定电压的选择

熔断器的额定电压大于或等于线路的工作电压。

3. 熔断器熔体额定电流的选择

(1) 对于变压器、电炉和照明等负载，熔体的额定电流 I_{fN} 应略大于或等于负载电流 I。即

$$I_{fN} \geqslant I \tag{1-4}$$

(2) 保护一台电机时，考虑起动电流的影响，可按式 (1-5) 选择，即

$$I_{fN} \geqslant (1.5 \sim 2.5) I_N \tag{1-5}$$

式中　I_N——电动机额定电流，A。

(3) 保护多台电机时，可按式 (1-6) 计算，即

$$I_{fN} \geqslant (1.5 \sim 2.5) I_{Nmax} + \sum I_N \tag{1-6}$$

式中　I_{Nmax}——容量最大的一台电动机的额定电流；

$\sum I_N$——其余电动机额定电流之和。

4. 熔断器额定电流的选择

熔断器的额定电流必须大于或等于所装熔体的额定电流。

熔断器型号的含义和电气符号如图 1-17 所示。

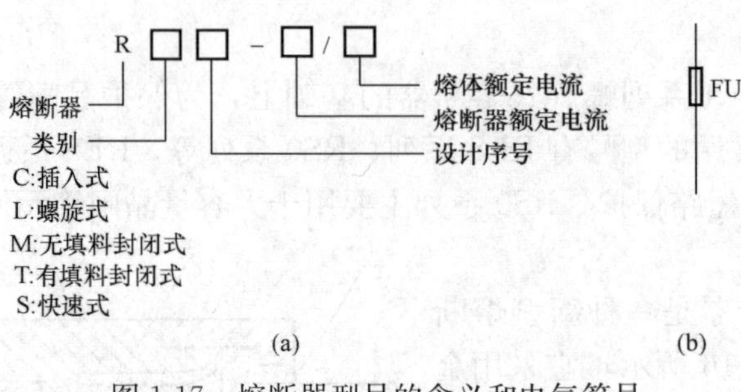

图 1-17 熔断器型号的含义和电气符号

（a）型号意义；（b）符号

第六节 接 触 器

一、接触器的作用与分类

接触器是一种用来自动接通或断开大电流电路的电器。大多数情况下，其控制对象是电动机，也可用于其他电力负载，如电热器、电焊机、电炉变压器等。接触器不仅能自动地接通和断开电路，还具有控制容量大、低电压释放保护、寿命长、能远距离控制等优点，所以在电气控制系统中应用十分广泛。

接触器的触点系统可以用电磁铁、压缩空气或液体压力等驱动，因而可分为电磁式接触器、气动式接触器和液压式接触器，其中以电磁式接触器应用最为广泛。根据接触器主触点通过电流的种类，可分为交流接触器和直流接触器。

二、接触器的结构与工作原理

电磁式接触器的主要结构有：

1. 电磁机构

机构由线圈、铁心和衔铁组成。

2. 主触点和熄弧系统

主触点的容量大小，有桥式触点和指形触点，且直流接触器和电流 20A 以上的交流接触器均装有熄弧罩，有的还带有栅片或磁吹熄弧装置。

3. 辅助触点

有动合和动断辅助触点，在结构上它们均为桥式双断点。

辅助触点的容量较小。接触器安装辅助触点的目的是其在控制电路中起联动作用。辅助触点不装设灭弧装置，所以它不能用来分合主电路。

4. 反力装置

由释放弹簧和触点弹簧组成，且均不能进行弹簧松紧的调节。

5. 支架和底座

用于接触器的固定和安装。当接触器线圈通电后，在铁心中产生磁通。由此在衔铁气隙处产生吸力，使衔铁产生闭合动作，主触点在衔铁的带动下也闭合，于是接通了主电路。同时衔铁还带动辅助触点动作，使原来打开的辅助触点闭合，而使原来闭合的辅助触点打开。当线圈断电或电压显著降低时，吸力消失或减弱，衔铁在释放弹簧作用下打开，主、副触点又恢复到原来状态。这就是接触器的工作原理。交流接触器的结构剖面示意图如图 1-18 所示。

三、接触器的主要技术数据

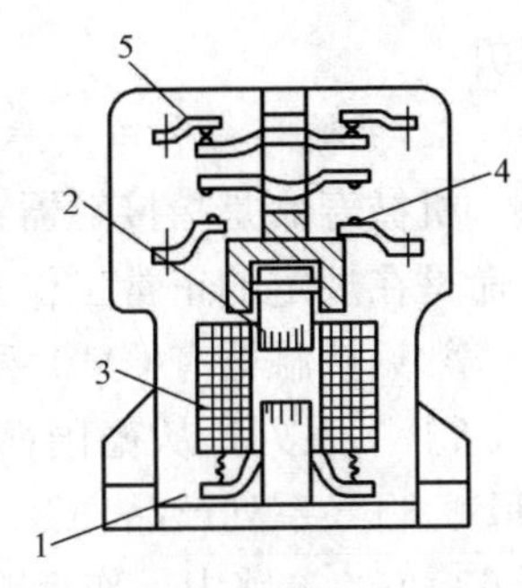

图 1-18　交流接触器的结构
1—铁心；2—衔铁；3—线圈；4—动合触点；5—动断触点

1. 额定电压

接触器铭牌上标注的额定电压是指主触点的额定电压。交流接触器常用的额定电压等级为 220、380V 和 660V；直流接触器常用的额定电压等级为 220、440V 和 660V。

2. 额定电流

接触器铭牌上标注的额定电流是指主触点的额定电流。其值是接触器安装在敞开式控制屏上，触点工作不超过额定温升，负荷为间断一长期工作制时的电流值。交流接触器常用的额定电流等级为 10、20、40、60、100、150、250、400A 和 600A；直流接触器常用的额定电流等级为 40、80、100、150、250、400A 和 600A。

3. 线圈的额定电压

指接触器电磁线圈正常工作的电压值。常用的交流线圈额定电压等级为 127、220V 和 380V；直流线圈额定电压等级为 110、220V 和 440V。

4. 接通和分断能力

主触点在规定条件下能可靠地接通和分断的电流值。在此电流值下，接通时主触点不应发生熔焊；分断时主触点不应发生长时间燃弧。若超出此电流值，其分断则是熔断器、自动开关等保护电器的任务。

根据接触器的使用类别不同，对主触点的接通和分断能力的要求也不一样，而不同类别的接触器是根据其不同控制对象（负载）的控制方式所规定的。根据低压电器基本标准的规定，其使用类别比较多。但在电力拖动控制系统中，常见的接触器使用类别及其典型用途如表 1-6 所示。

表 1-6　常见接触器使用类别及其典型用途表

电流种类	使用类别	典型用途
AC 交流	AC1	无感或微感负载、电阻炉
	AC2	绕线式电动机的启动和中断
	AC3	笼型电动机的启动和中断
	AC4	笼型电动机的启动、反接制动、反向和点动
DC 直流	DC1	无感或微感负载、电阻炉
	DC3	并励电动机的启动、反接制动、反向和点动
	DC5	串励电动机的启动、反接制动、反向和点动

接触器的使用类别代号通常标注在产品的铭牌或工作手册中。表 1-6 中要求接触器主触点达到的接通和分断能力为：AC1 和 DC1 类允许接通和分断额定电流；AC2、DC3 和 DC5 类允许接通和分断 4 倍的额定电流；AC3 类允许接通 6 倍的额定电流和分断额定电流；AC4 类允许接通和分断 6 倍的额定电流。

5. 额定操作频率

指每小时的操作次数。交流接触器最高为 600 次/h，而直流接触器最高为 1200 次/h。操作频率直接影响到接触器的电寿命和灭弧罩的工作条件，对于交流接触器还影响到线圈的温升。

6. 机械寿命和电气寿命

机械寿命是指接触器在需要修理或更换机械零件前所能承受的无载操作循环次数；电气寿命是在规定的正常工作条件下，接触器不需修理或更换零件的负载操作循环次数。

常见接触器有CJ10系列、CJ20系列、CJX1和CJX2系列。其中CJ20系列是较新的产品，CJX1系列是从德国西门子公司引进技术制造的新型接触器，性能等同于西门子公司3TB、3TF系列产品。CJX1系列接触器适用于交流50Hz或60Hz、电压至660V、额定电流至630A的电路中，作远距离接通及分断电路，并适用于频繁地起动及控制交流电动机。经加装机械联锁机构后组成CJX1系列可逆接触器，可控制电动机的起动、停止及反转。

CJX2系列交流接触器参照法国TE公司LC1-D产品开发制造的，其结构先进、外型美观、性能优良、组合方便、安全可靠。本产品王要用于交流50Hz（或60Hz）660V以下的电路中，在AC3使用类别下额定工作电压为380V，额定工作电流至95A的电路中，供远距离接通和分断电路使用于频繁地起动和控制交流电动机。也能在适当降低控制容量及操作频率后用于AC4使用类别。

四、接触器的选用

1. 接触器类型选择

接触器的类型应根据负载电流的类型和负载的轻重来选择，即是交流负载或是直流负载，是轻负载、一般负载或是重负载。

2. 主触头额定电流的选择

接触器的额定电流应大于或等于被控回路的额定电流。对于电动机负载可根据下列经验公式计算

$$I_{NC} \geqslant P_{NM} / (1 \sim 1.4) U_{NM} \tag{1-7}$$

式中 I_{NC}——接触器主触头电流，A；

P_{NM}——电动机的额定功率，W；

U_{NM}——电动机的额定电压，V。

若接触器控制的电动机起动、制动或正反转频繁，一般将接触器主触头的额定电流降一级使用。

3. 额定电压的选择

接触器主触头的额定电压应大于或等于负载回路的电压。

4. 吸引线圈额定电压的选择

线圈额定电压不一定等于主触头的额定电压，当线路简单，使用电器少时，可直接选用380V或220V的电压，若线路复杂，使用电器超过5个，可用24、48V或110V电压（1964年国标规定为36、110V或127V）。吸引线圈允许在额定电压的80%～105%范围内使用。

5. 接触器的触头数量、种类选择

其触头数量和种类应满足主电路和控制线路的要求。各种类型的接触器触点数目不同。交流接触器的主触点有三对（动合触点），一般有四对辅助触点（两对动合、两对动断），最多可达到六对（三对动合、三对动断）。直流接触器主触点一般有两对（动合触点）；辅助触

点有四对（两对动合、两对动断）。

接触器的型号及电气符号如图 1-19 所示。

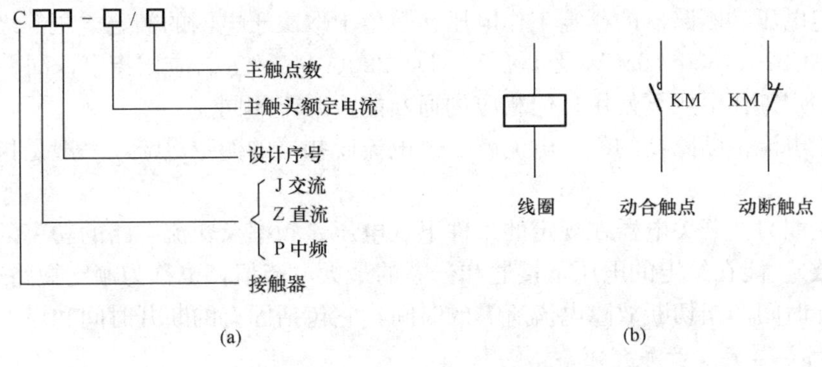

图 1-19　接触器型号意义和电气符号

（a）型号意义；（b）电气符号

第七节　低压断路器

低压断路器又称自动空气断路器，主要用于低压动力线路中。它相当于刀开关、熔断器、热继电器和欠压继电器的组合，不仅可以接通和分断正常负荷电流和过负荷电流，还可以分断短路电流。低压断路器可以手动直接操作和电动操作，也可以远方遥控操作。

一、低压断路器的工作原理

低压断路器主要由触点系统、操作机构和保护元件三部分组成。主触点由耐弧合金制成，采用灭弧栅片灭弧；操作机构较复杂，其通断可用操作手柄操作，也可用电磁机构操作，故障时自动脱扣，触点通断瞬时动作与手柄操作速度无关。其工作原理如图 1-20 所示。

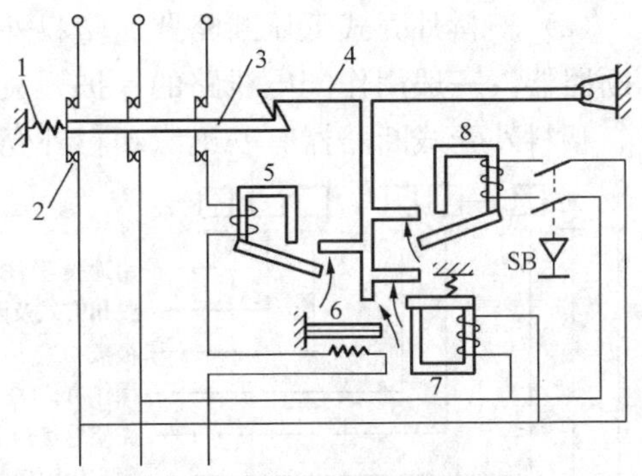

图 1-20　低压断路器原理图

1—分闸弹簧；2—主触点；3—传动杆；4—锁扣；5—过电流脱扣器；6—过载脱扣器；7—失压脱扣器；8—分励脱扣器

断路器的主触点 2 是靠操作机构手动或电动合闸的，并由自动脱扣机构将主触点锁在合闸位置上。如果电路发生故障，自动脱扣机构在有关脱扣器的推动下动作，使钩子脱开，于是主触点在弹簧的作用下迅速分断。过电流脱扣器 5 的线圈和过载脱扣器 6 的线圈与主电路串联，失压脱扣器 7 的线圈与主电路并联，当电路发生短路或严重过载时，过电流脱扣器的衔铁被吸合，使自动脱扣机构动作；当电路过载时，过载脱扣器的热元件产生的热量增加，使双金属片向上弯曲，推动自动脱扣机构动作；当电路失压时，失压脱扣器的衔铁释放，也使自动脱扣机构动作。分励脱扣器 8 则作为远距离分断电路使用，根据操作人员的命令或其他信号使线圈通电，从而使断路器跳闸。断路器根据不同用途可配备不同的脱扣器。

二、低压断路器的主要技术参数和典型产品介绍

1. 低压断路器的主要技术参数

（1）额定电压。断路器的额定工作电压在数值上取决于电网的额定电压等级，我国电网标准规定为AC220、380、660V及1140V，DC 220、440V等。应该指出，同一断路器可以规定在几种额定工作电压下使用，但相应的通断能力并不相同。

（2）额定电流。断路器的额定电流就是过电流脱扣器的额定电流，一般是指断路器的额定持续电流。

（3）通断能力。开关电器在规定的条件下（电压、频率及交流电路的功率因数和直流电路的时间常数），能在给定的电压下接通和分断的最大电流值，也称为额定短路通断能力。

（4）分断时间。指切断故障电流所需的时间，它包括固有的断开时间和燃弧时间。

2. 低压断路器典型产品介绍

低压断路器按其结构特点可分为框架式低压断路器和塑料外壳式低压断路器两大类。

（1）框架式断路器。框架式低压断路器又叫万能式低压断路器，主要用于40～100kW电动机回路的不频繁全压起动，并起短路、过载、失压保护作用。其操作方式有手动、杠杆、电磁铁和电动机操作四种。额定电压一般为380V，额定电流有200～4000A若干种。常见的框架式低压断路器有DW系列等。

1）DW10系列断路器。本系列产品额定电压为交流380V和直流440V，额定电流为200～4000A，非选择型（即无短路短延时），由于其技术指标较低，现已逐渐被淘汰。

2）DW15系列断路器。它是更新换代产品，其额定电压为交流380V，额定电流为200～4000A，极限分断能力均比DW10系列大一倍。它分选择型和非选择型两种产品，选择型的采用半导体脱扣器。在DW15系列断路器的结构基础上，适当改变触点的结构，则制成DWX15系列限流式断路器，它具有快速断开和限制短路电流上升的特点，因此特别适用于可能发生特大短路电流的电路中。在正常情况下，它也可作为电路的不频繁通断及电动机的不频繁起动用。

（2）塑料外壳式低压断路器。塑料外壳式低压断路器又称装置式低压断路器或塑壳式低压断路器。一般用作配电线路的保护开关，以及电动机和照明线路的控制开关等。

塑料外壳式断路器有一绝缘塑料外壳，触点系统、灭弧室及脱扣器等均安装于外壳内，而手动扳把露在正面壳外，可手动或电动分合闸。它也有较高的分断能力和动稳定性以及比较完善的选择性保护功能。我国目前生产的塑壳式断路器有DZ5、DZ10、DZX10、DZ12、DZ15、DZX19、DZ20及DZ108等系列产品，DZ108为引进德国西门子公司3VE系列塑壳式断路器技术而生产的产品。

常见的DZ20系列塑壳式低压断路器型号意义及技术参数见图1-21及表1-7。

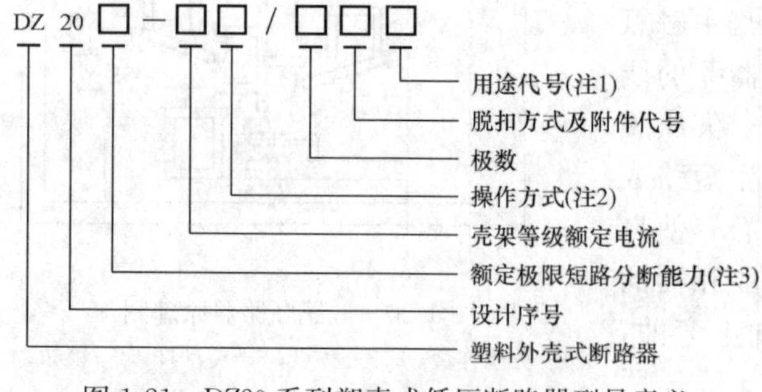

图1-21 DZ20系列塑壳式低压断路器型号意义

注：1. 配电用无代号；保护电机用以“2”表示。
2. 手柄直接操作无代号；电动机操作用“P”表示；转动手柄用“Z”表示。
3. 按额定极限短路分断能力高低分为：Y—一般型；G—最高型；S—四极型；J—较高型；C—经济型。

DZ20 系列塑料外壳式断路器的主要技术参数如表 1-7。

表 1-7　　　DZ20 系列塑料外壳式断路器主要技术参数

<table>
<tr><th>型　号</th><th>额定电压
(V)</th><th>壳架额定电流
(A)</th><th>断路器额定电流 I_N
(A)</th><th>瞬时脱扣器
整定电流倍数</th></tr>
<tr><td>DZ20Y-100</td><td rowspan="6">～380</td><td rowspan="3">100</td><td rowspan="3">16，20，25
32，40，50，
63，80，100</td><td rowspan="3">配电用 $10I_N$
保护电动机用 $12I_N$</td></tr>
<tr><td>DZ20J-100</td></tr>
<tr><td>DZ20G-100</td></tr>
<tr><td>DZ20Y-225</td><td rowspan="3">225</td><td rowspan="3">100，125，
160，180
220，225</td><td rowspan="3">配电用 $5I_N$，$10I_N$
保护电动机用 $12I_N$</td></tr>
<tr><td>DZ20J-225</td></tr>
<tr><td>DZ20G-225</td></tr>
<tr><td>DZ20Y-400</td><td rowspan="5">－220</td><td rowspan="3">400</td><td rowspan="3">250，315，
350，400</td><td rowspan="2">配电用 $10I_N$ 保护电动机用 $12I_N$</td></tr>
<tr><td>DZ20J-400</td></tr>
<tr><td>DZ20G-400</td><td rowspan="3">配电用 $5I_N$，$10I_N$</td></tr>
<tr><td>DZ20Y-630</td><td rowspan="2">630</td><td rowspan="2">400，500，630</td></tr>
<tr><td>DZ20J-630</td></tr>
</table>

断路器的图形符号及文字符号如图 1-22 所示。

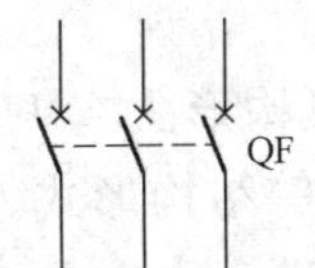

图 1-22　断路器的图形符号及文字符号

三、低压断路器的选用

（1）断路器的额定工作电压应大于或等于线路或设备的额定工作电压。对于配电电路来说应注意区别是电源端保护还是负载保护，电源端电压比负载端电压高出约 5%左右。

（2）断路器主电路额定工作电流大于或等于负载工作电流。

（3）断路器的过载脱扣整定电流应等于负载工作电流。

（4）断路器的额定通断能力大于或等于电路的最大短电流。

（5）断路器的欠电压脱扣器额定电压等于主电路额定电压。

（6）断路器类型的选择，应根据电路的额定电流及保护的要求来选用。

第八节　继　电　器

继电器是指根据某种输入信号接通或断开小电流控制电路，实现远距离自动控制和保护的自动控制电器。其输入量可以是电流、电压等电量，也可以是温度、时间、速度、压力等非电量，而输出则是触头的动作或者是电路参数的变化。

继电器实质上是一种传递信号的电器，它根据特定形式的输入信号而动作，从而达到控制目的。它一般不用来直接控制主电路，而是通过接触器或其他电器来对主电路进行控制，因此同接触器相比较，继电器的触头通常接在控制电路中，触头断流容量较小，一般不需要灭弧装置，但对继电器动作的准确性则要求较高。

继电器一般由 3 个基本部分组成：检测机构、中间机构和执行机构。检测机构的作用是接受外界输入信号并将信号传递给中间机构；中间机构对信号的变化进行判断、物理量转换、放大等；当输入信号变化到一定值时，执行机构（一般是触头）动作，从而使其所控制的电路状态发生变化，接通或断开某部分电路，达到控制或保护的目的。

继电器种类繁多，按输入信号的性质可分为：中间继电器、时间继电器、压力继电器、速度继电器、电压继电器、电流继电器和温度继电器等；按工作原理可分为：电磁式继电器、感应式继电器、电动式继电器、电子式继电器、热继电器等；按用途可分为控制用继电器和保护用继电器等；按输出形式可分为有触头和无触头继电器两类。其中时间继电器具有延时功能，电压继电器有欠压和失压保护，电流继电器和热继电器均有过载保护功能。

电磁式继电器是依据电压、电流等电量，利用电磁原理使衔铁闭合动作，进而带动触头动作，使控制电路接通或断开，实现动作状态的改变。

继电器和接触器的结构和工作原理大致相同。主要区别在于：接触器的主触点可用于大电流；而继电器的体积和触点容量小，触点数目多，且只能通过小电流。所以，继电器一般用于控制电路中。

一、电磁式中间继电器

中间继电器的作用是将一个输入信号变成多个输出信号或将信号进行放大（即增大触头容量）输出，其触头不能用来接通和分断负载电路。

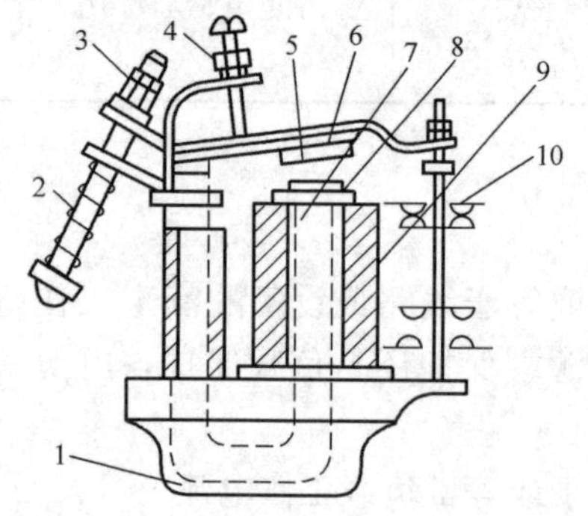

图 1-23　电磁式继电器的典型结构

1—底座；2—反力弹簧；3、4—调节螺钉；5—非磁性垫片；6—衔铁；7—铁心；8—极靴；9—电磁线圈；10—触点系统

1. 继电器的结构

电磁式中间继电器的结构和工作原理与电磁式接触器相似，也是由电磁机构、触点系统和辅助装置等部分组成。电磁式继电器结构如图 1-23 所示。

（1）电磁机构。交流继电器的电磁机构形式有 U 形拍合式、E 形直动式、空心或装甲螺管式等结构形式。U 形拍合式和 E 形直动式的铁心及衔铁均由硅钢片叠成，且在铁心柱端上面装有分磁环。

直流继电器的电磁机构形式为 U 形拍合式，铁心和衔铁均由电工软铁制成。为了增加闭合后的气隙，在衔铁的内侧面上装有非磁性垫片，铁心铸在铝基座上。

（2）触点系统。交、直流继电器的触点由于均接在控制电路上，且电流小，故不装设灭弧装置。其触点一般都为桥式触点，有动合和动断两种形式。

另外，为了实现继电器动作参数的改变，继电器一般还具有改变释放弹簧松紧及改变衔铁打开状态时气隙大小的调节装置，例如调节螺母。

2. 继电器的特性

继电器的主要特性是输入—输出特性，又称为继电器特性，当改变继电器输入量的大小时，对于输出量的触头只有“通”与“断”两个状态，如图 1-24 所示。当继电器输入量 x 由零增至 x_2 以前，继电器输出量 y 为零。当继电器输入量 x 增至 x_2 时，继电器吸合，输出量为 y_1，如 x 再增大，y_1 值保持不变。当 x 减小到 x_1 时，继电器释放，输出量由 y_1 降到零，x 再减小，y 值均为零。x_2 称为继电器吸合值，欲使继电器吸合，输入量必须等于或大于 x_2；x_1 为继电器的释放值，欲使继电器释放，输入量必须等于或小

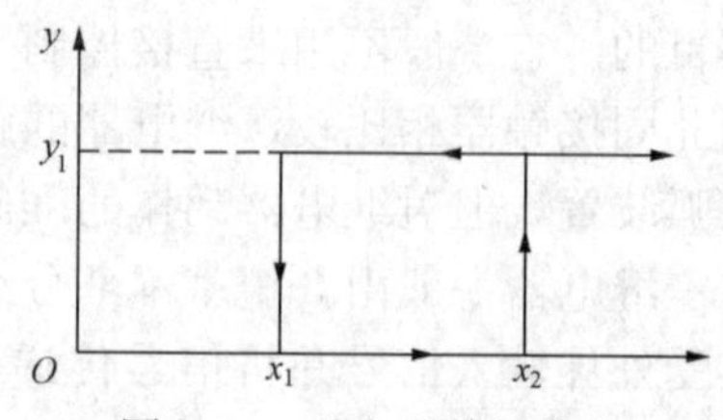

图 1-24　继电器特性曲线

于 x_1。

继电器的重要参数有如下几种：

(1) 返回系数，指继电器的释放值与吸合值之比，用 $K_f=x_1/x_2$ 表示。对于电压继电器 x_1 为释放电压 U_1，x_2 为吸合电压 U_2；对于电流继电器 x_1 为释放电流 I_1，x_2 为吸合电流 I_2。不同的场合要求不同的 K 值，可以通过调节释放弹簧的松紧程度（拧紧时 K_f 增大，放松时 K_f 减小）或调整铁心与衔铁之间非磁性垫片的厚度（增厚时 K_f 增大，减薄时 K_f 减小）来达到所要求的值。例如一般继电器要求低的返回系数，K_f 值应在 0.1～0.2 之间，这样当继电器吸合后，输入量波动较大时不至于引起误动作；欠电压继电器则要求高的返回系数，K_f 值应在 0.6 以上。设某继电器 $K_f=0.6$，如果吸合电压为额定电压的 90%，则释放电压为额定电压的 60%时，继电器释放，它起到欠电压保护作用。

(2) 吸合时间和释放时间 吸合时间是指线圈接受电信号到衔铁完全吸合所需的时间；释放时间是指线圈失电到衔铁完全释放所需的时间。一般继电器的吸合时间与释放时间为 0.05～0.15s，它的大小影响到继电器的操作频率。

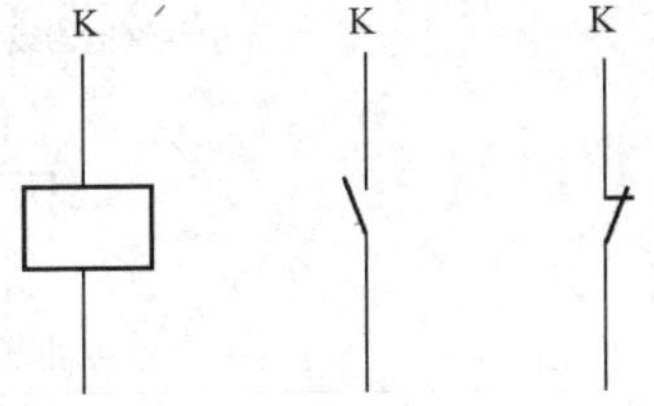

图 1-25 中间继电器的图形符号和文字符号

3. 继电器的图形符号和文字符号

常用的中间继电器有 JZ7 系列。以 JZ7－62 为例，JZ 表示中间继电器的代号，7 为设计序号，有 6 对动合触点，2 对动断触点。中间继电器在电路中图形符号和文字符号如图 1-25 所示。表 1-8 为 JZ7 系列的主要技术参数。

表 1-8　JZ7 系列中间继电器的技术参数

型号	触点额定电压(V)	触点额定电流(A)	触点对数		吸引线圈电压(V)	额定操作频率(次/h)
			动合	动断		
JZ7-44	500	5	4	4	交流 50Hz 时 12、36、127、220、380	1200
JZ7-62			6	2		
JZ7-80			8	0		

新型中间继电器采用指形触头，闭合过程中动、静触点间有一段滑擦、滚压过程，可以有效地清除触点表面的各种氧化生成膜及尘埃，减少了接触电阻，提高了接触可靠性，有的还装了防尘罩或采用密封结构。有些中间继电器安装在插座上，插座有多种型式可供选择，有些中间继电器可直接安装在导轨上，安装和拆卸均很方便。常用的有 JZ18、MA、KH5、RT11 等系列。

4. 电磁式继电器型号和电气符号

电磁式继电器型号的含义和电气符号如图 1-26 所示。

二、时间继电器

在自动控制系统中，需要有瞬时动作的继电器，也需要延时动作的继电器。时间继电器就是利用某种原理实现从得到输入信号（线圈的通电或断电）开始，经过一定的延时后才输出信号（触点的闭合或断开）的继电器，经常用于需要进行时间控制的场合。

时间继电器种类很多，按动作原理分可分为：电磁式、空气阻尼式、电动式和晶体管式等。按延时方式分可分为通电延时型和断电延时型。

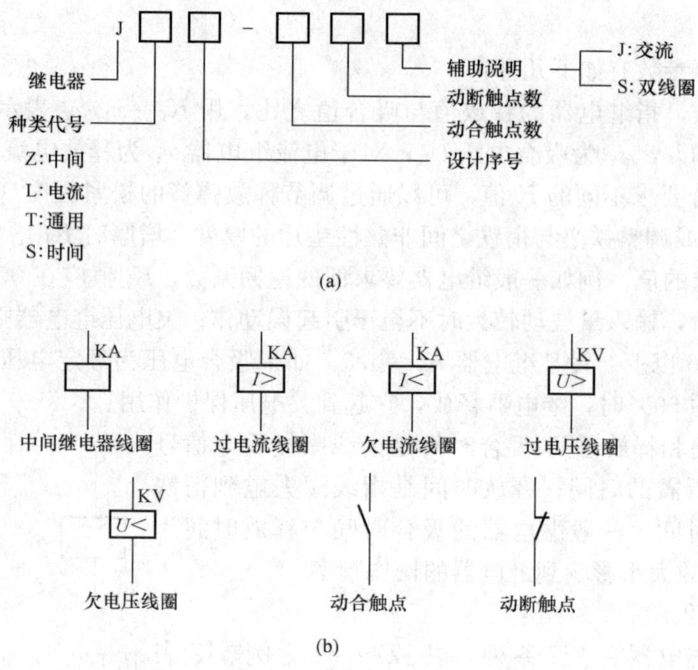

图 1-26 电磁式继电器型号的含义和电气符号

(a) 型号意义；(b) 电气符号

1. 空气阻尼式时间继电器

空气阻尼式时间继电器利用空气通过小孔时产生阻尼的原理获得延时。其结构由电磁系统、延时结构和触头 3 部分组成。如图 1-27 所示。电磁机构为双 E 直动式，触头系统为微动开关，延时机构采用气囊式阻尼器。

空气阻尼式时间继电器既有通电延时型，也有断电延时型。只要改变电磁机构的安装方向，便可实现不同的延时方式：当衔铁位于铁芯和延时机构之间时为通电延时［如图 1-27（a）所示］；当铁心位于衔铁和延时机构之间时为断电延时［如图 1-26（b）所示］。

图 1-27（a）为通电延时型时间继电器，当线圈 1 通电后，铁心 2 将衔铁 3 吸合，活塞杆 6 在塔形弹簧的作用下，带动活塞 12 及橡皮膜 10 向上移动，由于橡皮膜下方气室空气稀薄，形成负压，因此活塞杆 6 不能上移。当空气由气孔 14 进入时，活塞杆 6 才逐渐上移。移到最上端时，杠杆 7 才使微动开关动作。延时时间即为自电磁铁吸引线圈通电时刻起到微动开关动作时为止的这段时间。通过调节螺杆 13 调节进气口的大小，就可以调节延时时间。

当线圈 1 断电时，衔铁 3 在复位弹簧 4 的作用下将活塞 12 推向最下端。因活塞被往下推时，橡皮膜下方气孔内的空气，都通过橡皮膜 10、弱弹簧 9 和活塞 12 肩部所形成的单向阀，经上气室缝隙顺利排掉，因此延时与不延时的微动开关 15 与 16 都迅速复位。

空气阻尼式时间继电器的优点：结构简单、寿命长、价格低廉。缺点是准确度低、延时误差大，在延时精度要求高的场合不宜采用。

2. 晶体管式时间继电器

晶体管式时间继电器常用的有阻容式时间继电器，它利用 RC 电路中电容电压不能跃变，只能按指数规律逐渐变化的原理——电阻尼特性获得延时的。所以，只要改变充电回路

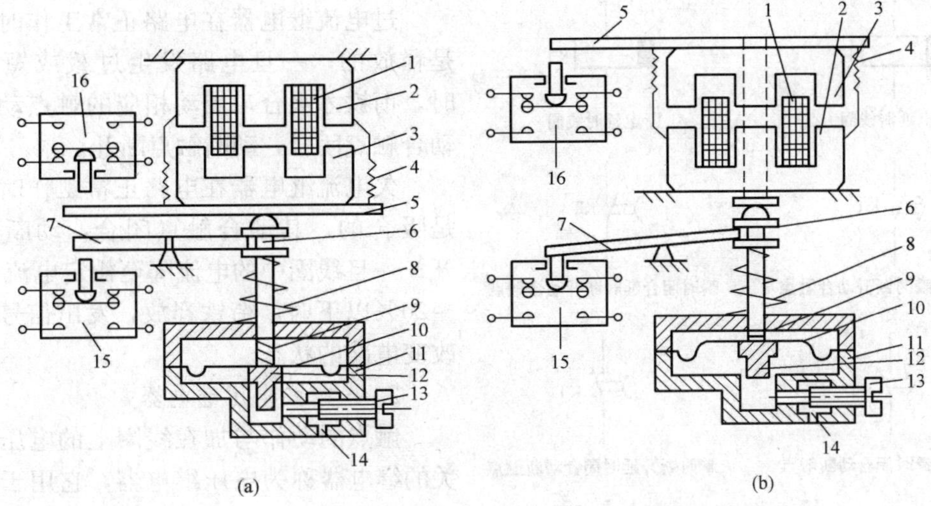

图 1-27　空气阻尼式时间继电器的动作原理

（a）通电延时型；（b）断电延时型

1—线圈；2—铁心；3—衔铁；4—恢复弹簧；5—推板；6—活塞杆；7—杠杆；8—塔形弹簧；9—弹簧；10—橡皮膜；11—气室；12—活塞；13—调节螺钉；14—进气孔；15、16—微动开关

的时间常数即可改变延时时间。由于调节电容比调节电阻困难，所以多用调节电阻的方式来改变延时时间。其原理图如图 1-28 所示。

晶体管式时间继电器具有延时范围广、体积小、精度高、使用方便及寿命长等优点。

3．时间继电器的电气符号

时间继电器的图形符号及文字符号如图 1-29 所示。

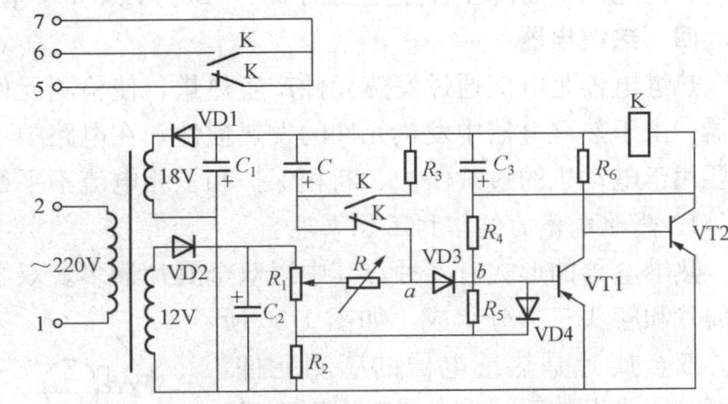

图 1-28　晶体管式时间继电器原理图

对于通电延时时间继电器，当线圈得电时，其延时动合触点要延时一段时间才闭合，延时动断触点要延时一段时间才断开；当线圈失电时，其延时动合触点迅速断开，延时动断触点迅速闭合。对于断电延时时间继电器，当线圈得电时，其延时动合触点迅速闭合，延时动断触点迅速断开；当线圈失电时，其延时动合触点要延时一段时间再断开，延时动断触点要延时一段时间再闭合。

三、电磁式电压继电器和电流继电器

1．电磁式电流继电器

触点的动作与否，与通过线圈的电流大小有关的继电器叫做电流继电器。主要用于电动机、发电机或其他负载的过载及短路保护、直流电动机磁场控制或失磁保护等。电流继电器的线圈串在被测量电路中，其线圈匝数少、导线粗、阻抗小。电流继电器除用于电流型保护的场合外，还经常用于按电流原则控制的场合。电流继电器有过电流和欠电流继电器两种。

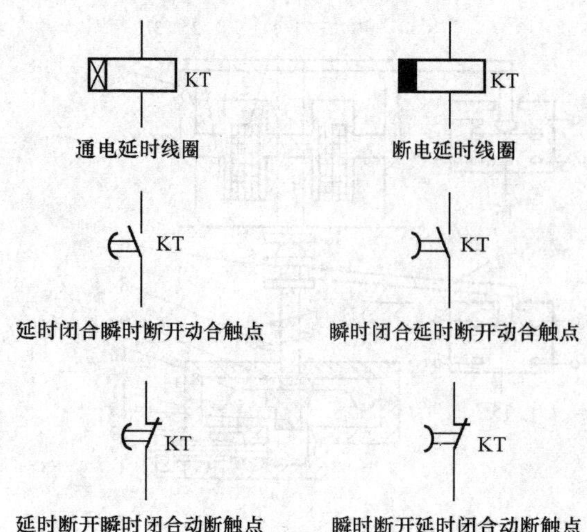

图 1-29 时间继电器的图形符号及文字符号

过电流继电器在电路正常工作时，衔铁是释放的；一旦电路发生过载或短路故障时，衔铁才吸合，带动相应的触点动作，即动合触点闭合，动断触点断开。

欠电流继电器在电路正常工作时，衔铁是吸合的，其动合触点闭合，动断触点断开；一旦线圈中的电流降至额定电流的10%～20%以下时，衔铁释放，发出信号，从而改变电路的状态。

2. 电磁式电压继电器

触点的动作与加在线圈上的电压大小有关的继电器称为电压继电器，它用于电力拖动系统的电压保护和控制。电压继电器反映的是电压信号，它的线圈并联在被测电路的两端，所以匝数多、导线细、阻抗大。电压继电器按动作电压值的不同，分为过电压和欠电压继电器两种。

过电压继电器在电路电压正常时，衔铁释放，一旦电路电压升高至额定电压的110%～115%以上时，衔铁吸合，带动相应的触点动作；欠电压继电器在电路电压正常时，衔铁吸合，一旦电路电压降至额定电压的5%～25%以下时，衔铁释放，输出信号。

四、热继电器

热继电器是电流通过发热元件产生热量，使检测元件受热弯曲而推动机构动作的一种继电器。由于热继电器中发热元件的发热惯性，在电路中不能做瞬时过载保护和短路保护。它主要用于电动机的过载保护、断相保护和三相电流不平衡运行的保护。

1. 热继电器的结构和工作原理

热继电器的形式有多种，其中以双金属片最多。双金属片式热继电器主要由热元件、双金属片和触头三部分组成，如图 1-30 所示。双金属片是热继电器的感测元件，由两种膨胀系数不同的金属片碾压而成。当串联在电动机定子绕组中的热元件有电流流过时，热元件产生的热量使双金属片伸长，由于膨胀系数不同，致使双金属片发生弯曲。电动机正常运行时，双金属片的弯曲程度不足以使热继电器动作。当电动机过载时，流过热元件的电流增大，加上时间效应，从而使双金属片的弯曲程度加大，最终使双金属片推动导板使热继电器的触头动作，切断电动机的控制电路。

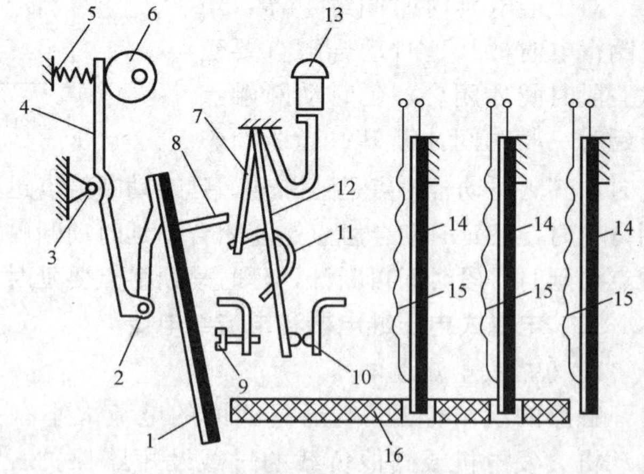

图 1-30 热继电器的工作原理示意图

1—补偿双金属片；2—销子；3—支撑；4—杠杆；5—弹簧；6—凸轮；7、12—片簧；8—推杆；9—调节螺钉；10—触点；11—弓簧；13—复位按钮；14—主金属片；15—发热元件；16—导板

热继电器由于热惯性，当电路短路

时不能立即动作使电路断开，因此不能用作短路保护。同理，在电动机起动或短时过载时，热继电器也不会马上动作，从而避免电动机不必要的停车。

2. 热继电器的分类及常见规格

热继电器按热元件数分为两相和三相结构。三相结构中又分为带断相保护和不带断相保护装置两种。

目前国内生产的热继电器品种很多，常用的有JR20、JRS1、JRS2、JRS5、JR16B和T系列等。其中JRS1为引进法国TE公司的LR1-D系列，JRS2为引进德国西门子公司的3UA系列，JRS5为引进日本三菱公司的TH-K系列，T系列为引进瑞士ABB公司的产品。

JR20系列热继电器采用立体布置式结构，且系列动作机构通用。除具有过载保护、断相保护、温度补偿以及手动和自动复位功能外，还具有动作脱扣灵活、动作脱扣指示以及断开检验按钮等功能装置。

热继电器的型号含义及电气符号如图1-31所示。

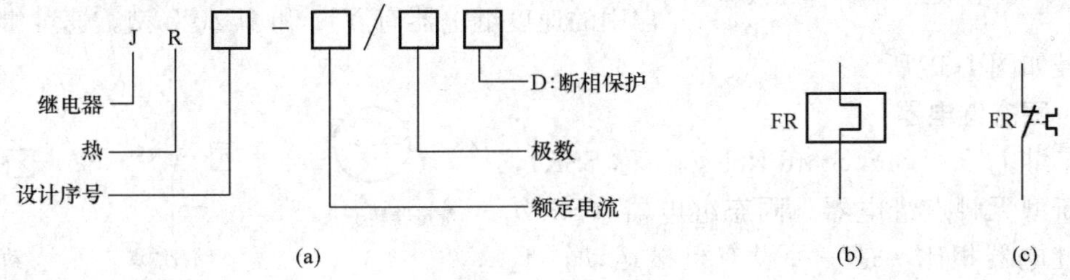

图1-31　热继电器的型号含义及电气符号

(a) 型号意义；(b) 热元件；(c) 动断触点

3. 热继电器的选择

选用热继电器时，必须了解被保护对象的工作环境、起动情况、负载性质及电动机允许的过载能力。原则是热继电器的安秒特性位于电动机过载特性之下，并尽可能接近。

(1) 热继电器的类型选择。若用热继电器作电动机缺相保护，应考虑电动机的接法。对于Y形接法的电动机，当某相断线时，其余未断相绕组的电流与流过热继电器电流的增加比例相同。一般的三相式热继电器，只要整定电流调节合理，是可以对Y形接法的电动机实现断相保护的；对于△形接法的电动机，某相断线时，流过未断相绕组的电流与流过热继电器的电流增加比例则不同，也就是说，流过热继电器的电流不能反映断相后绕组的过载电流，因此，一般的热继电器，即使是三相式也不能为△形接法的三相异步电动机的断相运行提供充分保护。此时，应选用三相带断相保护的热继电器。带断相保护的热继电器的型号后面有D、T或3UA字样。

(2) 热元件的额定电流选择。应按照被保护电动机额定电流的1.1～1.15倍选取热元件的额定电流。

(3) 热元件的整定电流选择。一般将热继电器的整定电流调整到等于电动机的额定电流；对过载能力差的电动机，可将热元件的整定值调整到电动机额定电流的0.6～0.8倍；对起动时间较长、拖动冲击性负载或不允许停车的电动机，热元件的整定电流应调整到电动机额定电流的1.1～1.15倍。

五、速度继电器

速度继电器是利用转轴的一定转速来切换电路的自动电器。它主要用作鼠笼式异步电动

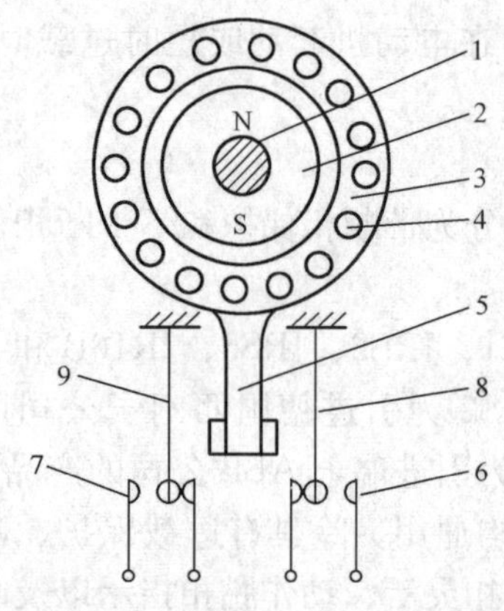

图 1-32　速度继电器原理示意图
1—转轴；2—转子；3— 定子；4—绕组；5—摆锤；6、7—静触点；8、9—动触点

机的反接制动控制中，故称为反接制动继电器。

如图 1-32 所示为速度继电器的结构原理示意图。它主要由转子、定子和触头三部分组成。

转子是一个圆柱形永久磁铁，定子是一个笼型空心圆环，由硅钢片叠成，并装有笼型的绕组。速度继电器与电动机同轴相连，当电动机旋转时，速度继电器的转子随之转动。在空间产生旋转磁场，切割定子绕组，在定子绕组中感应出电流。此电流又在旋转的转子磁场作用下产生转矩，使定子随转子转动方向而旋转，和定子装在一起的摆锤推动动触头动作，使动合触点闭合，动断触点断开。当电动机速度低于某一值时，动作产生的转矩减小，动触头复位。

常用的速度继电器有 YJ1 和 JFZ0-2 型。速度继电器的电气符号如图 1-33 所示。

六、固态继电器

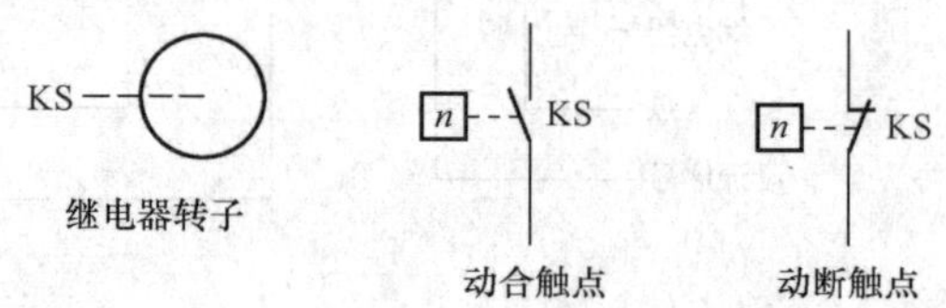

图 1-33　速度继电器的电气符号

固态继电器（Solid State Reley，简称 SSR），是一种新型无触点继电器。固态继电器（SSR）与机电继电器相比，是一种没有机械运动，不含运动零件的继电器，但它具有与机电继电器本质上相同的功能。SSR 是一种全部由固态电子元件组成的无触点开关元件，它利用电子元器件的点，磁和光特性来完成输入与输出的可靠隔离，利用大功率三极管，功率场效应管，单向晶闸管和双向晶闸管等器件的开关特性，来达到无触点，无火花地接通和断开被控电路。

1. 固态继电器的组成

固态继电器有三部分组成：输入电路，隔离（耦合）和输出电路。按输入电压的不同类别，输入电路可分为直流输入电路，交流输入电路和交直流输入电路三种。有些输入控制电路还具有与 TTL/CMOS 兼容，正负逻辑控制和反相等功能。固态继电器的输入与输出电路的隔离和耦合方式有光电耦合和变压器耦合两种。固态继电器的输出电路也可分为直流输出电路，交流输出电路和交直流输出电路等形式。交流输出时，通常使用两个晶闸管或一个双向晶闸管，直流输出时可使用双极性器件或功率场效应管。

2. 固态继电器的工作原理

交流固态继电器 SSR 是一种无触点通断电子开关，为四端有源器件。其中两个端子为输入控制端，另外两端为输出受控端，中间采用光电隔离，作为输入输出之间电气隔离（浮空）。在输入端加上直流或脉冲信号，输出端就能从关断状态转变成导通状态（无信号时呈阻断状态），从而控制较大负载。整个器件无可动部件及触点，可实现相当于常用的机械式电磁继电器一样的功能。

SSR 固态继电器以触发形式，可分为零压型（Z）和调相型（P）两种。在输入端施加合适的控制信号 VIN 时，P 型 SSR 立即导通。当 VIN 撤销后，负载电流低于双向晶闸管维持电流时（交流换向），SSR 关断。Z 型 SSR 内部包括过零检测电路，在施加输入信号 VIN

时，只有当负载电源电压达到过零区时，SSR才能导通，并有可能造成电源半个周期的最大延时。Z型SSR关断条件同P型，但由于负载工作电流近似正弦波，高次谐波干扰小，所以应用广泛。

由于固态继电器是由固体元件组成的无触点开关元件，所以与电磁继电器相比具有工作可靠、寿命长，对外界干扰小，能与逻辑电路兼容、抗干扰能力强、开关速度快和使用方便等一系列优点，因而具有很宽的应用领域，有逐步取代传统电磁继电器之势，并可进一步扩展到传统电磁继电器无法应用的计算机等领域。

3. 固态继电器的应用

固态继电器可直接用于三相电动机的控制，如图1-34所示。最简单的方法，是采用2只SSR作电机通断控制，4只SSR作电机换相控制，第三相不控制。作为电动机换向时应注意，由于电动机的运动惯性，必须在电动机停稳后才能换向，以避免产生类似电动机堵转情况，引起的较大冲击电压和电流。在控制电路设计上，要注意任何时刻都不应产生换相SSR同时导通的情况。上下电时序，应采用先加后断控制电路电源，后加先断电动机电源的时序。换向SSR之间不能简单地采用反相器连接方式，以避免在导通的SSR未关断，另一相SSR导通引起的相间短路事故。此外，电动机控制中的保险、缺相和温度继电器，也是保证系统正常工作的保护装置。

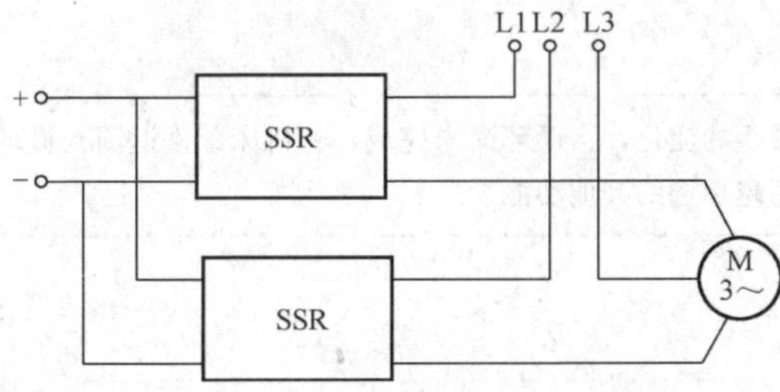

图1-34 用固态继电器控制三相异步电动机

第九节 主令电器

主令电器主要用于闭合或断开控制电路，以发出命令或信号，达到对电力拖动系统的控制或实现程序控制。常用的主令电器有控制按钮、行程开关、接近开关、万能转换开关等几种。

一、控制按钮

控制按钮是一种短时接通或断开小电流电路的电器，它不直接控制主电路的通断，而在控制电路中发出“指令”去控制接触器和继电器等电器，再由它们去控制主电路。

控制按钮由按钮帽、复位弹簧、桥式触头和外壳等组成，通常做成复合式，即具有动合触点和动断触点，其结构示意图如图1-35所示。

指示灯式按钮内可装入信号灯显示信号；紧急式按钮装有蘑菇形钮帽，便于紧急操作；旋钮式按钮用于扭动旋钮进行操作。

常见按钮有LA系列和LAY1系列。LA系列按钮的额定电压为交流500V、直流440V，额定电流为5A；LAY1系列按钮的额定电压为交流380V、直流220V，额定电流为5A。按钮帽有红、绿、黄、白等颜色，一般红色用作停止按钮，绿色

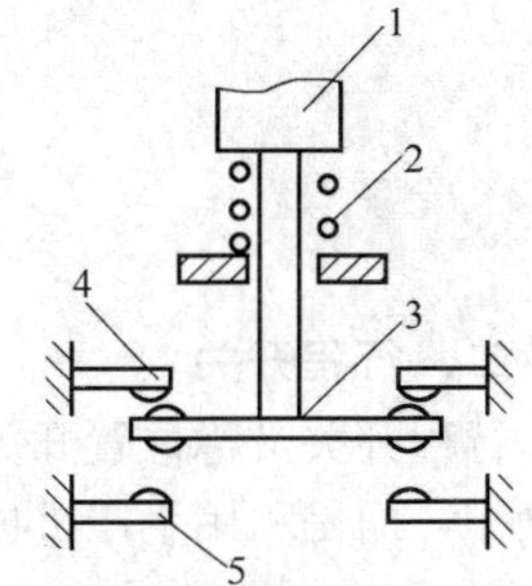

图1-35 控制按钮结构示意图
1—按钮帽；2—复位弹簧；3—动触点；4—动合触头；5—动断触头

用作起动按钮。按钮主要根据所需要的触点数、使用场合及颜色来选择。按钮颜色的含义如表 1-9 所示。

控制按钮的型号含义和电气符号如图 1-36 所示。

表 1-9　　按钮颜色及其含义

颜色	颜色含义	典　型　应　用
红	紧急情况时动作	急停
	停止或断开	①总停； ②停止一台或几台电动机； ③停止机床的一部分； ④停止循环（如果操作者在循环期间按此按钮，机床在有关循环完成后停止）； ⑤断开开关装置； ⑥兼有停止作用的复位
黄	干预	排除反常情况或避免不希望的变化，当循环尚未完成，将机床部件返回到循环起始点按压黄色按钮可以超越预选的其他功能
绿	起动或接通	①总启动； ②开动一台或几台电动机； ③开动机床的一部分； ④开动辅助功能； ⑤闭合开关装置； ⑥接通控制电路
蓝	红蓝绿三种颜色未包含的任何特定含义	①红、黄、绿含义未包括的特殊情况，可以用蓝色； ②蓝色：复位
黑灰白		除专用"停止"功能按钮外，可用于任何功能，如：黑色为点动，白色为控制与工作循环无直接关系的辅助功能

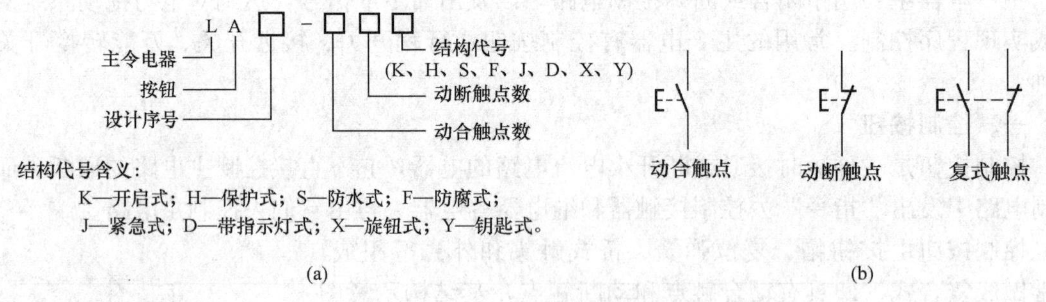

图 1-36　控制按钮的型号含义和电气符号

（a）型号含义；（b）电气符号

二、行程开关

行程开关又称位置开关或限位开关。它的作用与按钮相同，只是其触点的动作不是靠手动操作，而是利用生产机械某些运动部件上的挡铁碰撞其滚轮使触头动作来实现接通或分断电路。

行程开关的结构分为三个部分：操作机构、触头系统和外壳。行程开关分为单滚轮、双滚轮及径向传动杆等形式，其中，单滚轮和径向传动杆行程开关可自动复位，双滚轮为碰撞复位。

常见的行程开关有 LX19 系列、LX22 系列、JLXK1 系列和 JLXW5 系列。其额定电压为交流 500V、380V，直流 440V、220V，额定电流为 20A、5A 和 3A。

在选用行程开关时，主要根据机械位置对开关型式的要求，控制线路对触头数量和触头性质的要求，闭合类型（限位保护或行程控制）和可靠性以及电压、电流等级确定其型号。

行程开关的型号含义和电气符号如图 1-37 所示。

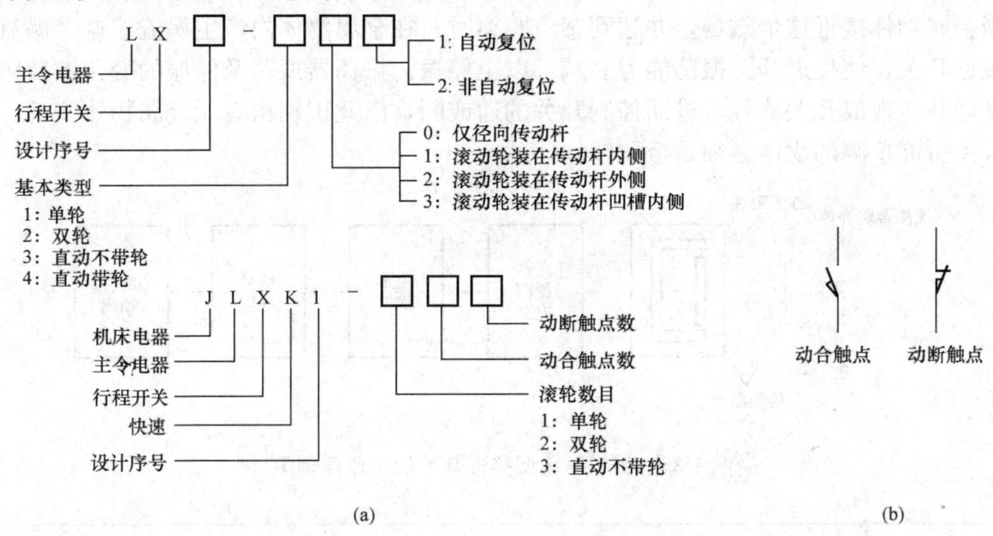

图 1-37 行程开关的型号含义和电气符号

（a）型号意义；（b）电气符号

三、接近开关

接近开关是一种无须与运动部件进行机械接触而可以操作的位置开关，当物体接近开关的感应面到动作距离时，不需要机械接触与施加任何压力即可使开关动作，从而驱动交流或直流电器或给计算机装置提供控制指令。接近开关是一种开关型传感器（即无触点开关），它既有行程开关所具备的行程控制及限位保护特性，同时又可用于高速计数、检测金属体的存在、测速、液位控制、检测零件尺寸以及用作无触点式按钮等。

接近开关的动作可靠，性能稳定，频率响应快，使用寿命长，抗干扰能力强、并具有防水、防震、耐腐蚀等特点。

1. 接近开关的分类

目前应用较为广泛的接近开关按工作原理可以分为以下几种类型：

高频振荡型：用以检测各种金属体。

电容型：用以检测各种导电或不导电的液体或固体。

光电型：用以检测所有不透光物质。

超声波型：用以检测不透过超声波的物质。

电磁感应型：用以检测导磁或不导磁金属。

按其外形形状可分为圆柱型、方型、沟型、穿孔（贯通）型和分离型。圆柱型比方型安装方便，但其检测特性相同，沟型的检测部位是在槽内侧，用于检测通过槽内的物体，贯通型在我国很少生产，而日本则应用较为普遍，可用于小螺钉或滚珠之类的小零件和浮标组装成水位检测装置等。

接近开关按供电方式可分为直流型和交流型，按输出型式又可分为直流两线制、直流三线制、直流四线制、交流两线制和交流三线制。

2．高频振荡型接近开关的工作原理

高频振荡型接近开关的工作原理图如图 1-38 所示，它属于一种有开关量输出的位置传感器，它由 LC 高频振荡器、整形检波电路和放大处理电路组成，振荡器产生一个交变磁场，当金属物体接近这个磁场，并达到感应距离时，在金属物体内产生涡流。这个涡流反作用于接近开关，使接近开关振荡能力衰减，以至停振。振荡器振荡及停振的变化被后级放大电路处理并转换成开关信号，进而控制开关的通或断，由此识别出有无金属物体接近。这种接近开关所能检测的物体必须是金属物体。

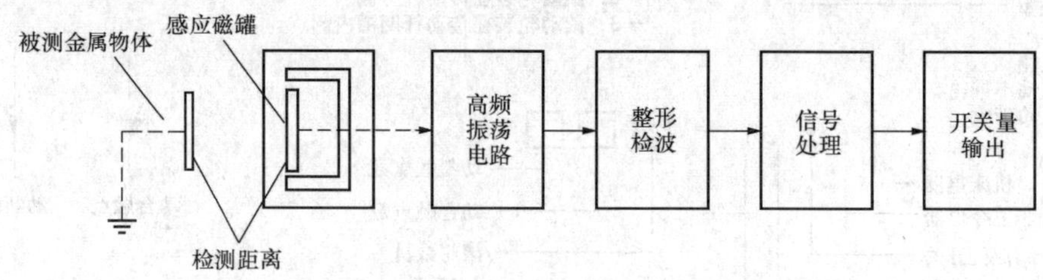

图 1-38　高频振荡型接近开关的工作原理图

3．接近开关的选型

对于不同材质的检测体和不同的检测距离，应选用不同类型的接近开关，以使其在系统中具有高的性能价格比，为此在选型中应遵循以下原则：

（1）当检测体为金属材料时，应选用高频振荡型接近开关，该类型接近开关对铁镍、A3 钢类检测体检测最灵敏。对铝、黄铜和不锈钢类检测体，其检测灵敏度就低。

（2）当检测体为非金属材料时，如木材、纸张、塑料、玻璃和水等，应选用电容型接近开关。

（3）金属体和非金属要进行远距离检测和控制时，应选用光电型接近开关或超声波型接近开关。

（4）对于检测体为金属时，若检测灵敏度要求不高时，可选用价格低廉的磁性接近开关或霍尔式接近开关。

接近开关的电气符号如图 1-39 所示。

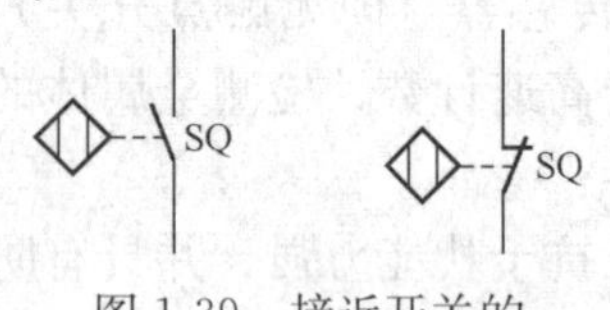

图 1-39　接近开关的电气符号

四、万能转换开关

万能转换开关是一种多挡式、控制多回路的主令电器，一般可作为多种配电装置的远距离控制，也可作为电压表、电流表的换相开关，还可作为小容量电动机的起动、制动、调速及正反向转换的控制。由于其触头挡数多、换接线路多、用途广泛，故有“万能”之称。

万能转换开关主要由操作机构、面板、手柄及数个触点座等部件组成，用螺栓组装成为整体。触点座可有 1～10 层，每层均可装三对触点，并由其中的凸轮进行控制。由于每层凸轮可做成不同的形状，因此当手柄转到不同位置时，通过凸轮的作用，可使各对触点按需要的规律接通和分断。

常见的万能转换开关的型号为 LW5 系列和 LW6 系列。选用万能开关时，可从以下几方面入手：若用于控制电动机，则应预先知道电动机的内部接线方式，根据内部接线方式、接线指示牌以及所需要的转换开关断合次序表，画出电动机的接线图，只要电动机的接线图与转换开关的实际接法相符即可。其次，需要考虑额定电流是否满足要求。若用于控制其他电路时，则只需考虑额定电流、额定电压和触头对数。

万能转换开关的原理图和电气符号如图 1-40 所示。

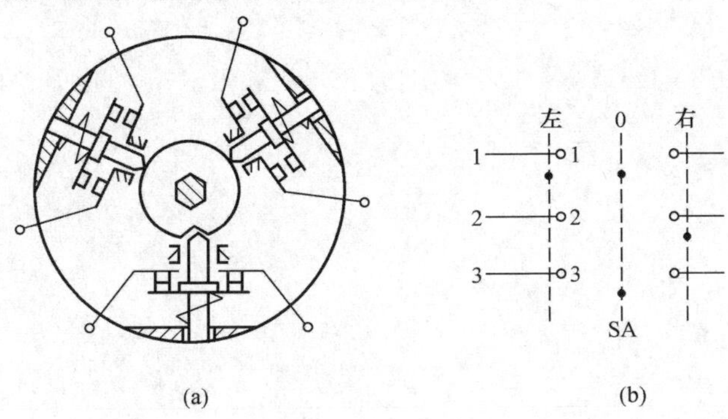

图 1-40　万能转换开关的原理图和电气符号

(a) 结构原理图；(b) 电气符号

习　　题

1-1　什么是低压电器？常用的低压电器有哪些？

1-2　电磁式低压电器有哪几部分组成？说明各部分的作用。

1-3　灭弧的基本原理是什么？低压电器常用的灭弧方法有哪几种？

1-4　熔断器有哪些用途？一般应如何选用？在电路中应如何连接？

1-5　交流接触器主要由哪些部分组成？在运行中有时产生很大的噪声，试分析产生该故障的原因。

1-6　交流电磁线圈误接入直流电源或直流电磁线圈误接入交流电源，会出现什么情况？为什么？

1-7　交流接触器的主触头、辅助触头和线圈各接在什么电路中，应如何连接？

1-8　什么是继电器？它与接触器的主要区别是什么？在什么情况下可用中间继电器代替接触器起动电动机？

1-9　空气阻尼式时间继电器是利用什么原理达到延时目的的？如何调整延时时间的长短？

1-10　热继电器有何作用？如何选用热继电器？在实际使用中应注意哪些问题？

1-11　低压断路器具有哪些脱扣装置？试分别叙述其功能。

1-12　什么是速度继电器？其作用是什么？速度继电器内部的转子有什么特点？若其触头过早动作，应如何调整？

1-13　常用电子电器有哪些特点？主要由哪几部分组成？主要参数有哪些？

1-14　某生产设备采用三角形联结的异步电动机，其 $P_N=5.5\text{kW}$，$U_N=380\text{V}$，$I_N=12.5\text{A}$，$I_S=6.5I_N$。现用按钮进行启动、停止控制，应有短路、过载保护。试选用接触器、按钮、熔断器、热继电器和组合开关。

1-15 空气式时间继电器按其控制原理可分为哪两种类型？每种类型的时间继电器其触头有哪几类？画出他们的图形符号。

1-16 说明自动开关DZ10—20/330额定电流大小，极数，并说明它有哪些脱扣装置和保护功能？

第二章

常用机床的控制电动机

本章主要内容 三相异步电动机的降压启动控制电路，正、反转控制电路及其工作原理，以及三相异步电动机的保护环节。

在机床行业中应用最普遍的电气设备是电动机，而老式机床应用最广的是普通的三相异步电动机，另外少数机床用到直流电动机，它们的自动控制电路大多以各类电动机和继电器、接触器、按钮、保护元件等器件组成。这些控制电路无论是简单还是复杂，一般都是由一些基本控制环节组成，在分析电路原理和判断其故障时，一般都是从这些基本控制环节入手。而新型机床应用的是变频电动机。因此我们本章重点介绍三相异步电动机的控制原理、结构，以及三相异步电动机的控制和保护电路，另外还有变频电机和变频器的有关知识。

第一节 三相异步电动机

一、三相异步电动机的结构

如图 2-1 所示的是三相异步电动机的结构图，三相异步电动机主要分为两个基本部分：

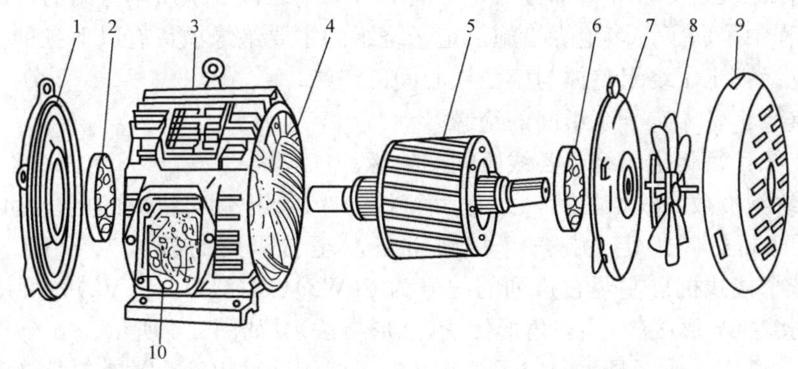

图 2-1 三相异步电动机的结构图

1、7—端盖；2、6—轴承；3—机座；4—定子绕组；5—转子；8—风扇；9—风罩；10—接线盒

定子（静止部分）和转子（旋转部分），定子、转子中间是空气隙。

1. 定子（静止部分）

三相异步电动机定子主要由定子铁心、定子绕组、机座等组成。其组成结构如图 2-2 所示。

(1) 定子铁心。定子铁心作为电机磁路的一部分，并在其上放置定子绕组。

如图 2-3 所示，定子铁心一般由 0.35～0.5mm 厚表面具有绝缘层的硅钢片冲制、叠压而成，在铁心的内圆冲有均匀分布的槽，用以嵌放定子绕组。

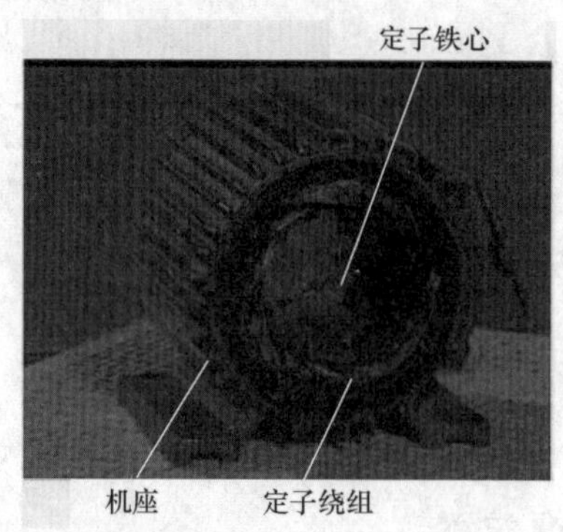

图 2-2　定子

图 2-3　定子铁心

定子铁心槽型有以下几种：

1）半闭口型槽：电动机的效率和功率因数较高，但绕组嵌线和绝缘都较困难。一般用于小型低压电机中。

2）半开口型槽：可嵌放成型绕组，一般用于大型、中型低压电动机。所谓成型绕组即绕组可事先经过绝缘处理后再放入槽内。

3）开口型槽：用以嵌放成型绕组，绝缘方法方便，主要用在高压电动机中。

（2）定子绕组。定子绕组是电动机的电路部分，通入三相交流电，产生旋转磁场。

小型异步电动机定子绕组通常用高强度漆包线（铜线或铝线）绕制成各种线圈后，再嵌放在定子铁心槽内。大中型异步电动机则用各种规格的铜条经绝缘处理后，再嵌放在定子铁心槽内。为了保证绕组的各导电部分与铁心间的可靠绝缘以及绕组本身间的可靠绝缘，在定子绕制制造过程中采取了许多绝缘措施。定子绕组的主要绝缘项目有以下三种：

1）对地绝缘：定子绕组整体与定子铁心间的绝缘。

2）相间绝缘：各相定子绕组间的绝缘。

3）匝间绝缘：每相定子绕组各线匝间的绝缘。

定子三相绕组嵌放到铁心槽后，共有六个出线端引到电动机机座的接线盒内，并且六根线头排成上下两排，并规定上排三个接线桩自左至右排列的编号为 1(U1)、2(V1)、3(W1)，下排三个接线桩自左至右排列的编号为 6(W2)、4(U2)、5(V2)，可按需要将三相绕组接成星形接法(Y 形接法)或三角形接法(△形接法)。如图 2-4 所示。

（3）机座。机座的作用是固定定子铁心和定子绕组，并以两个端盖支撑转子，同时起保护整台电动机电磁部分的作用，并散发电动机运行中产生的热量。

机座通常为铸铁件，大型异步电动机机座一般用钢板焊成，而微型电动机的机座采用铸铝件。封闭式电动机的机座外面有散热筋以增加散热面积，防护式电机的机座两端端盖开有通风孔，使电动机内外的空气可直接对流，以利于散热。

2. 转子（旋转部分）

转子是电动机的旋转部分，包括转子铁心、转子绕组和转轴等部件。

（1）转子铁心。转子铁心作为电动机磁路的一部分，并在铁心槽内放置转子绕组。转子铁心所用材料与定子一样，一般由 0.5mm 厚的硅钢片冲制、叠压而成，硅钢片外圆冲有均匀分布的孔，用来安置转子绕组。通常用定子铁心冲落后的硅钢片内圆来冲制转子铁心。一

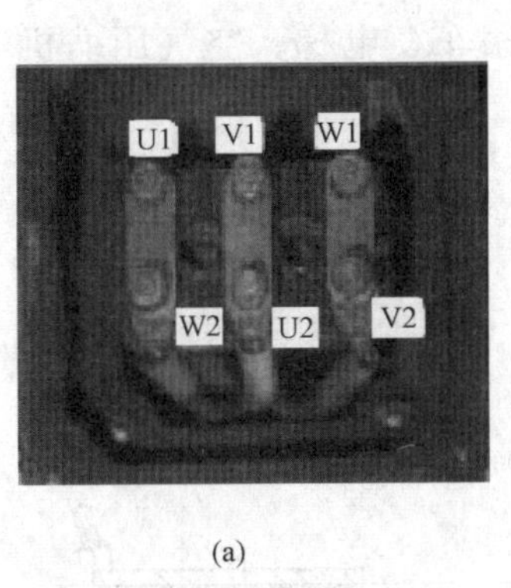

(a)

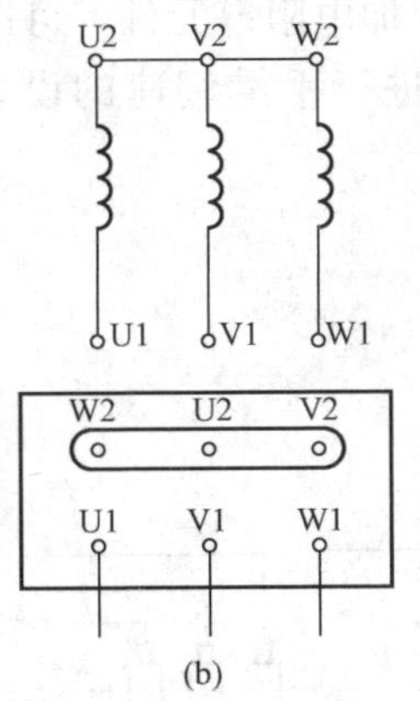

(b)

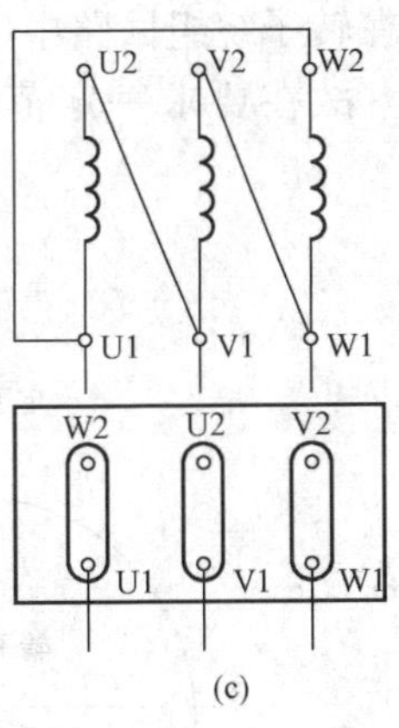

(c)

图 2-4 定子三相绕组的接线方式

(a) 接线盒；(b) Y 形接法；(c) △形接法

般小型异步电动机的转子铁心直接压装在转轴上，大、中型异步电动机（转子直径在 300～400mm 以上）的转子铁心则借助与转子支架压在转轴上。

(2) 转子绕组。转子绕组的作用是切割定子旋转磁场产生感应电动势及电流，并形成电磁转矩而使电动机旋转。根据构造的不同转子绕组分为鼠笼型转子和绕线型转子，如图 2-5 所示。

图 2-5 转子绕组外形图

1) 鼠笼型转子：鼠笼型转子绕组由插入转子槽中的多根导条和两个环形的端环组成。若去掉转子铁心，整个绕组的外形像一个鼠笼，故称笼型绕组。小型笼型电动机采用铸铝转子绕组，对于 100kW 以上的电动机采用铜条和铜端环焊接而成，如图 2-6 所示。

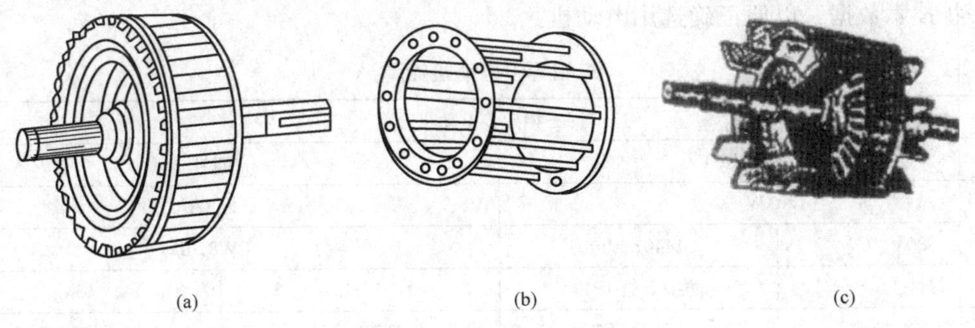

图 2-6 鼠笼型转子

(a) 笼型绕组；(b) 转子外形；(c) 铸铝笼型转子

2) 绕线型转子：绕线转子绕组与定子绕组相似，也是一个对称的三相绕组，一般接成星形，三个出线端接到转轴的三个集电环（滑环）上，再通过电刷与外电路连接，如图 2-7 所示。这种转子结构较复杂，故绕线式电动机的应用不如鼠笼式电动机广泛。但通过集电环和电刷在转子绕组回路中串入附加电阻等元件，可以改善异步电动机的启动、制动性能及调速性能，故在要求一定范围内进行平滑调速的设备，如吊车、电梯、空气压缩机等上面采用。

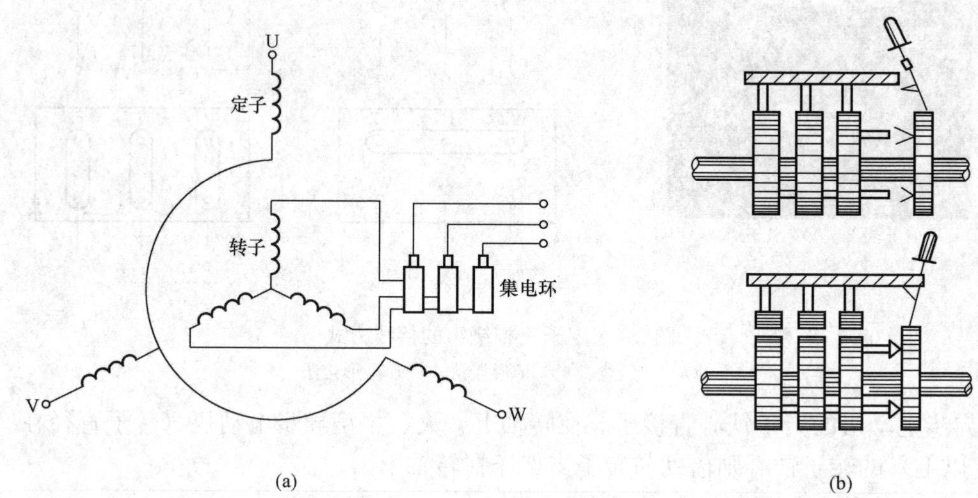

图 2-7　绕线型转子异步电动机的转子接线示意图

（a）接线图；（b）提刷装置

（3）转轴。转轴用以传递转矩及支撑转子的重量，一般由中碳钢或合金钢制成。

3. 其他附件

（1）端盖。端盖分别装在机座的两侧，起支撑转子的作用，一般为铸铁件。

（2）轴承。轴承用于连接转动部分与不动部分。

（3）轴承端盖。轴承端盖保护轴承，使轴承内的润滑油不致溢出。

（4）风扇。风扇用于冷却电动机。

二、三相异步电动机铭牌

在三相异步电动机的机座上都装有一块铭牌，如表 2-1 所示，铭牌上标出了电动机的型号和一些技术数据，以便正确选用电动机。

表 2-1　　　　**三相异步电动机铭牌**

三相异步电动机			
型号：Y112M-4		编号	
4.0kW		8.8A	
380V	1440r/min	LW82dB	
接法△	防护等级 IP44	50Hz	45kg
标准编号	工作制 S1	B级绝缘	××年××月
××电机厂			

1. 型号含义

型号 Y112M-4 中“Y”表示 Y 系列鼠笼型异步电动机（YR 表示绕线型异步电动机），“112”表示电机的中心高为 112mm，“M”表示中机座（L 表示长机座，S 表示短机座），

“4”表示 4 级电机。有些电动机型号在机座代号后面还有一位数字，代表铁心号，如 Y132S2-2 型号中 S 后面的“2”表示 2 号铁心长（1 表示 1 号铁心长）。

2. 额定功率

电动机在额定状态下运行时，其轴上所能输出的机械功率称为额定功率。如表中得 4.0kW。

3. 额定速度

在额定状态下运行时的转速称为额定转速。如标准的 1440r/min。

4. 额定电压

额定电压是电动机在额定运行状态下，电动机定子绕组上应加的线电压值。Y 系列电动机的额定电压都是 380V。凡功率小于 3kW 的电动机，其定子绕组均为星型连接，4kW 以上都是三角形连接。

5. 额定电流

电动机加以额定电压，在其轴上输出额定功率时，定子从电源取用的线电流值称为额定电流。

6. 防护等级

防护等级指防止人体接触电机转动部分、电机内带电体和防止固体异物进入电机内的防护等级。

防护标志 IP44 含义：

IP—特征字母，为“国际防护”的缩写；

44—4 级防固体（防止大于 1mm 固体进入电动机）；4 级防水（任何方向溅水应无害影响）。

7. LW 值

LW 值指电动机的总噪声等级。LW 值越小表示电动机运行的噪声越低。噪声单位为 dB。

8. 工作制

工作制指电动机的运行方式。一般分为“连续”（代号为 S1）、“短时”（代号为 S2）、“断续短时”（代号为 S3）。

9. 额定频率

额定频率是指电动机在额定运行状态下定子绕组所接电源的频率。我国规定的额定频率为 50Hz。

10. 接法

三相异步电动机的接法表示电动机在额定电压下定子绕组的连接方式，即 Y 形连接和△形连接。当电压不变时，如将 Y 形连接的电动机接为△形连接，线圈电压为原线圈的 $\sqrt{3}$，这样电动机线圈的电流过大而发热。若将△形连接的电动机改为 Y 形连接，则电动机线圈电压为原线圈的 $1/\sqrt{3}$，电动机的输出功率就会降低。

三、三相异步电动机的工作原理

三相异步电动机的工作原理用一个简单的实验观察，如图 2-8 所示。在蹄形磁铁中放置一个笼型转子，当摇动磁铁时，笼型转子跟随转动；若摇把摇动方向发生改变，笼型转子转动方向也会发生变化。故可得出如下结论：旋转磁场可拖动笼型转子转动。

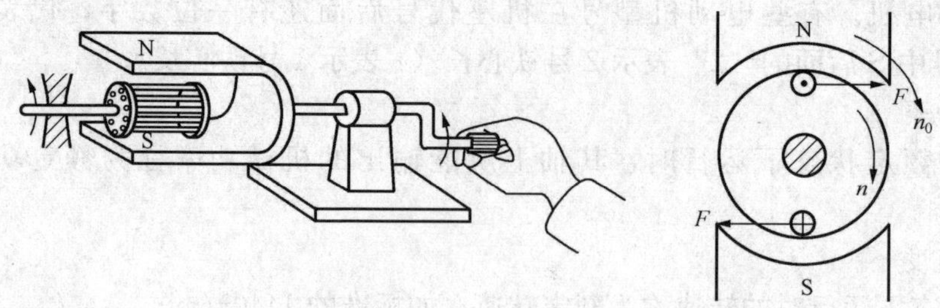

图 2-8　笼型转子随旋转磁场而转动的实验

1. 旋转磁场

(1) 旋转磁场的产生。图 2-9 所示为最简单的三相定子绕组 AX，BY，CZ，它们在空间按互差 120°的规律对称排列，并接成星形与三相电源 A、B、C 相连。则三相定子绕组便通过三相对称电流 i_A、i_B、i_C［它们的关系式如式（2-1）～式（2-3)］，由于定子绕组电流的流过，故在三相定子绕组中就会产生如图 2-10 所示的旋转磁场。电流流入端用"×"表示，流出端用"。"表示。

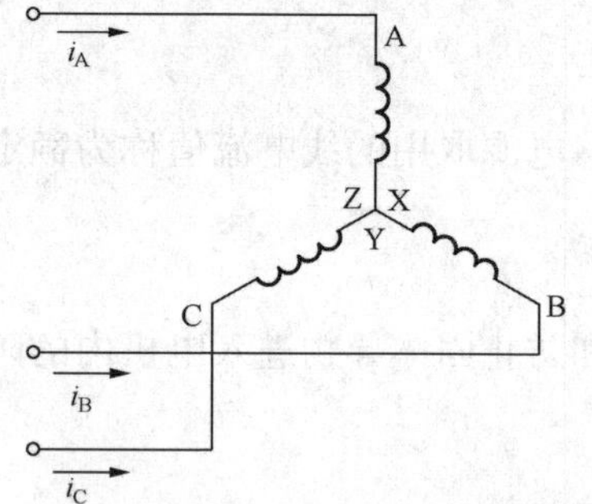

图 2-9　三相异步电动机定子接线

$$i_A = I_m \sin\omega t \tag{2-1}$$

$$i_B = I_m \sin(\omega t - 120°) \tag{2-2}$$

$$i_C = I_m \sin(\omega t + 120°) \tag{2-3}$$

下面分析旋转磁场产生的原理。

当 $\omega t=0°$时，$i_A=0$，AX 绕组中无电流；i_B 为负，BY 绕组中的电流从 Y 流入、B 流出；i_C 为正，CZ 绕组中的电流从 C 流入、Z 流出；由右手螺旋定则可得合成磁场的方向如图 2-10（a）所示。

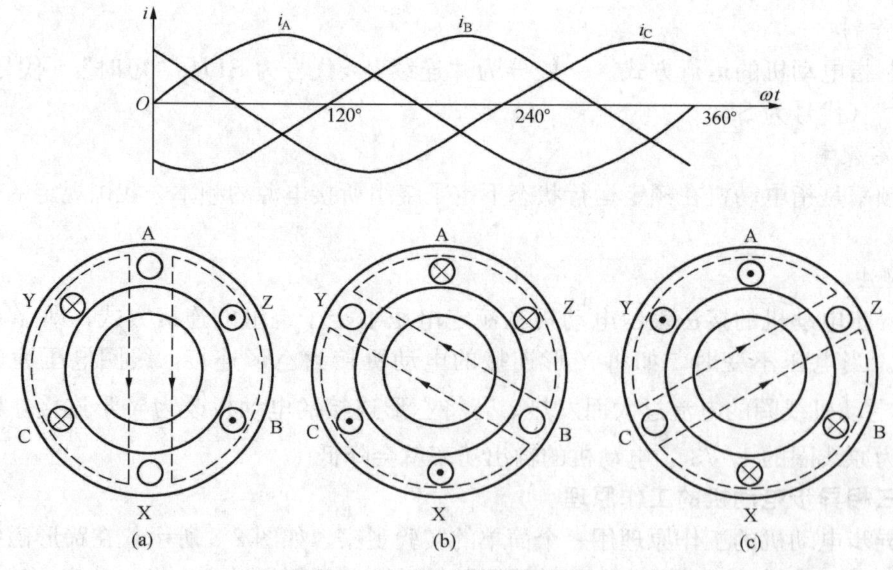

图 2-10　旋转磁场的形成

（a）$\omega t=0°$；（b）$\omega t=120°$；（c）$\omega t=240°$

当 $\omega t=120^\circ$ 时，$i_A=0$，BY 绕组中无电流；i_A 为正，AX 绕组中的电流从 A 流入、X 流出；i_C 为负，CZ 绕组中的电流从 Z 流入、C 流出；由右手螺旋定则可得合成磁场的方向如图 2-10（b）所示。

当 $\omega t=240^\circ$ 时，$i_C=0$，CZ 绕组中无电流；i_A 为负，AX 绕组中的电流从 X 流入、A 流出；i_B 为正，BY 绕组中的电流从 B 流入、Y 流出；由右手螺旋定则可得合成磁场的方向如图 2-10（c）所示。

综上所述，当定子绕组中通入三相电流后，当三相电流不断地随时间变化时，它们共同产生的合成磁场也随着电流的变化而在空间不断地旋转，故称旋转磁场。

（2）旋转磁场的转向。旋转磁场的方向是由三相绕组中电流相序决定的，若想改变旋转磁场的方向，只要改变通入定子绕组的电流相序，即将三根电源线中的任意两根对调即可。这时，转子的旋转方向也随着改变。

（3）三相异步电动机的极数与转速。

1）极数（磁极对数 p）。三相异步电动机的极数就是旋转磁场的极数。旋转磁场的极数和三相绕组的安排有关。当每相绕组只有一个线圈，绕组的始端之间相差 120°空间角时，产生的旋转磁场具有一对极数，即 $p=1$；当每相绕组为两个线圈串联，绕组的始端之间相差 60°空间角时，产生的旋转磁场具有两对极数，即 $p=2$；同理，如果要产生三对极，即 $p=3$ 的旋转磁场，则每相绕组必须有均匀安排在空间的串联的三个线圈，绕组的始端之间相差 40°（$=120^\circ/p$）空间角。极数 p 与绕组的始端之间的空间角 θ 的关系为

$$\theta = 120^\circ/p \tag{2-4}$$

2）转速 n。三相异步电动机旋转磁场的转速 n_0 与电动机磁极对数 p 有关，它们的关系是

$$n_0 = \frac{60f_1}{p} \tag{2-5}$$

由式（2-5）可知，旋转磁场的转速 n_0 决定于电流频率 f_1 和磁场的极对数 p。对某一异步电动机而言，f_1 和 p 通常是一定的，所以磁场转速 n_0 为一常数。

在我国，工频 $f_1=50\text{Hz}$，因此不同的极对数 p 对应于不同的旋转磁场转速 n_0，其对应数据如表 2-2 所示。

表 2-2　极对数 p 与旋转磁场转速 n_0 的对应数据

p（极对数）	1	2	3	4	5	6
n_0（转速 r/min）	3000	1500	1000	750	600	500

2. 三相异步电动机的转差率 s

电动机转子转动方向与磁场旋转的方向相同，但转子的转速 n 不可能达到与旋转磁场的转速 n_0 相等，否则转子与旋转磁场之间就没有相对运动，因而磁力线就不切割转子导体，转子电动势、转子电流以及转矩也就都不存在。也就是说旋转磁场与转子之间存在转速差，因此我们把这种电动机称为异步电动机，又因为这种电动机的转动原理是建立在电磁感应基础上的，故又称为感应电动机。

旋转磁场的转速 n_0 常称为同步转速。

转差率 s 是用来表示转子转速 n 与磁场转速 n_0 相差程度的物理量。即

$$s = \frac{n_0 - n}{n_0} = \frac{\Delta n}{n_0} \tag{2-6}$$

转差率是异步电动机的一个重要的物理量。

当旋转磁场以同步转速 n_0 开始旋转时，转子则因机械惯性尚未转动，转子的瞬间转速 $n=0$，这时转差率 $s=1$。转子转动起来之后，$n>0$，(n_0-n) 差值减小，电动机的转差率 $s<1$。如果转轴上的阻转矩加大，则转子转速 n 降低，即异步程度加大，才能产生足够大的感受电动势和电流，产生足够大的电磁转矩，这时的转差率 s 增大。反之，s 减小。异步电动机运行时，转速与同步转速一般很接近，转差率很小。在额定工作状态下约为 0.015～0.06 之间。

根据式（2-6），可以得到电动机的转速常用公式

$$n = (1-s)n_0 \tag{2-7}$$

【例 2-1】　有一台三相异步电动机，其额定转速 $n=975\text{r/min}$，电源频率 $f=50\text{Hz}$，求电动机的极数和额定负载时的转差率 s。

解　由于电动机的额定转速接近而略小于同步转速，而同步转速对应于不同的极对数有一系列固定的数值。显然，与 975r/min 最相近的同步转速 $n_0=1000\text{r/min}$，与此相应的磁极对数 $p=3$。因此，额定负载时的转差率为

$$s = \frac{n_0 - n}{n_0} \times 100\% = \frac{1000-975}{1000} \times 100\% = 2.5\% \tag{2-8}$$

3. 三相异步电动机的定子电路与转子电路

三相异步电动机中的电磁关系同变压器类似，定子绕组相当于变压器的一次绕组，转子绕组（一般是短接的）相当于二次绕组。给定子绕组接上三相电源电压，则定子中就有三相电流通过，此三相电流产生旋转磁场，其磁力线通过定子和转子铁心而闭合，这个磁场在转子和定子的每相绕组中都要感应出电动势。

第二节　直流电动机

直流电动机是接直流电源而转动的电动机，直流电动机与三相异步电动机相比，具有调速性能好和启动转矩较大的优点，因此，常用于对调速要求较高的生产机械（如龙门刨床等），或需要较大启动转矩的生产机械（如起重机械和电力牵引设备等）。但直流电动机也存在一些缺点，如结构复杂、制造中消耗金属较多、工艺较复杂、成本较高，运行中，电流换向的故障较多，维修比较麻烦。对于粉尘比较大、易燃易爆场所直流电动机根本无法应用，这是它致命的弱点。以上这些问题使直流电动机的应用受到了一定的限制，所以直流电动机没有交流电动机的应用广泛。

一、直流电动机的结构

直流电动机主要由定子（静止部分）和转子（旋转部分）两大部分组成，而定子和转子是靠两个端盖连接的，其基本结构和组成如图 2-11 所示。

1. 定子（静止部分）

直流电动机的定子部分主要由机座、主磁极、换向极和电刷装置等组成，其结构剖面图如图 2-12 所示。

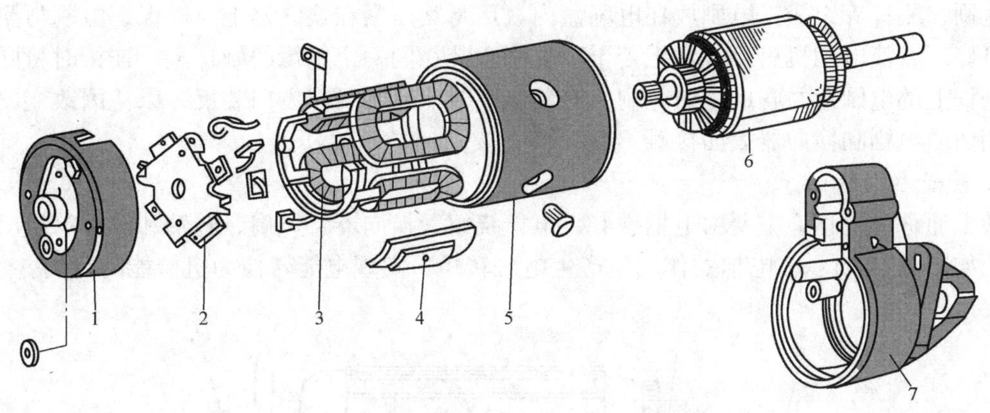

图 2-11　直流电动机基本结构

1—前端盖；2—电刷和刷架；3—磁场绕组；4—磁极铁心；5—机壳；6—电枢；7—后端盖

（1）机座。机座的作用一是作为电动机磁路的一部分，二是固定主磁极、换向极。机座通过端盖支撑转子部分，通常是用铸钢或厚钢板焊成的，机座中有磁通通过的部分称为磁轭。

（2）主磁极。主磁极又叫主极，如图 2-13 所示，主磁极的作用是通入直流励磁电流，产生主磁场。它由主极铁心和嵌装在铁心上的励磁绕组组成，铁心是由薄钢板冲片叠压紧固而成的。

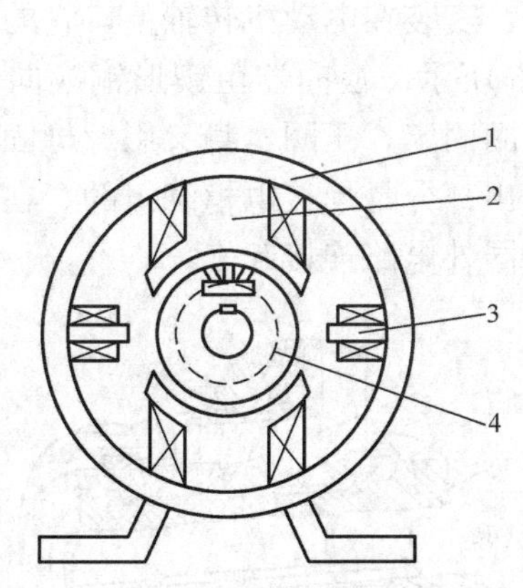

图 2-12　定子结构剖面图

1—机座；2—主极；3—换向极；4—电枢

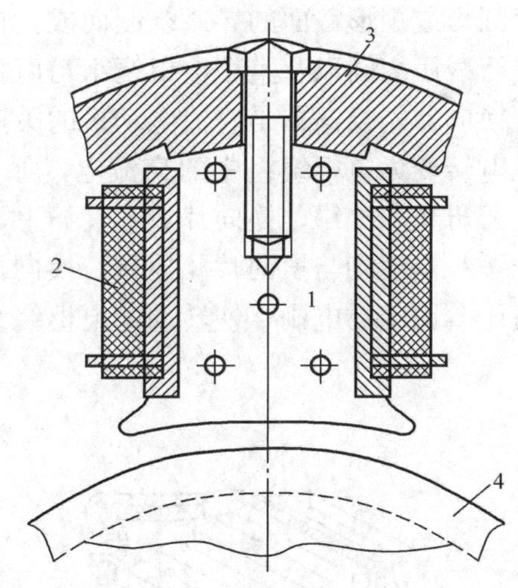

图 2-13　主磁极

1—主极铁心；2—励磁绕组；3—机座；4—电枢

（3）换向极。换向极安装在两主极磁极间的中心线上，外面套有换向极绕组，其作用是产生换向磁场，改善电动机的换向。它由换向极铁心和换向极绕组组成。换向极一般用整块钢板制成，由于换向极绕组里流的是电枢电流，所以其导线截面积较大，匝数较少。

（4）电刷装置。电刷装置是通过电刷与换向器表面滑动接触，将电源引入直流电动机，它由电刷、刷杆等组成。电刷放在电刷盒内，用弹簧压紧在换向器上，以保证电刷与换向片接触良好。直流电动机里，常常把若干个电刷盒装在同一个绝缘的刷杆上，连接时将同一个绝缘刷杆上的电刷盒并联成一组电刷。安装电刷时注意不要将方向装反，以免因改变原来的摩擦面而使电刷和换向器表面接触不良。

2. 转子（旋转部分）

转子通称为电枢，主要由电枢铁心、电枢绕组、换向器、风扇、转轴和轴承等组成。其结构图如图 2-14 所示。电枢的作用是产生电磁转矩，实现电能转换为机械能的目的。

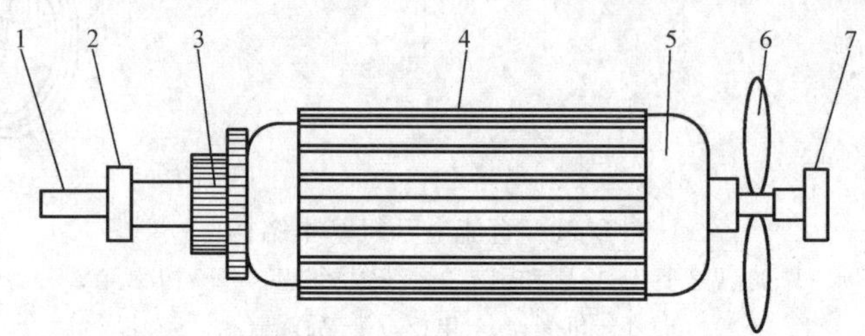

图 2-14　转子结构图

1—转轴；2—轴承；3—换向器；4—电枢铁心；5—电枢绕组；6—风扇；7—轴承

（1）电枢铁心。电枢铁心是直流电动机主磁路的一部分，安装在转轴上，其作用是通过磁通和嵌放电枢绕组，由表面有绝缘层的硅钢片叠压而成，沿铁心外圆均匀地分布有槽，在槽内嵌放电枢绕组，其嵌放方法如图 2-15 所示。

（2）电枢绕组。电枢绕组的作用是通电后受到电磁力的作用，产生电磁转矩。电枢绕组通常都用圆形或矩形截面的导线绕制而成，再按一定的规律嵌放在电枢铁心槽中，并利用绝缘材料进行线匝之间以及整个电枢绕组与电枢铁心之间的绝缘处理。

（3）换向器。换向器是直流电动机的关键部分，安装在电动机转轴上，它的作用是把外加的直流电转变为电枢绕组中的交流电，如图 2-16 所示。换向器由锲形铜换向片组成，换向片间用云母垫片绝缘。换向片放在套筒上，用压圈固定，压圈本身又用螺母固紧。电枢绕组的导线按一定规则与换向片相连接。换向器的凸出部分是焊接电枢绕组的。在换向器的表面用弹簧压着固定的电刷，使转动的电枢绕组得以同外电路连接起来。

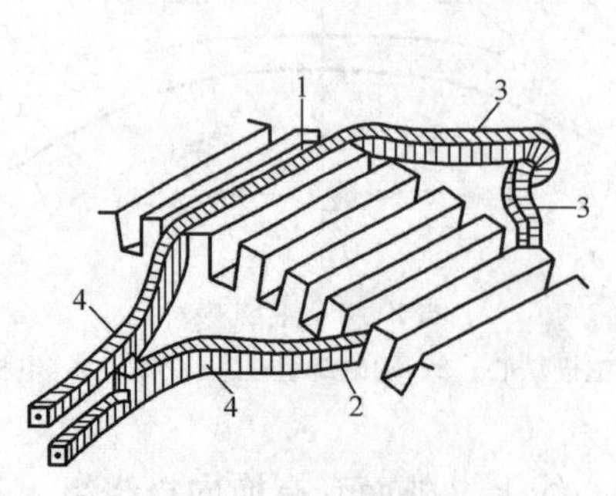

图 2-15　电枢绕组嵌放方法

1—上层绕组线圈边；2—下层绕组线圈边；3—后端所接部分；4—前端所接部分

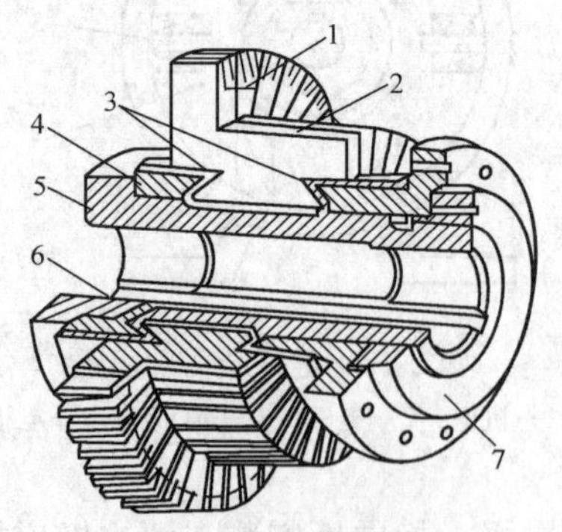

图 2-16　换向器

1—云母片；2—换向片；3—V 形云母环；4—V 形铜环；5—铜套；6—绝缘套筒；7—螺旋压圈

二、直流电动机的分类

直流电动机按励磁绕组和电枢绕组接线方式不同，可分为四类：

（1）串励式直流电动机。串励式直流电动机是将电枢绕组与励磁绕组串联后与直流电源连接。

（2）并励式直流电动机。并励式直流电动机是将电枢绕组与励磁绕组并联后与直流电源连接。

（3）复励式直流电动机。复励式直流电动机有两组励磁绕组，其一组与电枢绕组并联，另一组与电枢绕组串联，一般以并励绕组为主。

（4）他励式直流电动机。他励式直流电动机与前三种不同，前三种只需一个电源，而他励式直流电动机需两个电源，励磁绕组由独立的励磁电源供电。

三、直流电动机的基本工作原理

直流电动机的工作原理是运用电磁定律，即通电导体在磁场中要受到力的作用。现把复杂的直流电动机简化为如图 2-17 所示的工作原理示意图。电动机具有一对磁极，电枢绕组只有一个线圈，线圈两端分别连在两个换向片 D 和 E 上，换向片上压着电刷 A 和 B。

从电刷 A、B 引入直流电源，使电流从正电刷 A 流入，由负电刷 B 流出。由于换向器的作用，保持 N、S 极下的导体中的电流方向不变，即 N 极下有效边中的电流总是一个方向，而 S 极下的有效边中的电流总是另一个方向。这样两个有效边所受到的电磁力的方向一致，电枢因而转动。当线圈的有效边从 N（S）极下转到 S（N）极下时，其中电流的方向由于换向片而同时改变，则保持线圈的受力方向与旋转方向不变，因此，电动机就连续运行。

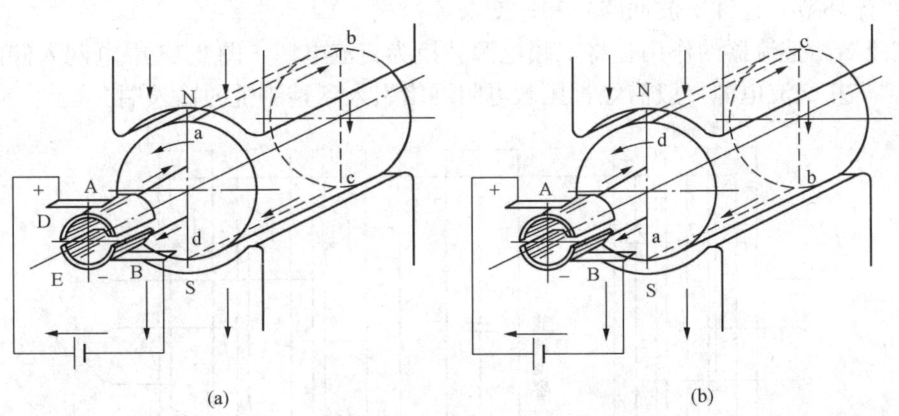

图 2-17　直流电动机的工作原理示意图

（a）a、b 有效边在 N 极下时；（b）a、b 有效边转到 S 极下时

N、S—磁极；D、E—换向片；A、B—电刷；a、b、c、d—线圈

第三节　变 频 电 动 机

变频调速电动机简称变频电动机，目前变频调速已成为主流的调速方案，在各行各业无极变速传动中广泛应用。随着变频器在工业控制领域内日益广泛的应用，变频电动机的使用

也日益广泛起来，也可以这样说，由于变频电动机在变频控制方面较普通电动机优越，凡是用到变频器的地方都不难看到变频电动机的身影。

一、变频器

变频器是把工频电源（50Hz或60Hz）变换成各种频率的交流电源，以实现电动机变速运行的电力设备。它主要由整流、滤波、逆变、制动单元、驱动单元、检测单元、微处理单元等组成，其中控制电路负责完成对主电路的控制，整流电路是将交流电变换成直流电，直流中间电路对整流电路的输出进行平滑滤波，而逆变电路是将直流电再逆成交流电。变频器是通过改变电机定子绕组供电的频率来达到调速的目的，另外，变频器还有过流、过压、过载保护等功能。随着工业自动化程度的不断提高，变频器也得到了非常广泛的应用，如风机的调速、电梯调速和数控机床主轴的调速等。

变频器的种类很多，通常按供电电源的相数可分为单相变频器和三相变频器；按用途可分为通用变频器和专用变频器等。

1. 变频器的频率给定方式

变频器常见的频率给定方式主要有：操作器键盘给定、接点信号给定、模拟信号给定、脉冲信号给定和通讯方式给定等。这些频率给定方式各有优缺点，须按照实际所需进行选择设置，同时也可以根据功能需要选择不同频率给定方式之间的叠加和切换。

2. 变频器的工作原理

分析变频器的工作原理，主要从变频器内部电路组成的各部分作用入手。变频器电路主要由主电路和控制电路组成，其基本组成部分如图2-18所示。

（1）主电路。主电路是指为电动机提供调压调频电源的电力变换部分。它主要由整流器、中间直流环节（也称平波回路）和逆变器等构成。

1）整流器。整流器的作用是将工频电源转换为直流电源，图2-18中电网入侧的变流器为整流器。三相交流电源一般需经过压敏电阻网络引入到整流桥的输入端。

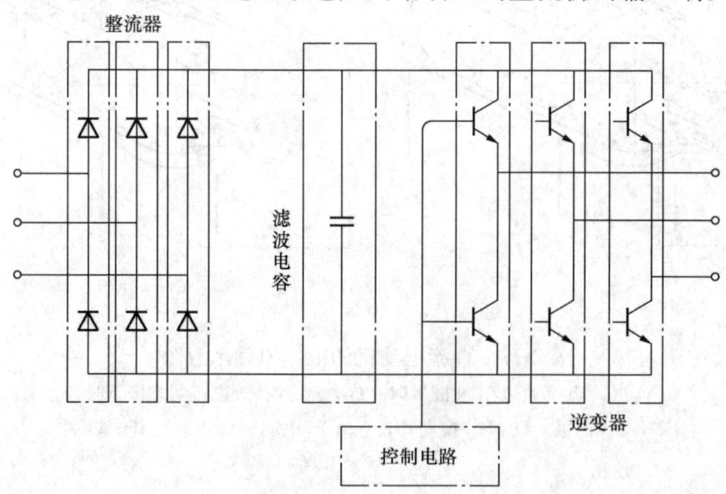

图2-18　变频器的电路组成

2）逆变器。逆变器的作用与整流器的作用相反，即将直流功率变换为所需频率的交流功率。图2-18中负载侧的交流器为逆变器，其通常由六个半导体主开关器件组成三相桥式逆变电路，并通过有规律地控制逆变器中主开关的导通和关断，得到任意频率的三相交流输出波形。

3）中间直流环节。中间直流环节实际上是中间直流储能环节，其作用一是承担对整流电路输出进行滤波，以减少电压或电流的波动，作用二是对电动机进行制动。电压型变频器的直流中间电路的主要元器件是大容量电解电容，而电流型变频器则主要由大容量电感器组成。

（2）控制电路。控制电路由运算电路、检测电路、控制信号的输入/输出电路、驱动电路和制动电路等构成。其任务除了完成对逆变器的开关控制和对整流桥实现电压控制外，还要完成各种保护功能等。图 2-19 虚线部分为变频器内部控制电路图。

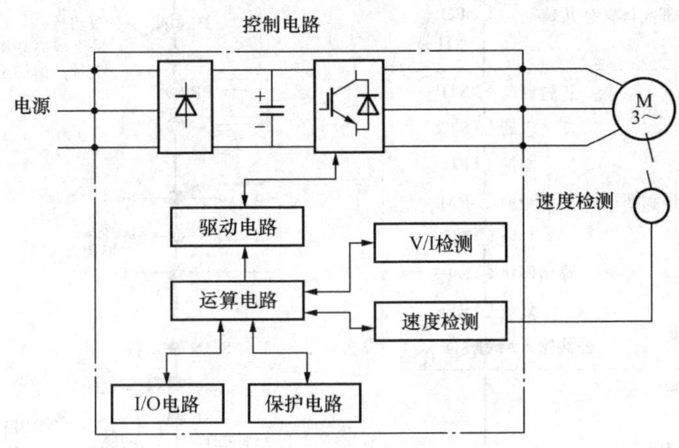

图 2-19 变频器内部控制电路

1）运算电路。运算电路的任务是将外部的速度、转矩等指令同检测电路中的电流、电压信号进行比较运算，从而确定逆变器的输出电压和频率。

2）电压、电流检测电路。检测电路的作用是将检测电路与主回路电位隔离，主电路的电压、电流进行检测等。

3）驱动电路。驱动电路是驱动主电路器件的电路，它与控制电路隔离，从而导通或关断主电路器件。驱动电路可由分立元器件组成，也可由集成电路组成。

4）速度检测电路。速度检测电路的作用是指将装在异步电动机轴上的速度检测信号发送到运算回路，并根据指令和运算使电动机按指令速度运转。

5）保护电路。保护电路的作用是指电路发生过载或过电压等异常情况时，检测出主电路的电压、电流等，使逆变器停止工作或抑制主电路中的电压、电流值，防止逆变器和异步电动机损坏。

6）制动电路。制动电路是为了满足电动机制动的需要而设置的。

7）输入/输出电路。输入/输出电路具有多信号（比如运行多段速度运行等）的输入，还有各种内部参数（比如电流，频率，保护动作驱动等）的输入，使变频器能更好地进行人机交互。

3. 变频器的端子接线图

由于变频器类型不同，所以其端子接线图也略有不同，下面以三菱公司 E－500 变频器为例。

（1）3 相 400V 电源输入。3 相 400V 电源输入变频器端子接线图，如图 2-20 所示。对于这种电源输入变频器，我们应注意：

1）设定器操作频率高的情况下，请使用 2W 1kΩ 的旋钮电位器。

2）端子 SD 和 SE 绝缘。

3）端子 SD 和端子 5 是公共端子，请不要接地。

4）端子 PC-SD 之间作为直流 24V 的电源使用时，请注意不要让两端子间短路，一旦短路会造成变频器损坏。

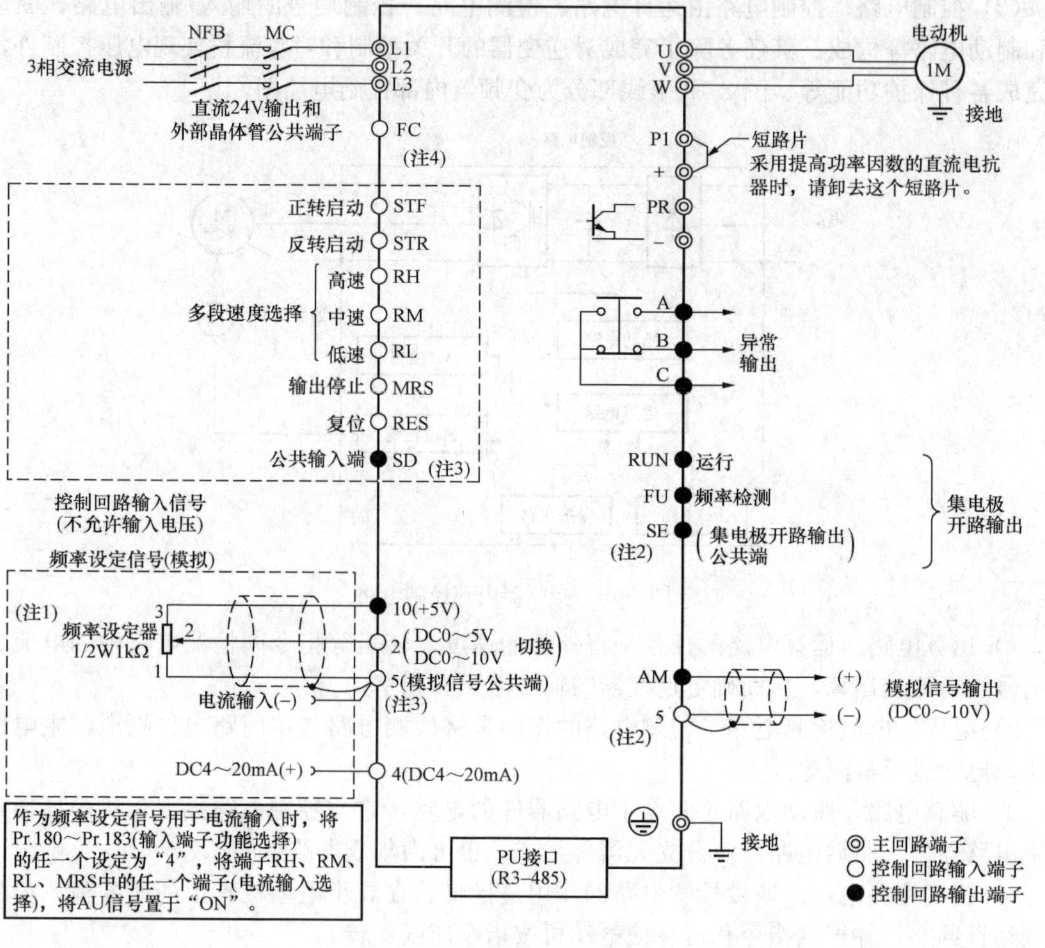

图 2-20　3 相 400V 电源输入变频器端子接线图

（2）单相 200V 电源输入。单相 200V 电源输入变频器端子接线图，如图 2-21 所示。

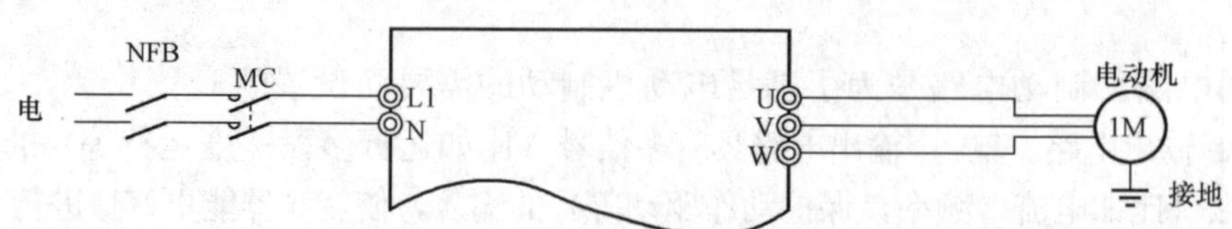

图 2-21　单相 200V 电源输入变频器

对于这种输入电源变频器接线时，我们应注意以下几点。

1）电源输入通过电磁接触器及漏电断路器或无熔丝断路器与插头接入，电源的开闭，用电磁接触器来实施。

2）输出为 3 相 200V。

3）端子说明：

a. 主回路端子说明如表 2-3 所示。

b. 控制回路端子说明如表 2-4 示。

表 2-3　　主回路端子说明

端子记号	端子名称	说　明
L1，L2，L3（注）	电源输入	连接工频电源。使用高功率整流器（FR-HC）以及电源再生共用整流器（FR-CV）时，不要接其他任何设备
U，V，W	变频器输出	接三相鼠笼电动机
＋，PR	连接制动电阻器	在端子＋－PR 之间连接选件制动电阻器
＋，－	连接制动单元	连接作为选件的制动单元、高功率整流器（FR-HC）及电源再生共用整流器（FR-CV）
＋，P1	连接改善功率因数 DC 电抗器	拆开端子＋－P1 间的短路片，连接选件改善功率因数用直流电抗器
⏚	接地	变频器外壳接地用，必须接大地

注　单相电源输入时，变成 L1、N 端子。

表 2-4　　控制回路端子说明

<table>
<tr><th colspan="2">类型</th><th>端子记号</th><th>端子名称</th><th colspan="2">说　明</th></tr>
<tr><td rowspan="8">输入信号</td><td rowspan="5">接点输入</td><td>STF</td><td>正转启动</td><td>STF 信号处于 ON 便正转，处于 OFF 便反转</td><td rowspan="2">当 STF 和 STR 信号同时处于 ON 时，相当于给出停止指令</td></tr>
<tr><td>STR</td><td>反转启动</td><td>STR 信号 ON 为逆转，OFF 为停止</td></tr>
<tr><td>RH，RM，RL</td><td>多段速度选择</td><td>用 RH，RM 和 RL 信号的组合可选择多段速度</td><td rowspan="2">输入端子功能选择（Pr. 180 ～ Pr. 183）用于改变端子功能</td></tr>
<tr><td>MRS</td><td>输出停止</td><td>MRS 信号为 ON（20ms 以上）时，变频器输出停止。用电磁制动停止电机时，用于断开变频器的输出</td></tr>
<tr><td>RES</td><td>复位</td><td colspan="2">用于解除保护回路动作的保持状态。使端子 RES 信号处于 ON 在 0. 1s 以上，然后断开。在工厂出厂时，能保持经常处于复位的状态。通过 Pr. 75 的设定，可仅限在变频器发出警报时才进行复位。复位解除后需 1s 左右进行复原</td></tr>
<tr><td colspan="2">SD</td><td>公共输入端子（漏型）</td><td colspan="2">接点输入端子的公共端。直流 24V，0. 1A（PC 端子）电源的输出公共端</td></tr>
<tr><td colspan="2">PC</td><td>电源输出和外部晶体管公共端
接点输入公共端（源型）</td><td colspan="2">当连接晶体管输出（集电极开路输出），如 PLC 时，将晶体管输出用的外部电源公共端接到这个端子时，可防止因漏电引起的误动作，端子 PC－SD 之间可用于直流 24V，0. 1A 电源输出</td></tr>
</table>

续表

<table>
<tr><th colspan="2">类型</th><th>端子记号</th><th>端子名称</th><th colspan="2">说　明</th></tr>
<tr><td rowspan="4">模拟</td><td rowspan="3">频率设定</td><td>10</td><td>频率设定用电源</td><td colspan="2">5V DC，容许负荷电流 10mA</td></tr>
<tr><td>2</td><td>频率设定（电压）</td><td colspan="2">输入 0～5V（或 0～10V）时，5V（或 10V）对应于为最大输出频率。输入输出成比例。输入电压 0～5V（出厂设定）和 0～10V DC 的切换，用 Pr. 73 进行。输入阻抗 10kΩ，容许最大电压 20V</td></tr>
<tr><td>4</td><td>频率设定（电流）</td><td colspan="2">输入 DC4～20mA 时，20mA 为最大输出频率，输入，输出成比例。只在端子 AU 信号（注）处于 ON 时，该输入信号有效（电压输入失效），输入阻抗 250Ω，容许最大电流为 30mA</td></tr>
<tr><td></td><td>5</td><td>频率设定公共端</td><td colspan="2">频率设定信号（端子 2，1 或 4）和模拟输出端子 AM 的公共端子。请不要接大地</td></tr>
<tr><td rowspan="5">输出信号</td><td>接点</td><td>A，B，C</td><td>异常输出</td><td>指示变频器因保护功能动作而输出停止的转换接点。AC230V 0.3A，DC30V 0.3A。
异常时：B—C 间不导通（A-C 间导通）；
正常时：B—C 间导通（A-C 间不导通）</td><td rowspan="3">输出端子的功能选择通过（Pr. 190～Pr. 192）改变端子功能</td></tr>
<tr><td rowspan="2">集电极开路</td><td>RUN</td><td>变频器正在运行</td><td>变频器输出频率为启动频率（出厂时为 0.5Hz，可变更）以上时为低电平，正在停止或正在直流制动时为高电平（＊1）。容许负荷为 DC24V，0.1A</td></tr>
<tr><td>FU</td><td>频率检测</td><td>输出频率为任意设定的检测频率以上时为低电平，未达到时为高电平①。容许负荷为 DC24V，0.1A</td></tr>
<tr><td></td><td>SE</td><td>集电极开路输出公共端</td><td colspan="2">端子 RUN，FU 的公共端子</td></tr>
<tr><td>模拟</td><td>AM</td><td>模拟信号输出</td><td>从输出频率、电机电流或输出电压选择一种作为输出②。输出信号与各监示项目的大小成比例</td><td>出厂设定的输出项目：频率容许负荷电流 1mA，输出信号 DC0～10V</td></tr>
<tr><td>通信</td><td>RS 485</td><td>—</td><td>PU 接口</td><td colspan="2">通过操作面板的接口，进行 RS485 通信
遵守标准：EIA RS485 标准
通信方式：多任务通信
通信速率：最大 19 200r/min
最长距离：500m</td></tr>
</table>

注　请根据输入端子功能选择（Pr. 180～Pr. 183），来安排 AU 信号的端子。

①　低电平表示集电极开路输出用的晶体管处于 ON（导通状态）。
高电平为 OFF（不导通状态）。

②　变频器复位中不被输出。

二、变频电动机

变频电动机是为变频器设计的变频专用电动机，为了适应负载的需求变化，电动机可以在变频器的驱动下实现不同的转速与扭矩。变频电动机是由传统的鼠笼式电动机发展而来的，在要求不高的场合下可用普通鼠笼电动机代替变频电动机，如在小功率和额定工作频率的工作场合。

变频电动机外观上与普通电动机没什么区别，结构上也都是由定子和转子组成，但设计参数与普通电动机不同。变频电动机与普通电动机相比，具有以下特点。

1. 电磁设计

对普通异步电动机来说，再设计时主要考虑的性能参数是过载能力、启动性能、效率和功率因数。而变频电动机由于临界转差率反比于电源频率，可在临界转差率接近1时直接启动，因此，过载能力和启动性能不再需要过多考虑，而要解决的关键问题是如何改善电动机对非正弦波电源的适应能力。所采取的方式如下：

（1）尽可能地减少定子和转子电阻。减少定子电阻可降低基波铜耗，以弥补高次谐波引起的铜耗增量。

（2）适当增加电动机的电感。增加电动机的电感是为了抑制电流中的高次谐波。

（3）变频电动机的主磁路一般设计为不饱和状态。变频电动机的主磁路一般设计为不饱和状态，一是考虑高次谐波会加深磁路饱和，二是考虑在低频时，为了提高输出转矩而适当提高变频器的输出电压。

2. 结构设计

变频电动机再结构设计时，主要考虑非正弦电源特性对变频电机的绝缘结构、振动、噪声冷却方式等方面的影响，一般主要有以下问题：

（1）绝缘等级。绝缘等级一般为F级或更高，加强对地绝缘和线匝绝缘强度，特别要考虑绝缘耐冲击电压的能力。

（2）电动机的振动、噪声。对电动机的振动、噪声，要考虑电动机构件及整体的刚性，提高其固有频率，以避开与高次谐波产生共振现象。

（3）冷却方式。冷却方面一般采用强迫通风冷却，即主电机散热风扇采用独立的电动机驱动。

（4）轴电流措施。对于容量超过160kW的变频电动机应该采取绝缘措施，这是因为它工作时易产生磁路不对称而出现轴电流，从而导致轴承损坏。

（5）对恒功率变频电动机，当转速超过3000/min时，应采用耐高温的特殊润滑脂，以补偿轴承的温度升高。

习　　题

2-1　若三相笼型异步电动机铭牌上电压为380V/220V，当电源电压为380V，定子绕组应接成形；当电源电压为220V时，定子绕组应接成________形。

2-2　直流电动机由________和________（又称________）两个主要部分组成。

2-3　直流电动机按照主磁极绕组（又称励磁绕组）与电枢绕组连接方式的不同可分为：________、________、________、________、________。

2-4　三相异步电动机主要由________和________两部分组成。根据________的结构不同，分为笼型和绕线型电动机。

2-5　简述变频器的工作原理。

2-6　简述图 2-20 中变频器与变频器电动机是如何接线的。

2-7　已知一台三相异步电动机的磁极极数 $p=1$，额定转速 $n_N=2940\text{r/min}$，电源频率 $f=50\text{Hz}$，求电动机的额定转差率。

2-8　一台三相异步电动机，额定转速为 1470r/min，电源频率是 50Hz，求电动机的同步转速，磁极对数和转差率。

2-9　额定电压为 380/220V，Y/△连接的三相异步电动机，当电源线电压分别为 380V 和 220V 时，各采用什么连接方法？它们的额定电流是否相等？

2-10　某三相异步电动机，定子电压频率为 50Hz，磁极对数为 1，转差率为 0.015，求同步转速和转子转速。

2-11　两台电动机不同时启动，一台电动机额定电流为 14.8A，另一台的额定电流为 6.47A，试选择用作短路保护熔断器的额定电流及熔体的额定电流。

2-12　电动机的启动电流很大，在电动机启动时，能否使按电动机额定电流整定的热继电器动作？为什么？

第三章 三相异步电动机的常用控制电路

机械设备如机床在运行中需要各种传动装置带动，使其处于机械运转状态。本章介绍的由电动机拖动的机械设备需对电动机进行启动与停止的控制，这些控制电路能实现电动机的单方向启动、点动、多处控制，以及电动机的正反转控制等，这些控制电路的功能完善，且在电动机运行过程中出现故障时有保护电路。

第一节　三相异步电动机的单向启动控制

一、三相异步电动机的启动问题

由于三相笼型异步电动机具有结构简单、价格便宜、坚固耐用等优点而获得广泛的应用。在生产实际中，它的应用占到了使用电动机的80%以上，三相异步电动机的启动过程是指三相异步电动机从接入电网开始转动时起，到达额定转速为止这段过程。异步电动机启动时启动转矩并不大，但定子绕组中的电流增大为额定电流的4～7倍。这么大的启动电流将带来下述不良后果：

（1）启动电流过大造成电压损失过大，使电动机启动转矩下降。同时可造成影响连接在电网上的其他设备的正常运行。

（2）使电动机绕组发热，绝缘老化，从而缩短了电动机的使用寿命。

（3）造成过流保护装置误动作。

因此三相异步电动机的启动控制方式有两种：直接启动控制和降压启动控制。

二、三相异步电动机的单向直接启动控制电路

1. 单向手动控制电路

在三相交流电源和电动机之间只用闸刀开关（如图3-1所示）或用断路器（如图3-2所示）

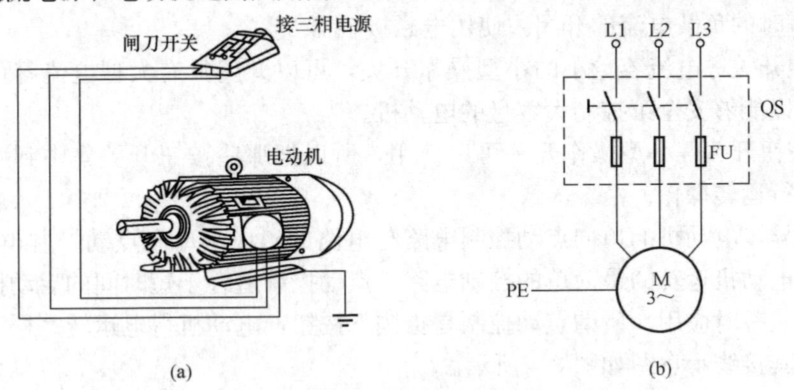

图3-1　电动机的主电路（使用闸刀开关的情况）

（a）实物图；（b）控制电路图

手动控制电动机的启动和停止，电路中的熔断器用作短路保护。把从电源经过受电的动力装置及保护电器直接到达电动机的电路为主电路，图 3-1、图 3-2 中这两种手动控制电路虽然所用电器很少、电路比较简单，但刀开关不宜带负载操作。而断路器是切断电流的装置，构造上也不适合用于频繁开关负载，因此在启动、停车频繁的场合，使用这种手动控制方法既不方便，也不安全，操作劳动强度大，要启动或停止电动机必须到现场操作，不能远距离进行自动控制。为了实现自动控制，目前广泛采用按钮、接触器等电器来控制电动机的运转。

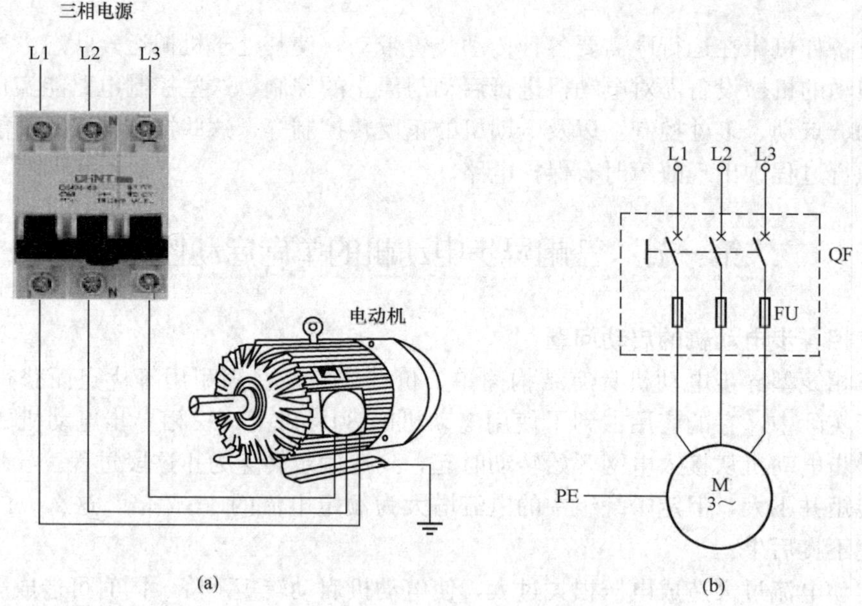

图 3-2　电动机的主电路（使用断路器的情况）

（a）实物图；（b）控制电路图

2. 单向点动控制电路

如图 3-3 所示，在断路器和电动机之间再连接电磁接触器主触点，构成间接手动操作控制电路，采用这种方法具有如下优点：

● 配线用断路器，作为电源开关在接通、切断电源电压同时，也起到了过电流保护的作用。

● 对于平时的负载电流的开闭，使用电磁接触器。

● 用按钮开关等电流容量小的小型操作开关，可以开闭具有大型电流容量的触点的电磁接触器，所以能够安全第控制大容量的电动机。

● 因为按钮开关等小型操作开关可以使用，所以把那些按钮开关集中到一个地方，能从远处集中进行运转操作。

（1）三相异步电动机的单向点动控制电路与电路的组成。单向点动控制电路是用按钮、接触器来控制电动机运转的最简单的控制电路，点动控制适合于短时间的启动操作，在生产设备调整工作状态时应用。所谓点动控制是指按下按钮，电动机得电运转；松开按钮，电动机失电停转。其接线示意图如图 3-4 所示。

点动单向控制电路由空气隔离开关 QS、熔断器 FU、启动按钮 SB、接触器 KM 以及电动机 M 组成。其中熔断器 FU 作短路保护，按钮 SB 控制接触器 KM 的线圈得电和失电，接

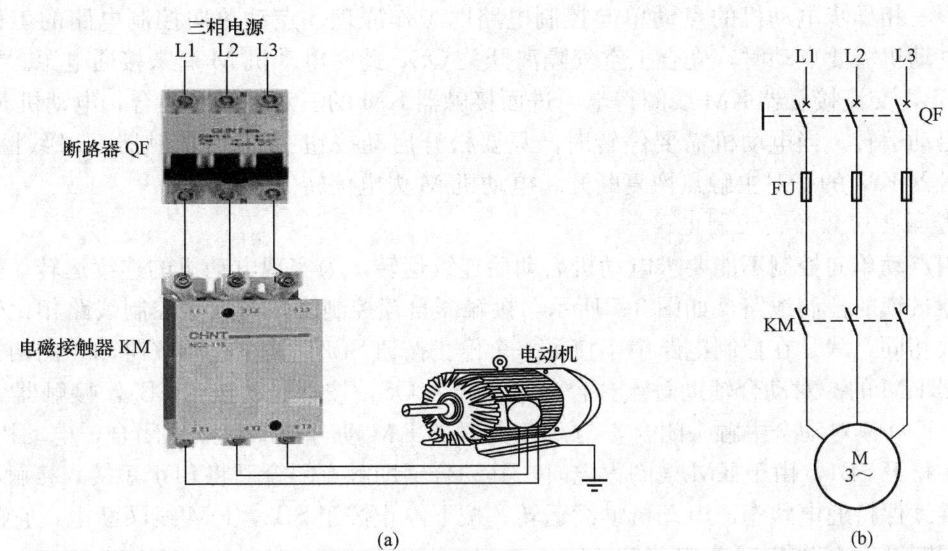

图 3-3 电动机的主电路（使用接触器的情况）

（a）实物图；（b）控制电路图

触器 KM 的主触点控制电动机 M 的启动与停止。

如图 3-4 和图 3-6 所示，点动单向控制接线的画法非常直观，初学者易学易懂，但画起来却相当麻烦，特别对一些较为复杂的控制电路，由于所用电器较多，画成接线示意图或实物图的形式使人觉得繁杂难懂，很不实用。因此，控制电路通常不画接线示意图或实物图，而是采用国家统一规定的电气图形符号和文字符号，画成控制电路原理图。三相异步电动机的点动控制电气原理图如图 3-5 所示。它是根据实物接线电路绘制的，图中以符号代表电气元件，以线条代表连接导线，用它来表达控制电路的工作原理，故称为电气原理图。电气原理图一般由主电路、控制电路、保护、配电电路等几部分组成，在设计部门和生产现场都得到了广泛的应用。

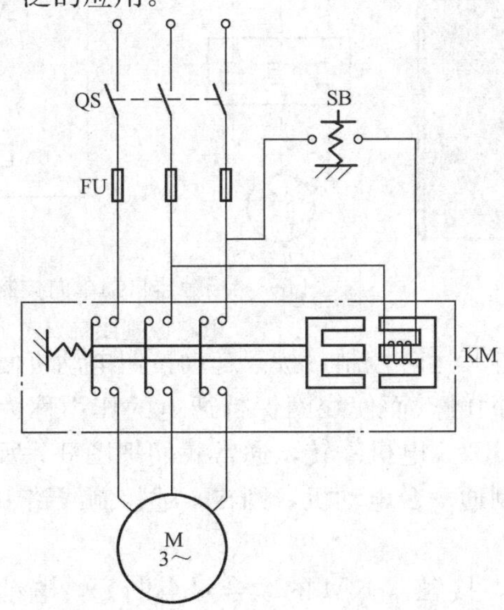

图 3-4 点动单向控制接线示意图

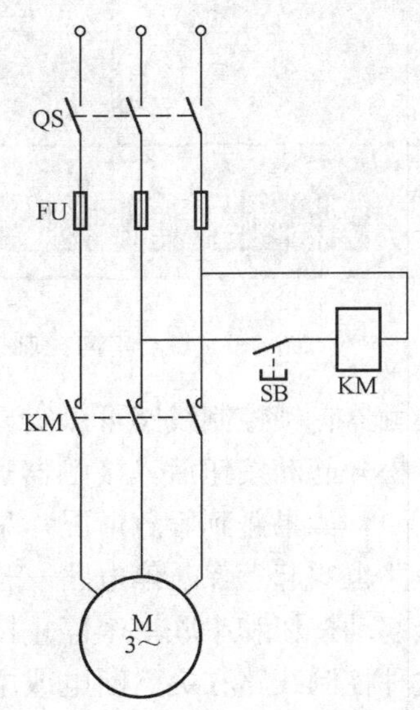

图 3-5 点动单向控制电气原理图

(2) 三相异步电动机的点动单向控制电路的工作原理。点动单向控制电路的工作原理是：当电动机需要点动时，先合上空气隔离开关 QS，此时电动机 M 尚未接通电源。按下启动按钮 SB，交流接触器 KM 线圈得电，进而接触器 KM 的三对主触点闭合，电动机 M 则接通电源启动运转。当电动机需要停转时，只要松开启动按钮 SB，使接触器 KM 线圈失电，进而接触器 KM 的三对主触点恢复断开，电动机 M 失电停转。

3. 接触器自锁单向控制电路

采用点动单向控制不能要求电动机启动后连续运转，为实现电动机的连续运转，需要采用接触器自锁的控制线路，如图 3-7 所示，接触器自锁控制线路与点动控制线路相比较，主电路大致相同，只是在控制电路中串接了一个停止按钮 SB2，并在起动按钮 SB1 的两端并接了接触器 KM 的一对动合辅助触点。合上电源开关 QS，按下起动按钮 SB1，接触器 KM 线圈得电，KM 三对动合主触头闭合，与 SB1 并联的 KM 动合辅助触点也闭合，电动机 M 起动运转。松开 SB1，由于 KM 线圈得电时，其动合辅助触点闭合已将 SB1 短接，接触器 KM 线圈仍继续保持通电状态，电动机继续运转。按下停止按钮 SB2，KM 线圈断电，它的动合触头全部断开，电动机 M 失电停转。

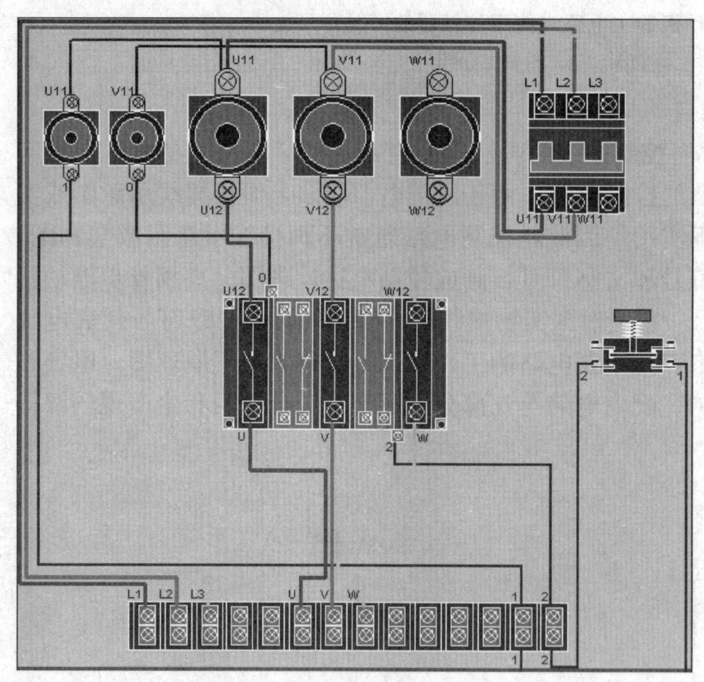

图 3-6　点动单向控制接线实物图

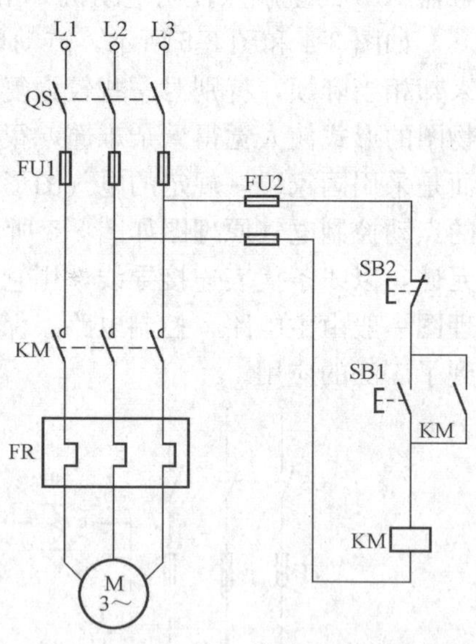

图 3-7　接触器自锁单向控制电路原理图

接触器自锁控制线路可以实现电动机单方向连续运转控制。按下起动按钮电动机便转动起来，松开起动按钮后，接触器通过自身动合辅助触点而使线圈保持通电的作用称为自锁(或自保)，如果碰到紧急情况，只要按停止按钮 SB2，电机停转，通常我们把图 3-7 所示的控制电路也叫起—保—停电路。若需要在两地控制通一台电动机，则在上述控制线路中再并联一个起动按钮和串联一个停止按钮即可。

这种控制线路在突然断电或电网电压过低时，接触器 KM 的动合触点断开，电动机便停转。当电压恢复正常时，电动机不会自行起动，这种作用称为失压或欠压保护。

第二节　三相异步电动机的正反转控制

本章第一节介绍的电动机控制电路，只能带动生产机械的运动部件朝一个方向运动。电动机从正向旋转切换到反向旋转，以及从反向旋转切换到正向旋转的运行控制称为电动机的正反转控制。电动机的正反转控制应用非常广泛，例如，摇臂钻床的升降控制、机床工作台的往返控制，电梯的自动升降控制等。

一、三相异步电动机的正反转控制

从三相异步电动机的工作原理可知，三相异步电动机的旋转方向取决于定子旋转磁场的旋转方向，并且两者的转向相同，因此只要改变旋转磁场的旋转方向，就能使三相异步电动机反转，而磁场的旋转方向又取决于电源的相序，所以电源的相序决定了电动机的旋转方向。任意改变电源的相序时，电动机的旋转方向就会随之改变，即要改变三相异步电动机转动方向，只要把电动机的 3 根引出线中任意两根调换以下，再接上电源电动机就能反转了。

如图 3-8 所示，电动机的 U、V、W 分别与三相电源出来的 U1、V1、W1 相对应，U1 相和 U 相、V1 相和 V 相、W1 相和 W 相对应地连接起来时，为电动机正转。如图 3-9 所示，U1 相和 V1 相调换一下，U1 相和 V 相对应，V1 相和 U 相对应，W1 相仍与 W 相对应，这样调换三相交流电源的 U1、V1、W1 相中的任意两相，接上电动机的引出线，电动机就反方向转动。

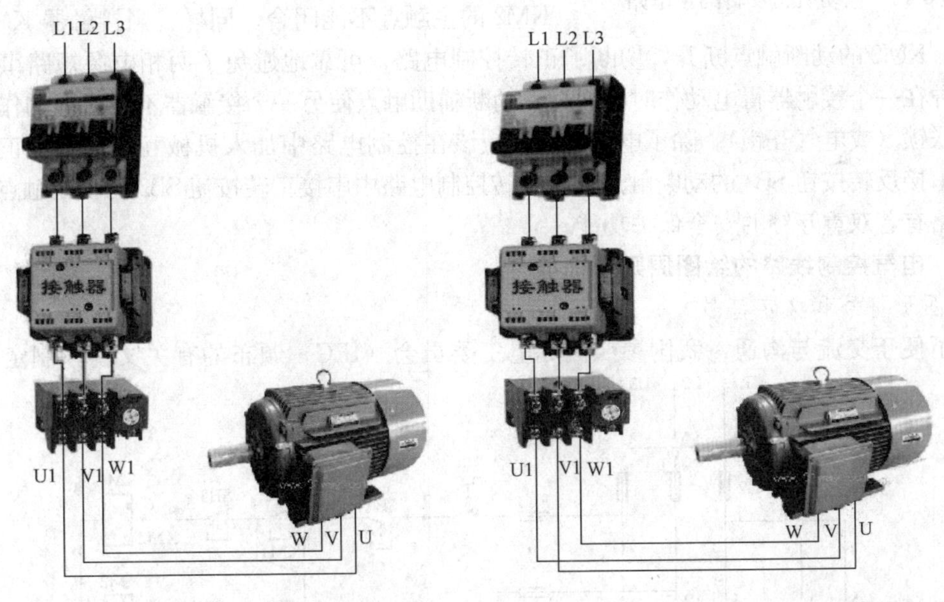

图 3-8　电动机正向转动的工作方式　　图 3-9　电动机反向转动的工作方式

如图 3-10 所示，KM1、KM2 分别为电动机正、反转电磁接触器，利用它们对电动机的电源电压进行换相。当 KM1 正转接触器线圈得电、KM2 反转接触器线圈断电时，电源和电动机通过接触器 KM1 主触点，L11 和 U1 相，L12 和 V1 相，L13 和 W1 相对应连接，从而 U1 和 U，V1 和 V，W1 和 W 也分别对应连接，电动机正向转动。如果电动机要求换相时，则 KM2 接触器线圈得电、KM1 接触器必须断电，电源和电动机通过 KM2 主触点，

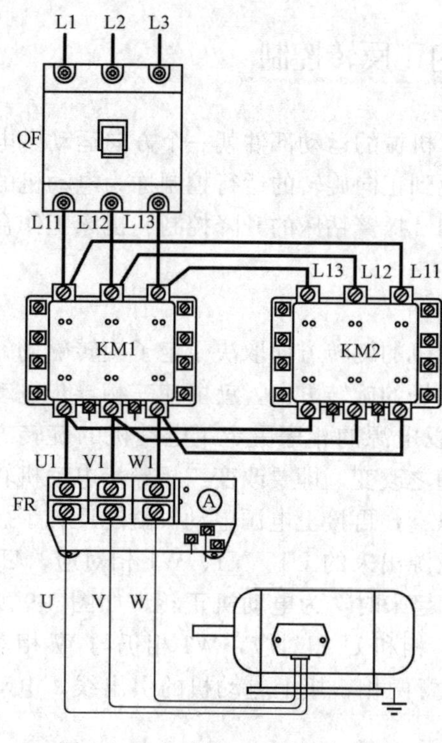

图 3-10　电动机正反转的主电路

L11 和 W1 相，L12 仍与 V1 相，L13 和 U1 相对应连接，此时 U1 与 W1 换相，电动机反向转动。

二、三相异步电动机正反转控制的安全保护措施

如图 3-10 所示，如果 KM1 正转接触器和 KM2 反转接触器同时动作，形成一个闭合电路后会出现什么现象？三相电源的 L1 相和 L3 相的线间电压，通过反转电磁接触器的主触点，形成了完全短路的状态，会有大的短路电流流过，烧坏电路。所以为了防止两相电源短路事故发生，接触器 KM1 和 KM2 的主触点决不允许同时闭合。如图 3-11 所示为三相异步电动机正反转的电气原理图，为了保证一个接触器得电动作时，另一个接触器不能得电动作，以避免电源的相间短路，则应在正转控制电路中串接反转接触器 KM2 的动断辅助触点，而在反转控制电路中串接正转接触器 KM1 的动断辅助触点。当接触器 KM1 得电动作时，串接在反转控制电路中的 KM1 的动断触点断开，切断了反转控制电路，保证了 KM1 主触点闭合时，KM2 的主触点不能闭合。同样，当接触器 KM2 得电动作时，KM2 的动断触点断开，切断了正转控制电路，可靠地避免了两相电源短路事故的发生。这种在一个接触器得电动作时，通过其动断辅助触点使另一个接触器不能得电动作的作用叫电气联锁（或电气互锁）。除了电气互锁，应该在控制电路中加入机械互锁，如在正转控制电路中串接反转按钮 SB3 的动断触点，在反转控制电路中串接正转按钮 SB2 的动断触点，这样整个电路有着双重互锁的安全保护功能。

三、电气控制线路的绘图原则及标准

1. 图形符号和文字符号

为了便于交流与沟通，我国参照国际电工委员会（IEC）颁布的有关文件，制定了电气

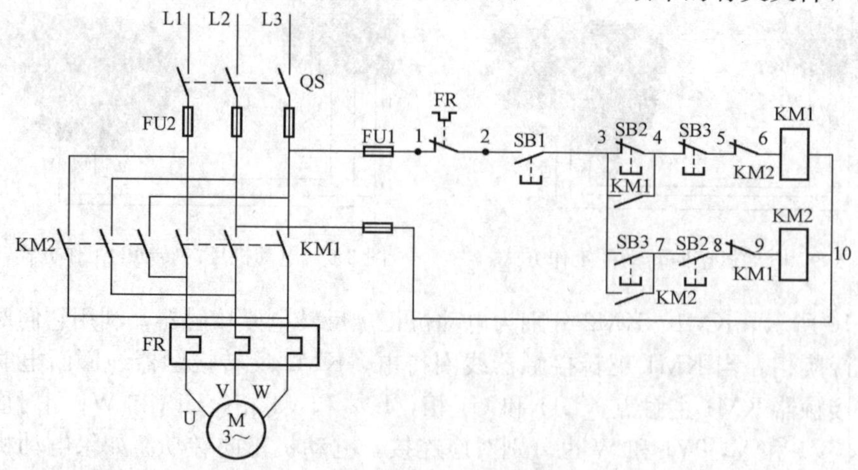

图 3-11　三相异步电动机正反转的电气原理图

设备有关国家标准，颁布了GB 4728—2008《电气简图用图形符号》、GB 5465—2008《电气设备用图形符号、绘制原则》、GB 6988—2008《电气制图》、GB 5094—1985《电气技术中的项目代号》和GB 7159—1987《电气技术中的文字符号制订通则》等，电气图中的图形符号和文字符号必须符合最新的国家标准。

（1）图形符号。由符号要素、限定符号、一般符号以及常用的非电操作控制的动作符号（如机械控制符号等）根据不同的具体器件情况组合构成。

（2）文字符号。基本文字符号、单字母符号和双字母符号表示电气设备、装置和元器件的大类，如K为继电器类元件这一大类；双字母符号由一个表示大类的单字母与另一表示器件某些特性的字母组成，例如表示继电器类元件中的KA为中间继电器。

2. 绘制电气控制线路原理图的原则

（1）电路绘制。原理图一般分为电源电路、主电路、控制电路、信号电路及照明电路绘制。原路图可水平布置，也可垂直布置。水平布置时，电源电路垂直画，其他电路水平画，控制电路中的耗能元件（如接触器和断电器的线圈、信号灯、照明灯等）要画在电路的最右方。垂直布置时，电源电路水平画，其他电路垂直画，控制电路中的耗能元件要画在电路的最下方。

如图3-12所示，电源电路画成水平线，三相交流电源相序L1、L2、L3由上而下排列，中线N和保护地线PE画在相线之下。直流电源则正端在上，负端在下画出。

主电路是指受电的动力装置及保护电器，它通过的是电动机的工作电流，电流较大，主电路要垂直电源电路画在原理图的左侧。控制电路是指控制主电路工作状态的电路。信号电路是指显示主电路工作状态的电路。照明电路是指实现机床设备局部照明的电路。这些电路通过的电流都较小，画原理图时，控制电路、信号电路、照明电路要依次垂直画在电路的右侧。

（2）元器件绘制。各电器的触头位置都按电路未通电或电器未受外力作用时的常态位置

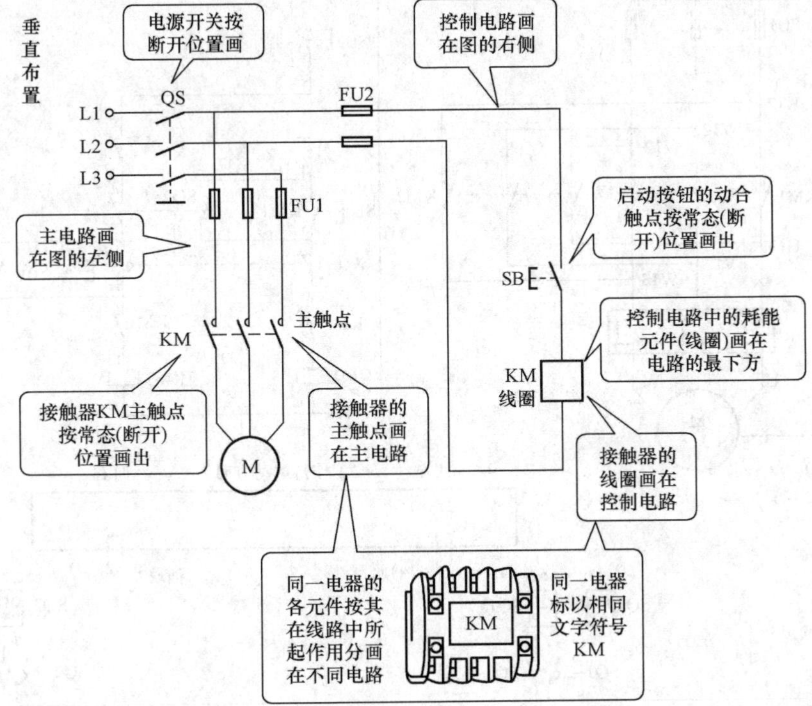

图3-12　电气控制电路原理图绘制示意图

画出；各电器元件不画实际的外形图，而采用国家规定的统一国标符号画出；同一电器的各元件不按它们的实际位置画在一起，而是按其在线路中所起作用分画在不同电路中，但它们的动作却是相互关联的，必须标以相同的文字符号。

（3）电器元件布置图。电器元件布置图主要是表明机械设备上所有电气设备和电器元件的实际位置，是电气控制备制造、安装和维修必不可少的技术文件。

（4）接线图。接线图主要用于安装接线、线路检查、线路维修和故障处理。它表示了设备电控系统各单元和各元器件间的接线关系，并标注出所需数据，如接线端子号、连接导线参数等。实际应用中通常与电路图和位置图一起使用。

第三节　自动往返控制电路

工农业生产中，有很多的机械设备都需要往复运动的。例如线切割机床中运丝机构的运动、桥式吊车的自动往返运动等，这些都需要电气控制线路对电动机实现自动正反转换相控制来实现，而实现这种控制要求所依靠的主要电器是行程开关。

一、自动往返控制电路的构思

如果运动部件需要两个方向的往返运动，拖动它的电动机应能正、反转，而自动往返的实现应采用行程开关或接近开关等限位开关作为检测元件以实现控制。

自动往返控制电路如图 3-13 所示，为了使电动机的正反转控制与工作台的左右运动相配合，在控制电路中设置了四个限位开关 SQ1、SQ2、SQ3 和 SQ4，并把它们需要限位

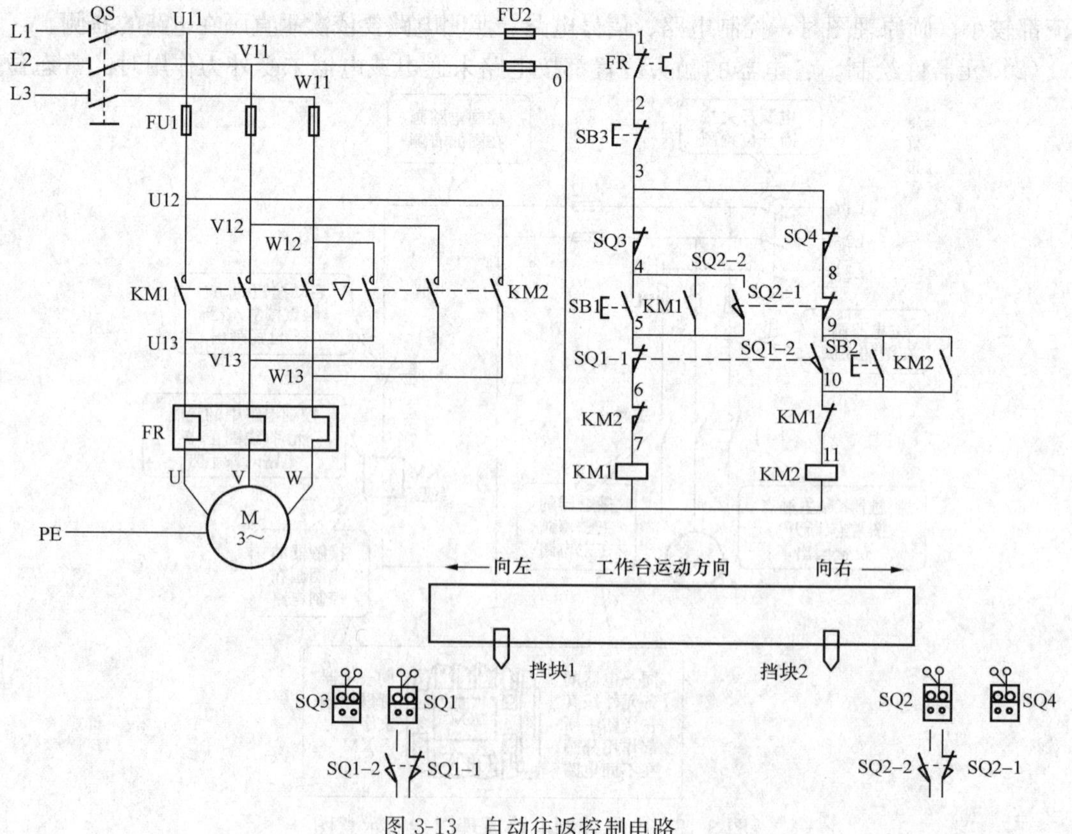

图 3-13　自动往返控制电路

的地方。其中 SQ1、SQ2 被用来自动换接电动机正反转控制电路，实现工作台的自动往返控制；SQ3、SQ4 被用来作终端保护，以防止 SQ1、SQ2 失灵，工作台越过限定位置而造成事故。限位开关 SQ1 的动断触点串接在正转电路中，限位开关 SQ2 的动断触点串接在反转电路中。当工作台运动到所限位置时，其挡块碰撞限位开关，使其触点动作，自动换接电动机正反转控制电路。控制电路中的 SB1 和 SB2 分别作正转启动按钮和反转启动按钮。

二、自动往返控制电路的工作原理分析

自动往返控制电路的工作原理示意图如图 3-14 所示。

自动往返控制步骤如下：

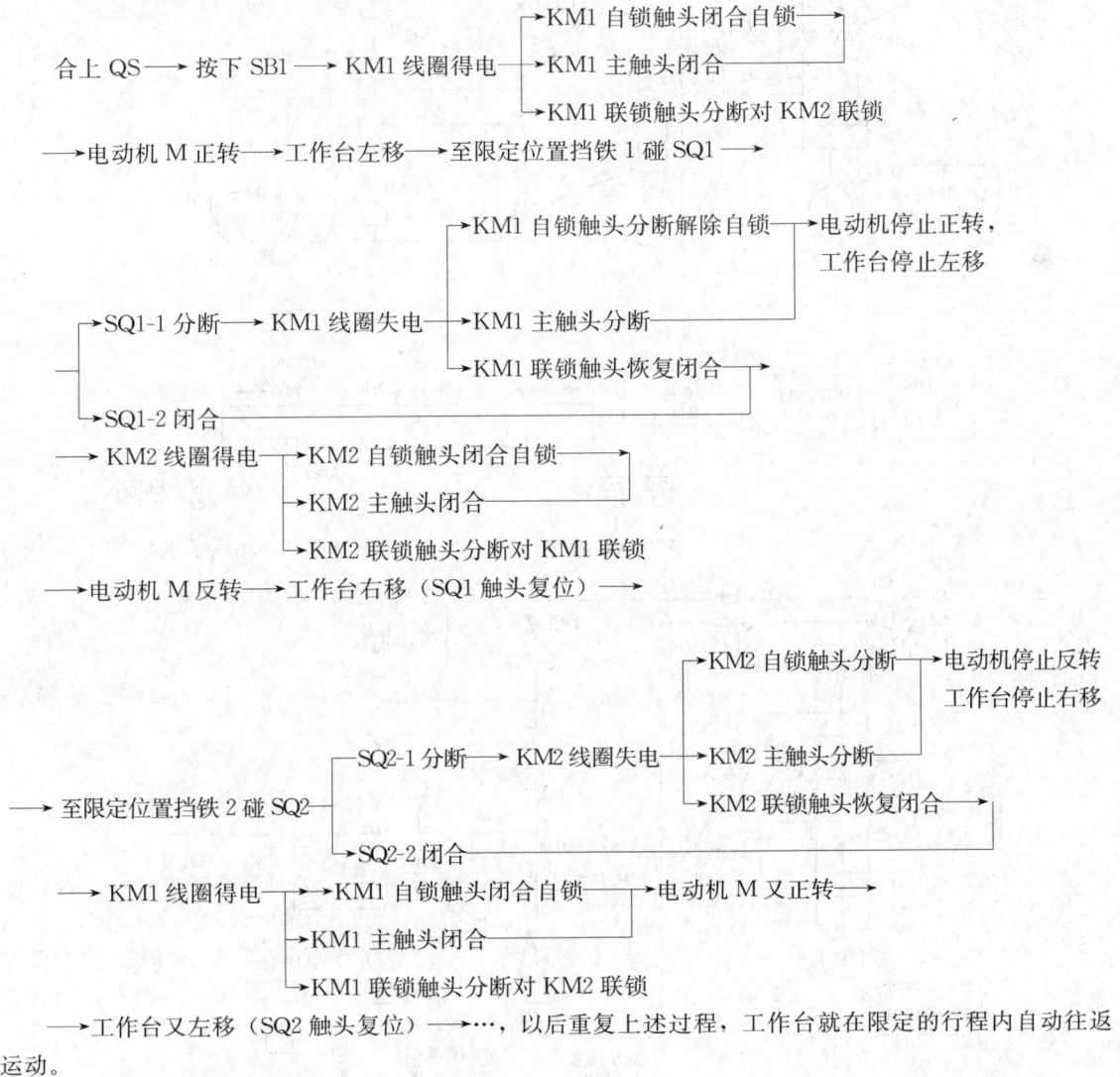

合上 QS → 按下 SB1 → KM1 线圈得电 → KM1 自锁触头闭合自锁 / KM1 主触头闭合 / KM1 联锁触头分断对 KM2 联锁

→电动机 M 正转→工作台左移→至限定位置挡铁 1 碰 SQ1 →

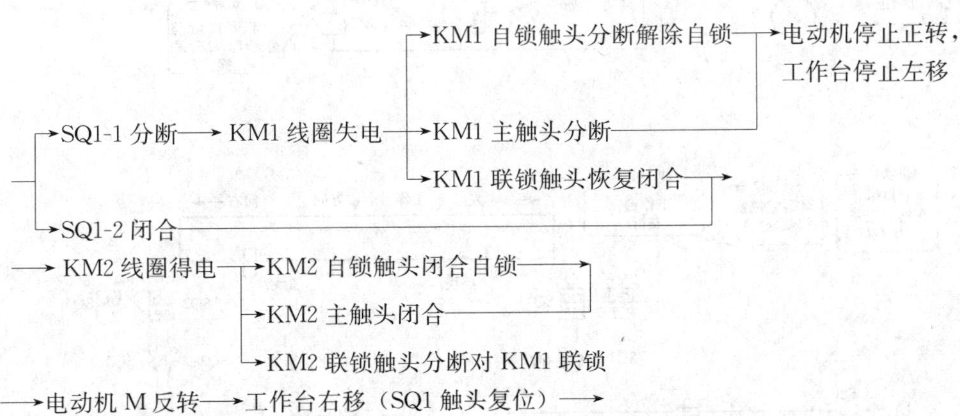
KM1 自锁触头分断解除自锁
电动机停止正转，
工作台停止左移
SQ1-1 分断
KM1 线圈失电
KM1 主触头分断
KM1 联锁触头恢复闭合
SQ1-2 闭合
KM2 线圈得电
KM2 自锁触头闭合自锁
KM2 主触头闭合
KM2 联锁触头分断对 KM1 联锁
电动机 M 反转
工作台右移（SQ1 触头复位）

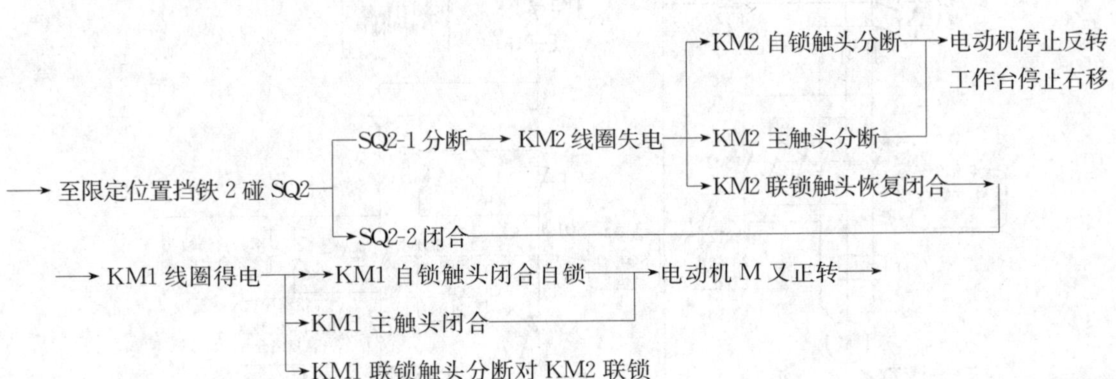
KM2 自锁触头分断
电动机停止反转
工作台停止右移
SQ2-1 分断
KM2 线圈失电
KM2 主触头分断
至限定位置挡铁 2 碰 SQ2
KM2 联锁触头恢复闭合
SQ2-2 闭合
KM1 线圈得电
KM1 自锁触头闭合自锁
电动机 M 又正转
KM1 主触头闭合
KM1 联锁触头分断对 KM2 联锁

→工作台又左移（SQ2 触头复位）→…，以后重复上述过程，工作台就在限定的行程内自动往返运动。

停止步骤如下：

按下停止按钮 SB3→整个控制电路失电→KM1（或 KM2）主触点分断→电动机 M 失电停转→工作台停止运动。

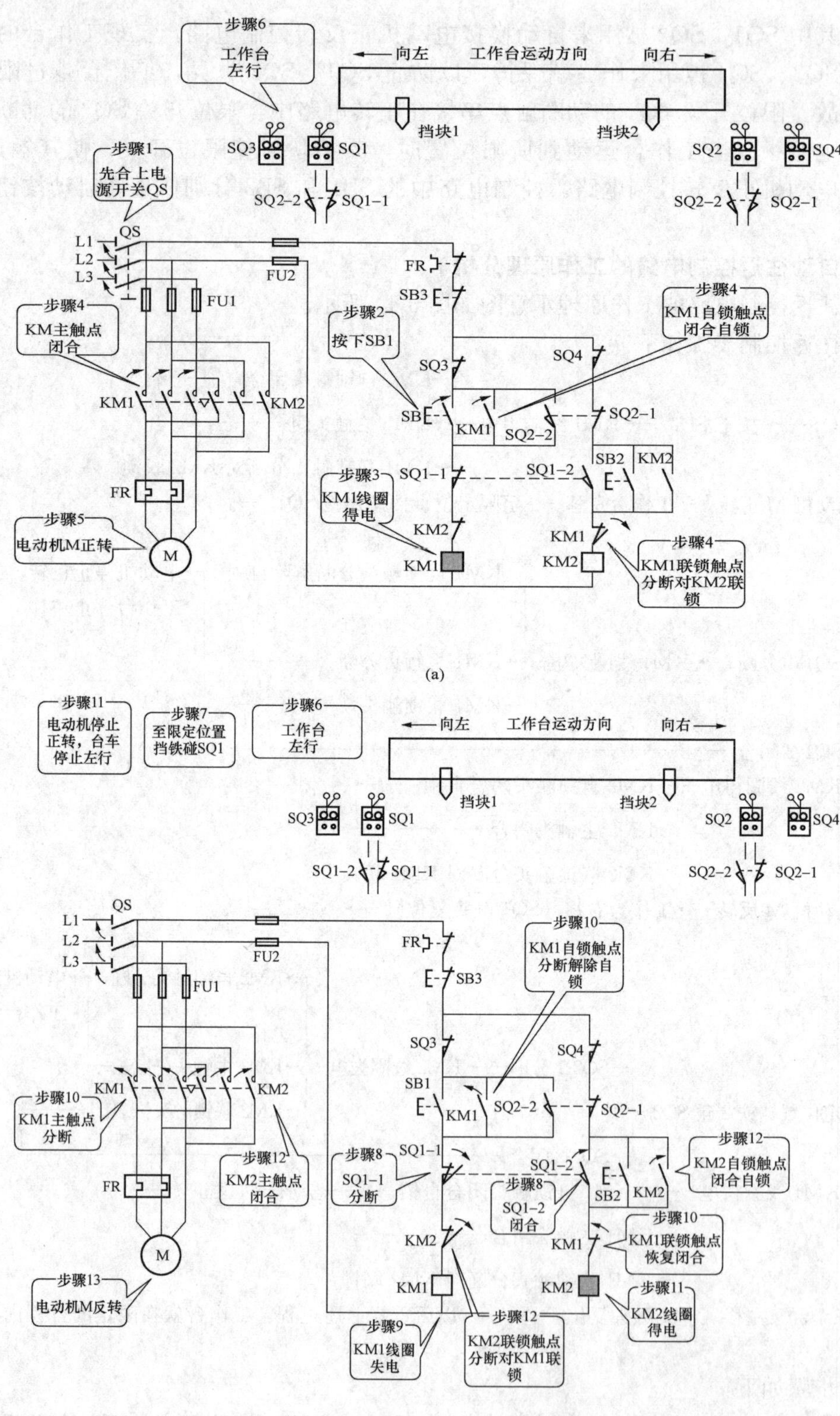

图 3-14　自动往返控制电路的工作原理图示意图（一）

（a）工作原理图 1；（b）工作原理图 2

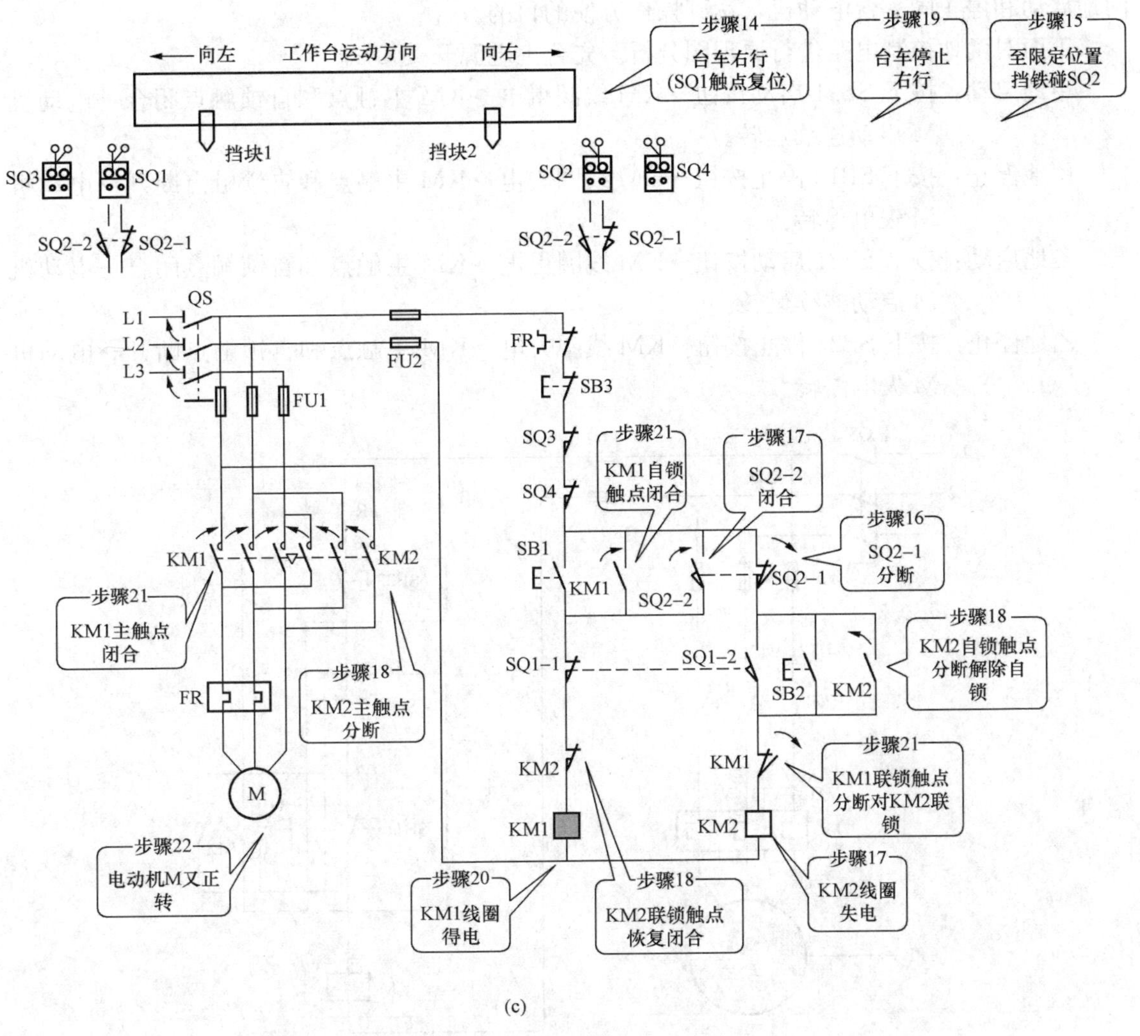

图 3-14　自动往返控制电路的工作原理图示意图（二）
（c）工作原理图 3

第四节　多地控制和顺序控制

在实际工程中，许多设备需要两地或两地以上的控制才能满足要求，如锅炉房鼓（引）风机、循环水泵电动机，均需在现场就地控制和在控制室远程控制，此外电梯、工厂的行车、房间灯、机床等电气设备也有多地控制要求。能在两地或多地控制同一台电动机的控制方式称为多地控制。

一、多地控制的实现方法

1. 两地控制的实现

两地控制的电路如图 3-15 所示。SB11、SB12 为安装在甲地的启动按钮和停止按钮；SB21、SB22 为安装在乙地的启动按钮和停止按钮，线路特点是两地的启动按钮 SB11、SB21 要并联接在一起；停止按钮 SB12、SB22 要串联接在一起。这样就可以分别在甲、乙两地启动和停止同一台电动机，达到操作方便的目的。

下面对两地控制电路进行原理图分析。先合上电源开关 QS。

甲地启动：按下 SB11 启动按钮→KM 线圈得电→KM 主触点和自锁触点闭合→电动机 M 启动连续运转。

甲地停止：按下 SB12 停止按钮→KM 线圈失电→KM 主触点和自锁触点断开→电动机 M 失电停转。

乙地启动：按下 SB21 启动按钮→KM 线圈得电→KM 主触点和自锁触点闭合→电动机 M 启动连续运转。

乙地停止：按下 SB22 停止按钮→KM 线圈失电→KM 主触点和自锁触点断开→电动机 M 失电停转。

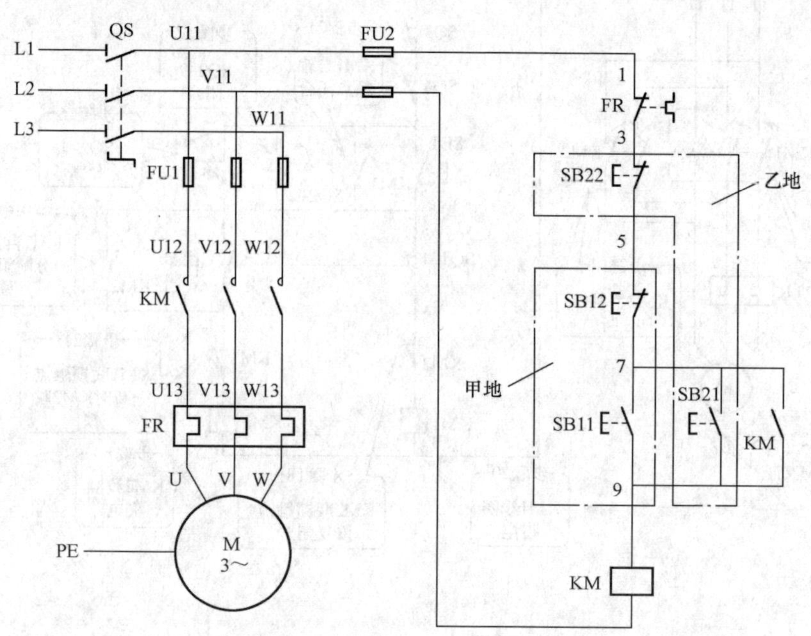

图 3-15　两地控制电路图

通过上面分析可得出如下结论：两地点对同一台电动机分别进行控制，只要把两地的启动按钮并接，停止按钮串接即可。若需要两地点同时对同一台电动机实现控制，则控制电路该如何设计？

2. 三地控制的实现

三地控制的电路如图 3-16 所示。SB1、SB4 分别为安装在甲地的停止按钮和启动按钮，SB2、SB5 分别为安装在乙地的停止按钮和启动按钮，SB3、SB6 分别为安装在丙地的停止按钮和启动按钮。根据实际生产需要，如果要求三地分别对同一台电动机进行控制，则控制电路须设计为图 3-16（a）中的电路；而对于大型机床要求三（多）地同时对电动机进行操作时，控制电路则设计为图 3-16（b）中的电路。

下面对三地控制电路进行原理分析［图 3-16（a）的原理分析与上述讲述的两地控制的原理分析类似，这里不做讲解］：

图 3-16（b）的原理分析如下。合上电源总开关 QS。

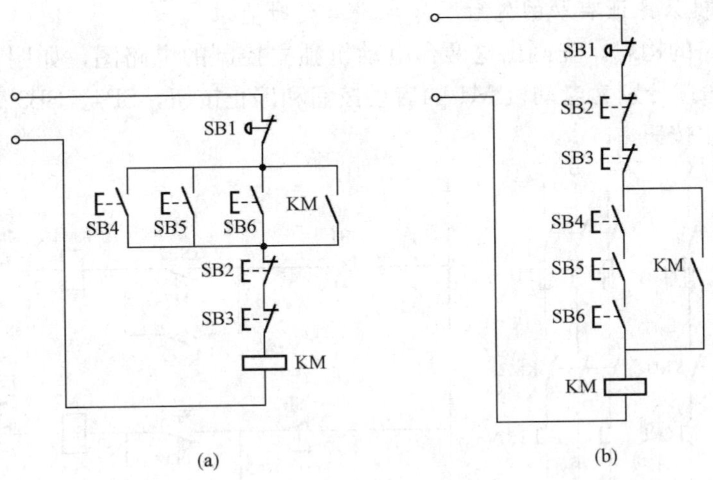

图 3-16　三地控制电路图
(a) 三地分别控制电路图；(b) 三地同时控制电路图

要求电动机启动：则同时按下 SB4、SB5、SB6→KM 线圈得电→KM 主触点和自锁的辅助触点闭合→电动机启动连续运转。

要求电动机停止：则只需按下 SB1 或 SB2 或 SB3→KM 线圈失电→KM 主触点和自锁的辅助触点断开→电动机失电停转。

通过上述分析可得出如下结论：若需要三地点同时对一台电动机进行控制，则在控制电路图中只要把三地的启动按钮串联后，再与电动机线圈的自锁常开触点并联，再把三地的停止按钮串联。

如要求三地以上对同一台电动机同时控制，电路图又如何设计呢?

二、顺序控制

在工程实践中，常常有许多控制设备需要多台电动机拖动，有时还需要一定的顺序控制电动机的启动和停止，例如机床设备中，冷却泵电动机启动后，主轴电动机才能启动，这样可防止金属工件和刀具在高速运转切削运动时，由于产生大量的热量而毁坏工件或刀具；铣床的运行要求是主轴旋转后，工作台才可移动；还有传送带的串行运转等。像这种要求一台电动机启动后，另一台电动机才能启动的控制方式，称为电动机的顺序控制。

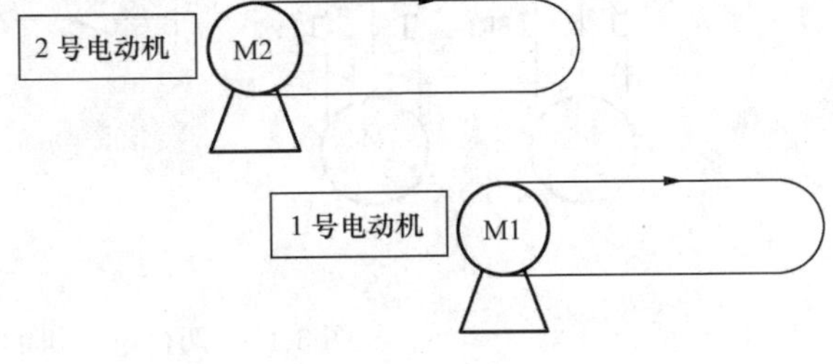

图 3-17　两台电动机工作模型

某机床两台电动机的工作模型如图 3-17 所示。其中 1 号电动机是冷却泵电动机 M1，2 号电动机是主轴电动机 M2，对于这两台电动机的电气控制要求是：

(1) M1 启动后，M2 才能启动，即顺序启动，以防止工件或刀具的损坏。

(2) M2 可单独停止，以保证主轴的随时停止。

1、2 号电动机 M1、M2 分别由接触器 KM1、KM2 控制。根据这两台电动机的电气控制要求，我们可分如下两种情况进行考虑。

1. 两台电动机只保证启动的先后顺序，没有延时要求

(1) 控制电路的构思。先画出这两台电动机独立控制的电路图，如图 3-18、图 3-19 所示，其中 SB2、SB1 分别为电动机 M1 的启动按钮和停止按钮，SB4、SB3 分别为电动机 M2 的启动按钮和停止按钮。

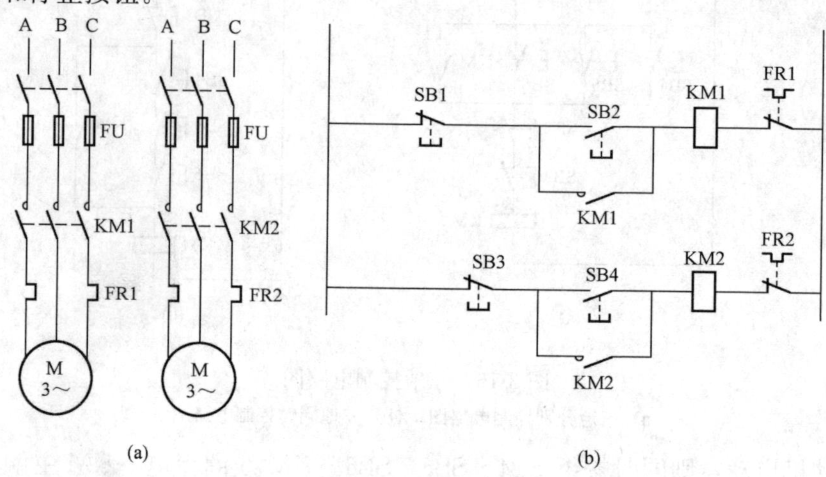

图 3-18　两台电动机独立控制的电路图

(a) 主电路；(b) 控制电路

如果要实现两台电动机 M1、M2 顺序启动，即 KM1 通电后，才允许 KM2 通电，则可将 KM1 动合辅助触点串联在 KM2 线圈回路，如图 3-19 所示。

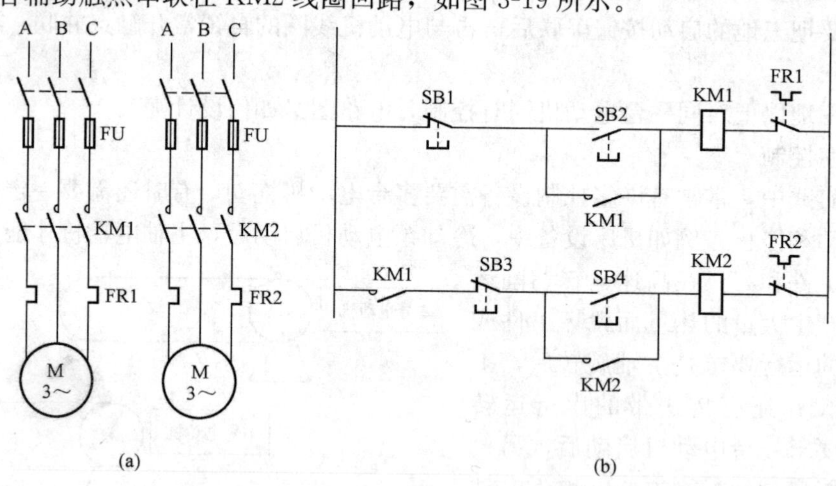

图 3-19　两台电动机的顺序启动电路图

(a) 主电路；(b) 控制电路

我们知道，继电器—控制系统中低压电器所用的触点越多，故障率和控制成本也就越高，图 3-19 中 KM1 辅助触点用到了两个，所以可对它进行如图 3-20 的优化设计。

(2) 原理图分析。图 3-20 控制电路图分析如下。合上电源开关 QS。

冷却泵电动机的启动：按下启动按钮 SB2→KM1 线圈得电→KM1 主触点和 KM1 自锁辅助触点闭合→M1 电动机启动并连续运行，即冷却泵电动机工作。

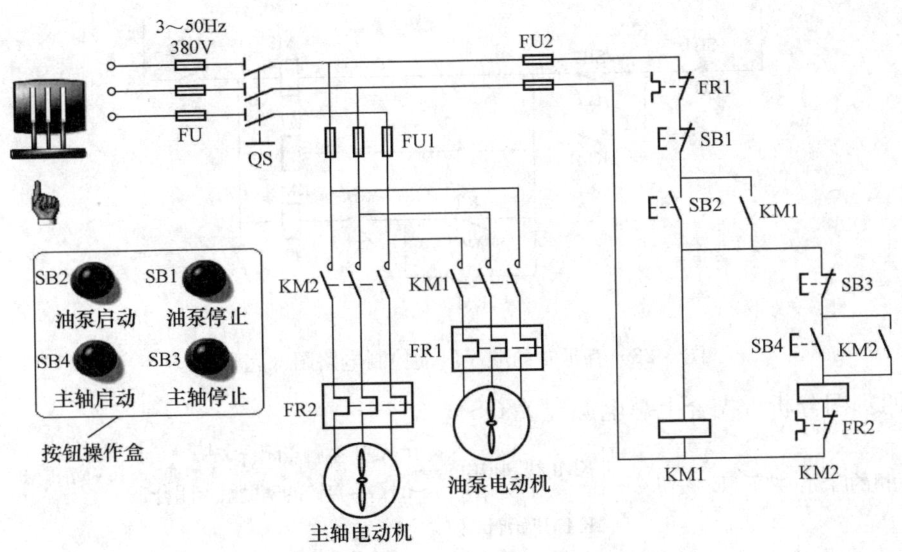

图 3-20　两台电动机顺序启动控制电路图（优化）

主轴电动机的启动：KM1 自锁辅助点闭合，即 M1 启动→按下启动按钮 SB4→KM2 线圈得电→KM2 主触点和 KM2 自锁辅助触点闭合→M2 电动机启动并连续运行，即主轴电动机工作。

主轴电动机的停止：按下停止 SB3→KM2 线圈失电→KM2 主触点和 KM2 自锁辅助触点断开→M2 电动机停转，即主轴停止工作。

如果要实现冷却泵停转，则只需按下 SB1 停止按钮。如果要实现整个系统停止，可切断电源，即关闭电源开关 QS。

2. 两台电动机的顺序启动有延时要求

（1）控制电路的构思。两台电动机顺序启动有延时要求，是指 M1 先启动，延时一段时间后 M2 才自动启动。可采用增加定时器的方法来实现，控制电路图如图 3-21 所示（主电路与图 3-18 的相同，这里不再重述）。SB2、SB1 分别为 M1 电动机启动按钮和停止按钮，由于 M2 是延时自动启动，所以设计时 M2 电动机不需要启动按钮，KT 为增加的定时器。

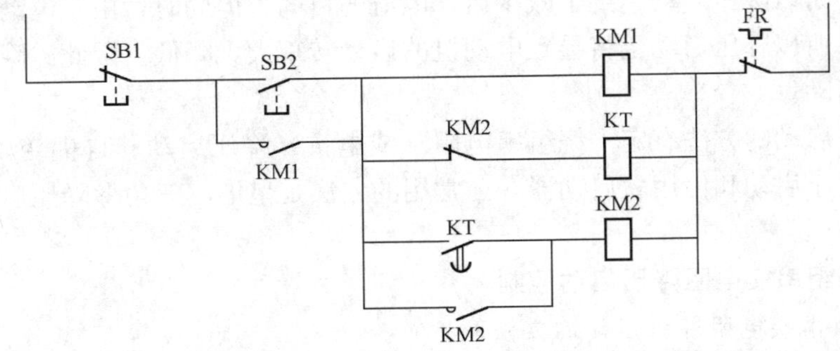

图 3-21　有延时的顺序启动控制电路图

图 3-21 的电路不能实现 KM2 的单独停止，必须在 KM2 前面增加一个按钮的动断触点，如图 3-22 中的 SB3。

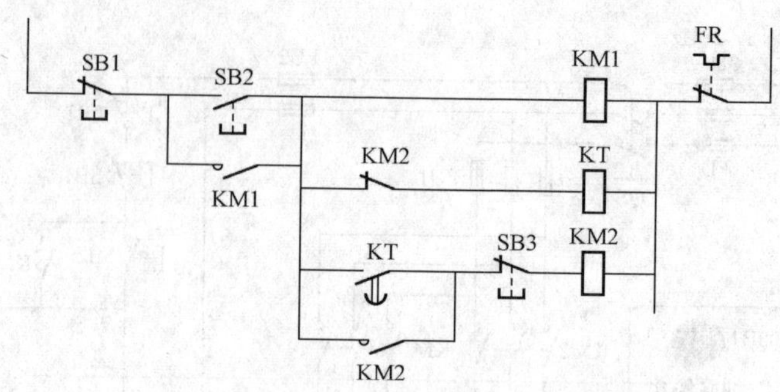
SB1
SB2
KM1
FR
KM2
KT
KM1
KT
SB3
KM2
KM2

图 3-22 有延时的顺序启动控制电路图（完整）

（2）原理图分析。先合上总电源开关 QS。

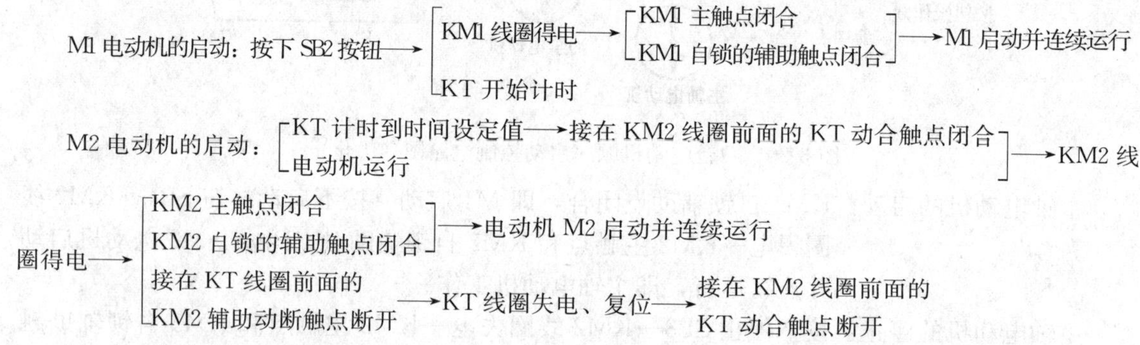
M1 电动机的启动：按下 SB2 按钮
KM1 线圈得电
KM1 主触点闭合
KM1 自锁的辅助触点闭合
M1 启动并连续运行
KT 开始计时
M2 电动机的启动：
KT 计时到时间设定值
接在 KM2 线圈前面的 KT 动合触点闭合
电动机运行
KM2 线
圈得电
KM2 主触点闭合
KM2 自锁的辅助触点闭合
电动机 M2 启动并连续运行
接在 KT 线圈前面的
KM2 辅助动断触点断开
KT 线圈失电、复位
接在 KM2 线圈前面的
KT 动合触点断开

M2 电动机的停止：按下 SB3→KM2 线圈失电→KM1 主触点、KM1 自锁的辅助触点断开→M2 电动机停转。

第五节 三相异步电动机降压启动控制

容量小的电动机才允许采取直接启动，容量较大的笼型异步电动机因启动电流较大，一般都采用降压启动方式。降压启动是指利用启动设备将电压适当降低后加到电动机的定子绕组上进行启动，待电动机启动运转后，再使其电压恢复到额定值正常运转，由于电流随电压的降低而减少，所以降压启动达到了减少启动电流的目的。但同时，由于电动机转矩与电压的平方成正比，所以降压启动也将导致电动机的启动转矩大大降低。因此，降压启动需要在空载或轻载下启动。

常见的降压启动的方法有定子绕组串电阻（或电抗）降压启动、自耦变压器降压启动、星形—三角形降压启动和使用软启动器等。常用的方法是星形—三角形降压启动和使用软启动器。

一、定子绕组串接电阻降压启动控制

1. 定子绕组串接电阻降压启动的方法

定子绕组串接电阻降压启动是指在电动机启动时，把电阻串接在电动机定子绕组与电源之间，通过电阻的分压作用，来降低定子绕组上的启动电压；待启动后，再将电阻短接，使电动机在额定电压下正常运行。由于电阻上有热能损耗，如用电抗器则体积、成本又较大，因此该方法很少用。这种降压启动控制电路有手动控制、接触器控制和时间继电器控制等。

2. 定子绕组串接电阻降压启动控制电路

定子绕组串接电阻降压启动控制电路，如图 3-23 所示，电动机启动电阻的短接时间由时间继电器自动控制。

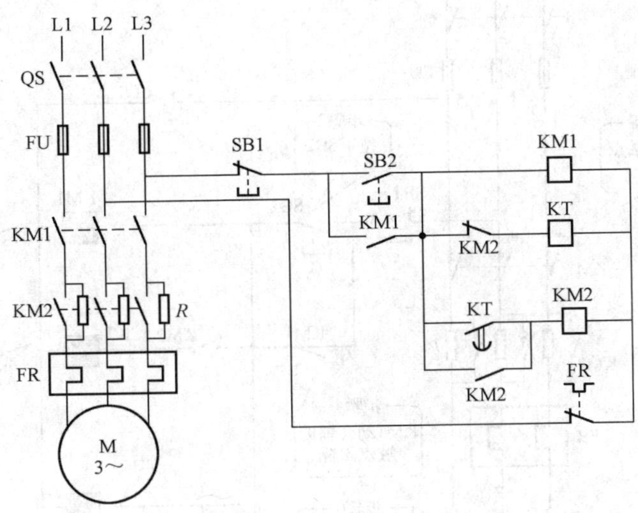
L1
L2
L3
QS
FU
SB1
SB2
KM1
KT
KM1
KM2
KM1
KM2
KT
KM2
R
FR
FR
KM2
M
3～

图 3-23　串电阻降压启动控制电路

如图 3-24 所示，启动控制电路工作步骤如下：

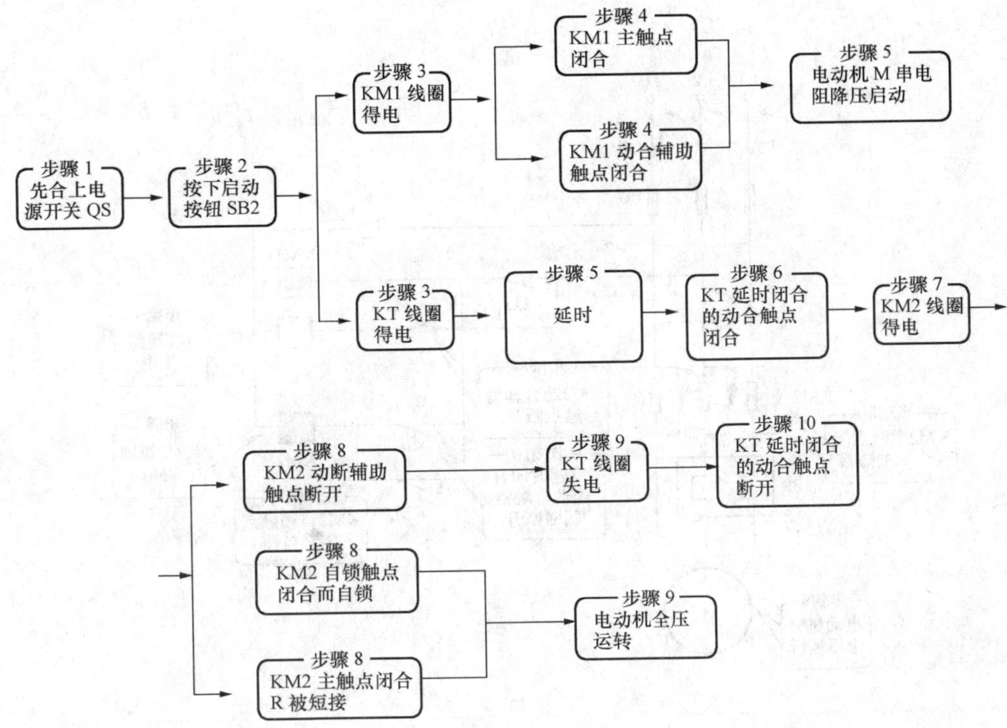
步骤 1
先合上电源开关 QS
步骤 2
按下启动按钮 SB2
步骤 3
KM1 线圈得电
步骤 4
KM1 主触点闭合
步骤 4
KM1 动合辅助触点闭合
步骤 5
电动机 M 串电阻降压启动
步骤 3
KT 线圈得电
步骤 5
延时
步骤 6
KT 延时闭合的动合触点闭合
步骤 7
KM2 线圈得电
步骤 8
KM2 动断辅助触点断开
步骤 9
KT 线圈失电
步骤 10
KT 延时闭合的动合触点断开
步骤 8
KM2 自锁触点闭合而自锁
步骤 9
电动机全压运转
步骤 8
KM2 主触点闭合 R 被短接

停止时，按下 SB1，控制电路失电，电动机 M 失电停转。

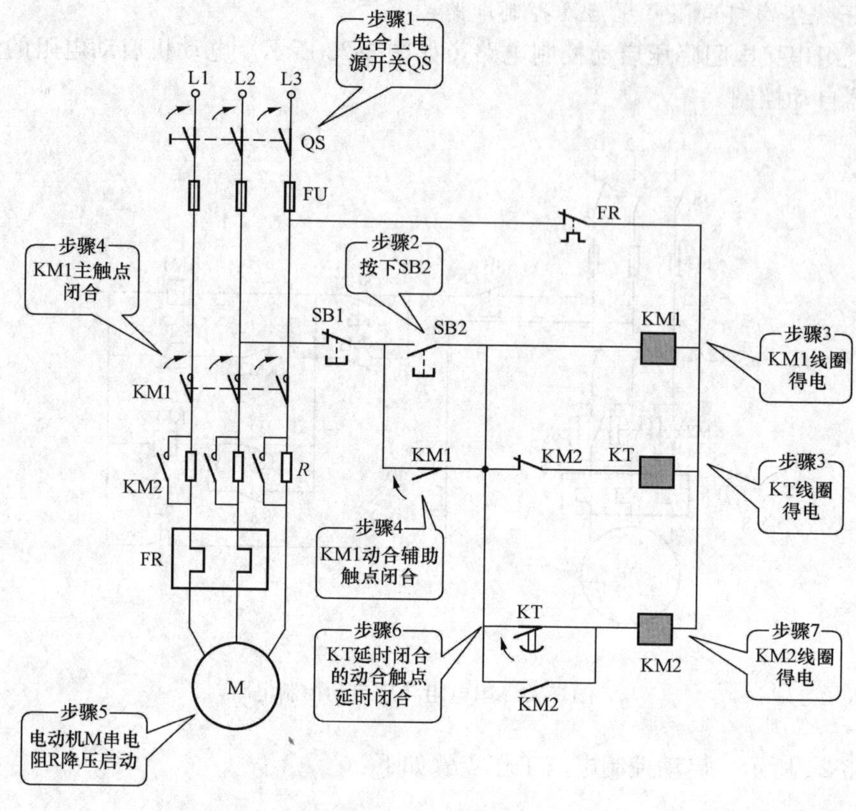

(a)

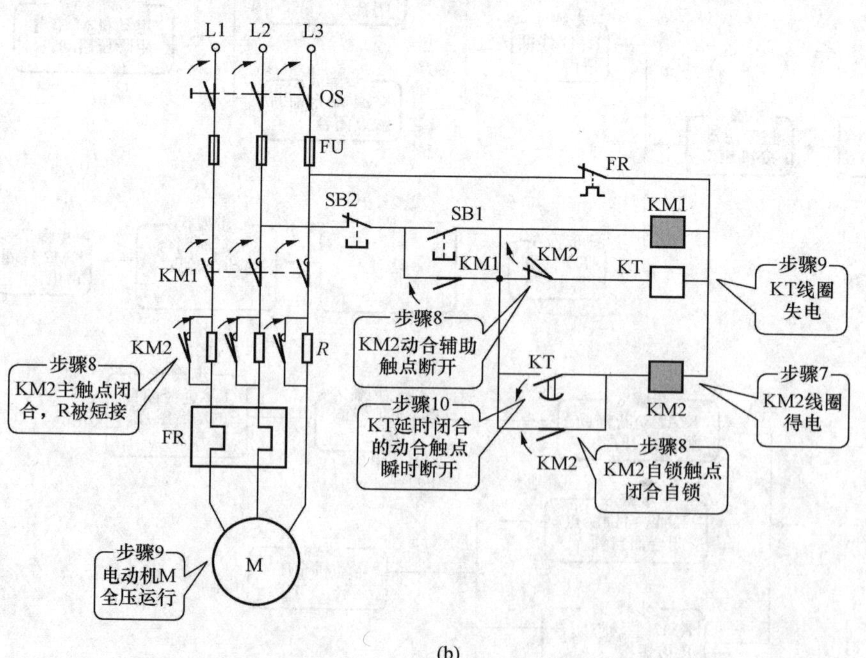

(b)

图 3-24 串电阻（电抗）降压启动控制电路原理示意图

（a）工作原理示意图 1；（b）工作原理示意图 2

二、定子串自耦变压器（TM）降压启动控制

1. 自耦变压器降压启动的方法

自耦变压器降压启动是指电动机启动时，利用自耦变压器来降低加在电动机定子绕组上的启动电压。待电动机启动后，再使电动机与自耦变压器脱离，从而在全压下正常运行。这种降压启动分为手动控制和自动控制两种。

自耦变压器的高压边投入电网，低压边接至电动机，有几个不同电压比的分接头供选择。

设自耦变压器的变比为 K，一次侧电压为 U_1，二次侧电压 $U_2=U_1/K$，二次侧电流 I_2（即通过电动机定子绕组的线电流）也按正比减少。又因为变压器一、二次侧的电流关系知 $I_1=I_2/K$，可见一次侧电流（即电源供给电动机的启动电流）比直接流过电动机定子绕组的要小，即此时电源供给电动机的启动电流为直接启动时的 $1/K^2$ 倍。由于电压降低为 $1/K$ 倍，所以电动机的转矩也降为 $1/K^2$ 倍。

自耦变压器二次侧有 2～3 组抽头，二次电压分别为一次侧电压的 80%、60%、40%。

自耦变压器降压启动的优点是可以按允许的启动电流和所需的启动转矩来选择自耦变压器的不同抽头实现降压启动，而且不论电动机的定子绕组采用 Y 形或△形接法都可以使用，缺点是设备体积大、投资较贵。

2. 自耦变压器降压启动控制电路

自耦变压器降压启动控制电路，如图 3-25 所示。

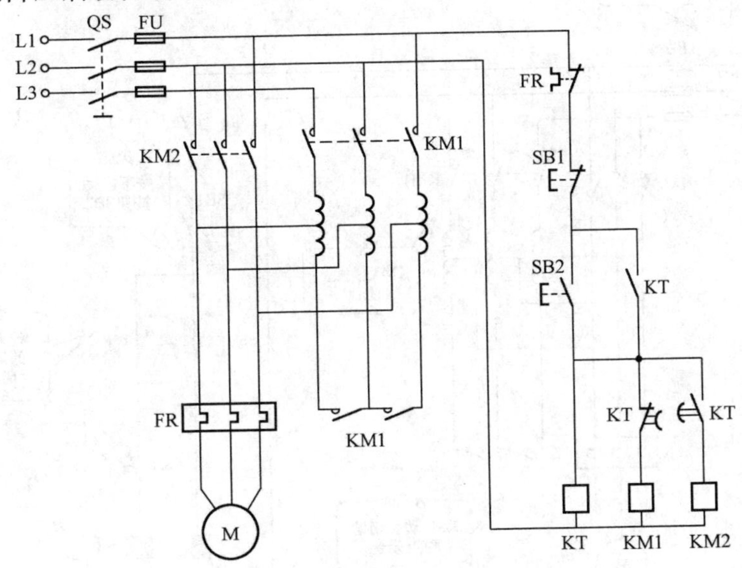

图 3-25　定子串自耦变压器降压启动控制电路

如图 3-26 所示，降压启动电路工作步骤如下：

三、星形—三角形（Y—△）降压启动控制

1. 星形—三角形（Y—△）降压启动的方法

Y—△降压启动是指电动机启动时，把定子绕组接成 Y 形，以降低启动电压，限制启动电流。待电动机启动后，再把定子绕组改成三角形，使电动机全压运行。只有正常运行时定子绕组作△形连接的异步电动机才可采用这种降压启动方法。

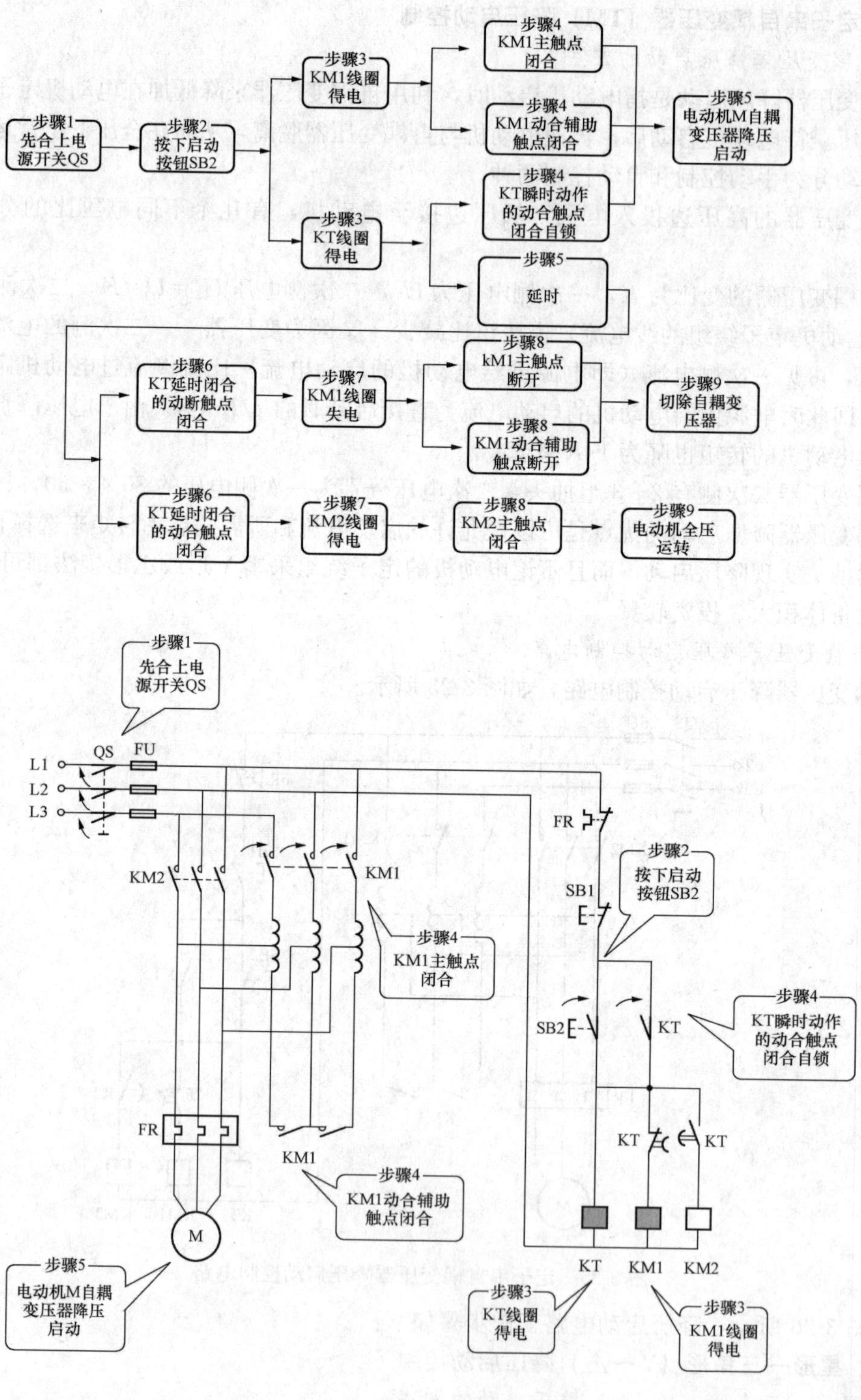
步骤1 先合上电源开关QS
步骤2 按下启动按钮SB2
步骤3 KM1线圈得电
步骤3 KT线圈得电
步骤4 KM1主触点闭合
步骤4 KM1动合辅助触点闭合
步骤4 KT瞬时动作的动合触点闭合自锁
步骤5 电动机M自耦变压器降压启动
步骤5 延时
步骤6 KT延时闭合的动断触点闭合
步骤6 KT延时闭合的动合触点闭合
步骤7 KM1线圈失电
步骤7 KM2线圈得电
步骤8 kM1主触点断开
步骤8 KM1动合辅助触点断开
步骤8 KM2主触点闭合
步骤9 切除自耦变压器
步骤9 电动机全压运转
L1
L2
L3
QS
FU
KM2
KM1
FR
SB1
SB2
KT
M
KT
KM1
KM2
(a)

图 3-26　自耦变压器降压启动控制电路原理示意图（一）

（a）工作原理示意图 1

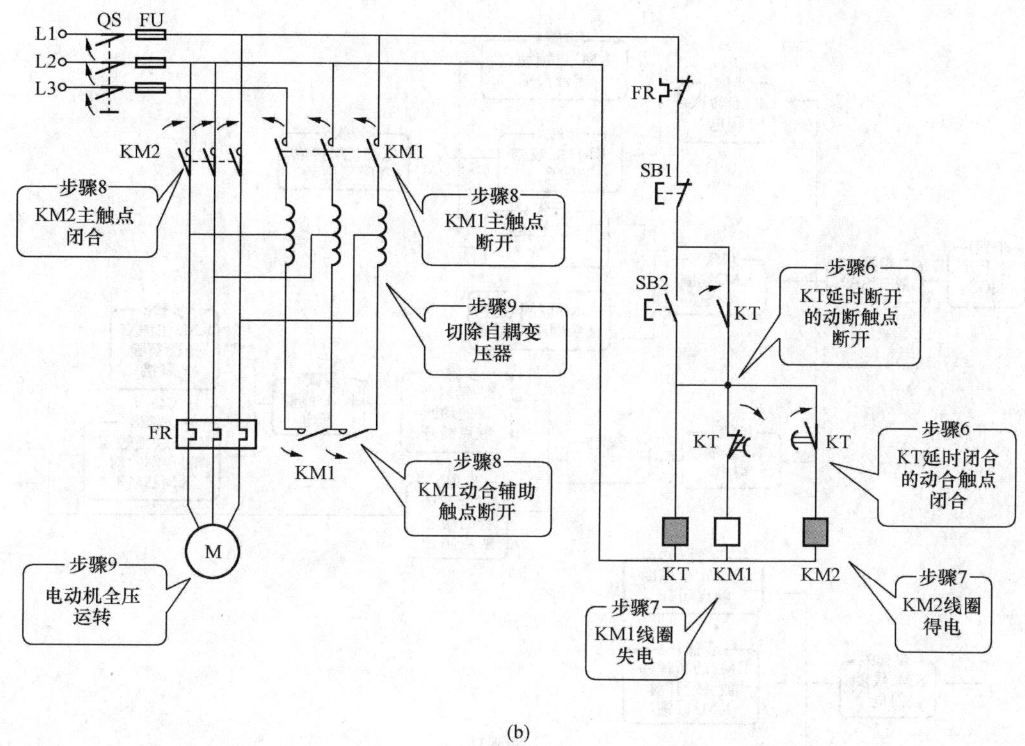

图 3-26　自耦变压器降压启动控制电路原理示意图（二）

（b）工作原理示意图 2

电动机启动时，接成 Y 形，加在每组定子绕组上的启动电压只有△形接法直接启动时的 $1/\sqrt{3}$，启动电流为直接采用△形接法时的 1/3，启动转矩也只有△形接法直接启动时的 1/3。所以这种降压启动方法，只适用于轻载或空载下启动。Y—△降压启动的最大优点是设备简单、价格低，因而获得较广泛的应用，缺点是只用于正常运行时为△形接法的电动机，降压比固定，有时不能满足启动要求。

2. 星形—三角形（Y—△）降压启动控制电路

三相异步电动机的 Y—△降压启动控制电路，如图 3-27 所示，它主要有以下元器件组成：

（1）启动按钮 SB2。启动按钮 SB2 是手动按钮开关，可控制电动机的启动运行。

（2）停止按钮 SB1。停止按钮 SB1 是手动按钮开关，可控制电动机的停止运行。

（3）主交流接触器 KM1。电动机主运行回路用接触器，启动时通过电动机启动电流。

（4）Y 形连接的交流接触器 KM3。交流接触器 KM3 是电动机启动时作 Y 形连接的交流接触器，启动结束后停止工作。

（5）△形连接的交流接触器 KM2。交流接触器 KM2 是电动机启动结束后恢复△形连接作正常运行的交流接触器。

（6）时间继电器 KT。时间继电器 KT 控制 Y—△变换启动的启动过程时间（电动机启动时间），即电动机从启动开始到额定转速及运行正常后所需的时间。

（7）热继电器 FR。热继电器做三相电动机的过载保护。

如图 3-28 所示，其控制电路工作步骤如下：

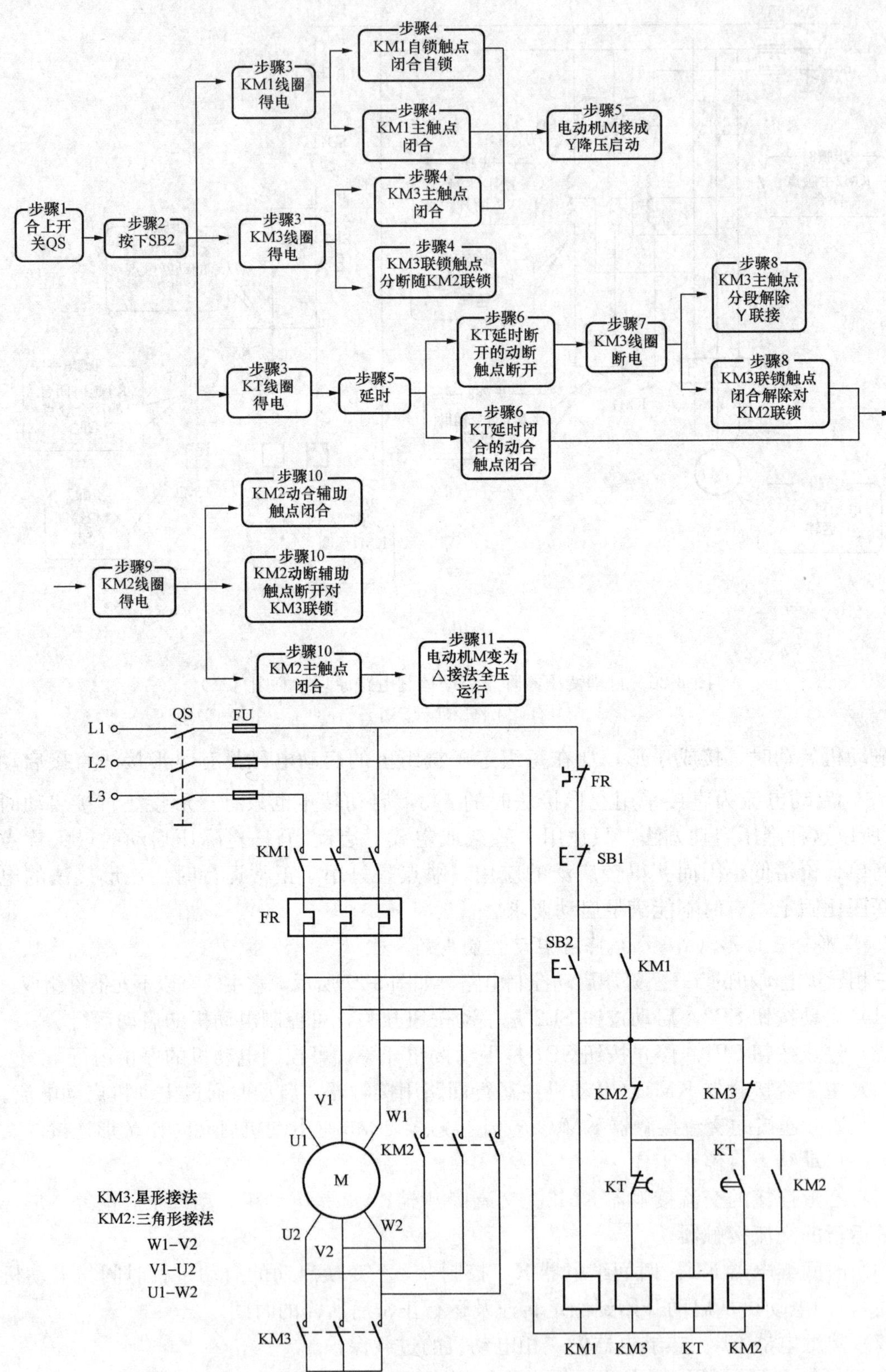
步骤1
合上开关QS
步骤2
按下SB2
步骤3
KM1线圈得电
步骤4
KM1自锁触点闭合自锁
步骤4
KM1主触点闭合
步骤5
电动机M接成Y降压启动
步骤3
KM3线圈得电
步骤4
KM3主触点闭合
步骤4
KM3联锁触点分断随KM2联锁
步骤3
KT线圈得电
步骤5
延时
步骤6
KT延时断开的动断触点断开
步骤7
KM3线圈断电
步骤8
KM3主触点分段解除Y联接
步骤8
KM3联锁触点闭合解除对KM2联锁
步骤6
KT延时闭合的动合触点闭合
步骤9
KM2线圈得电
步骤10
KM2动合辅助触点闭合
步骤10
KM2动断辅助触点断开对KM3联锁
步骤10
KM2主触点闭合
步骤11
电动机M变为△接法全压运行
L1
L2
L3
QS
FU
FR
SB1
KM1
FR
SB2
KM1
KM2
KM3
KT
KT
KM2
V1
W1
U1
KM2
M
U2
V2
W2
KM3
KM1
KM3
KT
KM2
KM3:星形接法
KM2:三角形接法
W1–V2
V1–U2
U1–W2

图 3-27 三相异步电动机的 Y—△降压启动控制电路

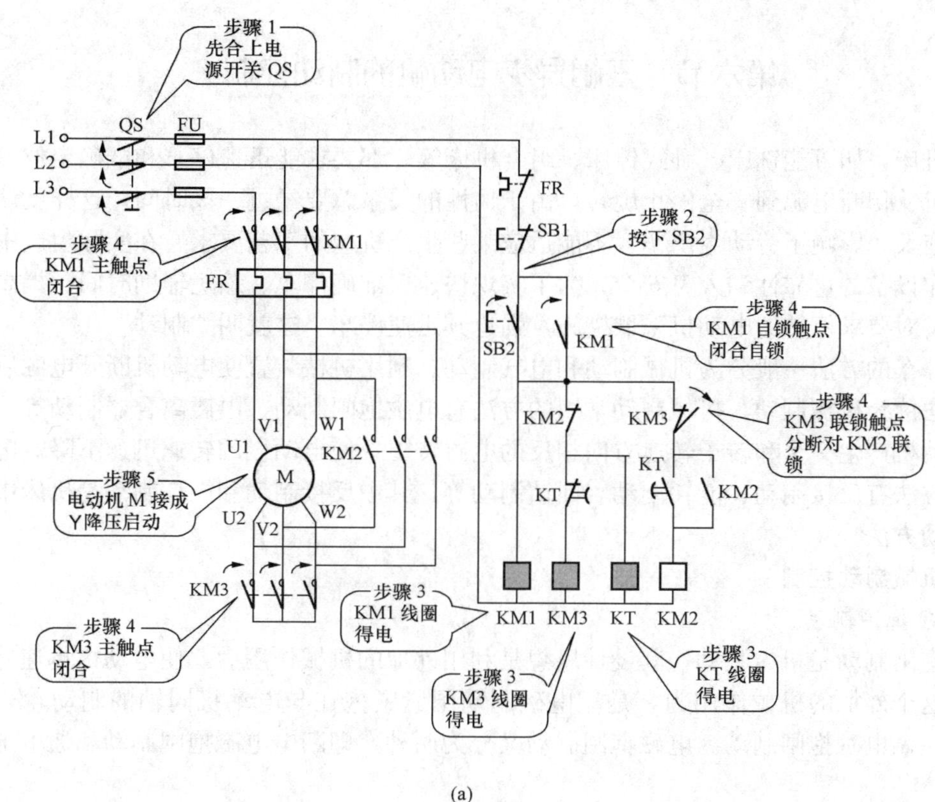

(a)

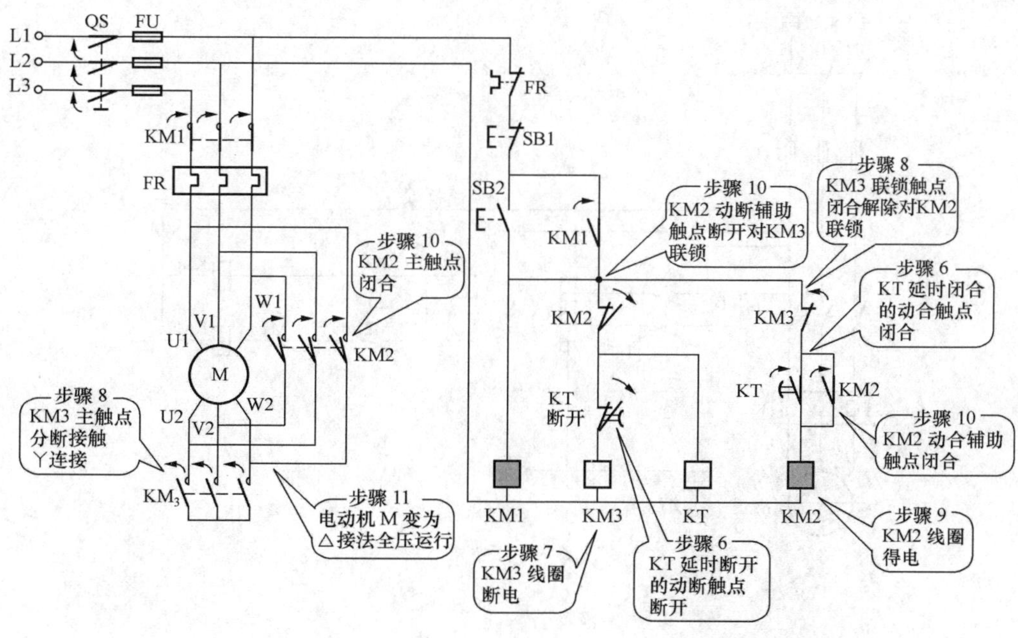

(b)

图 3-28　三相异步电动机的 Y--△降压启动控制电路原理示意图

(a) 工作原理示意图 1；(b) 工作原理示意图 2

第六节　三相异步电动机的制动控制

许多机床，如万能铣床、卧式镗床、组合机床等，都要求能迅速停车和准确定位。三相异步电动机从切断电源到安全停止旋转，由于惯性的关系总要经过一段时间，这样就使得非生产时间拖长，影响了劳动生产率，不能适应某些生产机械的工艺要求。在实际生产中，为了保证工作设备的可靠性和人身安全，为了实现快速、准确停车、缩短辅助时间、提高生产机械效率，对要求停转的电动机采取措施，强迫其迅速停车，这就叫“制动”。

制动停车的方法一般分为机械制动和电气制动。利用机械装置使电动机断开电源后迅速停转的方法称为机械制动，机械制动常用的方法有电磁抱闸制动、电磁离合器制动等；电气制动是电动机产生一个和转子转速方向相反的电磁转矩，使电动机的转速迅速下降。电气制动常用的方法有反接制动、能耗制动、回馈制动等，其中反接制动和能耗制动是机床中常用的电气制动方法。

一、机械制动控制

1. 电磁抱闸制动

电磁抱闸制动是机械制动，其设计思想是利用外加的机械作用力，使电动机迅速停止转动。由于这个外加的机械作用力，是靠电磁制动闸紧紧抱住与电动机同轴的制动轮来产生的，所以叫做电磁抱闸制动。电磁抱闸制动又分为两种，即断电电磁抱闸制动和通电电磁抱闸制动。

(1) 断电电磁抱闸制动。断电电磁抱闸制动控制原理图如图 3-29 所示，这种制动方式下制动闸平时一直处于“抱住”状态。

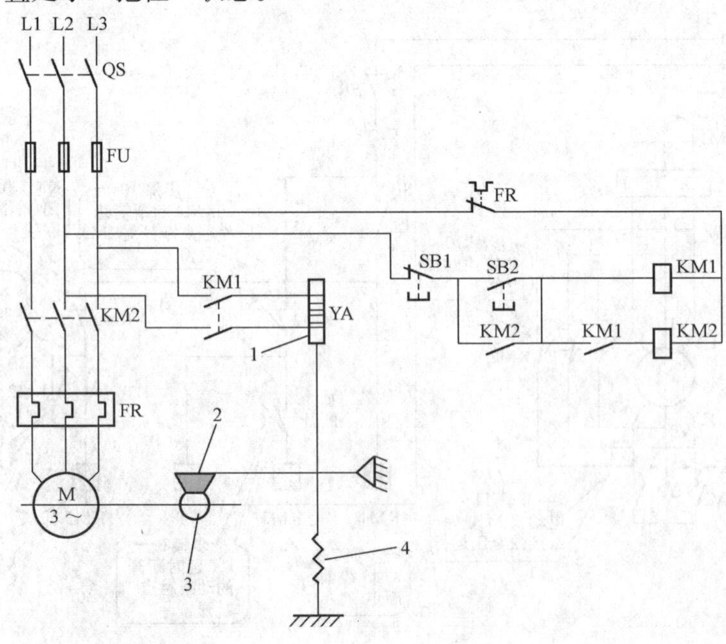

图 3-29　断电电磁抱闸制动控制原理图

1—电磁铁；2—制动闸；3—制动轮；4—弹簧

图 3-29 中，制动轮通过联轴器直接或间接与电动机主轴相连，电动机转动时，制动轮也跟着同轴转动。

其控制原理分析如下：

合上电源开关 QS。按下启动按钮 SB2，接触器 KM1 线圈得电，KM1 动合触点吸合，电磁铁绕组接入电源，电磁铁心向上移动，抬起制动闸，松开制动轮。KM1 线圈得电后，KM2 顺序得电，使得 KM2 动合触点吸合，电动机接入电源，电动机启动并连续运行。

按下停止按钮 SB1，接触器 KM1、KM2 线圈失电释放，电动机和电磁铁绕组均断电，制动闸在弹簧作用下紧压在制动轮上，依靠摩擦力使电动机快速停车。

由于在电路设计时是使接触器 KM1 和 KM2 顺序得电，使得电磁铁线圈 YA 先通电，待制动闸松开后，电动机才接通电源。这就避免了电动机在起动前瞬时出现的“电动机定子绕组通电而转子被掣住不转的短路运行状态”。这种断电抱闸制动的结构形式，在电磁铁线圈一旦断电或未按通时电动机都处于制动状态，故称为断电抱闸制动方式。

这种控制线路不会因网络电源中断或电气线路故障而使制动的安全性和可靠性受影响。但电动机制动时，其转轴不能转动，也不便调整；而当电动机正常运转时，KM1 和电磁线圈长期通电。

（2）通电电磁抱闸制动。通电电磁抱闸制动控制原理图如图 3-30 所示，这种制动方式下制动闸平时一直处于“松开”状态。

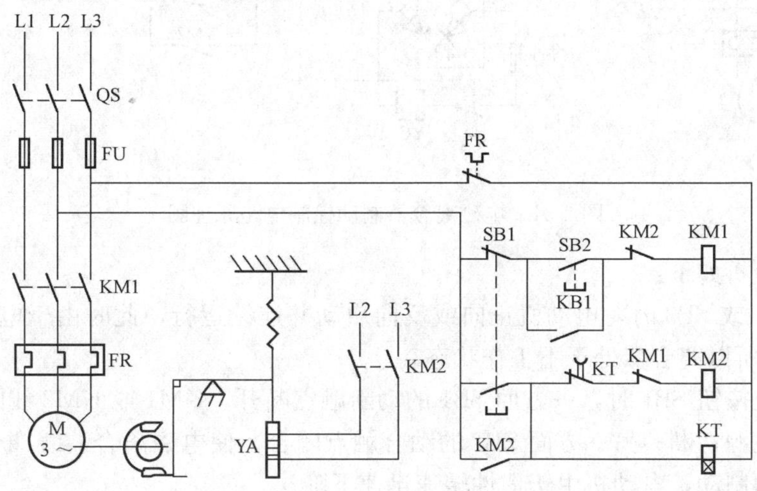

图 3-30　通电电磁抱闸制动控制原理图

其控制原理分析如下：

按下启动按钮 SB2，接触器 KM1 线圈得电、KM1 动合触点吸合并自锁，电动机启动并连续运行。

按下停止按钮 SB1，接触器 KM1 失电复位，电动机脱离电源。接触器 KM2 线圈得电、KM2 动合触点吸合并自锁，电磁铁线圈 YA 通电，铁心向下移动，使制动闸紧紧抱住制动轮，同时时间继电器 KT 得电。当电动机惯性转速下降至零时，时间继电器 KT 的动断触点经延时断开，使 KM2 和 KT 线圈先后失电，从而使电磁铁绕组断电，制动闸又恢复了“松开”状态。

通电电磁抱闸制动的优点是制动力矩大、制动迅速、安全可靠、停车准确。其缺点是制动愈快，冲击振动就愈大，对机械设备不利。由于这种制动方法较简单、操作方便，所以在生产现场得到广泛应用，电磁抱闸制动装置体积大，对于空间位置比较紧凑的机床来说，由于安装困难，故采用较少。

至于选用哪种电磁抱闸制动方式，需根据生产机械工艺要求而定。一般在电梯、吊车、卷扬机等升降机械采用断电电磁抱闸制动方式；而经常需要调整加工件位置的机床，往往采用通电电磁抱闸制动方式。

2. 电磁离合器制动

图 3-31 是电磁离合器制动控制电路原理图，YC 为电磁离合器线圈。

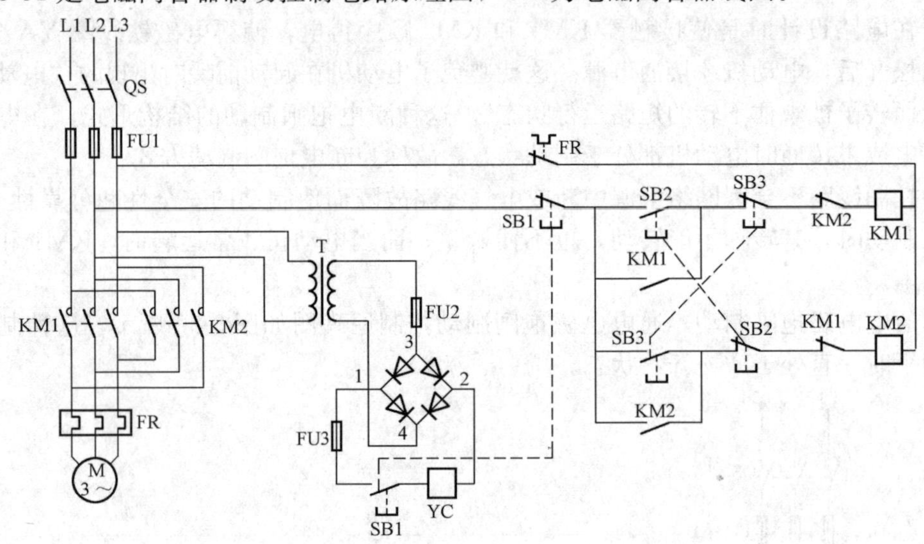

图 3-31　电磁离合器制动控制电路原理图

其原理图分析如下：

当按下 SB2 或 SB3 时，电动机正向或反向启动并连续运行，此时由于电磁离合器线圈 YC 没有得电，所以离合器处于不工作状态。

当按下停止按钮 SB1 时，一方面 SB1 的动断触点断开，KM1 或 KM2 线圈失电而分断，将电动机定子电源切断；另一方面 SB1 的动合触点闭合，使电磁离合器线圈 YC 得电吸合，将摩擦片压紧而制动，电动机由于惯性转速迅速下降。

当松开按钮 SB1 时，电磁离合器线圈 YC 断电，结束强迫制动，电动机停转。

电磁离合器的优点是体积小、传递转矩大、操作方便、运行可靠、制动方式较平稳且迅速，并易于安装在机床设备内部。

二、电气制动控制

1. 反接制动

（1）反接制动的方法。异步电动机反接制动的方法有两种：一种是在负载转矩作用下使电动机反转的倒拉反转反接制动，但它不能准确停车；另一种是依靠改变三相异步电动机定子绕组中三相电源的相序产生制动力矩，迫使电动机迅速停转。

反转制动的方法是制动力强，制动迅速；缺点是制动准确性差，制动过程中冲击强烈，易损坏传动零件，制动能量消耗大、不宜经常制动。因此反接制动一般适用于制动要求迅速、系统惯性较大、不经常启动与制动的场合。

（2）反接制动的控制电路。相序互换的单向启动反接制动控制电路，如图 3-32 所示。当电动机正常运转需制动时，将三相电源相序切换，然后在电动机转速接近零时将电源及时切掉。控制电路是采用速度继电器来判断电动机的零速点并及时切断三相电源的。速度继电器 KS 的转子与电动机的轴相连，当电动机正常运转时，速度继电器的动合触点闭合，当电动机停车转速接近零时，KS 的动合触点断开，切断接触器的线圈电路。

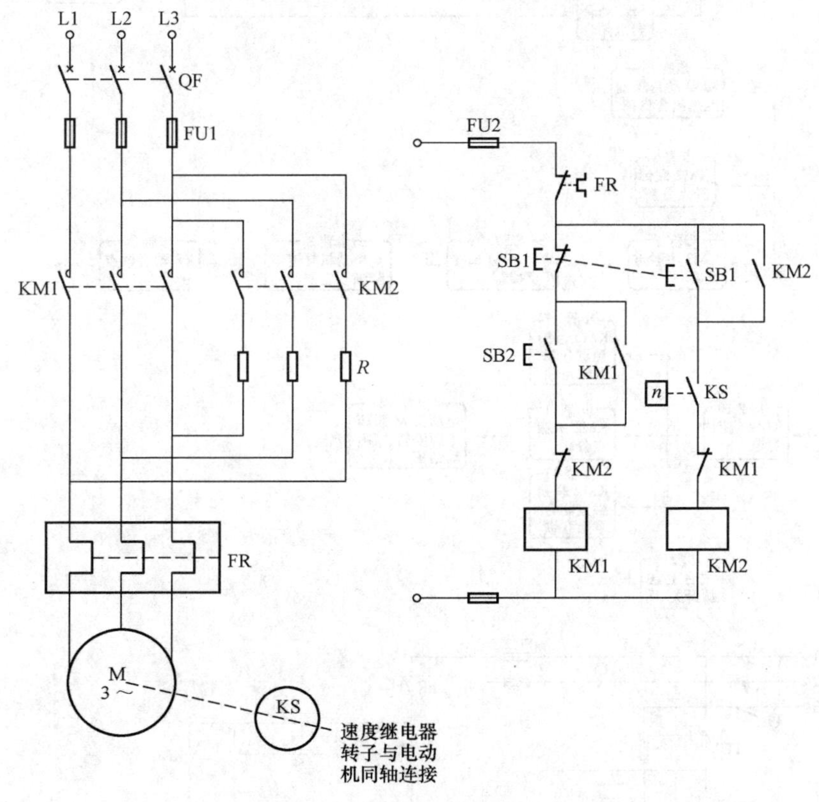

图 3-32　单向启动反接制动控制电路

1）单向启动。如图 3-33（a）所示，单向启动工作步骤如下：

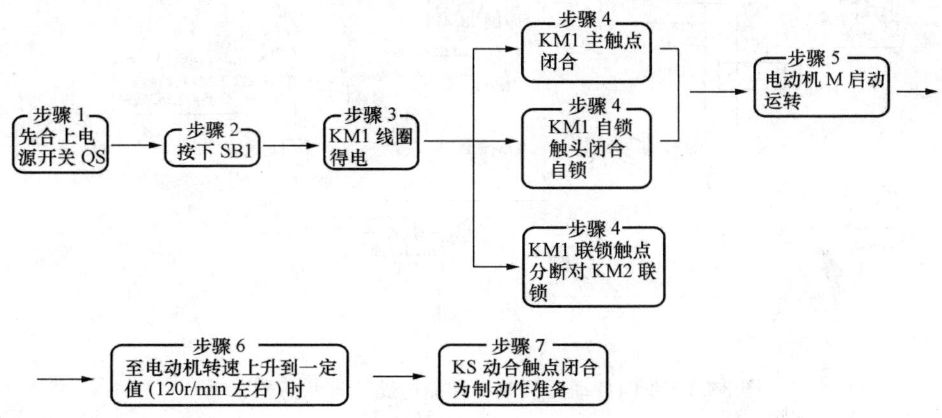

2）反接制动。如图 3-33（b）、（c）所示，反接制动工作步骤如下：

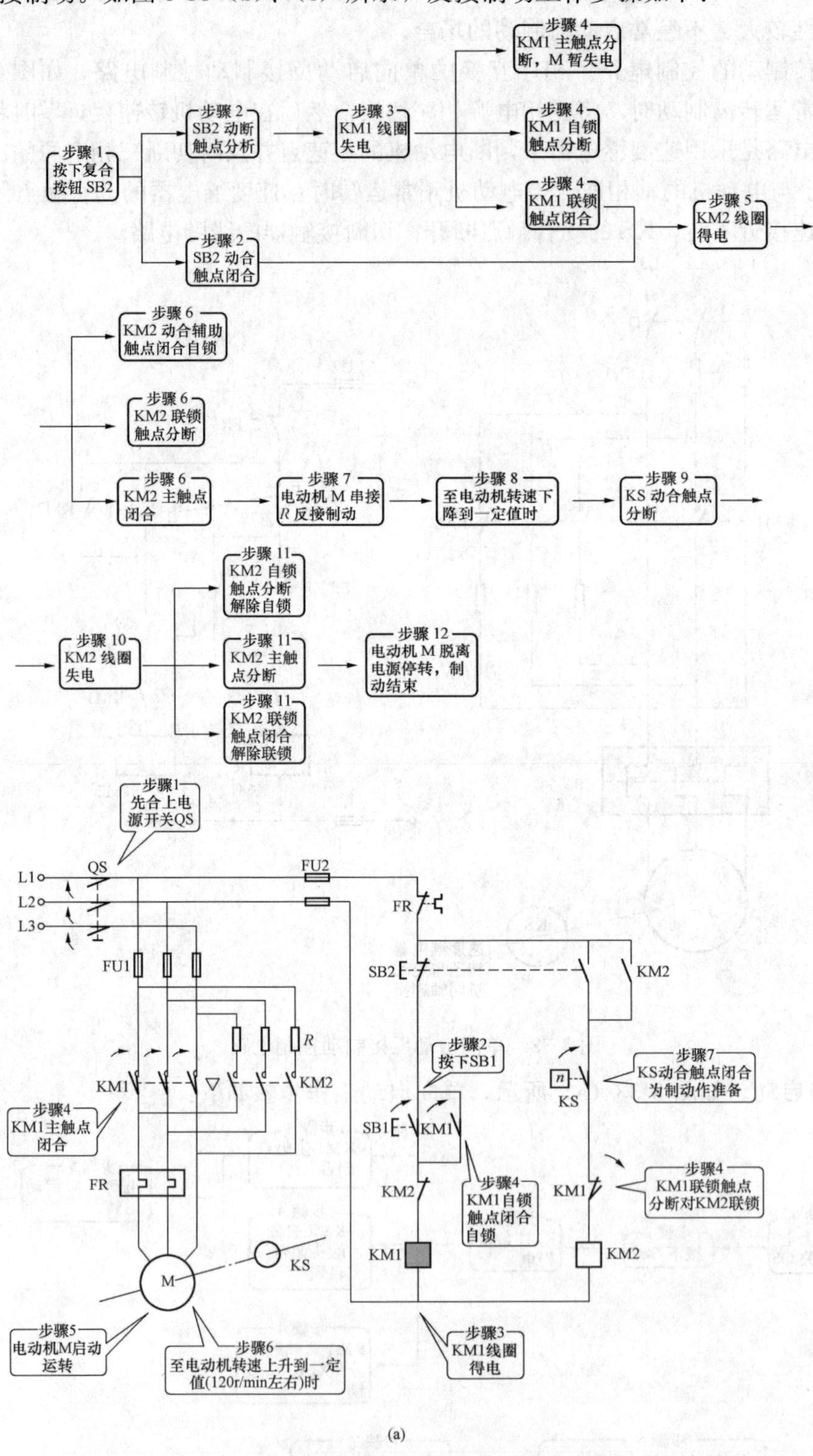
步骤1
按下复合按钮SB2
步骤2
SB2动断触点分析
步骤2
SB2动合触点闭合
步骤3
KM1线圈失电
步骤4
KM1主触点分断，M暂失电
步骤4
KM1自锁触点分析
步骤4
KM1联锁触点闭合
步骤5
KM2线圈得电
步骤6
KM2动合辅助触点闭合自锁
步骤6
KM2联锁触点分断
步骤6
KM2主触点闭合
步骤7
电动机M串接R反接制动
步骤8
至电动机转速下降到一定值时
步骤9
KS动合触点分断
步骤10
KM2线圈失电
步骤11
KM2自锁触点分断解除自锁
步骤11
KM2主触点分断
步骤11
KM2联锁触点闭合解除联锁
步骤12
电动机M脱离电源停转，制动结束
步骤1
先合上电源开关QS
L1
L2
L3
QS
FU1
FU2
FR
SB2
KM2
R
KM1
步骤2
按下SB1
步骤7
KS动合触点闭合为制动作准备
KS
SB1
步骤4
KM1主触点闭合
步骤4
KM1自锁触点闭合自锁
步骤4
KM1联锁触点分断对KM2联锁
M
步骤5
电动机M启动运转
步骤6
至电动机转速上升到一定值(120r/min左右)时
步骤3
KM1线圈得电
(a)

图 3-33　单向启动反接制动控制电路原理示意图（一）

（a）单向启动

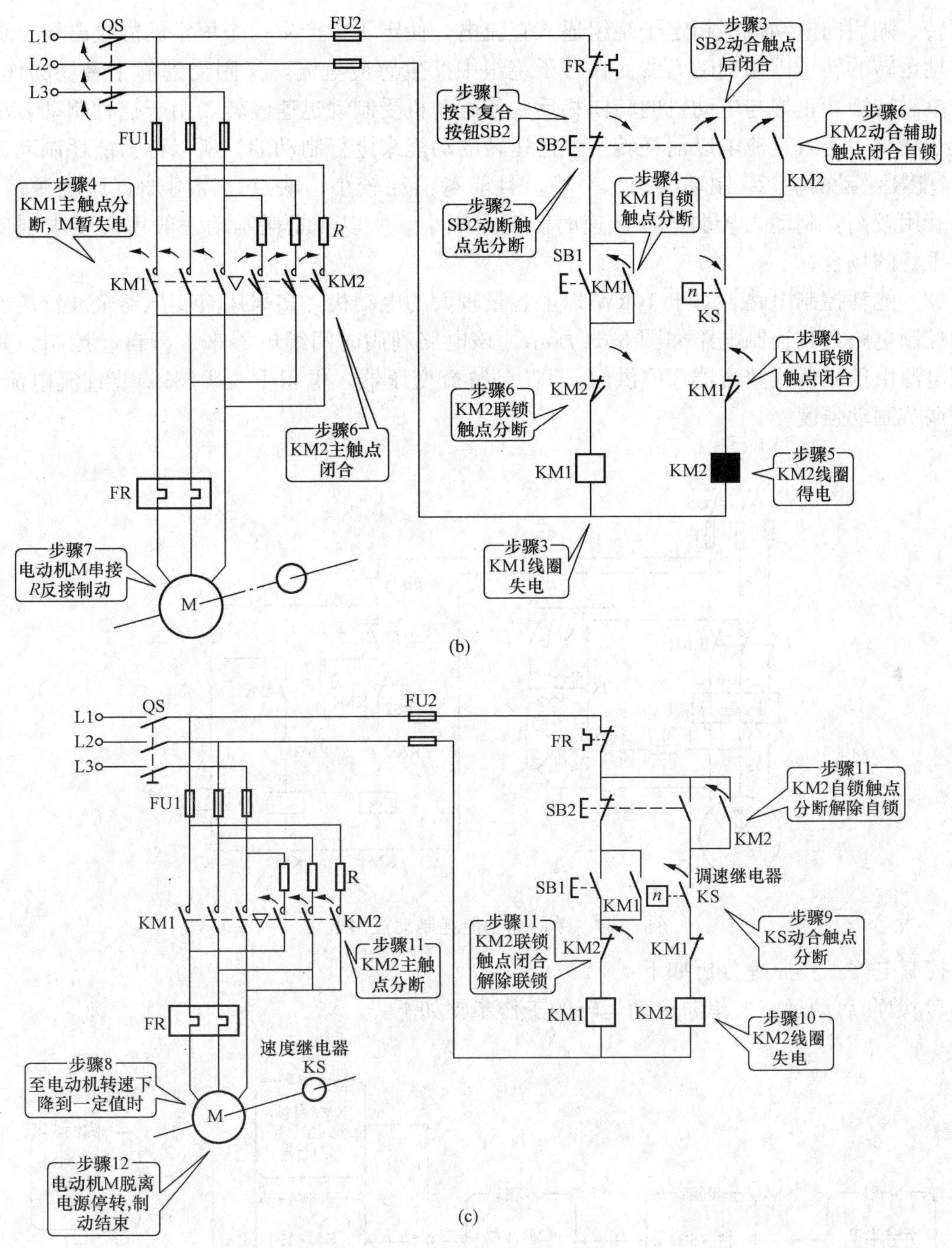
L1
L2
L3
QS
FU1
FU2
步骤4
KM1主触点分断，M暂失电
R
KM1
KM2
步骤6
KM2主触点闭合
FR
步骤7
电动机M串接R反接制动
M
步骤1
按下复合按钮SB2
步骤2
SB2动断触点先分断
步骤3
SB2动合触点后闭合
步骤6
KM2动合辅助触点闭合自锁
步骤4
KM1自锁触点分断
SB1
SB2
KS
步骤4
KM1联锁触点闭合
步骤6
KM2联锁触点分断
步骤5
KM2线圈得电
步骤3
KM1线圈失电
(b)
步骤11
KM2自锁触点分断解除自锁
调速继电器
KS
步骤9
KS动合触点分断
步骤11
KM2联锁触点闭合解除联锁
步骤11
KM2主触点分断
步骤10
KM2线圈失电
速度继电器
KS
步骤8
至电动机转速下降到一定值时
步骤12
电动机M脱离电源停转，制动结束
(c)

图 3-33　单向启动反接制动控制电路原理示意图（二）
（b）反接制动原理示意图 1；（c）反接制动原理示意图 2

2. 能耗制动

能耗制动是当电动机切断交流电源后，立即在定子绕组的任意两相中通入直流电，迫使电动机迅速停转。

（1）能耗制动方法。先断开电源开关，切断电动机的交流电源，这时转子仍沿原方向惯性运转；随后向电动机两相定子绕组通入直流电，使定子中产生一个恒定的静止磁场，这样做惯性运转的转子因切割磁力线而在转子绕组中产生感应电流，又因受到静止磁场的作用，产生电磁转矩，正好与电动机的转向相反，使电动机受制动迅速停转。由于这种制动方法是在定子绕组中通入直流电以消耗转子惯性运转的动能来进行制动的，所以称为能耗制动。

能耗制动的优点 制动准确、平稳，且能量消耗较小。缺点是需附加直流电源装置，设备费用较高，制动力较弱，在低速时制动力矩小。所以，能耗制动一般用于要求制动准确、平稳的场合。

（2）能耗控制电路。对于10kW以上容量较大的电动机，多采用有变压器全波整流能耗制动控制电路，其控制电路如图3-34所示，该电路利用时间继电器来进行自动控制。其中直流电源由单相桥式整流器VC供给，TC是整流变压器，电阻R是用来调节直流电流的，从而调节制动强度。

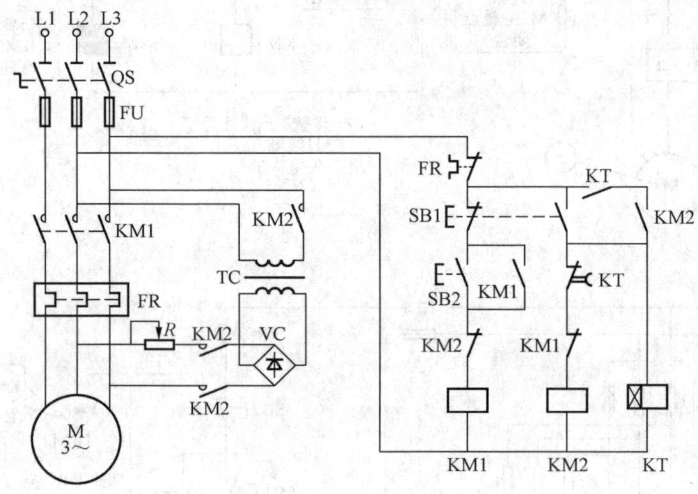

图3-34 单向启动能耗制动控制电路

控制电路工作原理分析如下：

1）单向启动运转。单向启动运转的工作步骤如下：

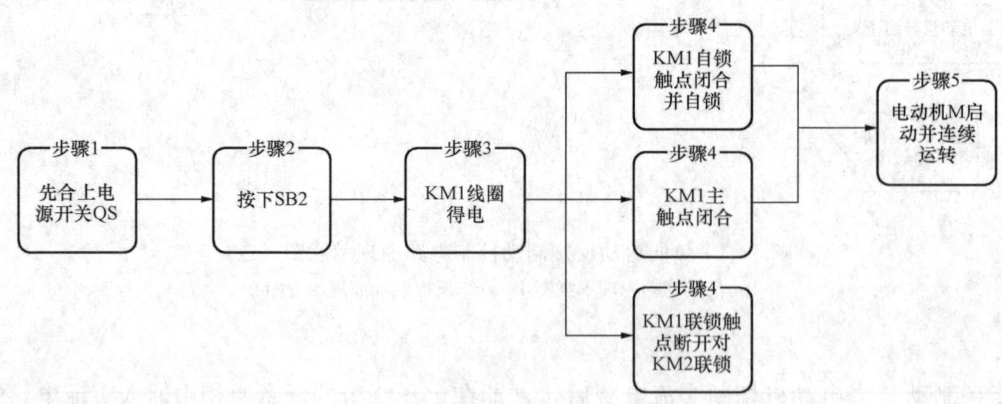

2）能耗制动停转。能耗制动停转的工作步骤如下：

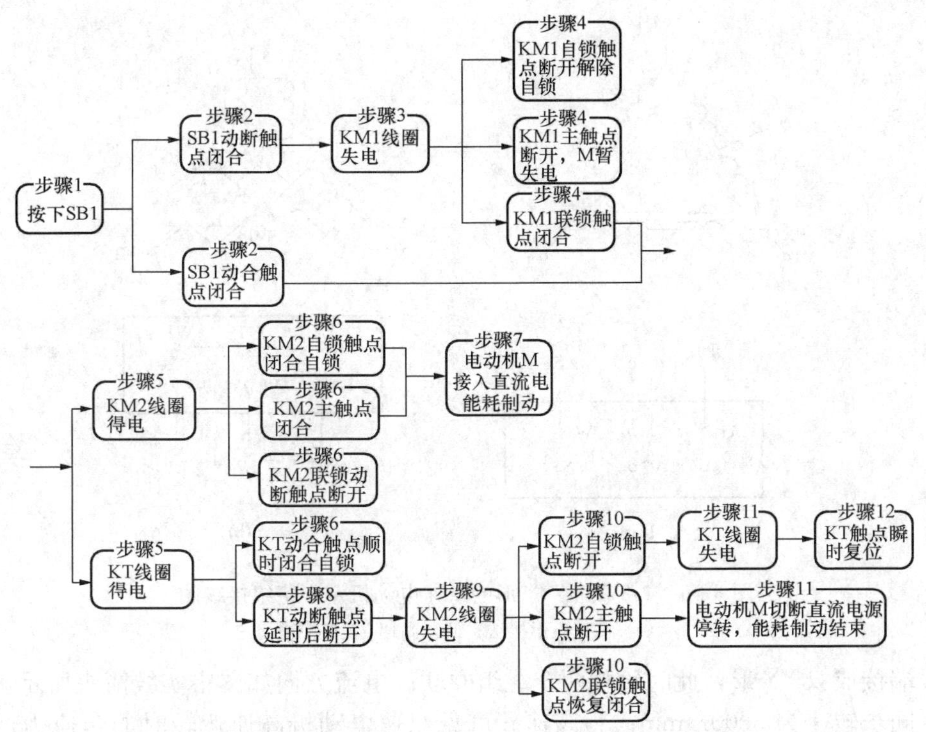
步骤1
按下SB1
步骤2
SB1动断触点闭合
步骤3
KM1线圈失电
步骤4
KM1自锁触点断开解除自锁
步骤4
KM1主触点断开，M暂失电
步骤4
KM1联锁触点闭合
步骤2
SB1动合触点闭合
步骤5
KM2线圈得电
步骤6
KM2自锁触点闭合自锁
步骤6
KM2主触点闭合
步骤6
KM2联锁动断触点断开
步骤7
电动机M接入直流电能耗制动
步骤5
KT线圈得电
步骤6
KT动合触点顺时闭合自锁
步骤8
KT动断触点延时后断开
步骤9
KM2线圈失电
步骤10
KM2自锁触点断开
步骤10
KM2主触点断开
步骤10
KM2联锁触点恢复闭合
步骤11
KT线圈失电
步骤12
KT触点瞬时复位
步骤11
电动机M切断直流电源停转，能耗制动结束

第七节　三相异步电动机的调速控制电路

调速是指用人为的方法来改变异步电动机的转速。由转差率的计算公式可得：

$$n = n_0(1-s) = \frac{60f}{p}(1-s) \tag{3-1}$$

式中　n——电动机的转速，r/min；

p——电动机极对数；

f——供电电源频率，Hz；

s——异步电动机的转差率。

由式（3-1）可知，通过改变定子电压频率 f、极对数 p 以及转差率 s 都可以实现交流异步电动机的速度调节。目前广泛使用的调试方法是变更定子绕组的极对数，因为极对数的改变必须在定子和转子上同时进行，因此对于绕线式转子异步电动机不太适用。由于鼠笼转子异步电动机的转子极数是随定子极数的改变而自动改变的。变极时只需要考虑定子绕组的极数即可。因此，这种调速方法一般仅适用于鼠笼转子异步电动机。常用的多速电动机有双速、三速、四速电动机，下面以双速电动机为例来分析这类电动机的变速控制。

一、双速电动机定子绕组的连接

双速电动机定子绕组有 6 个出线端，若将电动机定子绕组三个出线端 U1、V1、W1 分别接三相电源，而将 U2、V2、W2 三个出线端悬空，如图 3-35（a）所示，则电动机的三相定子绕组接成三角形，此时每相有两个绕组相互串联，电流方向见图中虚线箭头所示。磁极数为 4 极，同步转速为 1500r/min；为低速。

若将电动机定子绕组的 U2、V2、W2 三个出线端分别接三相电源，而将 U1、V1、W1

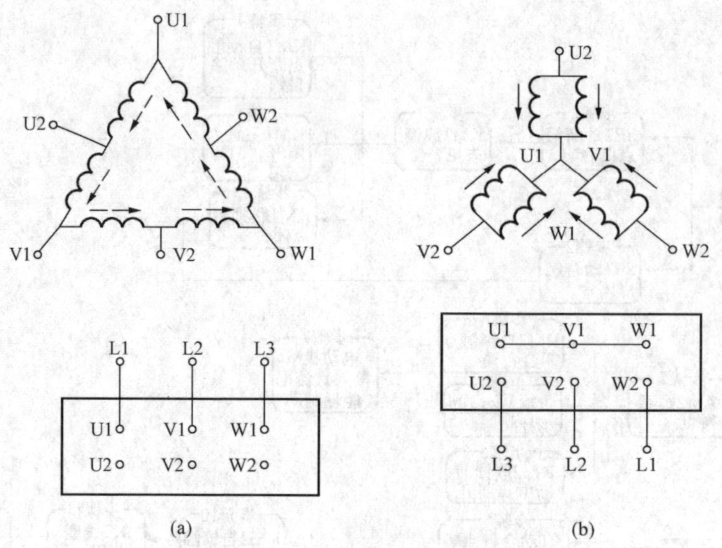

图 3-35　4/2 极△/YY 形的双速电动机定子绕组接线图

（a）低速△形接法；（b）高速 YY 形接法

三个出线端接成双 YY 形，此时每相两个绕组并联。电流方向如图中实线箭头所示，磁极数为 2 极，同步转速为 3000r/min；为高速。可见双速电动机高速运转时的转速为低速时的两倍。

二、双速电动机控制电路

双速电动机控制原理图如图 3-36 所示。通过上述定子绕组的连接方法可知，电动机启动时必须低速启动，则采用三角形接法，即 KM1 线圈得电，KM2 和 KM3 线圈失电，延长

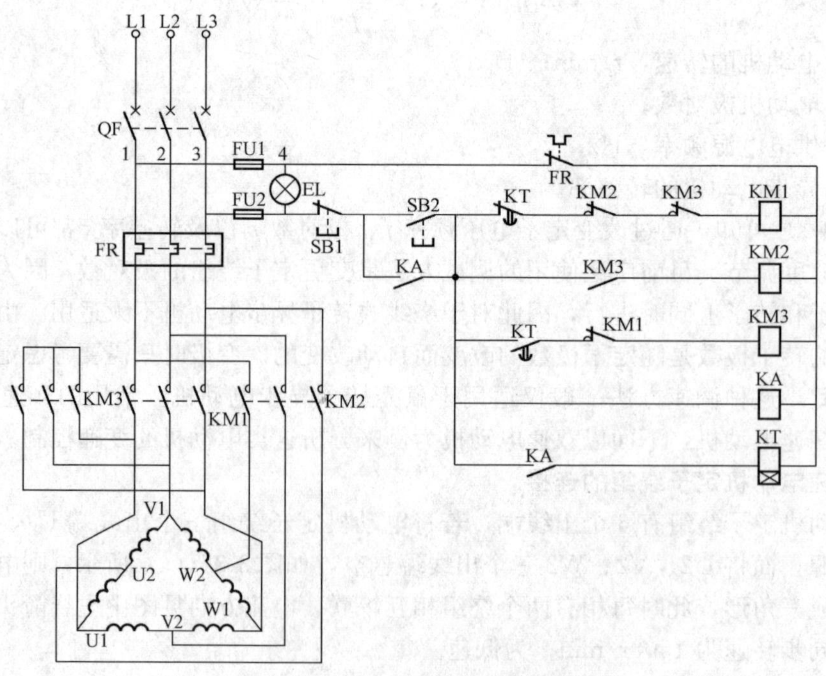

图 3-36　双速电动机控制原理图

一定时间后，电动机高速运行，自动由三角形接法更换为星形接法，即此时 KM2 和 KM3 线圈得电，而 KM1 线圈失电。

双速电动机控制电路工作步骤如下：

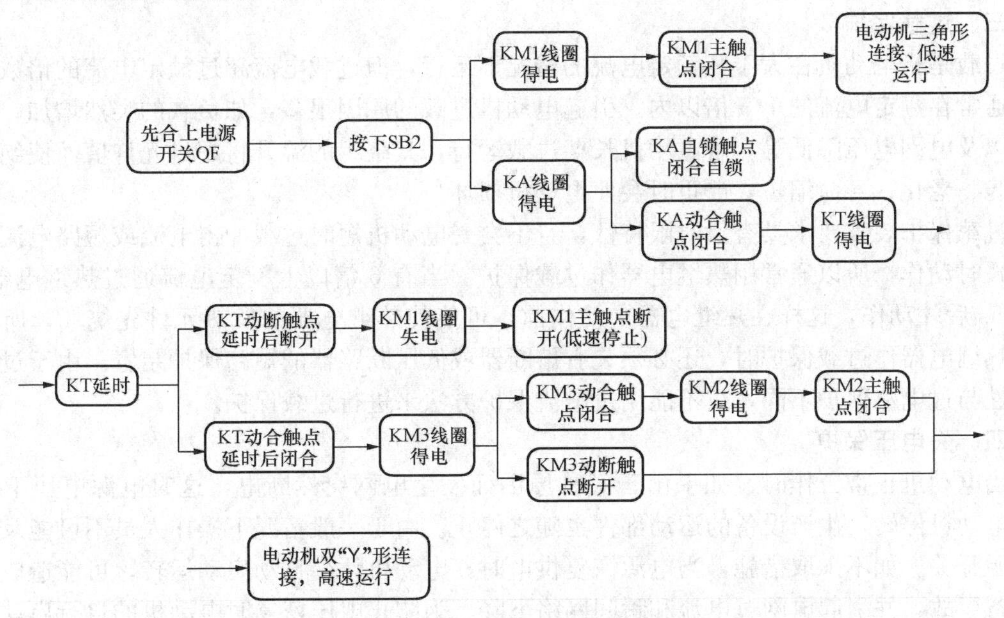
先合上电源开关QF
按下SB2
KM1线圈得电
KM1主触点闭合
电动机三角形连接、低速运行
KA线圈得电
KA自锁触点闭合自锁
KA动合触点闭合
KT线圈得电
KT延时
KT动断触点延时后断开
KM1线圈失电
KM1主触点断开(低速停止)
KT动合触点延时后闭合
KM3线圈得电
KM3动合触点闭合
KM2线圈得电
KM2主触点闭合
KM3动断触点断开
电动机双“Y”形连接，高速运行

第八节　三相异步电动机的保护电路

三相异步电动机控制电路除了能满足被控设备生产工艺的控制要求外，还必须考虑到电路有发生故障和不正常工作情况的可靠性。因为发生这些情况时会引起电流增大，电压和频率降低或升高、损毁。因此，控制电路中的保护环节是电动机控制系统中不可缺少的组成部分。常用的保护电路有短路保护、过载保护、过电流保护、失电压保护和欠电压保护等。

一、短路保护

在电动机控制系统中，最常用和最危险的故障是多种形式的短路。如电器或线路绝缘遭到损坏、控制电器及线路出现故障、操作或接线错误等，都可能造成短路事故。发生短路时，线路中产生的瞬时故障电流可达到额定电流的十几倍到几十倍，过大的短路电流将会使电器设备或配电设备受到损坏，甚至因电弧而引起火灾。因此，当电路出现短路电流时，必须迅速、可靠地断开电源，这就要求短路保护装置应具有瞬时动作的特性。短路保护的常用方法是采用熔断器和低压断路器保护装置。

二、过电流保护

过电流保护是区别于短路保护的一种电流型保护。所谓过电流是指电动机或电器元件在超过其额定电流的状态下运行，一般比短路电流小，不超过六倍的额定电流。在电动机运行过程中产生这种过电流，比发生短路的可能性要大，特别是对于频繁启动和正反转、重复短时工作时的电动机更是如此。

过电流保护常用过电流继电器来实现，通常过电流继电器与接触器配合使用，即将过电流继电器线圈串接在被保护电路中，当电路电流达到其整定值时，过电流继电器动作，而过电流继电器动断触点串接在接触器线圈电路中，使接触器线圈断电释放，接触器主触点断开、切断电动机电源。这种过电流保护环节常用于直流电动机和三相绕线转子异步电动机的控制电路中。

三、过载保护

过载是指电动机在大于其额定电流的情况下运行，但过载电流超过额定电流的倍数要小些。通常在额定电流的1.5倍以内。引起电动机过载的原因很多，如负载的突然增加、缺相运行以及电网电压降低等。若电动机长期过载运行，其绕组的温升将超过允许值而使绝缘材料变脆、老化、寿命缩短，严重时会使电动机损坏。

过载保护装置要求具有反时限特性，且不会受电动机短时过载冲击电流或短路电流的影响而瞬时动作，所以通常用热继电器作过载保护。当有6倍以上额定电流通过热继电器时，需经5s后才动作，这样在热继电器未动作前，可能使热继电器的发热元件先烧坏，所以在使用热继电器作过载保护时，还必须装有熔断器或低压断路器的短路保护装置。由于过载保护特性与过电流保护不同，故不能用过电流保护方法来进行过载保护。

四、失电压保护

当电动机正常工作时，如果由于某种原因而发生电网突然断电，这时电源电压下降为零，电动机停转，生产设备的运动部件也随之停止。由于一般情况下操作人员不可能及时拉开电源开关。如不采取措施，当电源恢复供电时，电动机便会自动启动运转，可能造成人身及设备事故，并引起电网过电流和瞬间网络下降。为防止电压恢复时电动机的自行启动或电器元件自行投入工作而设置的保护，称为失电压保护。采用接触器和按钮控制的启动、停止，就具有失电压保护作用。这是因为当电源电压消失时，接触器就会自动释放而切断电动机电源，当电源电压恢复时，由于接触器自锁触点已断开，不会自行启动。如果不是采用按钮而是用不能自动复位的手动开关、行程开关来控制接触器，必须采用专门的零电压继电器。工作过程中一旦断电，零电压继电器释放，其自锁电路断开，电源电压恢复时，不会自行启动。

五、欠电压保护

当电网电压降低时，电动机在欠电压、负载一定的情况下运行，电动机主磁通下降，电流增强。时间过长电动机将会过热损坏，同时还会因欠压导致一些电器元件释放，线路不能正常工作。因此，当电源电压降到60%～80%额定电压时，切断电动机电源、停止电动机运行，这种保护称为欠电压保护。

除上述采用的接触器和按钮控制方式，利用接触器本身的欠电压保护作用外，还可采用欠电压继电器来进行欠电压保护。其方法是将欠电压继电器线圈跨接在电源上，其动合触点串接在接触器控制回路中。当电网电压低于欠电压继电器整定值时，（吸合电压通常整定值为$0.8\sim0.85U_N$，释放电压通常整定值为$0.5\sim0.7U_N$）欠电压继电器动作使接触器释放，接触器主触点断开、切断电动机电源而实现欠电压保护。

六、断相保护

电动机运行时，如果电源任一相断开，电动机将在缺相情况下低速运转或堵转，定子电流很大，这时造成电动机绝缘及绕组烧毁的常见故障之一。因此应进行断相保护。

引起电动机断相的原因主要有：电动机定子绕组一相断线；电源一相断线；熔断器、接触器、低压断路器等接触不良或接头松动等。断相运行时，电路中的电流和电动机绕组连接因断相的形式（电源断相、绕组断相）不同而不同；电动机负载越大，故障电流也越大。

断相保护的方法有：用带断相保护的热继电器、电压继电器、电流继电器与固态断相保护器等。

习　题

3-1　什么是降压启动？三相异步电动机常采用哪些降压启动方法？目的是什么？

3-2　在电动机主电路中，既然装有熔断器，为什么还要装热继电器？它们的作用有什么不同？可否二者中任意选择？

3-3　三相异步电动机的调速方法有哪几种？

3-4　什么是失电压保护和欠电压保护？为何说接触器自锁控制电路具有失电压、欠电压保护？

3-5　什么是过载保护？为什么对电动机采取过载保护？熔断器能否代替热继电器来实现过载保护？

3-6　试画出既能点动、又能连续正转控制的三相异步电动机控制电路。具有短路、过载、失电压、欠电压保护等。

3-7　试采用按钮、接触器等，试画出三相异步电动机具有双重联锁保护的正、反转控制电路。并具有其他完善的保护功能。

3-8　按下列逻辑表达式画出它所表征的电路图。

$$KM=[SB\cdot KA1+KM(KA1+KA2)]\cdot FR$$

3-9　什么是反接制动？什么是能耗制动？各有什么特点及适应什么场合？

3-10　电动机的启动电流很大，在电动机启动时，能否使按电动机额定电流整定的热继电器动作？为什么？

3-11　试分析图 3-37 电路的工作原理，并指出各电器元器件的作用。

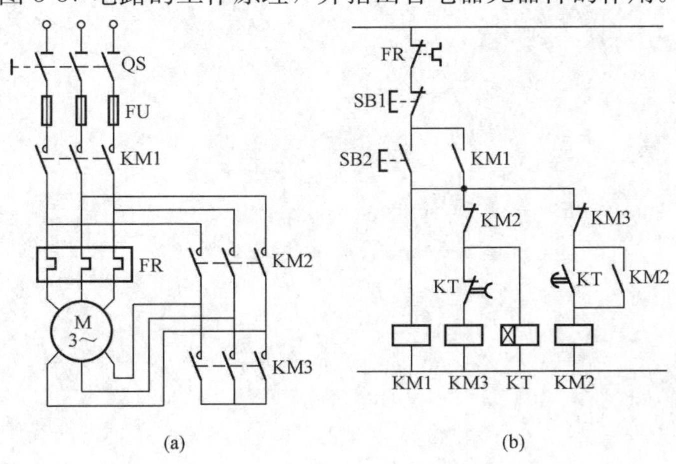

图 3-37　Y—△降压启动控制电路

（a）主电路；（b）控制电路

3-12　为两台异步电动机设计主电路和控制电路，其要求如下：

（1）两台电动机互不影响地独立操作启动与停止。

（2）能同时控制两台电动机的停止。

（3）当其中任一台电动机发生过载时，两台电动机均停止。

3-13　试设计一小车运行的继电接触器控制线路，小车由三相异步电动机拖动，其动作要求如下：

（1）小车由原位开始前进，到终点后自动停止。

（2）在终点停留一段时间后自动返回原位停止。

（3）在前进或后退途中任意位置都能停止或启动。

3-14　试设计一台异步电动机的控制电路，其动作要求如下：

（1）能实现启、停的两地控制。

（2）能实现点动调整。

（3）能实现单方向的行程保护。

（4）要有短路和过载保护。

第二部分

PLC可编程控制技术

可编程逻辑控制器（本书简称PLC）是在继电器控制和计算机控制的基础上开发出来的，并逐渐发展成以微处理器为核心，把自动控制技术、计算机技术和通信技术融为一体的新型工业自动控制装置。PLC已成为工业自动化三大技术支柱（即PLC、机器人和CAD/CAM）之一，被喻为工业控制的灵魂。随着科技的飞速发展，越来越多的机器和现场操作都趋向于使用人机界面，PLC控制器强大的功能及复杂的数据处理也呼唤一种功能与之匹配而操作简便的人机界面的出现，触摸屏的应运而生无疑是21世纪自动化领域里的一个巨大的革新。这部分重点介绍PLC的组成、功能及应用。

第四章　可编程控制器的基础知识

本章主要内容　了解PLC的定义、特点、分类、应用和发展；了解PLC与其他工业控制系统的区别；掌握PLC的硬件组成和基本工作原理；了解PLC的几种编程语言，重点掌握梯形图和指令表。

简单地说，可编程控制器（Programmable Controller，简称PC）是一台微型计算机，它是专为工业控制应用而设计制造的一种自动控制装置。为了避免与个人计算机（Personal Computer简称PLC）的简称混淆，人们用PLC作为可编程控制器（Programmable Logic Controller）的缩写。

国际电工委员会（IEC）在1987年2月通过了对它的定义：“可编程控制器是一种数字运算操作的电子系统，专为在工业环境应用而设计的。它采用一类可编程的存储器，用于其内部存储程序，执行逻辑运算，顺序控制，定时，计数与算术操作等面向用户的指令，并通过数字或模拟式输入/输出控制各种类型的机械或生产过程。可编程控制器及其有关外部设备，都按易于与工业控制系统联成一个整体，易于扩充其功能的原则设计。”

总而言之，可编程控制器是专为工业环境应用而设计制造的计算机。它具有丰富的输入/输出接口，并具有较强的驱动能力。但可编程控制器产品并不针对某一具体工业应用，在实际应用时，其硬件需根据实际需要进行选用配置，其软件需根据控制要求进行设计编制。

第一节 PLC的概述

一、PLC的发展历史

20世纪60年代末期，美国汽车制造工业竞争激烈，为了适应生产工艺不断更新的需要，1968年，美国最大汽车生产厂家通用汽车公司（GM）首先公开招标，对系统提出的基本要求归纳核心为：

（1）用计算机代替继电器控制盘。

（2）用程序代替硬件连接。

（3）输入/输出电平可与外部装置直接连接。

（4）结构易于扩展。

1969年，美国数字设备公司（DEC）完成招标要求，研制出世界第一台型号为PDP-14的可编程控制器，在美国GM公司汽车生产线上首次应用成功，实现了生产的自动控制。从此，这项新技术迅速在世界各国得到推广应用，1971年日本从美国引进了这项新技术，很快研制出日本第一台可编程控制器DCS-18。1973年西欧国家也研制出他们的第一台可编程控制器，我国1974年也研制出我们国家的第一台PLC，1977年开始工业推广应用。

20世纪70年代初出现了微处理器。人们很快将其引入可编程控制器，使PLC增加了运算、数据传送及处理等功能，完成了真正具有计算机特征的工业控制装置。此时的PLC为微机技术和继电器常规控制器概念相结合的产物。个人计算机发展起来后，为了方便和反映可编程控制器的功能特点，可编程序控制器定名Programmable Logic Controller（PLC）。

20世纪70年代中末期，可编程控制器进入实用化阶段，计算机技术已全面引入可编程控制器中，使其功能发生了飞跃。更高的运算速度、超小型体积、更可靠的工业抗干扰设计、模拟量运算、PID功能及极高的性价比奠定了它在现代工业中的地位。

20世纪80年代初，可编程控制器在先进工业国家中已获得广泛应用。世界上生产可编程控制器的国家日益增多，产量日益上升。这标志着可编程控制器已步入成熟阶段。

20世纪80年代至90年代中期，是PLC发展最快的时期，年增长率一直保持为30%～40%。这时期，PLC在处理模拟量能力、数字运算能力、人机接口能力和网络能力上得到了大幅度提高，PLC逐渐进入过程控制领域，在某些应用上取代了在过程控制领域处于统治地位的DCS系统。

20世纪末期，可编程控制器的发展更加适应于现代工业的需要。这个时期发展了大型机和超小型机、诞生了各种各样的特殊单元、生产了各种人机界面单元、通信单元，使应用可编程控制器的工业控制设备的配套更加容易。由于PLC的功能强大，所以它已成为实现生产自动化、管理自动化的重要支柱。

我国有不少的厂家研制和生产过PLC，但是还没有出现有影响力和较大市场占有率的产品。在全世界上有上百家PLC制造厂商，其中著名的厂商有美国Rockwell自动化公司所属的A-B公司、GE-Fanuc公司、德国的西门子（SIEMENS）公司、法国的施耐德（SCHNEIDER）自动化公司、日本的欧姆龙（OMRON）和三菱（MITSUBISHI）公司等。这几家公司控制着全世界80%以上的PLC市场，它们的系列产品有其技术广度和深度，从微型PLC到有上百个I/O点的大型PLC应有尽有。

二、PLC与其他工业控制系统的比较

1. PLC与继电接触器控制系统的比较

传统的继电接触器控制系统，是由输入设备（按钮、开关等）、控制线路（由各类继电器、接触器、导线连接而成，执行某种逻辑功能的线路）和输出设备（接触器线圈、指示灯等）三部分组成。这是一种由物理器件连接而成的控制系统。

PLC的梯形图虽与继电接触器控制电路相类似，但其控制元器件和工作方式是不一样的，主要区别有以下几个方面：

（1）元器件不同。继电接触器控制电路是由各种硬件低压电器组成，而PLC梯形图中输入继电器、输出继电器、辅助继电器、定时器、计数器等软继电器是由软件来实现的，而不是真实的硬件继电器。

（2）工作方式不同。继电接触器控制电路工作时，电路中硬件继电器都处于受控状态，凡符合条件吸合的硬件继电器都同时处于吸合状态，受各种约束条件不应吸合的硬件继电器都同时处于断开状态。PLC梯形图中软件继电器都处于周期性循环扫描工作状态，受同一条件制约的每个软继电器的动作顺序取决于程序的扫描顺序。

（3）元件触点数量的不同。硬件继电器的触点数量有限，一般只有4～8对，PLC梯形图中软件继电器的触点数量在编程时可无限制使用，可常开又可常闭。

（4）控制电路实施方式不同。继电接触器控制电路是通过各种硬件继电器之间接线来实施，控制功能固定，当要修改控制功能时，必修重新接线。PLC控制电路由软件编程来实施，可以灵活变化和在线修改。

2. PLC与DCS控制系统的比较

（1）响应速度。PLC最早出现的目的是代替继电器逻辑，因为继电器逻辑的响应速度一般都在几个毫秒以下，因此要求PLC的响应速度要快；而DCS最早出现的目的是代替二次仪表，一般仪表都是测量压力、流量、温度、液位等，响应速度都在几百个毫秒到几秒不等，要求响应速度不高，但控制的计算方法一般都比继电器逻辑复杂，因此DCS牺牲了速度去完成复杂的计算。

（2）扫描方式。PLC是从程序的开始一直扫描到程序结束，然后不断循环扫描；DCS是按控制环扫描，可以说是一个多任务同时工作的方式。

（3）I/O冗余。DCS和PLC都能做到CPU冗余、电源冗余、底板冗余、网络冗余，但目前无论哪个品牌的PLC都没有做到I/O冗余，而DCS能做到I/O冗余。

随着计算机的发展，DCS和PLC两者功能越来越接近，PLC应用于开关量控制较多、控制响应速度要求较快等方面，而DCS应用于模拟量控制较多、回路调节等方面。

3. PLC与单片机控制系统的比较

单片机控制系统仅适用于较简单的自动化项目，硬件上主要受CPU、内存容量和I/O接口的限制，软件上主要受限于与CPU类型有关的编程语言。现代PLC的核心就是单片机微处理器。虽然用单片机做控制部件在成本方面具有优势，但是从单片机到工业控制装置之间毕竟有一个硬件开发和软件开发的过程。虽然PLC也有必不可少的软件开发过程，但两者所用的语言差别很大，单片机主要使用汇编语言开发软件，所用的语言复杂且易出错，开发周期长。而PLC使用专用的指令系统来编程，简单易学，现场就可以开发调试。与单片机比较，PLC的输入/输出端更接近现场设备，不需添加太多的中间部件，这样节省了用户

时间和总的投资。一般说来，单片机或单片机系统的应用只是为某个特定的产品服务的，单片机控制系统的通用性、稳定性、兼容性和扩展性都相当差。

4. PLC与计算机控制系统的比较

PLC是专为工业控制所设计的，而微型计算机是为科学计算、数据处理等而设计的，尽管两者在技术上都采用了计算机技术，但由于使用对象和环境的不同，PLC具有面向工业控制、抗干扰能力强、适应工程现场的温度和湿度。此外，PLC使用面向工业控制的专用语言而使编程及修改方便，并有较完善的监控功能。而微机系统则不具备上述特点，一般对运行环境要求苛刻，使用高级语言编程，要求使用者有相当水平的计算机硬件和软件知识。而人们在应用PLC时，不必进行计算机方面的专门培训，就能进行操作及编程。

三、PLC的特点

1. 编程方法简单易学

梯形图是使用得最多的可编程序控制器的编程语言，其电路符号和表达方式与继电器电路原理图相似。梯形图语言形象直观，易学易懂，熟悉继电器电路图的电气技术人员只要花很短甚至几天的时间就可以熟悉梯形图语言，并用来编制用户程序。

梯形图语言实际上是一种面向用户的高级语言，可编程序控制器在执行梯形图程序时，用解释程序将它“翻译”成汇编语言后再去执行。

2. 功能强，性价比高

一台小型可编程序控制器内有成百上千个可供用户使用的编程元件。有很强的功能，可以实现非常复杂的控制功能。与相同功能的继电器系统相比，具有很高的性能价格比。可编程序控制器可以通过通信联网。实现分散控制，集中管理。

3. 硬件配套齐全，用户使用方便，适应性强

可编程序控制器产品已经标准化、系列化、模块化，配备有品种齐全的各种硬件装置供用户选用，用户能灵活方便地进行系统配置，组成不同功能、不同规模的系统、可编程序控制器的安装接线也很方便，一般用接线端子连接外部接线。可编程序控制器有较强的带负载能力、可以直接驱动一般的电磁阀和交流接触器。硬件配置确定后，可以通过修改用户程序，方便快速地适应工艺条件的变化。

4. 可靠性高，抗干扰能力强

传统的继电器控制系统中使用了大量的中间继电器、时间继电器。由于触点接触不良，容易出现故障。可编程序控制器用软件代替大量的中间继电器和时间继电器，仅剩下与输入输出有关的少量硬件，接线可减少到继电器控制系统的1/10～1/100，因触点接触不良造成的故障大为减少。

可编程序控制器采取了一系列硬件和软件抗干扰措施，具有很强的抗干扰能力，平均无故障时间达到数万小时以上，可以直接用于有强烈干扰的工业生产现场，可编程序控制器已被广大用户公认为最可靠的工业控制设备之一。

5. 系统的设计、安装、调试工作量少

可编程序控制器用软件功能取代了继电器控制系统中大旦的中间继电器、时间继电器、计数器等器件，使控制柜的设计、安装、接线工作量大大减少。

可编程序控制器的梯形图程序一般采用顺序控制设计法。该种编程方法具有较强的规律性，很容易掌握。对于复杂的控制系统，梯形图的设计时间比设计继电器系统电路图的时间

要少得多。

可编程序控制器的用户程序可以在实验室模拟调试。输入信号用小开关来模拟，通过可编程序控制器上的发光二极管可观察输出信号的状态。完成了系统的安装和接线后，在现场的统调过程中发现的问题一般通过修改程序就可以解决，系统的调试时间比继电器系统少得多。

6. 维修方便

可编程序控制器的故障率很低，且有完善的自诊断和显示功能。可编程序控制器或外部的输入装置和执行机构发生故障时，可以根据可编程序控制器上的发光二极管或编程器提供的信息迅速地查明故障的原因，用更换模块的方法可以迅速地排除故障。

四、PLC 的应用领域

目前，PLC 在国内外已广泛应用于钢铁、石油、化工、电力、建材、机械制造、汽车、轻纺、交通运输、环保及文化娱乐等各个行业，使用情况大致可归纳为如下几类。

1. 开关量的逻辑控制

这是 PLC 最基本、最广泛的应用领域，它取代传统的继电器电路，实现逻辑控制、顺序控制，既可用于单台设备的控制，也可用于多机群控及自动化流水线。如注塑机、印刷机、订书机械、组合机床、磨床、包装生产线、电镀流水线等。

2. 模拟量控制

在工业生产过程当中，有许多连续变化的量，如温度、压力、流量、液位和速度等都是模拟量。为了使可编程控制器处理模拟量，必须实现模拟量（Analog）和数字量（Digital）之间的 A/D 转换及 D/A 转换。PLC 厂家都生产配套的 A/D 和 D/A 转换模块，使可编程控制器用于模拟量控制。

3. 运动控制

PLC 可以用于圆周运动或直线运动的控制。从控制机构配置来说，早期直接用于开关量 I/O 模块连接位置传感器和执行机构，现在一般使用专用的运动控制模块。如可驱动步进电机或伺服电机的单轴或多轴位置控制模块。世界上各主要 PLC 厂家的产品几乎都有运动控制功能，广泛用于各种机械、机床、机器人、电梯等场合。

4. 过程控制

过程控制是指对温度、压力、流量等模拟量的闭环控制。作为工业控制计算机，PLC 能编制各种各样的控制算法程序，完成闭环控制。PID 调节是一般闭环控制系统中用得较多的调节方法。大中型 PLC 都有 PID 模块，目前许多小型 PLC 也具有此功能模块。PID 处理一般是运行专用的 PID 子程序。过程控制在冶金、化工、热处理、锅炉控制等场合有非常广泛的应用。

5. 数据处理

现代 PLC 具有数学运算（含矩阵运算、函数运算、逻辑运算）、数据传送、数据转换、排序、查表、位操作等功能，可以完成数据的采集、分析及处理。这些数据可以与存储在存储器中的参考值比较，完成一定的控制操作，也可以利用通信功能传送到别的智能装置，或将它们打印制表。数据处理一般用于大型控制系统，如无人控制的柔性制造系统；也可用于过程控制系统，如造纸、冶金、食品工业中的一些大型控制系统。

6. 通信及联网

PLC 通信含 PLC 间的通信及 PLC 与其他智能设备间的通信。随着计算机控制的发展，工厂自动化网络发展得很快，各 PLC 厂商都十分重视 PLC 的通信功能，纷纷推出各自的网络系统。新近生产的 PLC 都具有通信接口，通信非常方便。

第二节　PLC 的基本组成与分类

一、PLC 的基本组成

PLC 的基本组成包括中央处理器（CPU）、存储器、输入/输出接口（缩写为 I/O）、电源模块（PS）和编程器接口等，其组成结构如图 4-1 所示。PLC 内部各组成单元之间通过电源总线、控制总线、地址总线和数据总线连接，外部则根据实际控制对象配置相应设备与控制设备构成 PLC 控制系统。

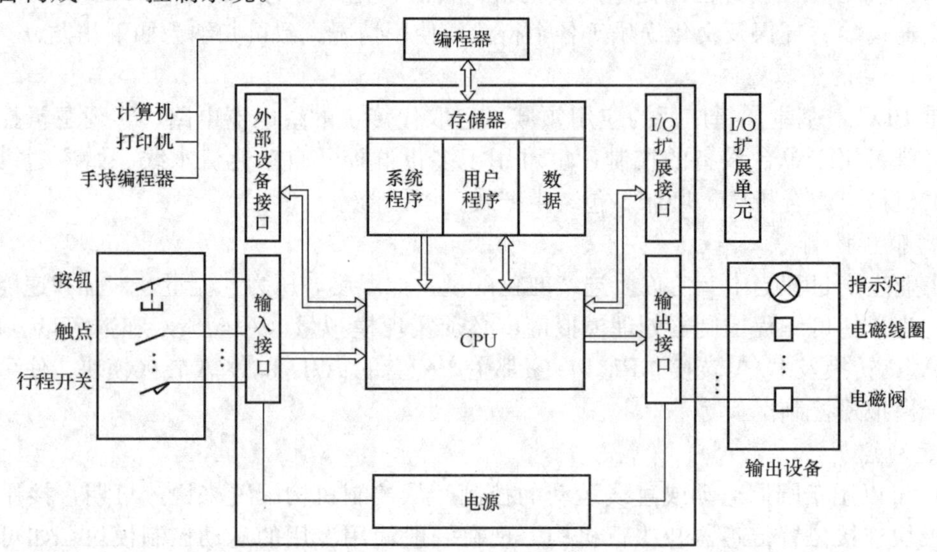

图 4-1　PLC 的基本组成

1. 中央处理器

中央处理器（CPU）由控制器、运算器和寄存器组成并集成在一个芯片内。CPU 通过数据总线、地址总线、控制总线和电源总线与存储器、输入输出接口、编程器和电源相连接。小型 PLC 的 CPU 采用 8 位或 16 位微处理器或单片机，如 8031、M68000 等，这类芯片价格很低；中型 PLC 的 CPU 采用 16 位或 32 位微处理器或单片机，如 8086、96 系列单片机等，这类芯片主要特点是集成度高、运算速度快且可靠性高；而大型 PLC 则需采用高速位片式微处理器。

CPU 按照 PLC 内系统程序赋予的功能，指挥 PLC 控制系统完成各项工作任务。

2. 存储器

PLC 内的存储器主要用于存放系统程序、用户程序和数据等。

（1）系统程序存储器。PLC 系统程序决定了 PLC 的基本功能，该部分程序由 PLC 制造厂家编写并固化在系统程序存储器中，主要有系统管理程序、用户指令解释程序和功能程序与系统程序调用等部分。

系统管理程序主要控制PLC的运行，使PLC按正确的次序工作；用户指令解释程序将PLC的用户指令转换为机器语言指令，传输到CPU内执行；功能程序与系统程序调用则负责调用不同的功能子程序及其管理程序。

系统程序属于需长期保存的重要数据，所以其存储器采用ROM或EPROM。ROM是只读存储器，该存储器只能读出内容，不能写入内容，ROM具有非易失性，即电源断开后仍能保存已存储的内容。

EPEROM为可电擦除只读存储器，须用紫外线照射芯片上的透镜窗口才能擦除已写入内容，可电擦除可编程只读存储器还有E2PROM、FLASH等。

(2) 用户程序存储器。用户程序存储器用于存放用户载入的PLC应用程序，载入初期的用户程序因需修改与调试，所以称为用户调试程序，存放在可以随机读写操作的随机存取存储器RAM内以方便用户修改与调试。通过修改与调试后的程序称为用户执行程序，由于不需要再作修改与调试，所以用户执行程序就被固化到EPROM内长期使用。

(3) 数据存储器。PLC运行过程中需生成或调用中间结果数据（如输入/输出元件的状态数据、定时器、计数器的预置值和当前值等）和组态数据（如输入输出组态、设置输入滤波、脉冲捕捉、输出表配置、定义存储区保持范围、模拟电位器设置、高速计数器配置、高速脉冲输出配置、通信组态等），这类数据存放在工作数据存储器中，由于工作数据与组态数据不断变化，且不需要长期保存，所以采用随机存取存储器RAM。

RAM是一种高密度、低功耗的半导体存储器，可用锂电池作为备用电源，一旦断电就可通过锂电池供电，保持RAM中的内容。

3. 接口

输入输出接口是PLC与工业现场控制或检测元件和执行元件连接的接口电路。PLC的输入接口有直流输入、交流输入、交直流输入等类型；输出接口有晶体管输出、晶闸管输出和继电器输出等类型。晶体管和晶闸管输出为无触点输出型电路，晶体管输出型用于高频小功率负载、晶闸管输出型用于高频大功率负载；继电器输出为有触点输出型电路，用于低频负载。

现场控制或检测元件输入给PLC各种控制信号，如限位开关、操作按钮、选择开关以及其他一些传感器输出的开关量或模拟量等，通过输入接口电路将这些信号转换成CPU能够接收和处理的信号。输出接口电路将CPU送出的弱电控制信号转换成现场需要的强电信号输出，以驱动电磁阀、接触器等被控设备的执行元件。

(1) 输入接口。输入接口用于接收和采集两种类型的输入信号，一类是由按钮、转换开关、行程开关、继电器触头等开关量输入信号；另一类是由电位器、测速发电机和各种变换器提供的连续变化的模拟量输入信号。

图4-2为直流输入接口电路图，其中R_1是限流与分压电阻，R_2与C构成滤波电路，滤波后的输入信号经光耦合器T与内部电路耦合。当输入端的按钮SB接通时，光耦合器T导通，直流输入信号被转换成PLC能处理的5V标准信号电平（简称TTL），同时LED输入指示灯亮，

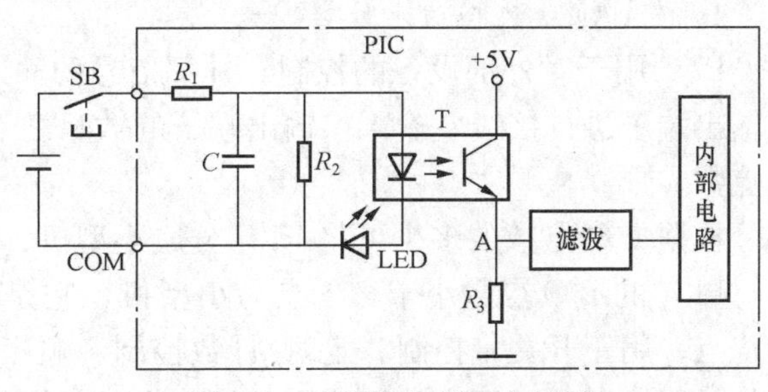

图4-2　直流输入接口电路图

表示信号接通。微电脑输入接口电路一般由寄存器、选通电路和中断请求逻辑电路组成，这些电路集成在一个芯片上。交流输入与交直流输入接口电路与直流输入接口电路类似。

滤波电路用以消除输入触头的抖动，光电耦合电路可防止现场的强电干扰进入PLC。由于输入电信号与PLC内部电路之间采用光信号耦合，所以两者在电气上完全隔离，使输入接口具有抗干扰能力。现场的输入信号通过光电耦合后转换为5V的TTL送入输入数据寄存器，再经数据总线传送给CPU。

(2) 输出接口。输出接口电路向被控对象的各种执行元件输出控制信号。常用执行元件有接触器、电磁阀、调节阀（模拟量）、调速装置（模拟量）、指示灯、数字显示装置和报警装置等。输出接口电路一般由微电脑输出接口电路和功率放大电路组成，与输入接口电路类似，内部电路与输出接口电路之间采用光电耦合器进行抗干扰电隔离。

微电脑输出接口电路一般由输出数据寄存器、选通电路和中断请求逻辑电路集成在芯片上，CPU通过数据总线将输出信号送到输出数据寄存器中，功率放大电路是为了适应工业控制要求，将微电脑的输出信号放大。

(3) 其他接口。若主机单元的I/O数量不够用，可通过I/O扩展接口电缆与I/O扩展单元（不带CPU）相接进行扩充。PLC还常配置连接各种外围设备的接口，可通过电缆实现串行通信、EPROM写入等功能。

4. 编程器

编程器的作用是将用户编写的程序下载至PLC的用户程序存储器，并利用编程器检查、修改和调试用户程序，监视用户程序的执行过程，显示PLC状态、内部器件及系统的参数等。

编程器有简易编程器和图形编程器两种。简易编程器体积小，携带方便，但只能用语句形式进行联机编程，适合小型PLC的编程及现场调试。图形编程器既可用语句形式编程，又可用梯形图编程，同时还能进行脱机编程。

目前PLC制造厂家大都开发了计算机辅助PLC编程支持软件，当个人计算机安装了PLC编程支持软件后，可用作图形编程器，进行用户程序的编辑、修改，并通过个人计算机和PLC之间的通信接口实现用户程序的双向传送、监控PLC运行状态等。

5. 电源

PLC的电源将外部供给的交流电转换成供CPU、存储器等所需的直流电，是整个PLC的能源供给中心。PLC大都采用高质量的工作稳定性好、抗干扰能力强的开关稳压电源，许多PLC电源还可向外部提供直流24V稳压电源，为接至输入/输出接口上的特殊传感器供电，从而简化外围配置。

二、PLC的分类

1. 按I/O点数和功能分类

PLC用于对外部设备的控制，外部信号的输入、PLC运算结果的输出都要通过PLC输入输出端子进行接线，输入、输出端子的数目之和被称为PLC的输入、输出点数，简称I/O点数。

根据I/O点数的多少可将PLC分成小型机、中型机和大型机三种类型。

PLC的I/O点数小于256点为小型机，它是以开关量控制为主，具有体积小、价格低的优点，用于开关量控制、定时/计数控制、顺序控制和少量模拟量控制场合，代替继电器—接触器控制，适用于单机或小规模生产过程控制场合。

I/O 点数在 256～1024 之间的 PLC 称为中型机，它适用于较复杂的逻辑控制和闭环过程控制，且开关量和模拟量控制功能较丰富。

大型 PLC 的 I/O 点数在 1024 点以上。用于大规模过程控制，集散式控制和工厂自动化网络。

PLC 还可以按功能分为低档机、中档机和高档机。低档机以逻辑运算为主，具有计时、计数、移位等功能。中档机一般有整数与浮点运算、数制转换、PID 调节、中断控制及联网功能，可用于复杂的逻辑运算和闭环控制场合。高档机具有更强的数字处理能力，可进行矩阵运算、函数运算，可完成数据管理工作，有很强的通信能力，可以和其他计算机构成分布式生产过程综合控制管理系统。

2. 按硬件的结构形式分类

PLC 是专门为工业生环境设计的，为了便于在工业现场安装、扩展、接线，其结构与普通计算机有很大区别，通常由整体式、模块式和叠装式三种结构。

（1）整体式 PLC。整体式 PLC 是将电源、CPU、存储器和 I/O 模块等各个功能部件都集成在一个机壳内，形成一个整体，称为 PLC 主机或基本单元。输入、输出接线端子及电源进线分别在机箱的上下两侧，并且有相应的发光二极管显示输入/输出状态。如三菱的 FX 系列 PLC，其外形图如图 4-3 所示。

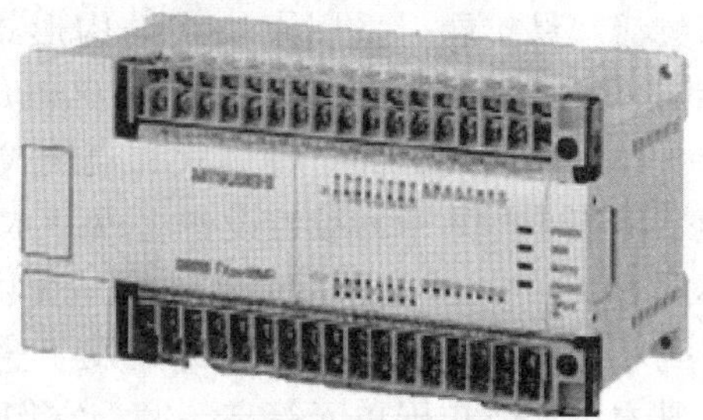

图 4-3　整体式 PLC

整体式 PLC 结构紧凑、体积小、价格低，小型 PLC 一般采用整体式结构。一个完整的 PLC 控制系统包括 PLC 主机以及相关扩展单元和各种特殊功能模块。PLC 基本单元内包含 CPU 模块、电源模块、I/O 模块和编程设备接口等，扩展单元内只有 I/O 模块和电源模块，基本单元与扩展单元之间用扁平电缆连接。

（2）模块式 PLC。输入/输出点数较多的大、中型 PLC 和部分小型 PLC 采用模块式结构，模块式又称为积木式，也就是把各个组成部分做成独立的模块，如 CPU 模块、输入模块、输出模块、电源模块等，按照搭接积木的方式，并根据各 PLC 厂家规定的模块排列顺序将各模块插在模块插座上。有些厂家的 PLC，其模块插座是直接焊接在框架中的总线连接板上（该连接板也称基板或机架），PLC 厂家备有不同槽数的基板供用户选用，如三菱公司的 Q 系列 PLC 就属于这种结构，如图 4-4 所示中选用的为 8 槽的主基板，如果系统需要

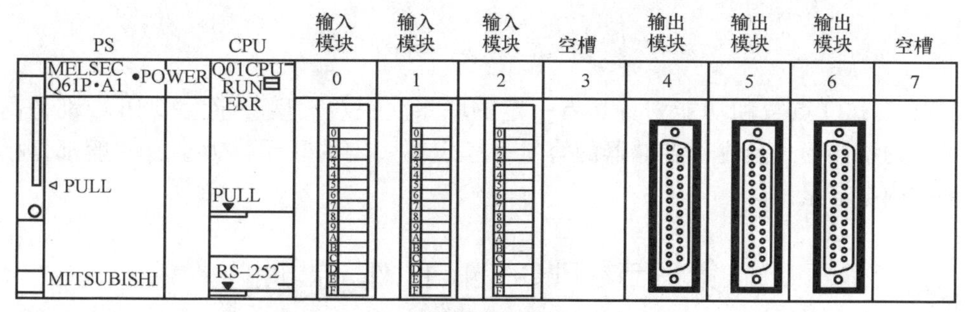

图 4-4　三菱 Q 系列模块式 PLC 示意图

增加 I/O 点数时则必须选用合适的扩展基板；并且 CPU 模块和 PS 模块必须安装在主基板上，而不能安装在扩展基板上，主基板与扩展基板之间采用专用的扩展电缆连接。

图 4-5　OMRON CJ1 系列模块式 PLC 示意图

有些厂家的 PLC 模块插座是焊接在模块的右侧，各模块之间采用模块上自带的专用扁平电缆连接，如欧姆龙公司的 CJ1 系列 PLC 属于此结构，如图 4-5 所示。不同厂家的 PLC 模块在硬件组态时必须按照一定的顺序进行排列，特别是 CPU 模块和 PS 模块顺序不能调换，否则系统出错，排列时我们根据实践经验，往往将输入模块、输出模块分开排列在一起，并留有一定的空槽，方便用户扩展之用，如图 4-4 所示。

模块式 PLC 的优点是各模块可单独插拔，维修时更换模块方便，用户对硬件配置的选择灵活、易扩展。采用模块式结构形式的还有 SIEMENS 的 S5 系列、S7-200、400 系列，OMRON 的 C500、C1000H 及 C2000H 等。

（3）叠装式 PLC。整体式和模块式两种结构各有特色，整体式 PLC 结构紧凑、安装方便、体积小，易于与被控设备组成一体，但有时系统所配置的输入输出不能被充分利用，且不同 PLC 的尺寸大小不一致，不易安装整齐；模块式 PLC 点数配置灵活，但尺寸较大，很难与小型设备连成一体。为此开发了叠装式 PLC，它吸收了整体式和模块式 PLC 的优点，其基本单元、扩展单元等高等宽，它们不用基板，仅用扁平电缆连接，紧密拼接后组成一个整齐的体积小巧的长方体，而且输入、输出点数的配置也相当灵活。带扩展功能的 PLC，扩展后的结构即为叠装式 PLC。如图 4-6 所示的三菱公司 FX2N 系列扩展后的 PLC 即为叠装式 PLC。

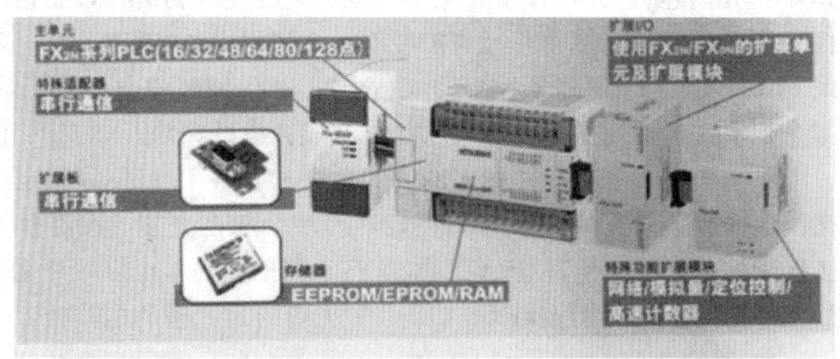

图 4-6　叠装式 PLC

PLC 按照 I/O 点数和功能划分具有一定的联系。一般大型、超大型 PLC 都是高档机。机型和机器的结构形式及内部存储器的容量一般也有一定的联系，大型机一般都是模块式，都有很多的内存容量。

第三节　PLC 的工作原理

最初研制生产的 PLC 主要用于代替传统的由继电器—接触器构成的控制装置，但这两者的运行方式是不相同的：继电器控制装置采用硬逻辑并行运行的方式，即如果这个继电器的线圈通电或断电，该继电器所有的触点（包括其动合或动断触点）在继电器控制线路的任意位置上都会立即同时动作。而 PLC 的 CPU 则采用顺序逻辑扫描用户程序的运行方式，即如果一个输出线圈或逻辑线圈通电或断电，该线圈的所有触点（包括其动合或动断触点）不会立即动作，而必须等扫描到该触点时才会动作。

下面以电动机起保停控制系统来讲解 PLC 的工作原理。

一、PLC 等效电路

1. 外部等效电路

图 4-7 是电动机“起—保—停”继电器—接触器电气控制电路图，控制逻辑由交流接触器 KM 线圈、指示灯 HL1、热继电器动断触头 FR、停止按钮 SB2、起动按钮 SB1 及接触器动合辅助触头 KM 通过导线连接实现。

合上 QS 后按下启动按钮 SB1，则线圈 KM 通电并自锁，接通指示灯 HL1 所在支路的辅助触头 KM 及主电路中的主触头，HL1 亮、电动机 M 起动；按下停止按钮 SB2，则线圈 KM 断电，指示灯 HL1 灭，M 停转。

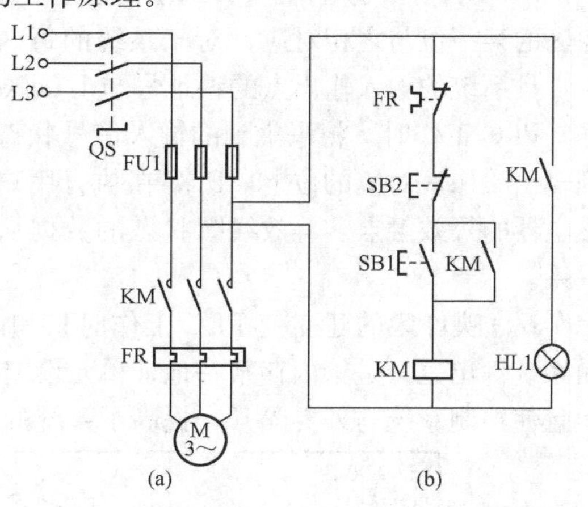

图 4-7 继电器—接触器电气控制电路

（a）主电路；（b）控制电路

图 4-8 是采用三菱 FX2N 系列 PLC 实现电动机“起—保—停”控制的外部等效电路图。主电路保持不变，停止按钮 SB2、起动按钮 SB1 等作为 PLC 的输入设备接在 PLC 的输入接口上，而交流接触器 KM 线圈、指示灯 HL1 等作为 PLC 的输出设备接在 PLC 的输出接口上，其中 FR 动断触点接到 KM 线圈回路中，起硬件热保护作用。控制逻辑通过执行，按照电动机“起—保—停”控制要求编写并存入程

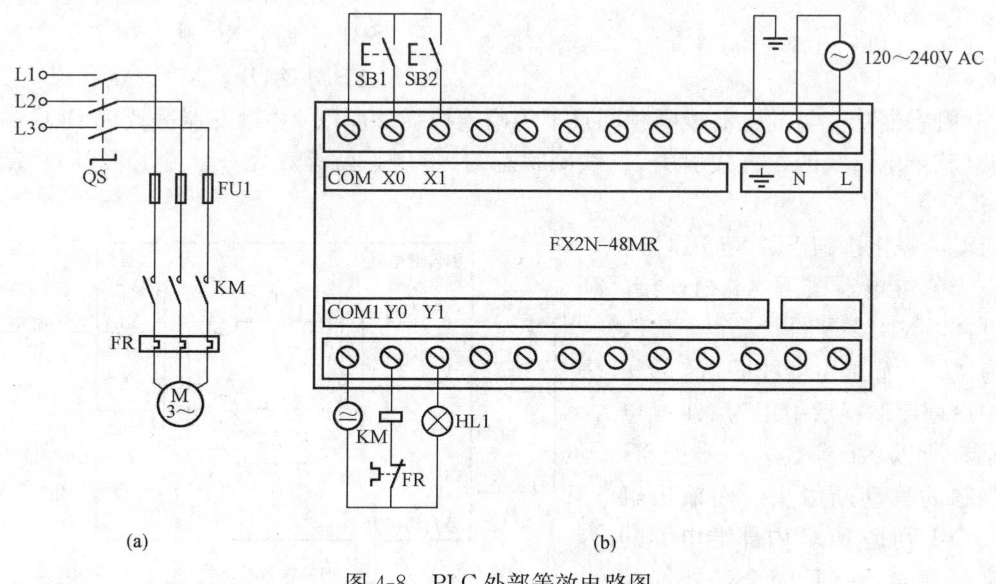

图 4-8 PLC 外部等效电路图

（a）主电路；（b）I/O 实际接线图

序存储器内的用户程序实现。

2. 建立内部I/O映像区

在PLC存储器内开辟了I/O映像存储区，用于存放I/O信号的状态，分别称为输入映像寄存器和输出映像寄存器，此外PLC其他编程元件也有相对应的映像存储器，称为元件映像寄存器。

I/O映像区的大小由PLC的系统程序确定，对于系统的每一个输入点总有一个输入映像区的某一位与之相对应，对于系统的每一个输出点也都有输出映像区的某一位与之相对应，且系统的输入输出点的编址号与I/O映像区的映像寄存器地址号也对应。

PLC工作时，将采集到的输入信号状态存放在输入映像区对应的位上，运算结果存放到输出映像区对应的位上，PLC在执行用户程序时所需描述输入继电器的等效触点或输出继电器的等效触点、等效线圈状态的数据从I/O映像区中取用，而不直接与外部设备发生关系。

I/O映像区的建立使PLC工作时只和内存有关地址单元内所存的状态数据发生关系，而系统输出也只是给内存某一地址单元设定一个状态数据。这样不仅加快了程序执行速度，而且使控制系统与外界隔开，提高了系统的抗干扰能力。

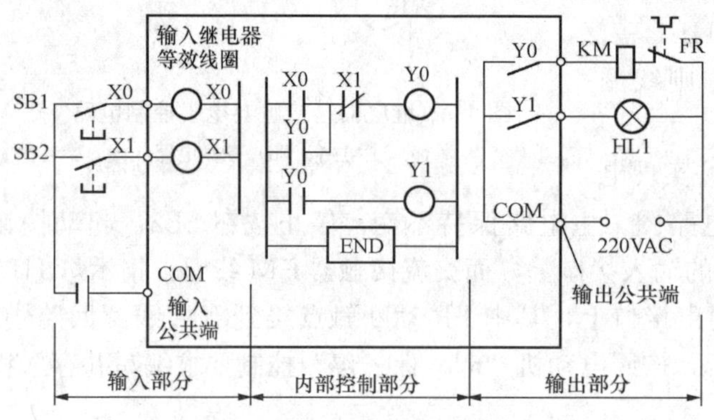

图4-9　PLC内部等效电路输入接口接动合触点

3. 内部等效电路

图4-9、图4-10是PLC的内部等效电路，以其中的起动按钮SB1为例，其接口X0与输入映像区的一个触发器X0相连接，当SB1接通时，触发器X0就被触发为“1”状态，而这个“1”状态可被用户程序直接引用为X0触点的状态，此时X0触点与SB1的通断状态相同，则SB1接通，X0触点状态为“1”，反之SB1断开，X0触点状态为“0”，由于X0触发器功能与继电器线圈相同且不用硬连接线，所以X0触发器等效为PLC内部的一个X0软继电器线圈，直接引用X0线圈状态的X0触点就等效为一个受X0线圈控制的动合触头。

同理，停止按钮SB2与PLC内部的一个软继电器线圈X1相连接，SB2闭合，X1线圈的状态为“1”，反之为“0”，而继电器线圈X1的状态被用户程序取反后引用为X1触点的状态，所以X1等效为一个受X1线圈控制的称动断触头。而输出触点Y0、Y1则是PLC内部继电器的物理常开触点，一旦闭合，外部相应的KM线圈、指示灯HL1就会接

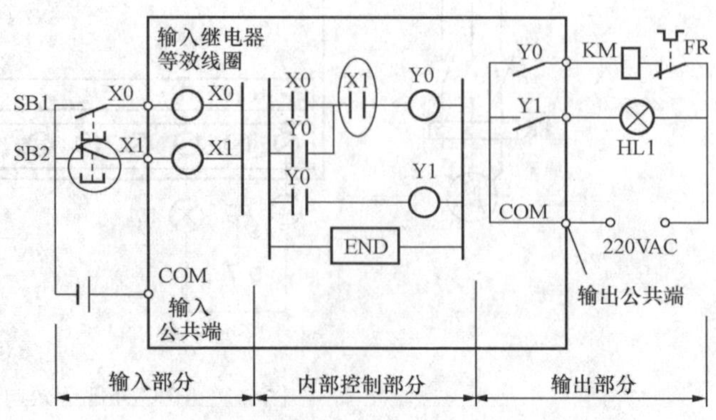

图4-10　PLC内部等效电路输入接口接动断触点

通。PLC 输出端有输出电源用的公共接口 COM，如图 4-9 所示。如果接入接口 X1 接常闭，则按下 SB2 时，X1 线圈的状态为“0”，反之为“1”，这个继电器 X1 的状态直接可被用户程序引用，所以 X1 等效为一个受 X1 线圈控制的动合触头，其 PLC 内部等效电路如图 4-10 所示。因此 PLC 内部控制程序与输入部分各元件的接线方式有关。

二、PLC 控制系统

用 PLC 实现电动机“起—保—停”电气控制系统，其主电路基本保持不变，而用 PLC 替代电气控制电路。

1. PLC 控制系统的基本构成

图 4-11 是 PLC 控制系统基本构成图，可将之分成输入电路、内部控制电路和输出电路三个部分。

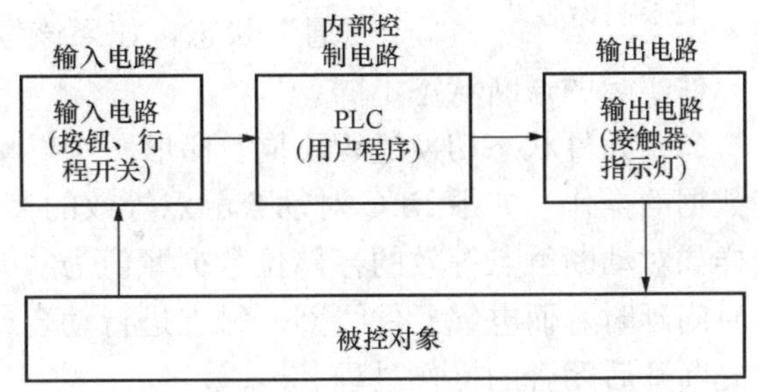

图 4-11　PLC 控制系统基本构成框图

（1）输入电路。输入电路的作用是将输入控制信号送入 PLC，输入设备为按钮 SB1、SB2。外部输入的控制信号经 PLC 输入到对应的一个输入继电器，输入继电器可提供任意多个动合触点和动断触点，供 PLC 内部控制电路编程使用。

（2）输出电路。输出电路的作用是将 PLC 的输出控制信号转换为能够驱动 KM 线圈和 HL1 指示灯的信号。PLC 内部控制电路中有许多输出继电器，每个输出继电器除了 PLC 内部控制电路提供编程用的动合触点和动断触点外，还为输出电路提供一个动合触点与输出端口相连，该触点称为内部硬触头，是一个内部物理动合触点。通过该触点驱动外部的 KM 线圈和 HL1 指示灯等负载，而 KM 线圈再通过主电路中 KM 主触点去控制电动机 M 的起动与停止。驱动负载的电源由外电部电源提供，PLC 的输出端口中还有输出电源用的 COM 公共端。

（3）内部控制电路。内部控制电路由按照被控电动机实际控制要求编写的用户程序形成，其作用是按照用户程序规定的逻辑关系，对输入、输出信号的状态进行计算、处理和判断，然后得到相应的输出控制信号，通过控制信号驱动输出设备：电动机 M、指示灯 HL1 等。

用户程序通过个人计算机通信或编程器输入等方式，把程序语句全部写到 PLC 的用户程序存储器中。用户程序的修改只需通过编程器等设备改变存储器中的某些语句，不会改变控制器内部接线，实现了控制的灵活性。

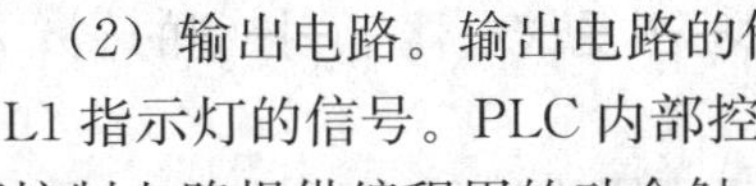

(a)　(b)　(c)

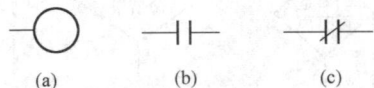

图 4-12　PLC 等效控制元件符号

（a）线圈；（b）动合触点；（c）动断触点

2. PLC 控制梯形图

梯形图是一种将 PLC 内部等效成由许多内部继电器的线圈、动合触点、动断触点或功能程序块等组成的等效控制线路。图 4-12 是 PLC 梯形图常用的等效控制元件符号。其中“—| |—”动合触点，其状态与输入接口元件状态一致，动断触点“—|/|—”，其状态与输入接口元件状态刚好相反。

根据图 4-9 设计出图 4-13 的 PLC 控制梯形图，图中由 SB2 动断按钮、KM 动合辅助触头与 SB1 动合按钮的并联单元、KM 线圈等零件对应的等效控制元件符号串联而成。电动

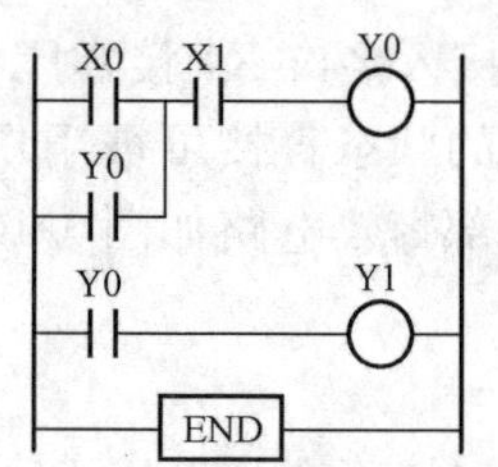

图 4-13　电动机起—保—停控制梯形图

机“起—保—停”控制梯形图在形式上类似于接触器电气控制线路图，但也与电气控制线路图存在许多差异。

（1）元件物理结构不同。PLC 梯形图中的线圈、触点只是功能上与电气元件的线圈、触点等效，而在物理意义上只是输入、输出存储器中的一个存储位，与电气元件的物理结构不同。

（2）元件通断状态不同。梯形图中继电器元件的通断状态与相应存储位上保存的数据相关，如果该存储位的数据为“1”，则该元件处于“通”状态，如果该位数据为“0”，则表示处于“断”状态。与电气元件实际的通断状态不同。

（3）元件状态切换过程不同。梯形图中继电器元件的状态切换只是 PLC 对存储位的状态数据的操作，如果 PLC 对动合触点等效的存储位数据赋值为“1”，就完成动合操作过程，同样如对动断触点等效的存储位数据赋值为“0”，就可完成动断操作过程，切换操作过程没有时间延时。而电气元件线圈、触点进行动合或动断切换时，必定有时间延时，且一般要经过先断开后闭合的操作过程。

（4）触点数量不同。如果 PLC 从输入继电器 X0 相应的存储位中取出了位数据“0”，将之存入另一个存储器中的一个存储位，被存入的存储位就成了受 X0 继电器控制的一个动合触点，被存入的数据为“0”；如在取出位数据“0”之后先进行取反操作，再存入一个存储器的一个存储位，则该位存入的数据为“1”，该存储位就成了受继电器 X0 控制的一个动断触头。

只要 PLC 内部存储器足够多，这种位数据转移操作就可无限次进行，而每进行一次操作，就可产生一个梯形图中的继电器触点，由此可见，梯形图中继电器触点原则上可以无限次反复使用。但是 PLC 内部的线圈通常只能引用一次，如需重复使用同一地址编号的线圈应慎之又慎。而继电器控制系统中电气元件触点数量是有限的。

梯形图每一行画法规则都从左母线开始，经过触点和线圈（或功能方框），终止于右母线。一般并联单元画在每行的左侧、输出线圈则画在右侧，其余串联元件画在中间。

三、PLC 工作过程

PLC 上电后，在系统程序的监控下周而复始地按一定的顺序对系统内部的各种任务进行查询、判断和执行等，如图 4-14 所示。

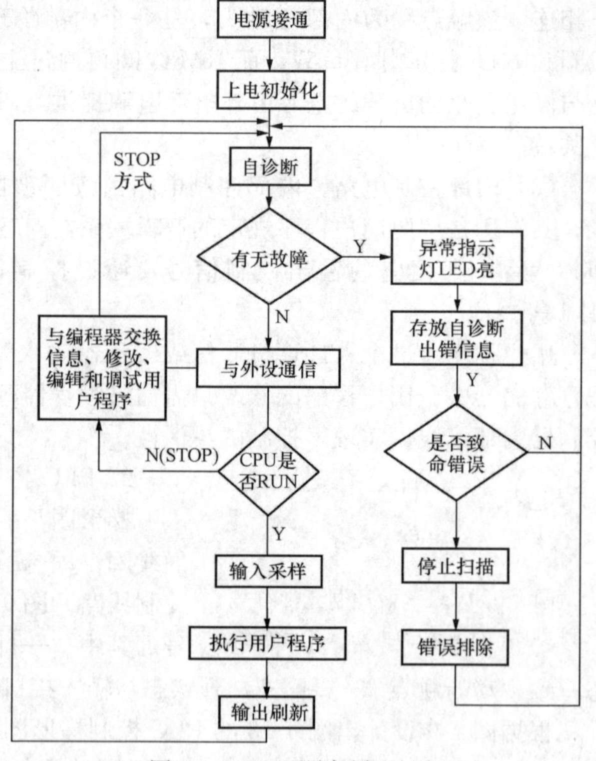

图 4-14　PLC 顺序循环过程

（1）上电初始化。PLC 上电后，首先对系统进行初始化，包括硬件初始化，

I/O 模块配置检查、停电保持范围设定及清除内部继电器、复位定时器等。

(2) CPU 自诊断。在每个扫描周期须进行自诊断，通过自诊断对电源、PLC 内部电路、用户程序的语法等进行检查，一旦发现异常，CPU 使异常继电器接通，PLC 面板上的异常指示灯 LED 亮，内部特殊寄存器中存入出错代码并给出故障显示标志。如果不是致命错误则进入 PLC 的停止（STOP）状态；如果是致命错误时，则 CPU 被强制停止，等待错误排除后才转入 STOP 状态。

(3) 与外部设备通信。与外部设备通信阶段，PLC 与其他智能装置、编程器、终端设备、彩色图形显示器、其他 PLC 等进行信息交换，然后进行 PLC 工作状态的判断。

PLC 有 STOP 和 RUN 两种工作状态，如果 PLC 处于 STOP 状态，则不执行用户程序，将通过与编程器等设备交换信息，完成用户程序的编辑、修改及调试任务；如果 PLC 处于 RUN 状态，则将进入扫描过程，执行用户程序。

(4) 扫描过程。以扫描方式把外部输入信号的状态存入输入映像区，再执行用户程序，并将执行结果输出存入输出映像区，直到传送到外部设备。

PLC 上电后周而复始地执行上述工作过程，直至断电停机。

四、用户程序循环扫描

PLC 对用户程序进行循环扫描分为输入采样、程序执行和输出刷新三个阶段，如图 4-15 所示。

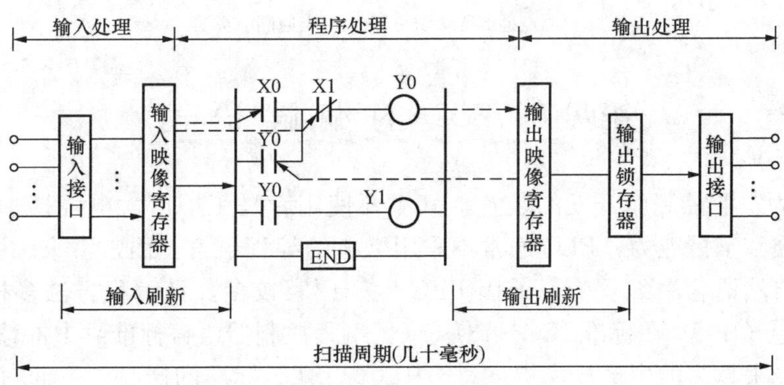

图 4-15　PLC 用户程序扫描过程

(1) 输入采样阶段。CPU 将现场输入信号，如按钮、限位开关等通断状态经 PLC 的输入接口读入映像寄存器，这一过程称为输入采样。输入采样结束后进入程序执行阶段，期间即使输入信号发生变化，输入映像寄存器内数据不再随之变化，直至一个扫描循环结束，下一次输入采样时才会更新。

(2) 程序执行阶段。PLC 在程序执行阶段，若不出现中断或跳转指令，就根据梯形图程序从首地址开始按自上而下、从左往右的顺序进行逐条扫描执行，扫描过程中分别从输入映像寄存器、输出映像寄存器以及辅助继电器中将有关编程元件的状态数据“0”或“1”读出，并根据梯形图规定的逻辑关系执行相应的运算，运算结果写入对应的元件映像寄存器中保存。而需向外输出的信号则存入输出映像寄存器，并由输出锁存器保存。

(3) 输出处理阶段。CPU 将输出映像寄存器的状态经输出锁存器和 PLC 的输出接口传送到外部去驱动接触器和指示灯等负载。这时输出锁存器保存的内容要等到下一个扫描周期的输出阶段才会被再次刷新。

（4）继电器控制与 PLC 控制的差异。PLC 程序的工作原理可简述为由上至下、由左至右、循环往复、顺序执行。与继电器控制线路的并行控制方式存在差别，如图 4-16 所示。

图 4-16（a）继电器控制电路中，由于是并行控制方式，按下 SB1 时，线圈 KM1 与线圈 KM2 同时通电，此时因 KM2 动断触点的断开，导致线圈 KM1 断电。图 4-16（a）梯形图控制电路中，当 X0 一接通，线圈 Y0 通电，然后是 Y1 通电，完成第 1 次扫描；进入第 2 次扫描后，线圈 Y0 因 Y1 动断触点的断开而断电，而 Y1 仍通电。

图 4-15（b）继电器控制电路中，按下 SB1 时，线圈 KM1 与线圈 KM2 同时通电，然后线圈 KM1 因 KM2 动断触点的断开而断电。图 4-15（b）梯形图控制电路中，触点 X0 一接通，线圈 Y1 通电，然后进行第 2 行扫描，此时因 Y1 动断触点的断开线圈 Y0 始终不能通电。

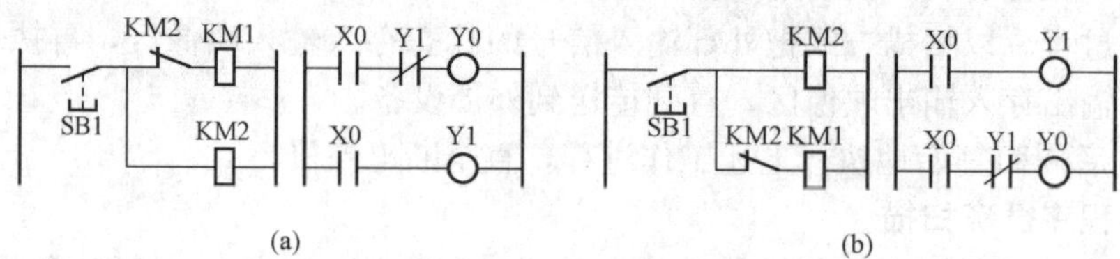

图 4-16　梯形图与继电器图控制触头通断状态分析

（a）触点通断无差异；（b）触点通断有差异

第四节　PLC 的编程语言

PLC 是专为工业控制而开发的装置，其主要使用者是工厂广大电气技术人员，为适应他们的传统习惯和掌握能力，PLC 通常不采用微机的编程语言，而常常采用面向控制过程、面向问题的“自然语言”编程。目前因 PLC 生产厂家较多，且编程方法多样，针对于此，国际电工委员会（IEC）在标准 IEC61131-3（可编程控制器语言标准）中推荐了 5 种编程语言。目前已有越来越多的生产厂家提供符合 IEC61131-3 标准的产品。下面对常用的几种编程语言作简要介绍：梯形图（LD-Ladder Diagram）、功能块图（FBD-Function Block Diagram）、顺序功能图（SFC-Sequential Function Chart）。文本化编程语言包括：指令表（IL-InstructionList）和结构化文本（ST-Strutured Text）。

1. 梯形图（LD-Ladder Diagram）

梯形图是使用得最多的图形编程语言，被称为 PLC 的第一编程语言。梯形图的编程方式与传统的继电器—接触器控制系统电路图非常相似，直观形象，很容易被工程熟悉继电器控制的电气人员所掌握，特别适用于开关量逻辑控制，不同点是它的特定的元件和构图规则。这种表达方式特别适用于比较简单的控制功能的编程。例如：图 4-17（a）

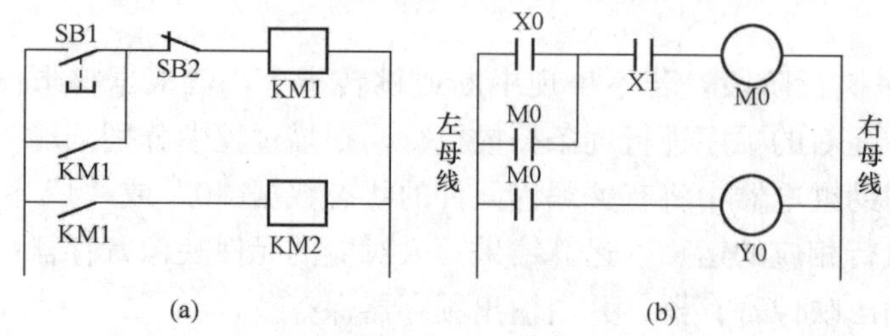

图 4-17　交流接触—继电系统图和 PLC 梯形图

（a）继电器控制电路；（b）梯形图

所示的继电器控制电路，图 4-17（b）所示的 PLC 完成其功能的梯形图。

梯形图是由触点、线圈和应用指令等组成。触点代表逻辑输入条件，比如按钮、行程开关、接近开关和内部条件等。线圈代表逻辑输出结果，用来控制外部的指示灯、交流接触器和内部的输出标志位等。

梯形图的编程方法的要点：梯形图按自上而下、从左到右的顺序排列。每个继电器线圈为一个逻辑行，即一层阶梯。每一逻辑行起于左母线，然后是触点的各种连接，最后终止于继电器线圈，右母线有无均可。整个图形呈阶梯状。梯形图是形象化的编程手段。梯形图的左右母线是不接任何电源的，因而梯形图中没有真实的物理电流，而只有“概念”电流。“概念”电流只能从左到右流动，层次的改变只能先上后下。

2. 功能块图（FBD-Function Block Diagram）

功能模块图语言是与数字逻辑电路类似的一种 PLC 编程语言，有数字电路基础的人很容易掌握。功能块图的编程方法与数字电路中的门电路的逻辑运算相似，采用功能模块图的形式来表示模块所具有的功能，不同的功能模块有不同的功能。如图 4-18 所示为西门子 S7-300 系列 PLC 的三种编程语言。

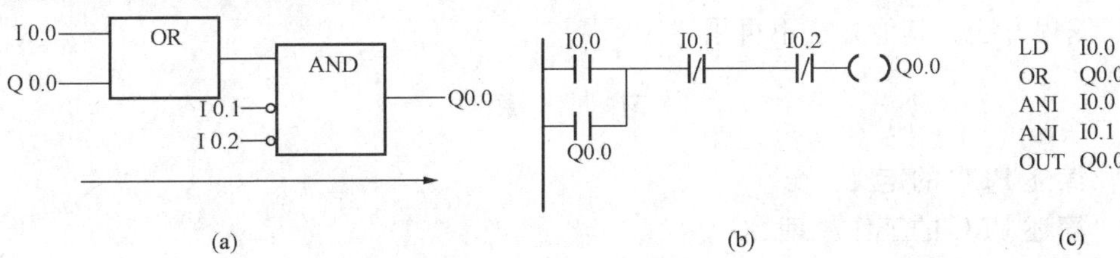

图 4-18　同一种逻辑关系的表示法
（a）逻辑功能图；（b）梯形图；（c）指令表

3. 顺序功能图（SFC-Sequential Function Chart）

SFC 是一种根据系统工作的动作过程进行编程的语言。编程时将顺序流程动作的过程分成步和转换条件，根据转移条件对控制系统的功能流程顺序进行分配，一步一步的按照顺序动作。每一步代表一个控制功能任务，用方框表示。在方框内含有用于完成相应控制功能任务的梯形图逻辑。在顺序功能图中可以用别的语言嵌套编程。步、转换和动作时顺序功能图中的三种主要元件，如图 4-19 所示。这种编程语言使程序结构清晰，易于阅读及维护，大大减轻编程的工作量，缩短编程和调试时间。用于系统规模较大，程序关系较复杂的场合。

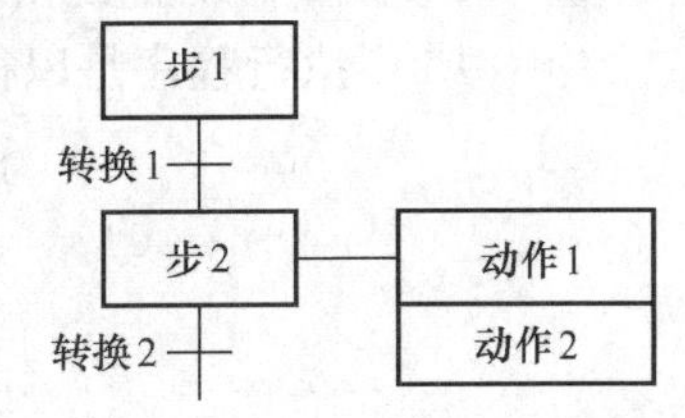

图 4-19　顺序功能图

SFC 编程方法的优点：在程序中可以很直观地看到设备的动作顺序。不同的人员都比较容易理解其他人利用 SFC 方法编写的程序，因为程序是按照设备的动作顺序进行编写的；在设备故障时，编程人员能够很容易的查找出故障所处在的工序，从而不用检查整个冗长的梯形图程序；不需要复杂的互锁电路，更容易设计和维护系统。

4. 指令表（IL-Instruction List）

PLC 指令表编程语言是与汇编语言类似的一种助记符编程语言，同样是由操作码和操作数组成。因此，由指令组成的程序叫做指令表程序。利用指令表编写的程序较难阅读，程序中的逻辑关系很难一眼看出，所以，在程序设计中较少用，在设计时一般采用梯形图语言编程。当然，在无计算机的情况下，适合采用 PLC 手持编程器对用户程序进行编制。如果使用的是梯形图编写的程序，在使用手持编程器时，必须将梯形图语音转换成指令表后写入到 PLC 中。且指令表编程语言与梯形图编程语言图一一对应，在 PLC 编程软件下可以相互转换。

5. 结构化文本语言（ST）

结构化文本语言是用结构化的描述文本来描述程序的一种编程语言。它是类似于高级语言的一种编程语言。与梯形图相比，它能实现复杂的数学运算，编写的程序非常简洁和紧凑。在大中型的 PLC 系统中，常采用结构化文本来描述控制系统中各个变量的关系。主要用于其他编程语言较难实现的用户程序编制。

尽管可编程控制器已获得广泛的应用，但是到目前为止，仍没有一种可以让各个厂家生产的 PLC 相互兼容的编程语言，且指令系统也是各自成体系，有所差异。如美国 A-B 公司的 PLC 采用梯形图编程方式；西门子公司 PLC 采用结构化编程方式。本章主要以日本三菱公司生产的 Q 系列可编程序控制器为例，详细介绍 PLC 的指令系统和梯形图、指令表、顺序功能图编程方法。其他方法不再累述。

习　题

4-1　简述 PLC 的定义。

4-2　简述 PLC 的工作原理。

4-3　PLC 有哪几种编程语言？其中梯形图语言有哪些主要特点？

4-4　在复杂的电气控制中，采用 PLC 控制与传统的继电器控制有哪些优越性？

4-5　PLC 应用领域有哪些？

4-6　简述 PLC 的扫描工作过程。

4-7　PLC 按 I/O 点数和结构形式可分为几类？

4-8　PLC 执行程序是以循环扫描方式进行的，请问每一扫描过程分为哪几个阶段？

第五章

三菱 FX2N 系列 PLC

本章主要内容 掌握三菱 FX2N 系列 PLC 的系统配置、地址分配、编程元件、基本指令。

掌握梯形图编程规则及注意事项。

FX 系列 PLC 是由三菱公司近年来推出的高性能小型 PLC，以逐步替代三菱公司原 F、F1、F2 系列 PLC 产品。其中，FX2 是 1991 年推出的产品，FX0 是在 FX2 之后推出的超小型 PLC，近几年来又陆续推出了将众多功能凝集在超小型机壳内的 FX0S、FX1S、FX0N、FX1N、FX2N、FX2NC 等系列 PLC，具有较高的性能价格比，应用广泛。

FX2N 为箱体式结构的 PLC，在 FX 系列中属于功能最强、运行速度最快的 PLC。其基本指令执行时间高达 0.08μs，超过了许多大、中型 PLC；用户存储器容量可扩展到 16K，且 I/O 点数最大可扩展到 256 点。它除了数字量输入/输出模块以外，还有多种模拟量输入输出模块、高速计数器模块、脉冲输出模块、位置控制模块、RS232C 等串行通信模块或功能扩展板、模拟定时器扩展板等供选择，使用这些特殊功能模块和功能扩展板，可实现模拟量控制、位置控制和联网通信等功能。

第一节　FX2N 系列 PLC 的系统配置

一、FX2N 系列 PLC 的基本单元

FX2N 系列 PLC 的基本单元是指将电源、CPU、开关量输入/输出模块、存储器等部件组合成一个整体。其中输入/输出点数的多少由所选基本单元的型号来决定，通常输入、输出的点数之比为 1∶1。

1. FX2N 系列 PLC 基本单元的型号含义

FX2N 系列 PLC 基本单元的型号名称组成如图 5-1 所示。

FX2N — ○○ M □ — □
(1)　(2)　(3)　(4)　(5)

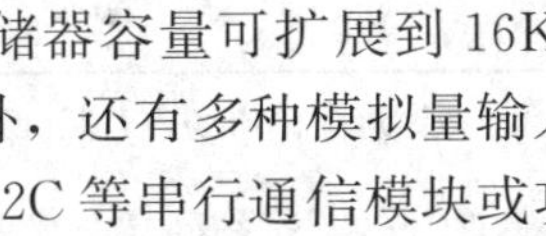

图 5-1　FX2N 系列 PLC 型号规格

(1) 系列名称。系列名称有 FX0、FX1S、FX1N、FX2N、FX3U 等。

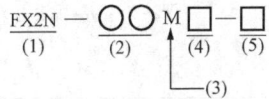

(2) 输入/输出的总点数。FX2N 系列 PLC 的最大输入/输出总点数为 256。基本单元中此处的输入、输出点数之比为 1∶1，具体点数如表 5-1 所示。

(3) 单元类型。M 为基本单元。

(4) 输出方式。R 为继电器输出；S 为晶闸管输出；T 为晶体管输出。

(5) 电源形式。D 为 24VDC 电源，24V 直流输入；H 为大电流输出扩展模块（1A/1 点）；V 为立式端子排的扩展模块；C 为接插口输入方式；F 为输入滤波时间常数为 1ms 的

扩展模块；L为TTL输入扩展模块；S为独立端子（无公共端）扩展模块；若无标记，则为AC电源，24V直流输入，横式端子排，标准输出（继电器输出为2A/1点；晶体管输出为0.5A/1点；晶闸管输出为0.3A/1点）。

例如，型号为FX2N-64MR-D的PLC，属于FX2N系列，输入/输出总点数为64的基本单位，其中输入32点、输出也是32点，为继电器输出型，使用24VDC电源，24V直流输入。

表5-1　FX2N基本单元一览表

输入输出总点数	输入点数	输出点数	FX2N系列		
			AC电源DC输入		
			继电器输出	晶闸管输出	晶体管输出
16	8	8	FX2N-16MR-001*	—	FX2N-16MT-001*
32	16	16	FX2N-32MR-001*	FX2N-32MS-001*	FX2N-32MT-001*
48	24	24	FX2N-48MR-001*	FX2N-48MS-001*	FX2N-48MT-001*
64	32	32	FX2N-64MR-001*	FX2N-64MS-001*	FX2N-64MT-001*
80	40	40	FX2N-80MR-001*	FX2N-80MS-001*	FX2N-80MT-001*
128	64	64	FX2N-128MR-001*	—	FX2N-128MT-001*

* 指针对中国市场，若是针对欧美市场，此处应为ES/UL。

2. FX2N系列PLC基本单元各部分说明

FX2N系列PLC基本单元各部分说明如图5-2所示。

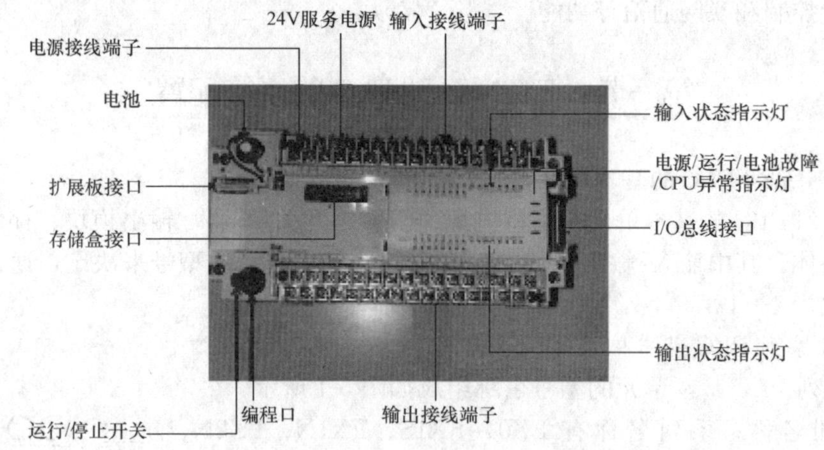

图5-2　FX2N系列PLC基本单元各部分说明

（1）电源接线端子。根据使用的基本单元连接适当的电源。

（2）输入接线端子。在系统要求输入设备较少的情况下，可将输入设备，如按钮、行程开关等直接接在输入端和COM端之间即可；若输入设备要求较多的情况下，则接在输入端的按钮或行程开关与COM端之间必须外接一个24V的直流电源，否则系统无法运行。

（3）输出接线。在输出方式允许的前提下，不同的电压等级需使用不同的COM端。

（4）电池。型号为F2-40BL，为3.6V锂电池，不可充电，寿命5年（建议4～4.5年更换一次），更换时请断开PLC电源（带RAM存储盒时为3年）。为停电时的程序信息保护提供电源。

(5) 24V 服务电源。该电源只供 PLC 内部使用，不向外供给。

3. FX2N 系列 PLC 基本单元的外形特征与接线

(1) FX2N 系列 PLC 的基本单元外形特征。FX2N 系列 PLC 的基本单元的外形基本相似，其外形图如图 5-3 所示，一般都有外部端子部分、指示部分和接口部分。

1) 外部端子部分。外部端子部分包括 PLC 电源端子（L、N）、直流 24V 电源端子（24+、COM）、输入端子（X）、输出端子（Y）等。主要完成电源、输入信号和输出信号的连接。其中 24+、COM 是机器为输入回路提供的直流 24V 电源，其正极在机器内已经与输入回路连接，但不向外提供电源，即用万用表中的两根表针测量，量不出它的电压。

2) 指示部分。指示部分包括各 I/O 点的状态指示、PLC 电源（POWER）指示、PLC 运行（RUN）指示、用户程序存储器后备电池（BATT）状态指示及程序出错（PROG-E）、CPU 出错（CPU-E）指示等，用于反映 I/O 点及 PLC 机器的状态。

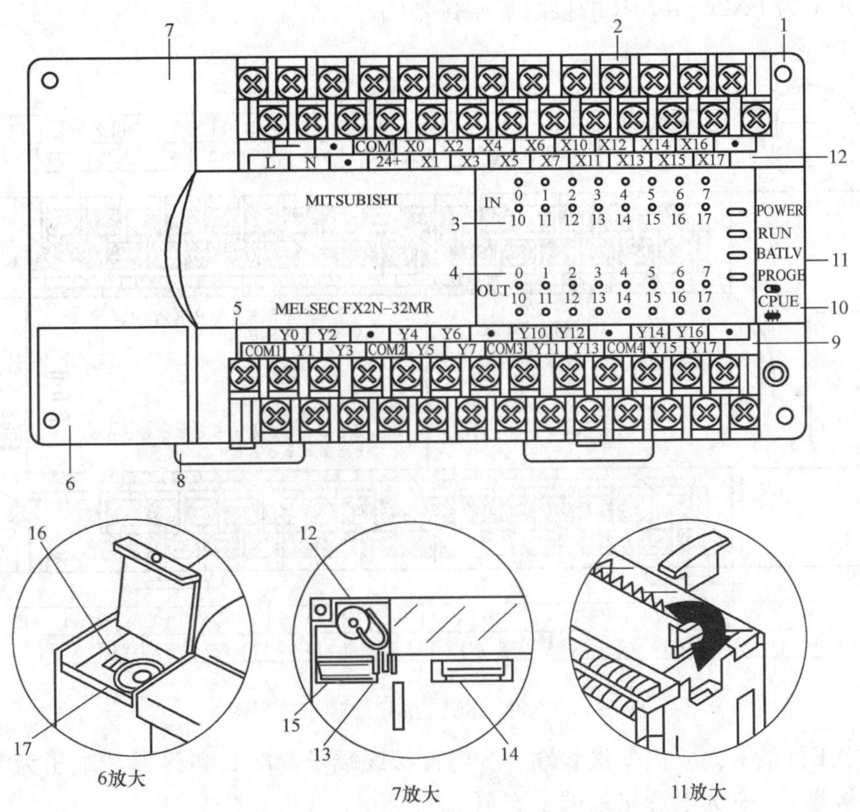

图 5-3　FX2N 系列 PLC 基本单元外形图

1—安装孔 4 个；2—电源、辅助电源、输入信号用的可装卸式端子；3—输入指示灯；4—输出动作指示灯；5—输出用的可装卸式端子；6—外围设备接线插座、盖板：7—面板盖；8—DIN 导轨装卸用卡子；9—I/O 端子标记；10—动作指示灯，POWER；电源指示灯，RUN；运行指示灯，BATT. V；电池电压下降指示灯，PROG-E；指示灯闪烁时表示程序出错，CPU-E；指示灯亮时表示 CPU 出错；11—扩展单元、扩展模块、特殊单元、特殊模块的接线插座盖板；12—锂电池；13—锂电池连接插座；14—另选存储器滤波器安装插座；15—功能扩展板安装插座；16—内置 RUN/STOP 开关；17—编程设备、数据存储单元接线插座

3）接口部分。接口部分主要包括编程器、扩展单元、扩展模块、特殊模块及存储卡盒等外部设备的接口，其作用是完成基本单元同上述外部设备的连接。在编程器接口旁边，还设置了一个 PLC 运行模式转换开关 SW1，它有 RUN 和 STOP 两个运行模式，RUN 模式能使 PLC 处于运行状态（RUN 指示灯亮），STOP 模式能使 PLC 处于停止状态（RUN 指示灯灭），此时，PLC 可进行用户程序的录入、编辑和修改。

（2）FX2N 系列 PLC 基本单元的安装、接线。PLC 的安装固定常有两种方式，一是直接利用机箱上的安装孔，用螺钉将机箱固定在控制柜的背板或面板上。二是利用 DIN 导板安装。

1）电源接线及端子排列。PLC 基本单元的供电通常有两种情况，一是直接使用工频交流电，通过交流输入端子连接，对电压的要求比较宽松，100～250VAC 均可使用。二是采用外部直流开关电源供电，一般配有直流 24V 输入端子。采用交流供电的 PLC 机内自带直流 24V 内部电源，为输入器件及扩展单元供电。FX 系列 PLC 大多为 AC 电源、DC 输入型。图 5-4 所示为 FX2N-48MR 的接线端子排列图。

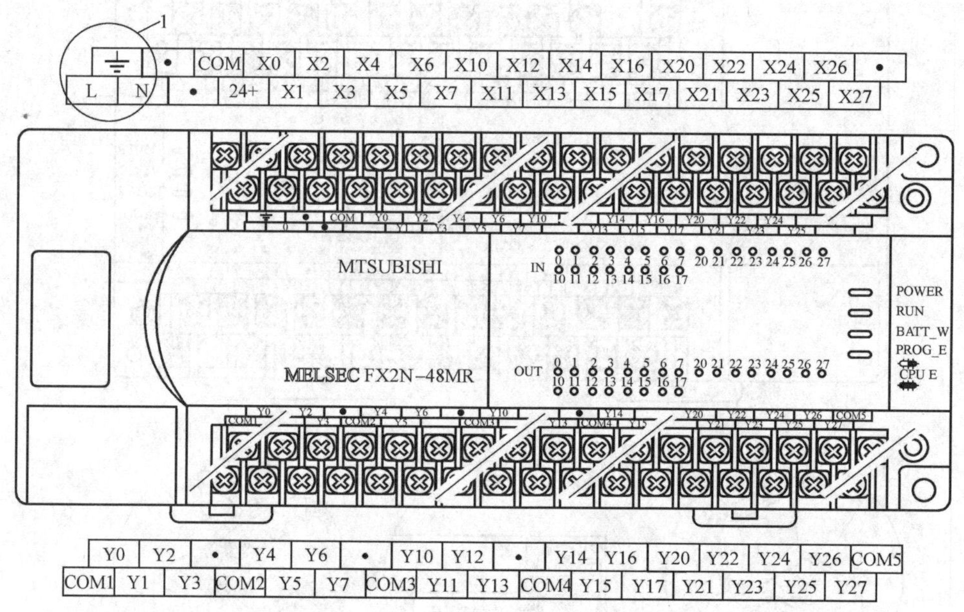

图 5-4　FX2N-48MR 的接线端子排列图

图 5-4 中 1 处的 L、N 和⏚接线端子为电源接线端子。即 L 和 N 接线端子为 100～250V 交流电的接线端子，⏚为电源接地端子。

2）输入接口元件的接线。PLC 输入接口（输入模块）可接的外部设备是按钮、行程开关、接近开关、接触器触点等触点类器件。当输入设备较少时，可按图 5-5 所示的输入模块元件的接线图进行连接，如按钮的两个接线端中一个接在输入点 X 上，另一个接在 COM 端上，采用螺钉固定；如三线式接近开关，则根据所选接近开关的接线图，将相应的三根接线柱分别接到基本单元上的 24＋、COM 和输入端子 X 上。当输入设备较多时，建议采用外部直流电源进行连接，各元件的具体接线图如图 5-6 所示。

3）输出接口元件的接线。PLC 输出接口所接的外部设备主要是接触器、继电器、电磁

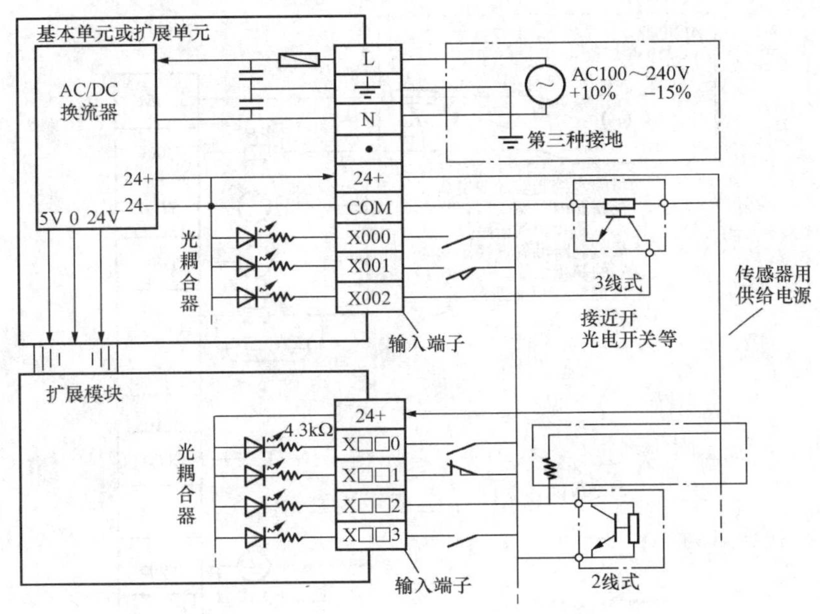

图 5-5　内部供电的 PLC 输入接口接线图

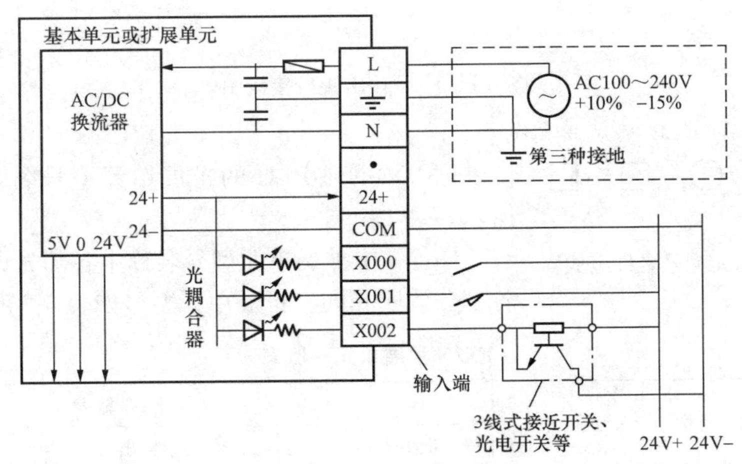

图 5-6　外部供电的 PLC 输入接口接线图

• 此处空点必须闲置，不能接任何元件

阀线圈和指示灯等。接入时线圈的一端接到输出点 Y 端子上，另一端接到外接电源的一端，而电源的另一端再接到基本单元输出端的相应 COM 端上，用螺钉固定，具体接线如图 5-7 所示。由于输出接口连接的线圈种类很多，且所需的电源种类及电压也不同，输出接口公共端常分为许多组，而且组间是隔离的，接线时根据实际情况而定。

二、FX2N 系列 PLC 的扩展单元

当 FX2N 系列 PLC 的基本单元 I/O 点数和电源均不够时，常采用扩展单元来实现。扩展单元必须外接一个电源，通过其内部结构的转换可将外接电源转换为 24V DC 和 5V DC 电源，为扩展单元本身和后面所接的模块提供适当的电源。

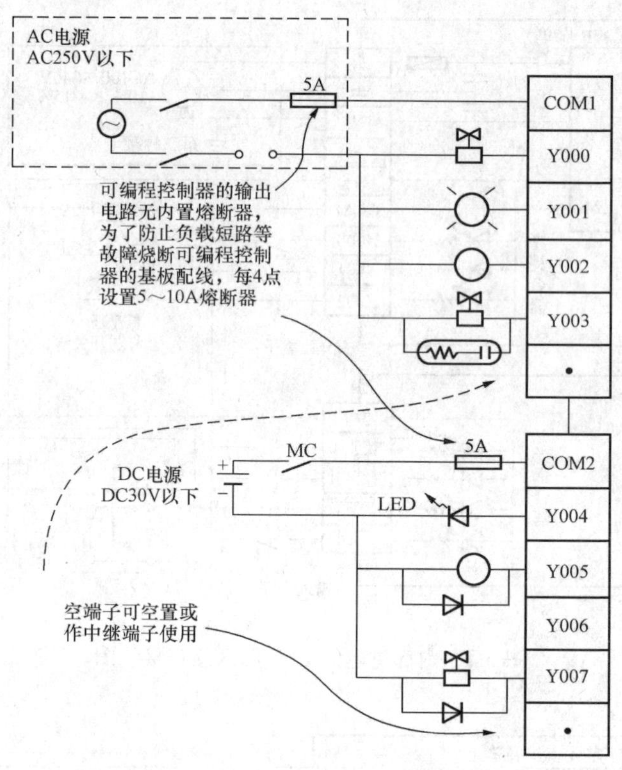

图 5-7　PLC 输出接口接线图

1. FX2N 系列 PLC 扩展单元的型号含义

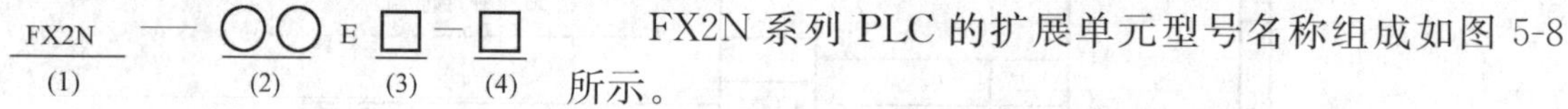

图 5-8　扩展单元型号名称组成

FX2N 系列 PLC 的扩展单元型号名称组成如图 5-8 所示。

图 5-8 中扩展单元型号名称中各部分说明与基本单元各部分说明相同。扩展单元型号如表 5-2 所示。

表 5-2　　FX2N 扩展单元一览表

输入输出总点数	输入点数	输出点数	AC 电源 DC 输入		
			继电器输出	晶闸管输出	晶体管输出
32	16	16	FX2N-32ER	—	FX2N-32ET
48	24	24	FX2N-48ER	—	FX2N-48ET

2. FX2N 系列 PLC 扩展单元的外形特征

FX2N 系列 PLC 的扩展单元的外形基本相似，其外形图如图 5-9 所示，与 PLC 基本单元一样，一般都有外部端子部分、指示部分和接口部分。

（1）外部端子部分。外部端子部分包括扩展单元的电源端子（L、N）、直流 24V 电源端子（24＋、COM）、输入端子（X）、输出端子（Y）等。主要完成电源、输入信号和输出信号的连接。其中 24＋、COM 是机器为输入回路提供的直流 24V 电源，其正极在机器内已经与输入回路连接。

（2）指示部分。指示部分包括各 I/O 点的状态指示、PLC 扩展单元的电源（POWER）指示，用于反映 I/O 点及扩展单元的状态。

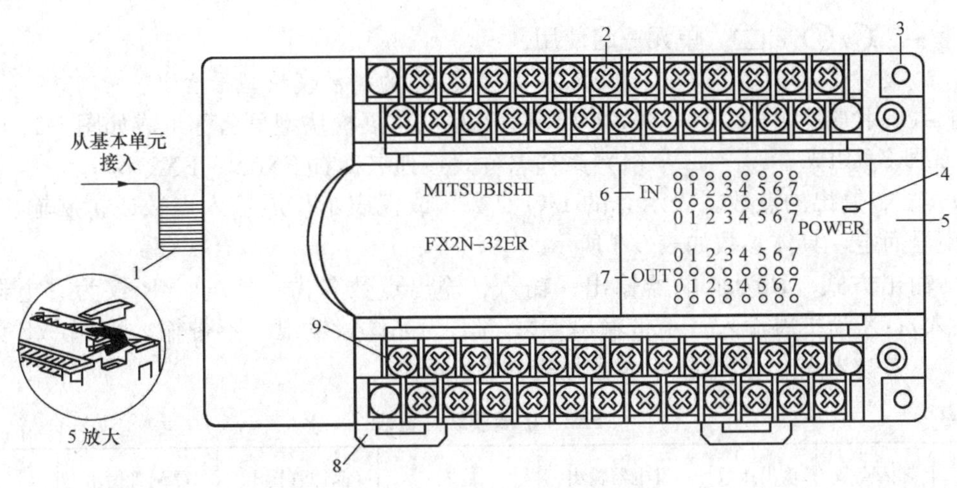

图 5-9　FX2N 系列 PLC 扩展单元外形图

1—扁平扩展电缆；2—电源、辅助电源、输入信号用的可装卸式端子；3—安装孔 2 个（48E 为 4 个）；4—电源指示灯；5—扩展单元、扩展模块、特殊单元、特殊模块的接线插座盖板；6—输入动作指示灯；7—输出动作指示灯；8—DIN 导轨装卸用卡子；9—输出用的可装卸式端子

（3）接口部分。接口部分主要包括基本单元、扩展模块及特殊模块等外部设备的接口，其作用是完成扩展单元同上述外部设备的连接。

如图 5-10 为扩展单元 FX2N-32ER 的接线端子图，其安装方式与基本单元相同，也分为两种方式，这里不做介绍。

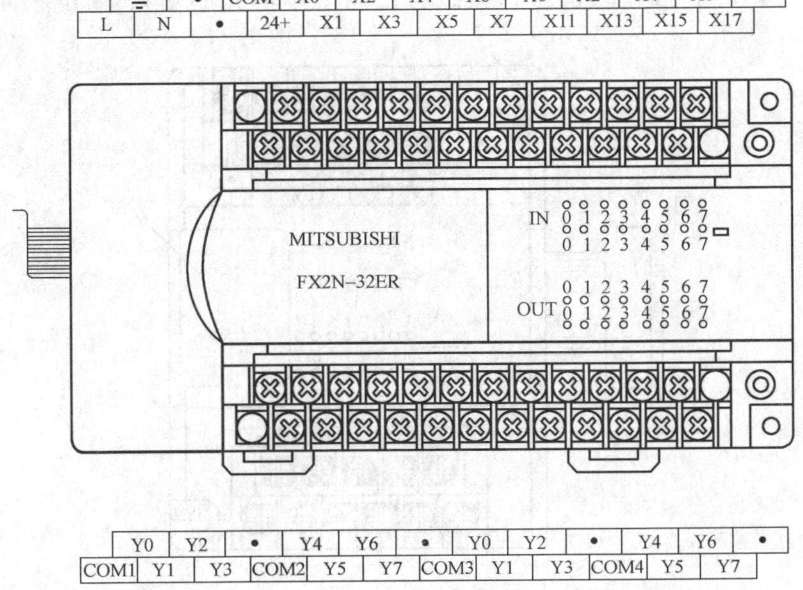

图 5-10　FX2N 系列 PLC 扩展单元接线端子图

三、FX2N 系列 PLC 的扩展模块

扩展模块仅由输入输出接口组成，模块内部本身无电源，需由基本单元或扩展单元供给 DC24V 电源。因扩展单元和扩展模块上不能接 CPU，所以扩展单元和扩展模块必须与基本

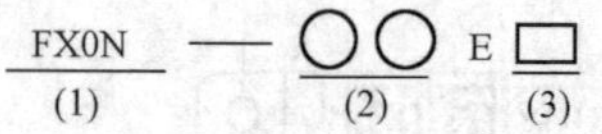

FX0N —— ○○ E □ 单元一起使用。
(1)　(2)　(3)

图 5-11　扩展模块型号名称组成

1. FX2N 系列 PLC 的扩展模块型号含义

FX2N 系列 PLC 的扩展模块型号名称组成如图 5-11 所示。

（1）系列名称。系列名称有 FX0N、FX2N 等。

（2）输入/输出的点数。表示总的 I/O 点数，或仅表示扩展输入点数或扩展输出点数，视具体型号而定，具体参数如表 5-3 所示。

（3）输出方式。R 为继电器输出（输入、输出点数各占一半）；YR 仅为继电器输出（不带输入）；X 为扩展输入（不带输出点）；YT 为晶体管输出（不带输入点）；YS 为晶闸管输出（不带输入点）。具体技术参数如表 5-3 所示。

表 5-3　　FX2N 扩展模块一览表

输入输出总点数	输入点数	输出点数	继电器输出	输入	晶体管输出	晶闸管输出	输入信号电压
8	4	4	FX0N-8ER		—	—	DC24V
8	8	0	—	FX0N-8EX	—	—	DC24V
8	0	8	FX0N-8EYR	—	FX0N-8EYT	—	—
16	16	0	—	FX0N-16EX	—	—	DC24V
16	0	16	FX0N-16EYR	—	FX0N-16EYT	—	—
16	16	0	—	FX2N-16EX	—	—	DC24V
16	0	16	FX2N-16EYR	—	FX2N-16EYT	FX2N-16EYS	—

2. FX2N 系列 PLC 扩展模块的外形特征

FX2N 系列 PLC 扩展模块中，输入输出总点数 8 点的与 16 点的外形有点区别，具体请参照三菱公司的《FX 系列 PLC 硬件手册》，图 5-12 为 16 点的扩展模块外形图。

FX2N 系列 PLC 扩展模块的接口接线方法与基本单元的输入/输出相同，这里不做

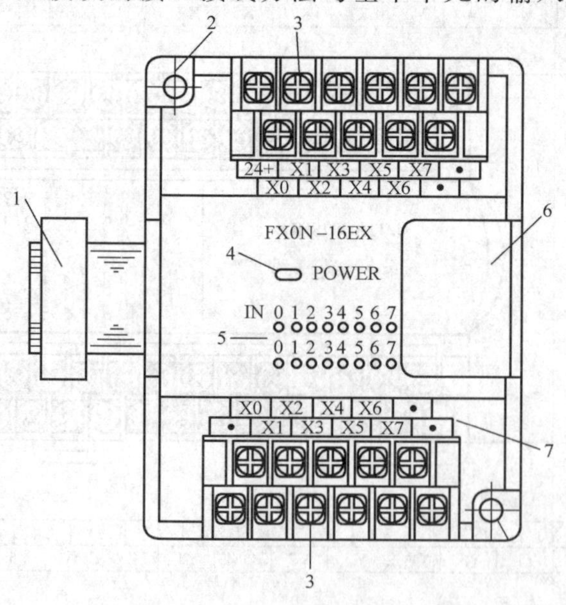

图 5-12　FX 系列 PLC 中 16 点扩展模块外形图

1—扁平扩展电缆；2—安装孔（2 个）；3—输入或输出装卸式端子；4—电源指示灯；5—输入或输出动作指示灯；6—扩展单元、扩展模块、特殊模块的接线插座盖板；7— I/O 端子标记

介绍。

另外还可根据实际需要增加一些特殊扩展设备，如特殊功能板、模拟量 I/O 模块、高速计数模块、位置控制单元和通信单元等。特殊扩展设备需由基本单元或扩展单元提供 DC5V 的电源。其技术参数和型号如表 5-4 所示。

表 5-4　　**特殊扩展设备一览表**

区分	型号	名称	占用点数		耗电	
			输入	输出	DC5V	DC24V
特殊功能板	FX2N-232-BD	RS232 通信板			20mA	
	FX2N-422-BD	RS422 通信板			60mA	
	FX2N-485-BD	RS485 通信板			60mA	
特殊模块	FX2N-4AD	4CH 模拟量输入模块	8		30mA	55mA
	FX2N-4DA	4CH 模拟量输出模块	8		30mA	200mA
	FX0N-3A	2CH 模拟量输入、1CH 模拟量输出	8		30mA	90mA*1
特殊单元	FX2N-10GM	1 轴用定位单元	8		—	5W

*1　由可编程控制器内部供电。

四、FX2N 系列 PLC 的扩展配置与选型

前面我们介绍了 FX2N 系列 PLC 系统，除了基本单元以外，可根据实际需要选用合理的扩展单元、扩展模块或特殊单元等，但总的 I/O 点数不能超过 256 点，具体配置如何?

1. 扩展设备配置实例介绍

如图 5-13 为 FX2N 系列 PLC 扩展配置示例。图中 *1 表示输入输出为 8 进制数。

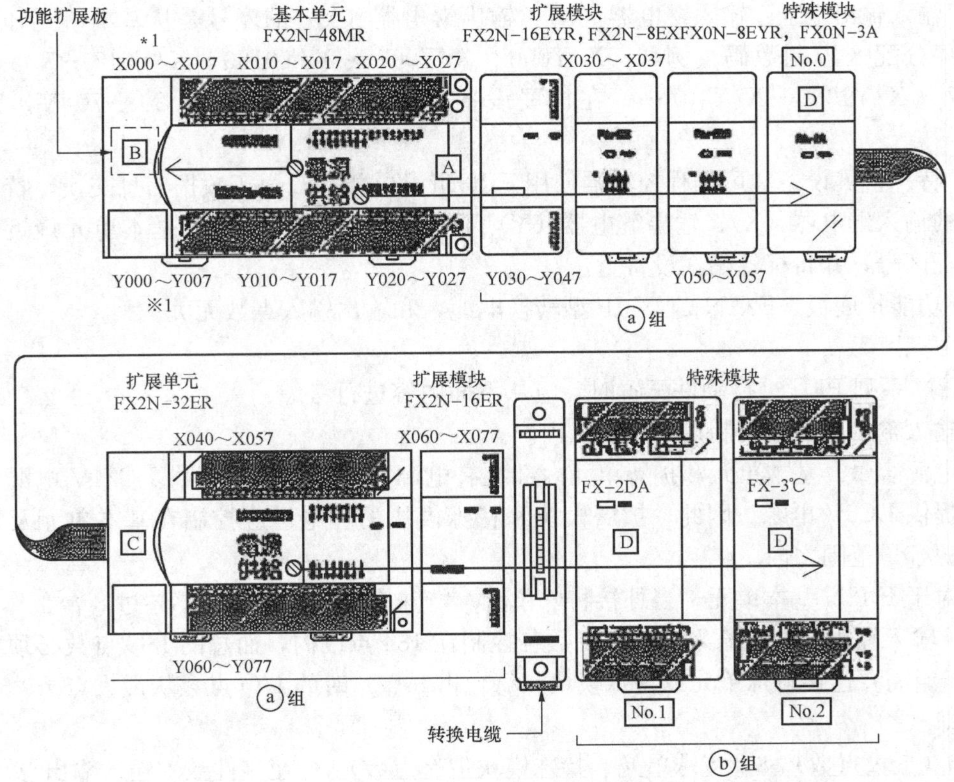

图 5-13　FX2N 系列 PLC 扩展配置示例

（1）组成规则。

1）基本单元的右侧 A 部可接 FX2N 系列用的扩展单元和扩展模块。此外，还可接 FX0N、FX1、FX2N 系列等多台扩展设备。各个系列的扩展设备组合如下。

a. FX2N 基本单元＋ a 组（FX2N 用扩展单元、扩展模块或 FX0N 用扩展模块、特殊模块，不能接 FX0N 用的扩展单元）。

b. FX2N 基本单元＋转换电缆（FX2N-CNV-IF 型）＋b 组（FX1、FX2 用扩展单元、扩展模块、特殊单元、特殊模块）。

FX2N 基本单元右侧 A 部，可接 a 组或 b 组。但接 b 组时，须一定用 FX2N-CNV-IF 型转换电缆。它们可分别在 a 组、b 组内组合，但是，一旦和 b 组连接之后，就不能再接 a 组的扩展设备了。如图 5-14 所示。

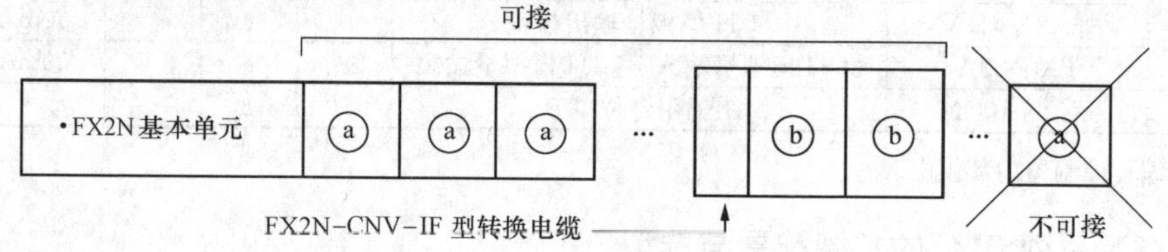

图 5-14　FX2N 系列 PLC 扩展配置示例 2

2）B 部可内装 1 台功能扩展板。扩展设备后面所能连接的台数由输入/输出总点数、设备种类、基本单元或扩展单元的电源容量而定。

（2）地址分配。

1）输入输出地址：输入继电器（X）、输出继电器（Y）的序号是从基本单元开始，按连接顺序分配 8 进制数码。例如：X/Y000～X/Y007→ X/Y0100～X/Y017…X/Y0700～X/Y077→ X/Y1000～X/Y107…。在扩展设备上附带序号标签 10、20…70 等，以便于区别。

2）特殊扩展设备和可编程控制器使用 FROM/TO 指令，由于数据信息交换，特殊扩展设备中的输入继电器（X）、输出继电器（Y）不占序号（D 部），从距基本单元最近处，按顺序分配区号，并将标签贴在设备上。

3）功能扩展板、FX2N-CNV-IF 型转换电缆，和输出输入点数无关。

2. 选型

FX2N 系列 PLC 进行硬件配置时，应从下面内容进行考虑：

● 输入输出总点数控制在 256 点以内。

● 电源容量。基本单元和扩展单元内部装有电源，对扩展模块提供 DC24V 电源，对特殊模块提供 DC5V 电源。因此，扩展模块和特殊模块的耗电量应控制在基本单元及扩展单元的电源容量范围之内。

● 对于 FX2N 基本单元，当外接特殊单元、特殊模块时数量最多不超过 8 台。

（1）输入输出点数。输入、输出点数各控制在 184 点以内，而总的 I/O 点数必须不超过 256 点，当需要连接特殊单元或特殊模块（每台占 8 点）时的 I/O 点数从最大点数 256 点中扣除。即

256（最大点数）-8（特殊单元、特殊模块占有点数）× 使用件数＝输入输出总点数

1）功能扩展板不占有输入输出点数。

2）FX0N-16NT、FX-16NP-S3、FX-16NT-S3、FX-1DIF 的输入 8 点，输出 8 点。FX-16NP/ NT 输入 16 点、输出 8 点。

（2）电源容量（分 24VDC 和 5VDC）。电源容量如表 5-5 所示。

表 5-5　　电源容量一览表

区分	组　合	备　注
输入输出的扩展	（只接扩展单元） 基本单元 + 扩展单元 … 扩展单元	不需要计算电源容量，确认 I/O 点数
	（只接扩展模块） 基本单元 + 扩展模块 … 扩展模块 （接扩展单元和扩展模块） 基本单元及其他扩展设备 + 扩展单元 + 扩展模块 + … 扩展模块	确认 I/O 点数，计算 DC24V 的电源容量
特殊设备扩展	特殊单元、特殊模块、功能扩展板按上述配置组合时	确认 I/O 点数，计算 DC5V 的电源容量

1）扩展点数与 DC24V 电源容量。基本单元、扩展单元为扩展模块提供 DC24V 电源。因此，扩展模块的连接点数，须在基本单元及扩展单元能供给的范围之内。

a. 电源供给范围。图 5-15 为基本单元或扩展单元供给 DC24V 电源范围示意图。

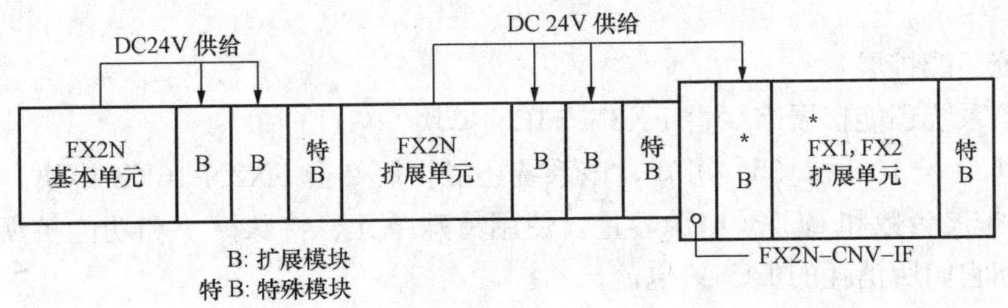

图 5-15　基本单元或扩展单元 DC24V 供电示意图

* 表示该扩展模块最多为 16 点，若超过 16 点时须后接扩展单元

图 5-15 中，基本单元、扩展单元供给 DC24V 电源的对象是直接连接在其后面相接的扩展模块 B，若扩展模块用于输出时则必须外部配线。

b. DC24V 电源容量计算。基本单元、扩展单元所能提供的 DC24V 电源容量，如表 5-6 所示。

表 5-6　　基本单元、扩展单元所能提供的 DC24V 电流容量

机　型	电流容量（mA）	备　注
FX2N-16M、32M、32E、FX-32E	250	为扩展模块供电
FX2N-48M～128M，FX2N-48E，FX-48E	460	

扩展模块因输入或输出功能不同，消耗电流也不同，各个组件的消耗电流须在供给电源的总容量之内方能插接扩展模块，此外，剩余电源也可作为传感器或负载等方面用电源。扩

展模块所消耗的DC24V电源容量如表5-7所示。

表5-7 扩展模块所耗DC24V电流容量

机　型	所消耗的电流容量（DC24V）
FX2N、FX0N　8点输入模块	50mA
FX2N、FX0N　8点输出模块	75mA
FX1、FX2　8点输入模块	55mA
FX1、FX2　8点输出模块	75mA

注　16点扩展模块所需DC2V电流请按2个8点计算。

例如，FX2N-48MR基本单元后连接了一台FX0N-8EX、一台FX2N-16EX和一台FX0N-8EYR外，后面还能扩展吗？

解　基本单元后面所接的扩展设备都是扩展模块，而扩展模块所需要的都是DC24V，所以只要计算出剩余的DC24V电源容量能否供几个所选的扩展模块供电即可。

从前面表格中我们知道：

FX2N-48MR能提供的DC24V电源容量为460mA

FX0N-8EX所消耗的DC24V电源容量为50mA

FX2N-16EX所消耗的DC24V电源容量为50mA×2＝100mA

FX0N-8EYR所消耗的DC24V电源容量为75mA

由此可计算出剩余的DC24V电源容量为460mA－50mA－50mA×2－75mA＝235mA＞0

故该系统还能扩展。

问题：该系统还能扩展多少台FX2N-16EX模块？

经计算（235÷100＝2.35）可知，该系统还能扩展2台FX2N-16EX模块。

2）特殊扩展台数和DC5V电源容量。使用特殊单元、特殊模块和功能扩展板时，须考虑连接台数和它们所消耗的DC5V电流。

a．连接台数。基本单元可连接特殊扩展设备的台数规定如表5-8所示。

表5-8 基本单元连接的特殊扩展设备台数

类　别	连接台数	备　注
功能扩展板	1	基本单元上面的面板可接1块
特殊单元	8	FX0N-16NT，FX-16NP/NT除外
特殊模块		

b．DC5V电源容量计算。基本单元、扩展单元所能提供的DC5V电源容量如表5-9所示。

表5-9 各单元的DC5V电源容量

机　种	电源容量	备　注
FX2N基本单元	290mA	扣除供给CPU、存储盒、编程端子连接设备的DC5V电流
FX2N扩展单元	690mA	不能连接功能扩展板

扩展特殊设备时，只要计算出单元 DC5V 的总容量与特殊模块所消耗的 DC5V 电源的差大于零，说明该系统可扩展所选的特殊模块。计算方法与 DC24V 容量计算相同，这里不再介绍。

第二节　FX2N 系列 PLC 的编程元件及应用示例

不同厂家、不同系列的 PLC，其内部软继电器的功能和编号都不相同，即使是相同厂家的 PLC，其内部软继电器的功能和编号也不尽相同，因此编写程序时，必须熟悉所选用 PLC 的软继电器的功能和编号。

FX 系列 PLC 软继电器编号是由字母和数字组成，其中输入继电器和输出继电器用八进制数字编号，其他软继电器均采用十进制数字编号。

一、数据结构和软元件

1. 数据结构

FX 系列 PLC 数据结构有以下几种：

（1）十进制数。十进制数指“0～9”十个阿拉伯数字。

（2）二进制。FX 系列 PLC 内部，数据是以二进制（BIN）补码的形式存储，所有的四则运算都使用二进制数；二进制数指“0”和“1”两个数字。

（3）八进制。输入继电器和输出继电器的地址均采用八进制。八进制数指“0～7”八个阿拉伯数字。

（4）十六进制。在 PLC 编程软件 Gx-Developer 中进行数据设定时可采用十六进制。

（5）BCD 码。

（6）常数 K、H。其中常数 K 表示十进制常数，如 K100 表示十进制数是 100；常数 H 表示十六进制常数。

2. 软元件

（1）软元件概念。PLC 内部具有一定功能的器件称为软元件，PLC 中所有的元件都是软元件。如输入继电器、输出继电器、辅助继电器、状态寄存器、定时器、计数器等。

（2）软元件分类。软元件分为两种，一是位元件，二是字元件。

1）位元件。位元件采用二进制数“0”和“1”表示。即元件状态为 ON 时用二进制数“1”表示，元件状态为 OFF 时用二进制数“0”表示。

FX 系列 PLC 中的位元件主要有输入继电器 X、输出继电器 Y、辅助继电器 M 和状态寄存器 S 等。其中输入继电器 X 是用于输入给 PLC 的物理信号；输出继电器 Y 是指从 PLC 输出的物理信号；辅助继电器 M 和状态继电器是指 PLC 内部的运算标志。

编程时位元件通常与十进制数组合使用，4 个位元件为一个单元，通常表示方法是由 Kn 加起始的软元件号组成，n 表示单元数，如 K2M3 表示 M3～M10 组成两个位元件组（K2 表示 2 个单元），它是一个 8 位数据，M3 为最低位。请读者思考 FX2N 系列 PLC 中 K3Y5 表示哪几个位元件?

2）字元件。FX2N 系列 PLC 中的数据寄存器 D 属于字元件，它是指模拟量检测和位置控制等场合存储的数据和参数。

二、FX2N 系列 PLC 的编程元件

FX2N 系列 PLC 的编程元件包括输入继电器 X、输出继电器 Y、辅助继电器 M、定时

器 T、计数器 C、数据寄存器 D 和状态寄存器 S 等。

1．输入继电器（X）

FX2N 系列 PLC 输入继电器地址范围为 X0～X267（共 184 点）。

输入继电器 X 是 PLC 接收来自外部触点和电子开关的开关量信号的窗口。PLC 通过光电耦合器，将外部信号的状态读入并存储在输入映像寄存器内。输入端可以外接动合触点或动断触点，也可接多个触点组成的串并联电路。在梯形图中，可多次使用输入继电器的动合和动断触点。

外部的输入触点电路接通时，对应的输入映像寄存器为 1 状态，外部电路断开时对应的输入映像寄存器为 0 状态。输入继电器的状态唯一取决于外部输入信号的状态，不可能受用户程序的控制，因此在梯形图中绝对不能出现输入继电器的线圈。从图 5-16 中所示的电路可知，当按下启动按钮 SB1，X0 输入端子外接的输入电路接通，输入继电器 X0 线圈接通，程序中 X0 的动断触点闭合。

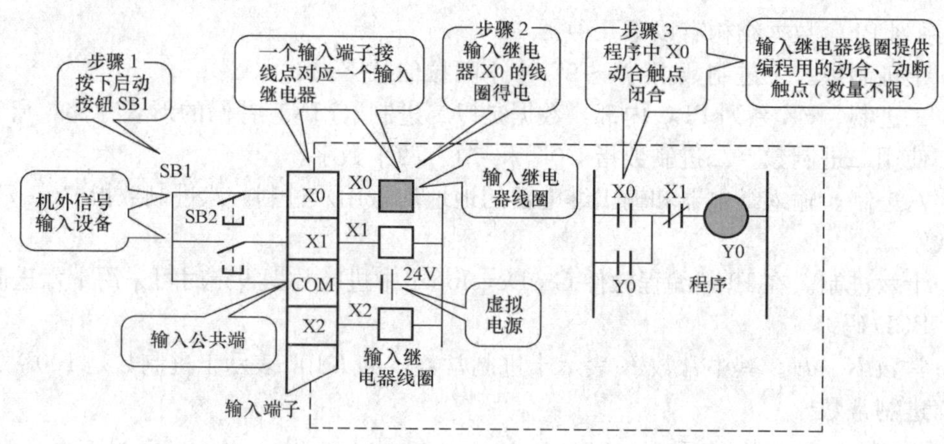

图 5-16　输入继电器

2．输出继电器（Y）

FX2N 系列 PLC 输出继电器地址范围为 Y0～Y267（共 184 点）。

输出继电器是 PLC 向外部负载发送信号的窗口。输出继电器是指将 PLC 的输出信号传送给输出模块，再由后者驱动外部负载（螺线管、电磁开关器、信号灯、数码显示等）。继电器输出模块中对应的硬件继电器的触点闭合，使外部负载工作。输出模块中的每一个硬件继电器仅有一对动合触点，而在梯形图中，每个输出继电器的动合触点和动断触点都可以多次使用。从图 5-17 中所示的输出电路可知，当程序中 X0 的常开触点闭合，输出继电器 Y0 的线圈得电，程序中 Y0 动合触点闭合自锁，同时与输出端子相连的输出继电器 Y0 的动合触点（硬触点）闭合，使外部电路中接触器 KM 的线圈通电。

3．辅助继电器（M）

FX2N 系列 PLC 的辅助继电器地址范围为 M0～M1023（共 1024 点）。

PLC 中辅助继电器的作用与继电器控制电路中的中间继电器作用相似，常用于逻辑运算的中间状态存储及信号类型的变换。辅助继电器 M 的线圈只能由程序驱动，其触点在 PLC 内部可自由使用，而且使用次数不受限制，但这些触点不能直接驱动外部负载。

辅助继电器分以下三种类型：

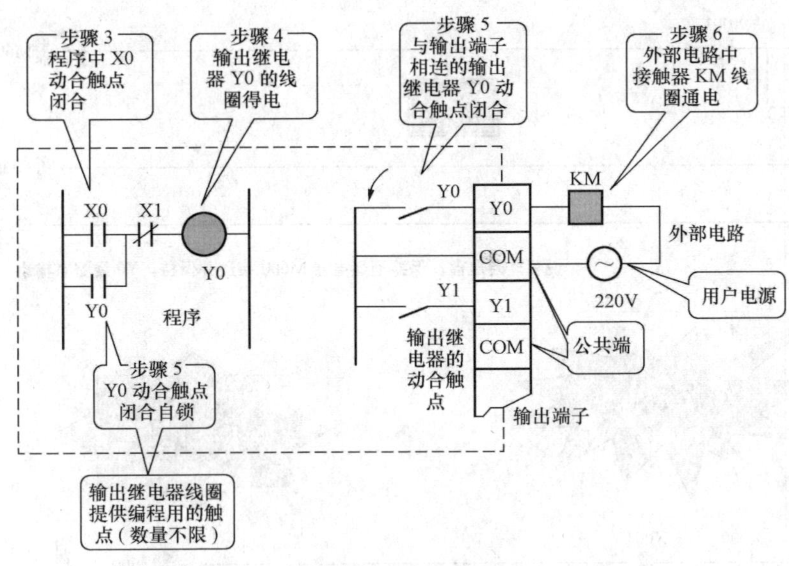

图 5-17　输出继电器

（1）普通辅助继电器。普通辅助继电器地址范围为 M0～M499，共 500 个点。

（2）保持型辅助继电器。对于 FX2N 系列 PLC 来说，该类辅助继电器的地址范围为 M500～M1023（共 524 点）。所谓保持型是指系统断电时可保持断电前的状态，当系统重新上电后可重现断电前的状态，这类继电器常用于需停电保持的某些场合。如图 5-18 所示中，按下启动按钮 X0，M600 线圈得电并自锁，同时控制 Y0 线圈，使得 Y0 线圈得电，图 5-18（a）为断电前的状态，即 Y0 线圈得电。当 PLC 外部电源停电后，具有记忆功能的辅助继电器 M600 可保存断电前的状态，如图 5-18（b）所示。停电后再上电，Y0 仍然有输出，如图 5-18（c）所示为重新上电时的状态。

（3）特殊继电器。FX2N 系列 PLC 的特殊继电器范围为 M8000～M8255，共 256 个，具有某项特定功能的辅助继电器。它分为触点利用型和线圈驱动型两种特殊继电器。

1）触点利用型特殊辅助继电器。触点利用型特殊辅助继电器由 PLC 自行驱动，用户只能利用其触点，在用户程序中不能出现它们的线圈。

M8000（运行监视）：当 PLC 执行用户程序时，M8000 为 ON；停止执行时，M8000 为 OFF［见图 5-19（a）］。M8000 可以用作“PLC 正常运行”的标志上传给上位机。

M8001（运行监视）：当 PLC 处于 STOP 时，M8001 为 ON；当 PLC 处于 RUN 时，M8001 其 OFF［见图 5-19（a）］。

M8002（初始化脉冲）：M8002 仅在 PLC 由 OFF 变为 ON 状态时的一个扫描周期内为 ON［见图 5-19（b）］，可以用 M8002 的动合触点来使有断电保持功能的元件初始化复位，或给某些元件置初始值。

M8003（初始化脉冲）：M8003 仅在 PLC 由 OFF 变为 ON 状态时的一个扫描周期内为 OFF［见图 5-19（b）］。

M8011～M8014 分别是产生周期为 10ms、100ms、1s 和 1min 的时钟脉冲。

M8005（锂电池电压降低）：电池电压下降至规定值时变为 ON，可以用它的触点驱动输出继电器和外部指示灯，提醒工作人员更换锂电池。

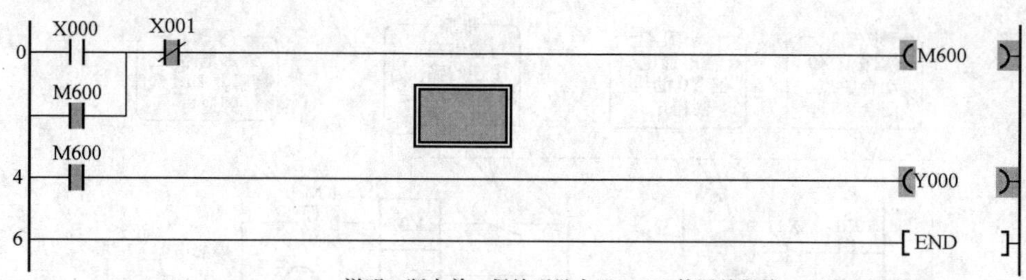

说明：断电前，保持型继电器 M600 接通并保持，Y0 线圈有输出

(a)

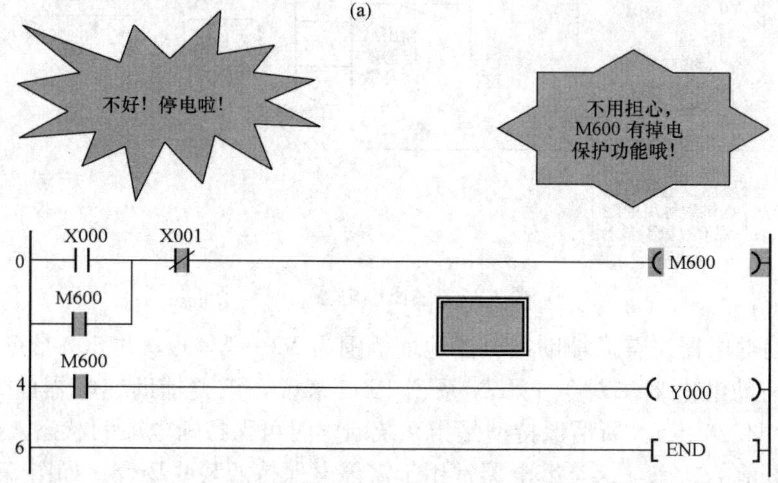

(b)

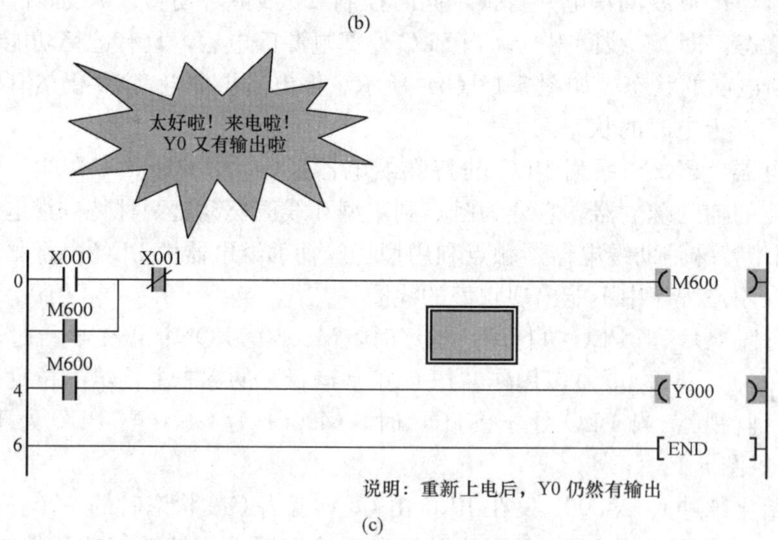

(c)

图 5-18　保持型辅助继电器

(a) 断电前的状态；(b) 断电时的状态；(c) 重新上电后的状态

2）线圈驱动型特殊辅助继电器。线圈驱动型特殊继电器由用户程序驱动其线圈，使PLC执行特定的操作，用户并不使用它们的触点。例如

M8030 的线圈“通电”后，“电池电压降低”发光二极管熄灭；

M8034 的线圈“通电”时，禁止所有的输出；但是程序仍然正常执行。

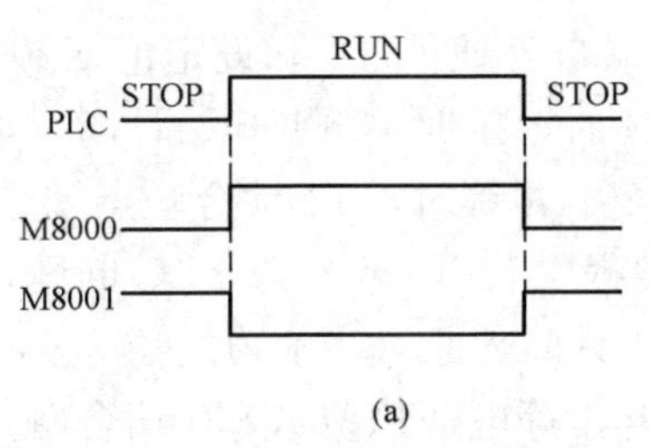

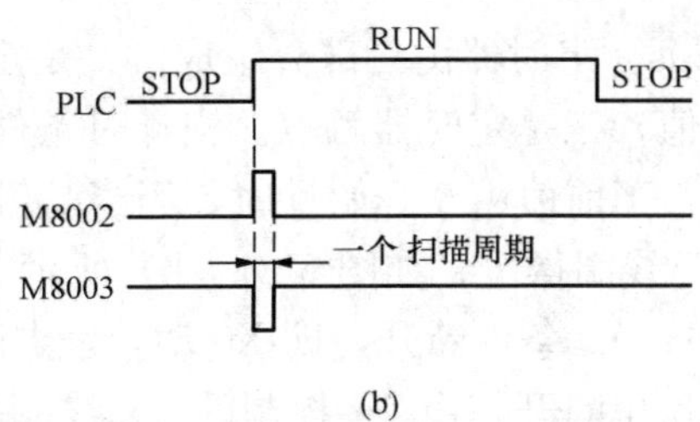

图 5-19 触点利用型特殊继电器波形图

(a) 运行监视特殊继电器；(b) 初始化脉冲特殊继电器

4. 状态寄存器 S

FX2N 系列 PLC 的状态寄存器地址范围为 S0～S999，共 1000 个。

状态寄存器也称为状态器，主要用于编制顺序控制程序的状态标志。它常与步进指令一起使用才起到状态寄存器的作用，否则只能当做普通辅助继电器使用。后面步进指令时再进行介绍。

5. 定时器 T

FX2N 系列 PLC 的定时器地址范围为 T0～T255，共 256 个，其作用相当于继电器系统中的时间继电器，可在程序中用于延时控制。

(1) 定时器的类型。定时器是根据 PLC 内的时钟脉冲进行累积的，当定时器计时时间达到所设定的数值时，输出触点动作，根据断电数据是否能保存的特性，可分为普通定时器和积算型定时器两种。定时器参数如表 5-10 所示。

表 5-10　　定时器参数表

类型	要素	地址范围	定时精度	定时范围	特 点
普通型定时器	设定值、触点、当前值	T0～T199	100ms	0.1～3276.7s	断电时数据不能保存
		T200～T245	10ms	0.01～327.67s	
积算型定时器		T246～T249	1ms	0.001～32.767s	断电时数据能保存
		T250～T255	100ms	0.1～3276.7s	

定时器设定值可采用程序存储器内的常数 K 直接指定，也可以在 PLC 编程软件或触摸屏上用数据寄存器 D 的内容间接设定。使用数据寄存器对定时器数值进行设定时，为了避免掉电时数据不会丢失，一般使用具有掉电保持功能的数据寄存器。

(2) 定时器的工作原理。定时器是对 PLC 内的 1ms、10ms、100ms 等的时钟脉冲进行累计计时的，定时器在程序中既可以作为线圈使用，也可以作为触点使用。当作为线圈使用时，它除了占有自己地址外，还占有一个用十进制数 K 或数据寄存器 D 指定的数值寄存器以及一个当前值寄存器。当前值为所设定值时，它相应的动合触点接通、动断触点断开，这时它作为触点使用，而通过所编写的程序作用于控制对象，从而达到时间控制的目的。

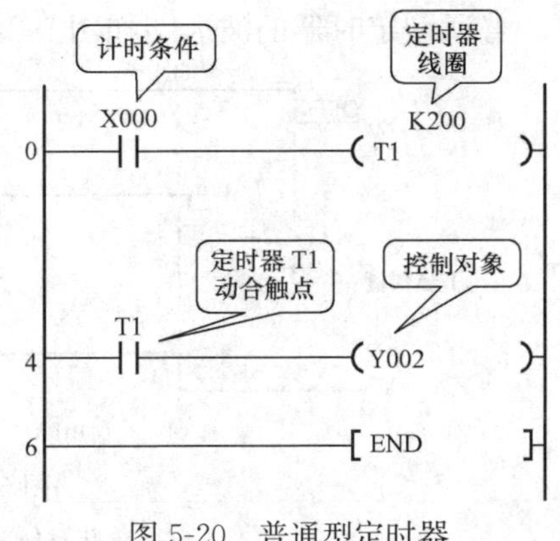

图 5-20 普通型定时器

(3) 普通型定时器的应用举例。图 5-20 为普通型定时器的梯形图。X0 为计时条件。图中定时器 T1 的定时精度为 100ms，设定值 200 表示设定时间为 200×

100ms＝20s。定时器由三部分组成，一是定时器线圈（自身地址 T1 和设定值 K200 组成），二是当前值，三是定时器触点。当计时条件 X0 为 ON 时，定时器 T1 开始计时，如图 5-21（a）所示，当前值由 0 开始计时。当当前值与设定值 200 相等时，T1 动合触点闭合，由 T1 控制的 Y2 线圈得电，如图 5-21（b）所示。在计时过程中若 X0 断开或 PLC 断电，如图 5-21（c）中，X0 条件断开，即 X0 动合触点断开时，T1 计时停止，当前值复位为 0，T1 对应的动合触点也断开，由 T1 控制的 Y2 线圈也因此失电。等电源恢复或 X0 动合触点再次闭合时，定时器 T1 从 0 开始计时。

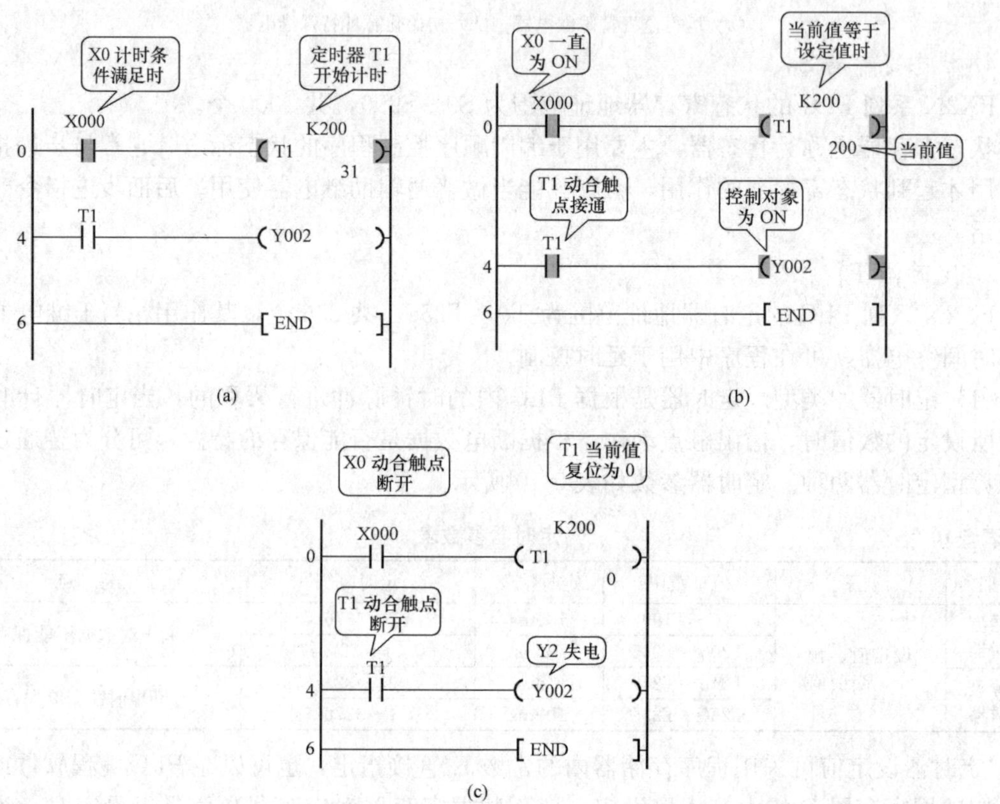

图 5-21 普通型定时器工作示意图

（a）定时器开始计时；（b）T1 当前值等于设定值；（c）定时器复位

普通型定时器的波形图如图 5-22 所示。

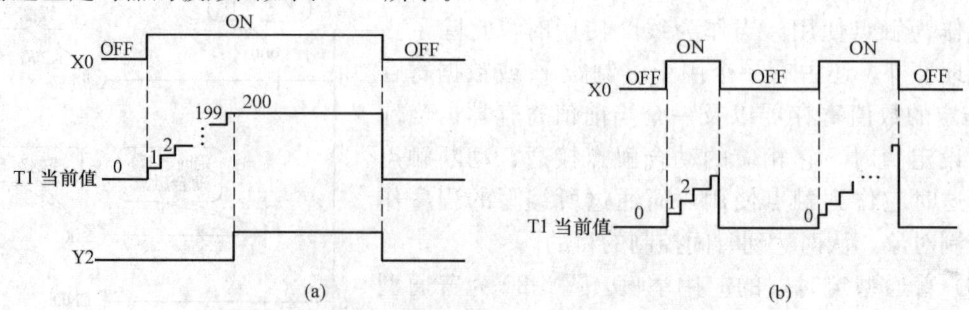

图 5-22 普通型定时器波形图

（a）计时条件为 ON 时；（b）计时条件为 OFF 或外部电源断电时

（4）积算型定时器的应用举例。如果将图 5-21 中的定时器 T1 换为积算型定时器，情况会如何？

图 5-23 为积算型定时器的工作示意图，当计时条件 X0 动合触点接通时，T251 定时器开始计时，在定时器计时过程中，如果 PLC 突然断电或计时条件突然断开，定时器当前值仍能保存，如当定时器 T251 当前值为 68 时突然断电或计时条件 X0 动合触点断开时，T251 寄存器中的内容保持 68 不变，如图 5-23（a）所示。等电源恢复或 X0 动合触点再次闭合时，T251 不是从 0 开始计时，而是从断电时的数据开始累计计时，如图 5-23（b）所示。当定时器 T251 当前值与所设定的数值相等时，T251 动合触点闭合，Y2 线圈得电，这时即使 PLC 断电或 X0 动合触点断开也不会影响 T251 和 Y2 的状态，即 T251 当前值仍保持与设定值相等且 Y2 线圈仍保持得电状态，如图 5-23（c）所示。由于积算型定时器有断电能保持的功能，即记忆功能，所以这类定时器复位时必须运用专门的复位指令，如图 5-23（d）中

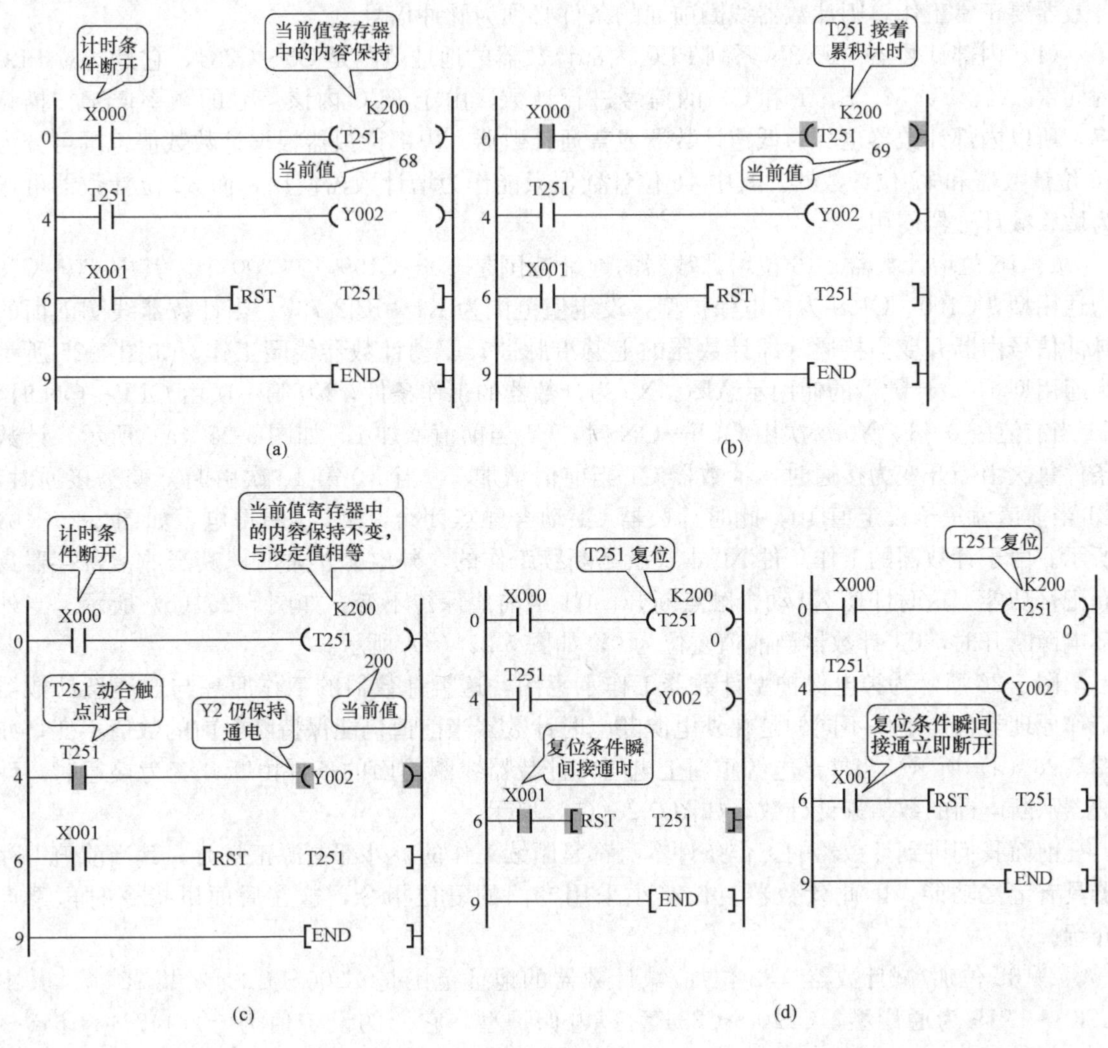

图 5-23　积算型定时器工作示意图

（a）停电时当前值保持不变；（b）重新上电时累计计时；

（c）当前值与设定值相等时断电情况；（d）定时器当前值复位

的 RST 指令，其中 X1 为复位条件，只要 X1 动合触点瞬间接通就能保证 T251 复位。

积算型定时器波形图如图 5-24 所示。

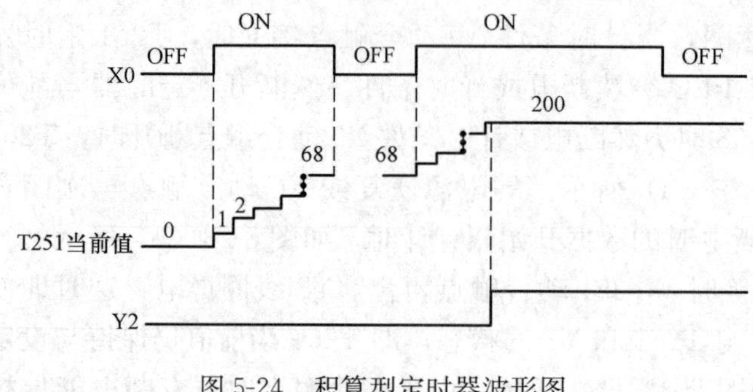

图 5-24　积算型定时器波形图

6. 计数器 C

FX2N 系列 PLC 的计数器地址范围为 C0～C255，共 256 个，在 PLC 程序中既可作为计数器使用，也可作为定时器使用。FX2N 系列 PLC 计数器可分为内部计数器和外部计数器两种。计数器和定时器类似，也包括三个要素，即设定值寄存器、当前值寄存器和计数器触点。计数器要正常工作，则计数器线圈前面的条件必须为脉冲信号。

（1）内部计数器。FX2N 系列 PLC 内部计数器的地址范围是 C0～C234，它是指对 PLC 内元件（X、Y、M、S、T 和 C）的信号进行计数，由于 PLC 内该信号的频率低于扫描频率，所以内部计数器也称为低速计数器或普通计数器。内部计数器根据计数数值范围可分为 16 位计数器和 32 位计数器。其中 16 位计数器只能作为增计数器使用，而 32 位计数器可作为增、减计数器使用。

1）16 位增计数器。16 位增计数器的地址范围是 C0～C199，共 200 个。其中 C0～C99 为通用型，C100～C199 为掉电保护型，设定值范围为 K1～K32 767。当计数器线圈前面的脉冲信号由断开变为接通（即计数器的上升沿脉冲）驱动计数器线圈工作。如图 5-25 所示为通用型 16 位计数器的使用示意图。X0 为计数器的工作条件，X0 第一次由 OFF→ON 时，C1 当前值由 0→1，X0 每次由 OFF→ON 时，C1 当前值增加 1，如图 5-25（a）所示。计数条件每次由断开变为接通时，计数器 C1 当前值增加 1，当 X0 第 10 次由断开变为接通时，C1 当前值就等于设定值 10，此时计数器 C1 动合触点闭合，Y2 线圈得电，如图 5-25（b）所示。由于计数器的工作条件 X0 本身就是断续工作的，外电源正常时，其当前值寄存器具有记忆功能，这时即使 X0 动合触点断开，C1 当前值保持不变，如图 5-25（c）所示。当外部电源断开时，C1 计数器当前值复位为 0，如图 5-25（d）所示。

图 5-26 所示为掉电保护型计数器工作示意图，这类计数器的工作原理与普通型计数器工作原理类似，唯一不同的是在外电源断电时计数器当前值仍能保持断电前的数值不变，如图 5-26（a）所示。当外部电源重新上电时，计数器线圈前面的条件由断开变为接通时，计数器从断电前的数值累计计数，如图 5-26（b）所示。

前面我们讲到计数器的工作条件本身都是断续工作的，外部电源正常时，其当前值寄存器具有记忆功能，因此计数器复位必须采用专门的复位指令，这在后面讲指令时再重点介绍。

2）32 位加/减计数器。32 位加/减计数器的地址范围是 C200～C234，共 35 个。其中 C200～C219 为通用型，C220～C234 为掉电保护型。它们的设定值为－2 147 483 648～＋2 147 483 647，可由常数 K 设定，也可通过指定数据寄存器来设定。32 位设定值存放在元件号相连的两个数据寄存器中。如果指定的寄存器为 D0，则设定值存放在 D1 和 D0 中，其中高 16 位存放在 D1 中，低 16 位存放在 D0 中。

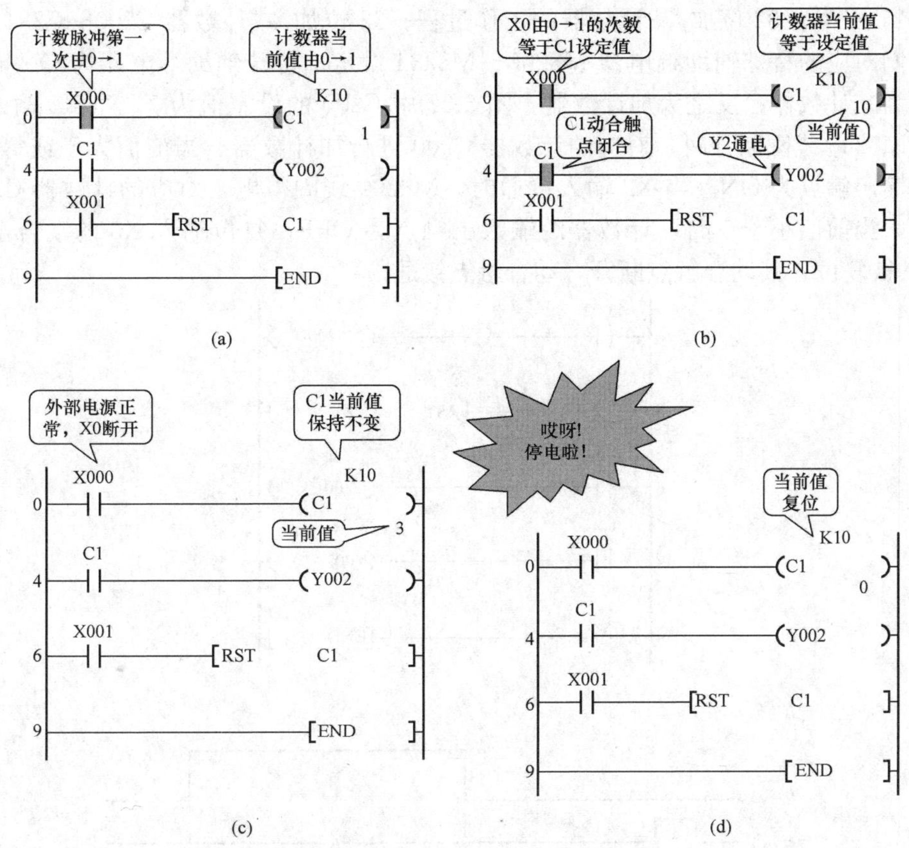

图 5-25 通用型 16 位计数器的使用示意图

(a) 计数器当前值加 1；(b) 当前值等于设定值时；

(c) 外部电源正常时当前值保持不变；(d) 外部电源断开时当前值复位

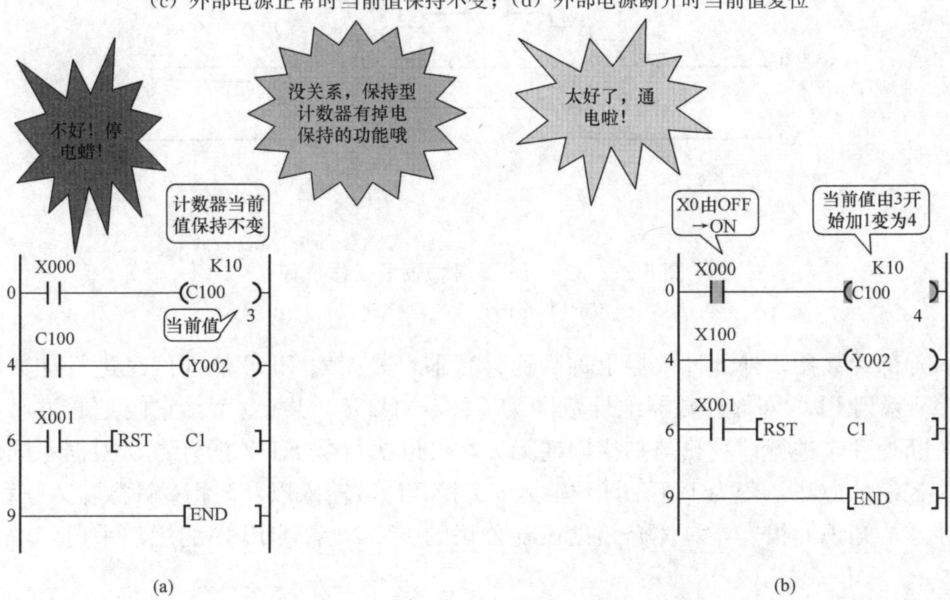

图 5-26 掉电保护型计数器工作示意图

(a) 外部电源断电时当前值保持不变；(b) 复电时累计计数

图 5-27 所示为 32 位加/减计数器的工作过程。32 位加/减计数器 C200～C234 的加/减方式由它们对应的特殊辅助继电器 M8200～M8234 设定。特殊辅助继电器为 ON 时，对应的计数器为减计数器；反之为加计数器。图 5-27 中 C200 的设定值为 3，当 X2 输入动合触点断开，M8200 线圈断开时，对应的计数器 C200 进行加计数器。当前值大于或等于 3 时，计数器的输出触点为 ON。当 X2 输入接通时，M8200 线圈得电，对应的计数器 C200 进行减计数器，当前值小于 5 时，计数器的输入出触点为 OFF。复位输入 X3 的动合触点接通时，C200 被复位，其动合触点断开，动合触点接通。

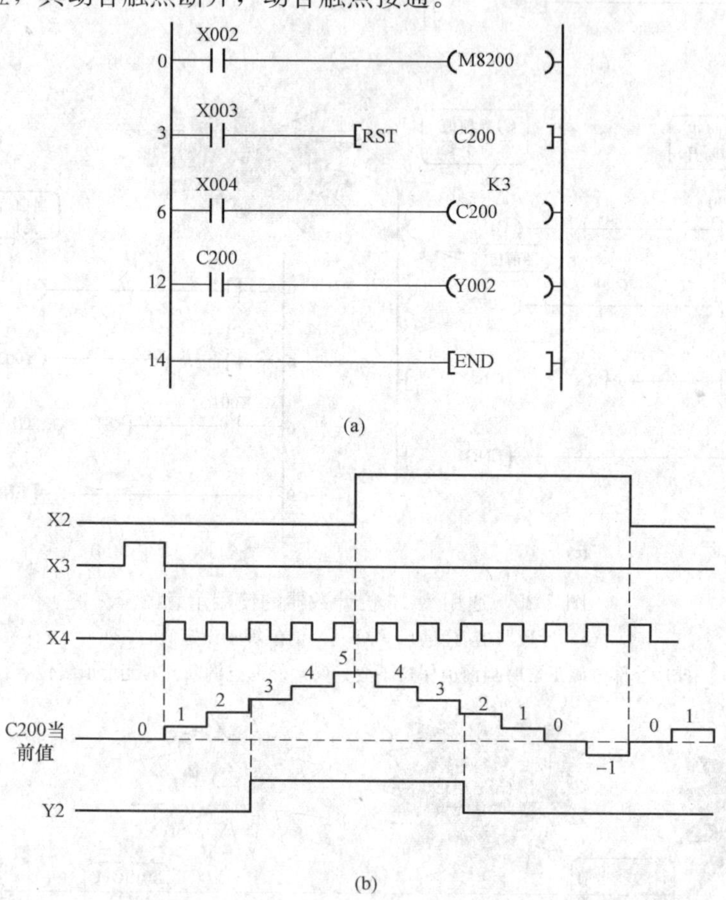

图 5-27　32 位加/减计数器的工作过程

(a) 梯形图；(b) 波形图

(2) 外部计数器。外部计数器也称高速计数器，是指对 PLC 外部信息进行计数的计数器。FX2N 系列 PLC 外部计数器地址范围为 C235～C255，共 21 个，它们是通过对特定的输入作中断处理来进行计数，与扫描周期无关，可以执行数 KHZ 的计数，根据不同增减计数切换及控制的方法，分为 1 相 1 计数输入、1 相 2 计数输入以及 2 相 2 计数输入三种类型。由于它涉及的知识面很广，具体介绍见三菱公司的 FX2N 系列 PLC 的用户手册，本书不做介绍。

7. 数据寄存器 D

数据寄存器是存储数值数据的软元件，可处理各种数值数据。FX2N 系列 PLC 的数据寄存器地址范围为 D0～D8255，共 8256 个。这些寄存器都是 16 位，最高位为符号位，数值范围为－32 768～＋32 767。将相邻两个数据寄存器组合可存储 32 位数值数据。

FX2N 系列 PLC 的数据寄存器可分为以下几种类型：

(1) 一般用数据寄存器。一般用数据寄存器的地址范围是 D0～D199，共 200 个。在 PLC 编程软件中可通过参数设定将其变更为断电保持型数据寄存器。

(2) 断电保持型数据寄存器。断电保持型数据寄存器的地址范围为 D200～D511，共 312 个。在 PLC 编程软件中可通过参数的设定将其变为非断电保持型数据寄存器。

(3) 断电保持专用数据寄存器。该类数据寄存器的地址范围是 D512～D7999，共 7488 个，它不能变更其停电保持特性。但可根据参数设定将 D1000 以后的数据寄存器以 500 点为单位设置成文件寄存器。

(4) 特殊用数据寄存器。特殊用数据寄存器是指写入特定目的的数据，或事先写入特定内容的数据寄存器，其内容在电源接通时被置于初始值，一般初始值为零，需要设置时，必须利用系统 ROM 将其写入，它一般在 PLC 出厂时已经设置好了。其地址范围是 D8000～D8255，共 256 个。

上述分类中，对于一般用和断电保持用数据寄存器有如下特点：

1) 一旦数据寄存器中写入数据就不会变化。

2) 利用外围设备的参数设定可改变一般用与断电保持用数据寄存器的分配。而对于将停电保持专用数据寄存器作为一般用途时，则要在程序的起始步采用 RST 或 ZRST 指令清除其内容。

3) 在使用 PC 间简易链接或并联链接下，一部分数据寄存器被链接所占用。

8. 变址寄存器 V

FX2N 系列 PLC 的变址寄存器 V 与 Z 同普通的数据寄存器一样，是进行数值数据的读入、写出的 16 位数据寄存器，它的地址范围是 V0～V7、Z0～Z7，共 16 个。在 PLC 编程时，变址寄存器常与十进制数 K、数据寄存器 D 等组合表示特定的含义，如：若当 V0＝K4，执行 D10V0 时，被执行的软元件地址为 D14，即［D (10＋4)］；指定 K20V0 时，被执行的是十进制数值 K24，即［K (20＋4)］。

第三节　FX2N 系列 PLC 的基本指令及应用示例

FX2N 系列 PLC 有基本指令 27 条，步进指令 2 条，应用指令 128 种和 298 条。

PLC 指令由操作码和操作数两部分组成，其中操作码是用来表明要执行的功能，用助记符表示。(如 LD 表示取、OR 表示或等)；操作数一般是由标识符和参数组成，用来表示操作的对象，而标识符表示操作数的类别，参数表明操作数的编号。如指令 LD X0 中 LD 表示指令 (操作码)、X0 是操作数，其中 X 是标识符、数字 0 表示参数。

本节介绍其基本顺控指令和部分补充指令。

一、基本顺控指令

1. 逻辑取及输出线圈指令 (LD、LDI、OUT)

LD、LDI 和 OUT 指令的数据如表 5-11 所示。

表 5-11　　**LD、LDI 和 OUT 指令的数据**

梯形图	指令，名称	功　能	操作元件	程序步
	LD，逻辑取	动合触点逻辑运算开始	X、Y、M、S、T、C	1
	LDI，逻辑取反	动断触点逻辑运算开始	X、Y、M、S、T、C	1
	OUT，输出	线圈驱动	Y、M、S、T、C	Y、M：1；特 M：2；T：3；C：3～5

（1）指令用法。

LD ：取指令，用于动合触点与母线连接。

LDI ：取反指令，用于动断触点与母线连接。

OUT ：线圈驱动指令，用于将逻辑运算的结果驱动一个指定线圈。

（2）指令用法说明。

1）LD、LDI 指令用于将触点接到母线上，操作元件为 X、Y、M、S 、T、C。LD、LDI 指令还可与 AND、ORB 指令配合，用于分支回路的起点。

2）OUT 指令的目标元件为 Y、M、S 、T、C 和功能指令线圈。

3）OUT 指令可连续使用若干次，相当于线圈并联，如图 5-28 中的“OUT M1”和“OUT T2 K20”，但不可以串联使用。在对定时器、计数器使用 OUT 指令时，必须设置常数 K 或通过数据寄存器 D 进行设定。

LD、LDI、OUT 指令用法如图 5-28 所示。

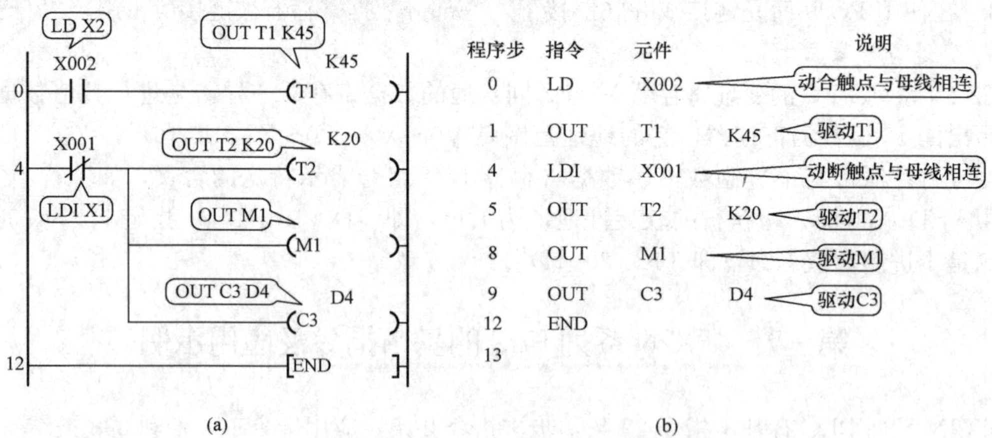

图 5-28　LD、LDI、OUT 指令用法

（a）梯形图；（b）指令表

2. 单个触点串联指令（AND、ANI）

AND 和 ANI 指令的数据如表 5-12 所示。

（1）AND 和 ANI 指令用法。

AND：与指令，用于单个动合触点的串联，完成逻辑“与”运算。

ANI：与非指令，用于动断触点的串联，完成逻辑“与非”运算。

表 5-12　**AND 和 ANI 指令的数据**

梯形图	指令，名称	功　能	操作元件	程序步
┤├┤├─	AND，与	单个动合触点的串联	X、Y、M、S、T、C	1
┤├┤/├─	ANI，与非	单个动断触点的串联	X、Y、M、S、T、C	1

（2）指令用法说明。

1）AND、ANI 均用于单个触点的串联，串联触点的数量不受限制。该指令可以连续多次使用。可用元件为 X、Y、M、S、T、C。

2）在并联输出的最后一个线圈前，可通过触点对它进行驱动，如图 5-29 所示。

3）串联触点的个数和并行输出的个数不受限制，但由于 PLC 编程软件和打印机功能有限制，因此尽量做到一行不超过 10 个触点和 1 个线圈，连续输出总共不超过 24 行。

4）串联指令是用来描述单个触点与其他触点或触点组成的电路连接关系的。图 5-29 中虽然 Y2 动合触点、X2 动断触点与 Y1 的线圈组成的串联电路与线圈 M1、M3 是并联关系，但是 Y2 的动合触点与左边的电路是串联关系，因此对 Y2 的触点使用串联指令，而 X2 动断触点与 Y2 动合触点也是串联关系，所以对 X2 的动断触点也使用串联指令。

5）图 5-29 中也可将线圈 Y1 与线圈 M1 或 M3 的驱动顺序调换，这时线圈 Y1 前面的 Y2 触点就不能使用串联指令，必须用到后面所提到的堆栈指令。

AND、ANI 用法如图 5-29 所示。

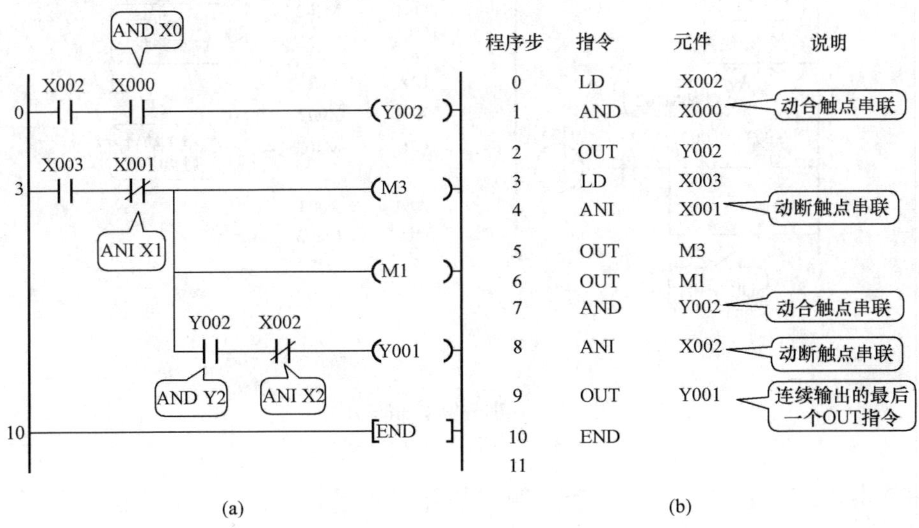

图 5-29　AND、ANI 指令用法

（a）梯形图；（b）指令表

3. 单个触点并联指令（OR、ORI）

OR 和 ORI 指令的数据如表 5-13 所示。

（1）OR 和 ORI 指令用法。

OR：或指令，用于单个动合触点的并联，完成逻辑“或”运算。

ORI：或非指令，用于动断触点的并联，完成逻辑“或非”运算。

表 5-13　　OR 和 ORI 指令的数据

梯形图	指令，名称	功　能	操作元件	程序步
	OR，或	单个动合触点的并联	X、Y、M、S、T、C	1
	ORI，或非	单个动断触点的并联	X、Y、M、S、T、C	1

（2）指令用法说明。

1）OR、ORI 指令用于单个触点的并联指令。若将两个以上的触点串联连接的电路块并联连接时，要用到后面提到的 ORB 指令。

2）OR、ORI 指令分别用于单个触点的并联，并联触点的数量不受限制，但由于编程器和打印机的功能对此有限制，因此并联连接的次数实际上是有限制的（24 行以下）。

OR、ORI 用法如图 5-30 所示。

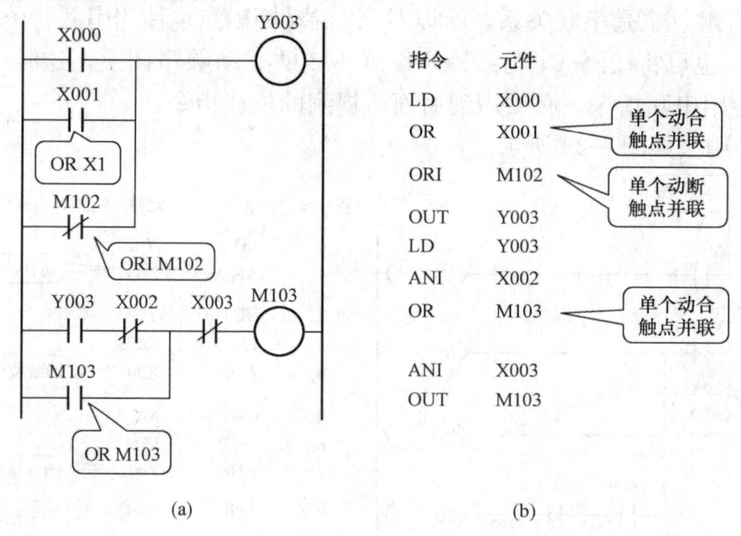

图 5-30　OR、ORI 指令用法

（a）梯形图；（b）指令表

图 5-30 中，X1 动合触点与 X0 动合触点是并联关系，所以对 X1 动合触点用并联指令 OR，而 M102 单个触点（这里是动断）与 X1、X0 组成的电路块是并联关系，所以对 M102 动断触点用并联指令 ORI；M103 属于单个触点，它与触点 Y3、X2 组成的串联电路是并联关系，所以对 M103 用并联指令 OR。图中如果将 M103 与 Y3、X2 组成的电路顺序调换下，见图 5-31，这时触点 M103、Y3 和 X2 所用的指令就会发生相应的变换，如图 5-32 指令表中蓝框部分，还会用到后面讲的 ORB 指令。

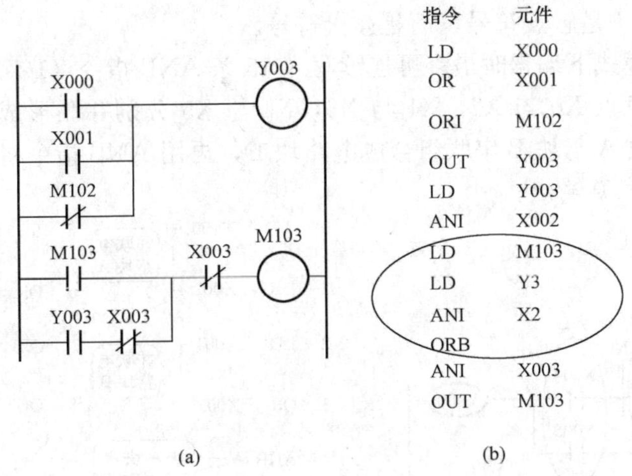

图 5-31　OR、ORI 指令用法（顺序互换）

（a）梯形图；（b）指令表

4．电路块串联指令与并联指令（ANB、ORB）

ANB 和 ORB 指令的数据如表 5-14 所示，表达方式如图 5-32 所示。

表 5-14　ANB 和 ORB 指令的数据

梯形图	指令，名称	功　能	操作元件	程序步
	ANB，电路块与指令	并联电路块的串联	无	1
	ORB，电路块或指令	串联电路块的并联	无	1

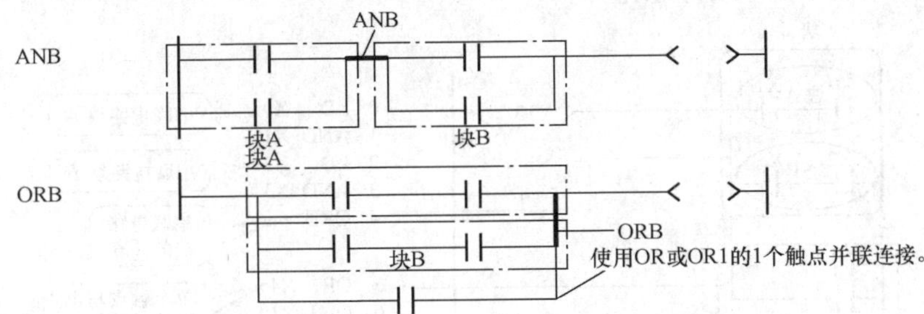

图 5-32　ANB/ORB 指令的表达方式

（1）ANB 指令。

1）ANB 指令用法。

ANB：电路块与指令，是指将并联电路块的串联。所谓并联电路块，是指将两个以上的触点并联连接的电路块。如图 5-32 指令 ANB 中的块 A 或块 B。

2）ANB 指令用法说明。

a．在块 A 和块 B 上执行 AND 操作，并且将结果值作为运算结果。

b. ANB的符号不是触点符号，而是连接符号。

c. 当在指令表模式下编程时最多可连续写入15条ANB指令（16块）。

如图5-33中，触点X0与X2，X1与X3，X4与X5分别并联形成并联电路块A、B、C。用ANB指令将块A与块B串联组合成电路块D，再用ANB指令将块D与块C串联组合成输入电路，通过Y0输出。

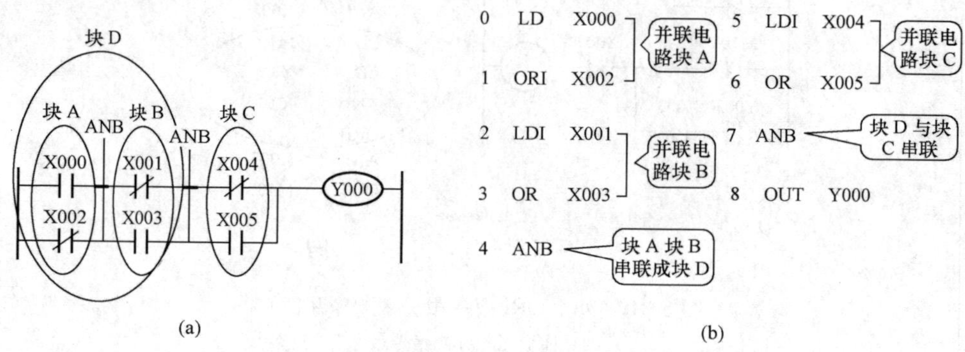

(a) (b)

图5-33 ANB指令的应用

（a）梯形图；（b）指令表

（2）ORB指令。

1）ORB指令用法。

ORB：电路块或指令，是指将串联电路块的并联。所谓串联电路块，是指将两个以上的触点串联连接的电路块。如图5-32指令ORB中的块A或块B。

2）ORB指令用法说明。

a. 在块A和块B上执行OR操作，并且将结果值作为运算结果。

b. ORB是用于有两个或更多触点的梯形图块，执行并行连接的。对于只有一个触点的梯形图块，使用OR或ORI，在这种情况下没必要使用ORB。如图5-34中的X4与电路块C之间是并联关系，对于X4用并联指令OR。

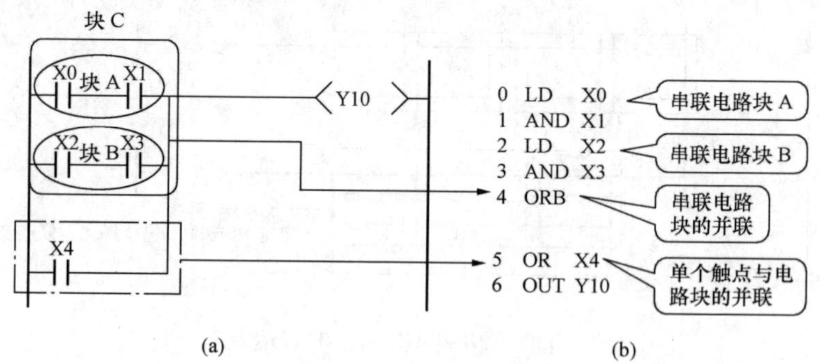

(a) (b)

图5-34 ORB指令的应用

（a）梯形图；（b）指令表

c. ORB符号不是触点符号，而是连接符号。

d. 当在指令表中编程时，可连续使用15个ORB指令（16块）。

ANB/ORB指令的综合应用如图5-35所示。

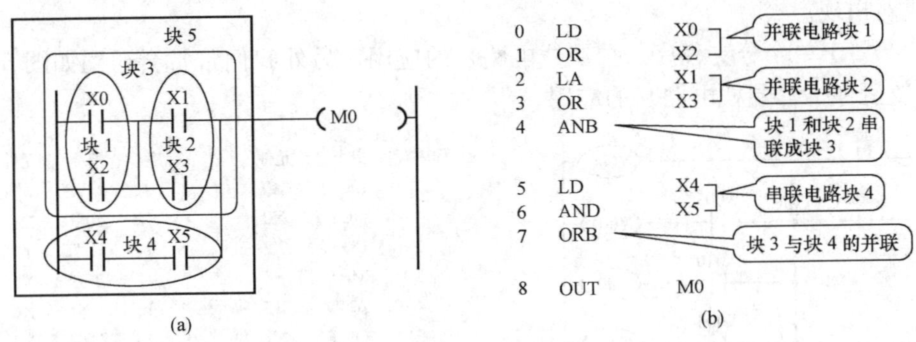

图 5-35　ANB/ORB 指令的应用

（a）梯形图；（b）指令表

5. 堆栈（多重输出）指令（MPS 、MRD 、MPP）

堆栈指令包括 MPS、MRD 和 MPP 三种指令，其中 MPS 和 MPP 必须成对出现。这三种指令的数据如表 5-15 所示。

表 5-15　　MPS、MRD 和 MPP 指令的数据

梯形图	指令，名称	功　能	操作元件	程序步
MPS	MPS	进栈	无	1
MRD	MRD	读栈	无	1
MPP	MPP	出栈	无	1

（1）指令用法。MPS、MRD、MPP 这组指令的功能是将连接点的结果（位）按堆栈的形式存储。这组指令后面不能接编程元件。PLC 中有 11 个存储运算中间结果的存储器，称为堆栈存储器，如图 5-36 所示。堆栈采用先进后出的数据存储方式。

MPS 进栈指令：将 MPS 指令前的运算结果送入栈中；
MRD 读栈指令：读出栈的最上层数据；
MPP 出栈指令：读出栈的最上层数据，并清除。

1）每执行一次 MPS，将原有数据按顺序下移一层，留出最上层存放新的数据。

2）每执行一次 MPP，将原有数据按顺序上移一层，原先最上层数据被覆盖掉。

3）执行 MRD，数据不作移动。

（2）指令用法说明。

1）堆栈的深度为 11 个。

2）用于带分支的多路输出电路。

3）MPS 和 MPP 必须成对使用，且连续使用次数应少于 11 次。

4）进栈和出栈指令遵循先进后出、后进先出的次序。

MPS、MRD 和 MPP 这组指令的用法如图 5-37 所示。

5）使用栈指令母线没有移动，故栈指令后的触点不能用 LD。

6）MPS 与 MPP 可以嵌套使用，但应≤11 层；同时 MPS 与

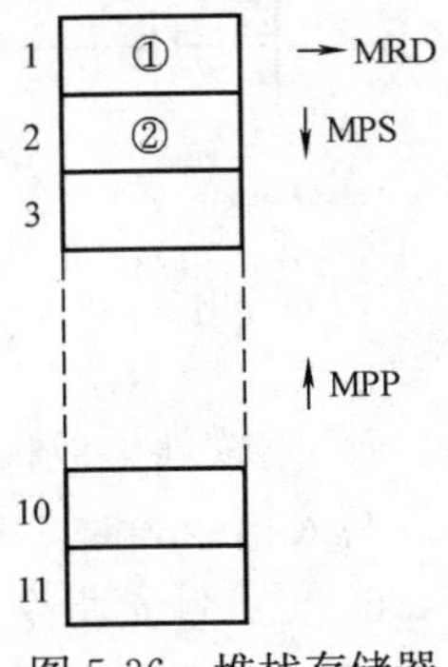

图 5-36　堆栈存储器

MPP 应成对出现。

图 5-37 属于单个分支程序（一层栈电路）的应用，另外我们常常会遇到如图 5-38 所示的多个分支程序（二层栈电路）的应用。

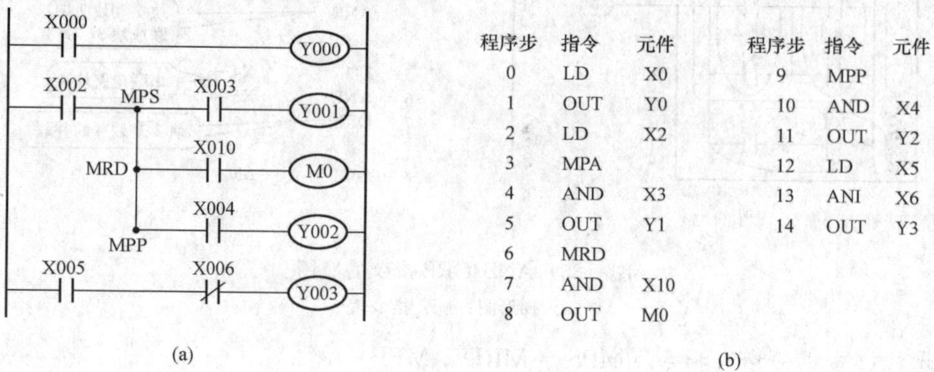

程序步	指令	元件	程序步	指令	元件
0	LD	X0	9	MPP	
1	OUT	Y0	10	AND	X4
2	LD	X2	11	OUT	Y2
3	MPA		12	LD	X5
4	AND	X3	13	ANI	X6
5	OUT	Y1	14	OUT	Y3
6	MRD				
7	AND	X10			
8	OUT	M0			

图 5-37 MPS、MRD 和 MPP 指令应用

（a）梯形图；（b）指令表

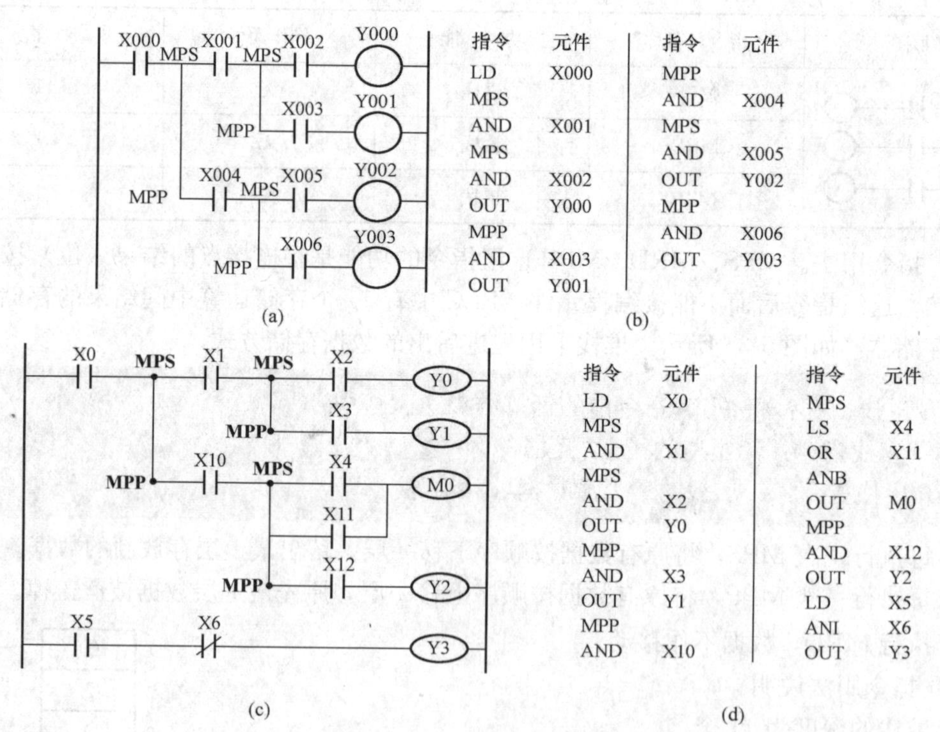

指令	元件	指令	元件
LD	X000	MPP	
MPS		AND	X004
AND	X001	MPS	
MPS		AND	X005
AND	X002	OUT	Y002
OUT	Y000	MPP	
MPP		AND	X006
AND	X003	OUT	Y003
OUT	Y001		

指令	元件	指令	元件
LD	X0	MPS	
MPS		LS	X4
AND	X1	OR	X11
MPS		ANB	
AND	X2	OUT	M0
OUT	Y0	MPP	
MPP		AND	X12
AND	X3	OUT	Y2
OUT	Y1	LD	X5
MPP		ANI	X6
AND	X10	OUT	Y3

图 5-38 MPS、MRD 和 MPP 指令应用（多重栈电路）

（a）、（c）梯形图；（b）、（d）指令表

7）用软件生成梯形图再转换成指令表时，编程软件会自动加入 MPS、MRD、MPP 指令。写入指令表时，必须由用户来写入 MPS、MRD、MPP 指令。

6. 主控触点指令与主控复位指令（MC、MCR）

MC/MCR 指令数据如表 5-16 所示。

表 5-16　　　　　　　　　　　　MC/MCR 指令的数据

梯形图	指令，名称	功　能	操作元件	程序步
MC Nx Y M	MC，主控置位	主控电路块起点	Y，M（除特殊继电器）	3
MCR Nx	MCR，主控复位	主控电路块终点	Y，M（除特殊继电器）	2

（1）指令用法。

MC：主控置位指令，在主控电路块起点使用，又称为公共触点串联的连接指令，用于表示主控区的开始，即母线转移。MC 指令只能用于输出继电器 Y 和辅助继电器 M（不包括特殊辅助继电器）。

MCR：主控复位指令，在主控电路终点使用，又称为公共触点串联的清除指令，用于表示主控区的结束，即母线复位。该指令的操作元件为主控指令的嵌套数即使用次数 N（N0～N7）。

编程时经常会遇到许多线圈同时受一个或一组触点控制的情况，如图 5-39 所示。如果在每个线圈电路中都串联同样的触点，将占用很多存储单元，使用主控指令可解决这一问题，用主控指令实现如图 5-39 电路的方法如图 5-40 所示。

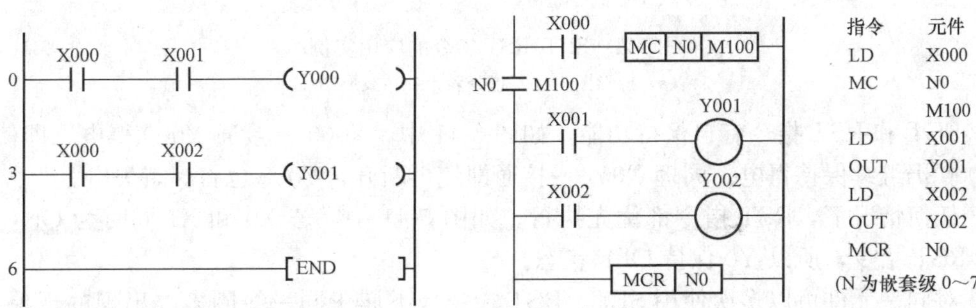

图 5-39　两个线圈同时受一个触点控制　　　　图 5-40　MC 与 MCR 指令的应用

（2）指令用法说明。

1）MC N0 M100 指令中 N 表示母线的第几次转移，M 用来存储母线转移前触点的运算结果。输入 X000 为 ON 时，执行从 MC 到 MCR 的指令，当输入 X000 为 OFF 时不执行 MC 与 MCR 之间的指令，Y001 和 Y002 均断开。

2）执行完 MC 指令后，母线移到 MC 触点（如图中 M100 触点）之后，主控指令 MC 后面（即触点 M100 后面）的任何指令均以 LD 或 LDI 指令开始，MCR 指令使母线返回。

3）通过更改 M 的地址号，MC、MCR 指令可嵌套使用，最多可嵌套 8 层（N0～N7），N0 为最高层，N7 为最低层，返回指令 MCR 低层开始复位。

4）程序中的主控触点都是动合触点，PLC 监控时才会出现在左母线上面，且与左母线垂直，如图中 M100 触点。编辑梯形图时主控触点不用写出。

5）MC 和 MCR 指令必须成对出现。

7. 置位与复位指令（SET、RST）

SET 和 RST 指令数据如表 5-17 所示。

表 5-17　　SET、RST 指令的数据

梯形图	指令，名称	功　能	操作元件	程序步
SET	SET，置位	动作接通并保持	Y、M、S	Y，M：1； S，特 M：2
SET	RST，复位	动作断开，寄存器清零	Y，M，S，T，C，D，V，Z	

（1）指令用法。

SET：置位指令，对操作元件是 Y、M 和 S 置“1”，并保持接通状态。

RST：复位指令，对操作元件是 Y、M 和 S 置“0”，并保持复位状态，也可对 D、V、S 清零，还可对 T 和 C 的线圈进行复位，使它们的当前计时值和计数值清零。

（2）指令用法说明。如图 5-41 为 SET/RST 指令的实例。

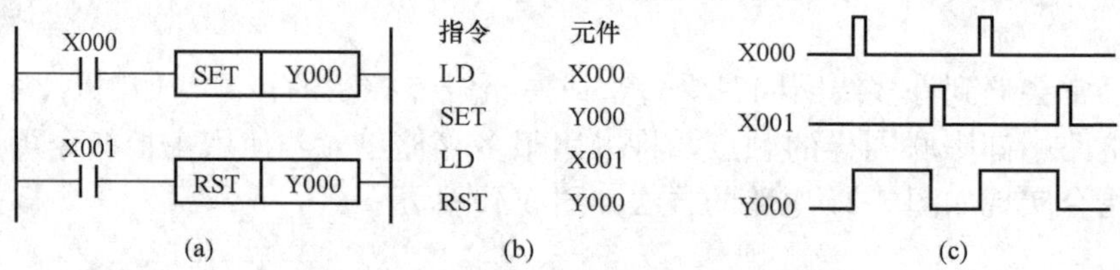

图 5-41　SET/RST 指令的应用实例

（a）梯形图；（b）指令表；（c）波形图

1）SET 和 RST 指令有自保持功能，如图 5-41 中，X000 一接通 Y000 得电，即使再断开，Y000 仍继续保持得电。同理 X001 一接通即使再断开，Y000 也将保持失电。

2）任何情况下，RST 指令都优先执行。如图 5-41 中，若 X0 和 X1 同时为 ON，则优先执行 RST 指令，所以 Y0 保持 OFF 状态。

3）对同一元件可以多次使用 SET、RST 指令（不属于同一线圈多次出现的现象），最后一次执行的指令决定当前的状态。如图 5-41 中，SET 和 RST 指令中的操作元件都是 Y0，如果最后一次执行的是 SET 指令，则 Y0 保持 ON 状态，若最后一次执行的是 RST 指令，则 Y0 保持 OFF 状态。

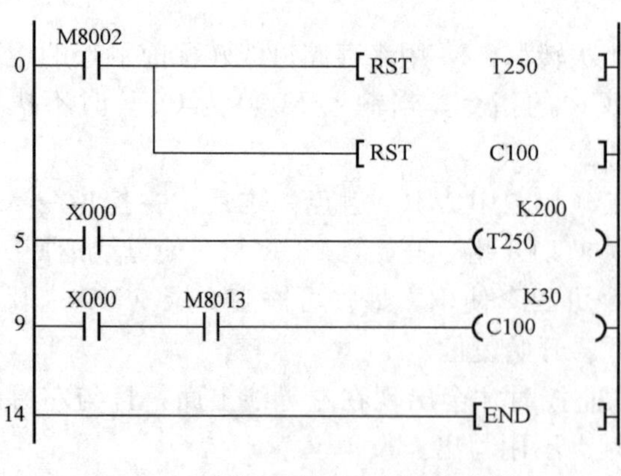

图 5-42　掉电保持型 T 和 C 的复位

4）RST 指令可以用来复位积算定时器 T246～T255 和计数器。如不希望计数器和积算定时器具有断电保持功能，可在用户程序开始运行时用初始化脉冲 M8002 复位。如图 5-42 中的 RST T250 和 RST C100。

5）积算型定时器、积算型计数器和用 SET/RST 指令驱动的元件，在 MC 触点断开后可以保持断开前状态不变。如图 5-43 中，MC 触点 M2 断电即 X0 断电前，Y0 保持 ON 状态，断电保持型定时器 T251 的当

前值是 74，断电保持型计数器 C102 的当前值是 8，如图 5-43（a）所示。这时如果 MC 主控触点 M2 断电，即 X0 断电，其梯形图如图 5-43（b）所示，这时的 Y0、T251 当前值、C102 当前值都保持断电前的状态不变。

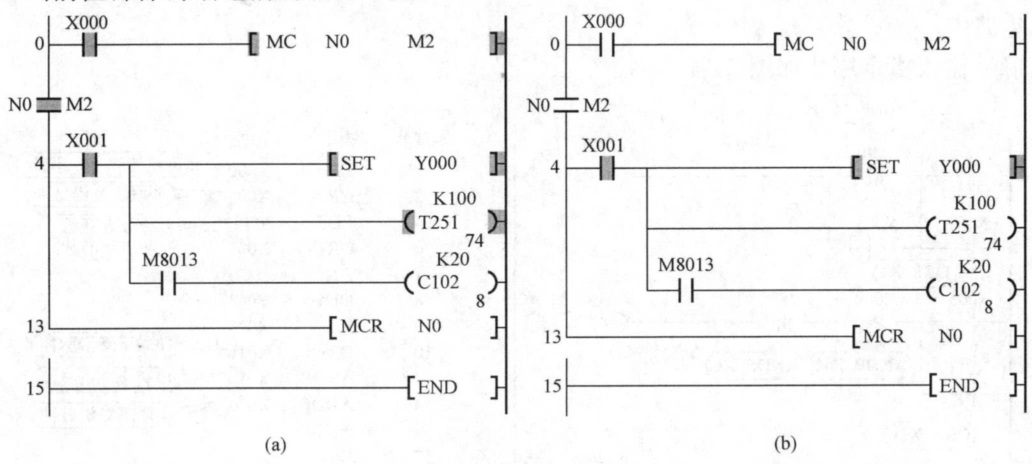

图 5-43　用于 MC/MCR 指令中的 SET/RSR 指令的应用

（a）断电前；（b）断电后

8. 脉冲输入指令（LDP、LDF、ANDP、ANDF、ORP、ORF）

脉冲输入指令数据如表 5-18 所示。

表 5-18　　LDP、LDF、ANDP、ANDF、ORP、ORF 指令的数据

<table>
<tr><th>通过上升沿脉冲或下降沿脉冲指定的软元件
位软元件</th><th>LDP 的状态</th><th>LDF 的状态</th><th>ANDP 的状态</th><th>ANDF 的状态</th><th>ORP 的状态</th><th>ORF 的状态</th></tr>
<tr><td>OFF→ON</td><td>ON</td><td rowspan="3">OFF</td><td>ON</td><td rowspan="3">OFF</td><td>ON</td><td rowspan="3">OFF</td></tr>
<tr><td>OFF</td><td rowspan="3">OFF</td><td rowspan="3">OFF</td><td rowspan="3">OFF</td></tr>
<tr><td>ON</td></tr>
<tr><td>ON→OFF</td><td>ON</td><td>ON</td><td>ON</td></tr>
</table>

（1）指令用法。LDP 和 LDF 指令逻辑应用取的位置与 LD/LDI 指令相同，ANDP 和 ANDF 的应用与 AND/ANDF 指令相同，ORP 和 ORF 的应用与 OR/ORI 指令相同，唯一不同的是前者属于脉冲指令，主要体现如下：

LDP：从母线或另一分支直接取用上升沿脉冲触点指令。

LDF：从母线或另一分支 T 接取用下降沿脉冲触点指令。

ANDP：串联上升沿触点指令。

ANDF：串联下降沿触点指令。

ORP：并联上升沿触点指令。

ORF：并联下降沿触点指令。

（2）指令用法说明。

1）LDP、ANDP 和 ORP 指令用来检测触点状态变化的上升沿（由 OFF→ON 变化时）指令，当上升沿到来时，使其操作对象接通一个扫描周期，又称上升沿微分指令。

2）LDF、ANDF 和 ORF 指令用来检测触点状态变化的下降沿（由 ON→OFF 变化时）

指令，当下降沿到来时，使其操作对象接通一个扫描周期，又称下降沿微分指令。

3）脉冲输入指令的操作元件都为位元件，即 X、Y、M、S、T、C。

4）LDP、LDF、ANDP、ANDF、ORP、ORF 指令是触点脉冲指令，用于梯形图中的输入电路中。

脉冲输入指令用法如图 5-44 所示。

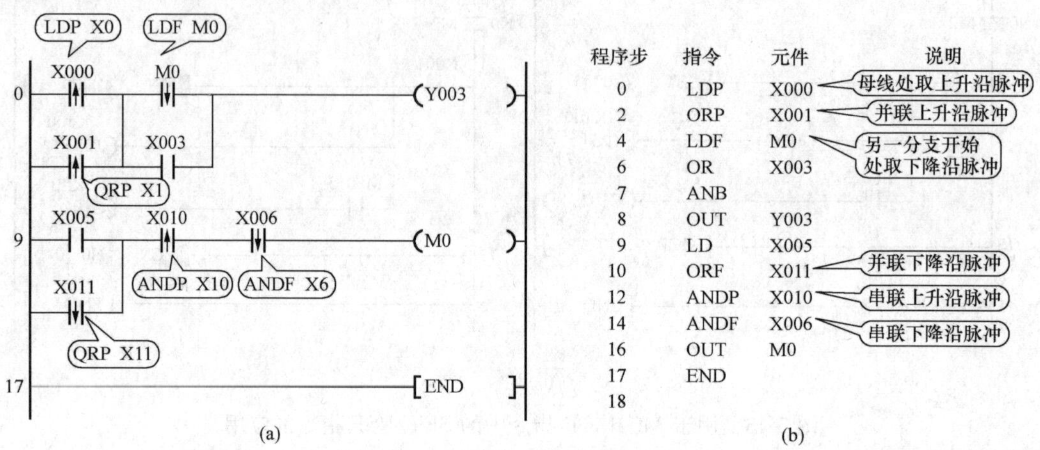

图 5-44 脉冲输入指令用法

(a) 梯形图；(b) 指令表

9. 上升沿微分、下降沿微分输出指令（PLS、PLF）

PLS 和 PLF 指令的数据如表 5-19 所示。

表 5-19　PLS、PLF 指令的数据

梯形图	指令，名称	功　能	操作元件	程序步
─┤├─[PLS]	PLS，上升沿微分	上升沿微分输出	Y、M	2
─┤├─[PLF]	PLF，下降沿微分	下降沿微分输出	Y、M	2

（1）指令用法。如图 5-45 所示：当输入条件 X5 由 OFF→ON 时，上升沿脉冲输出指令

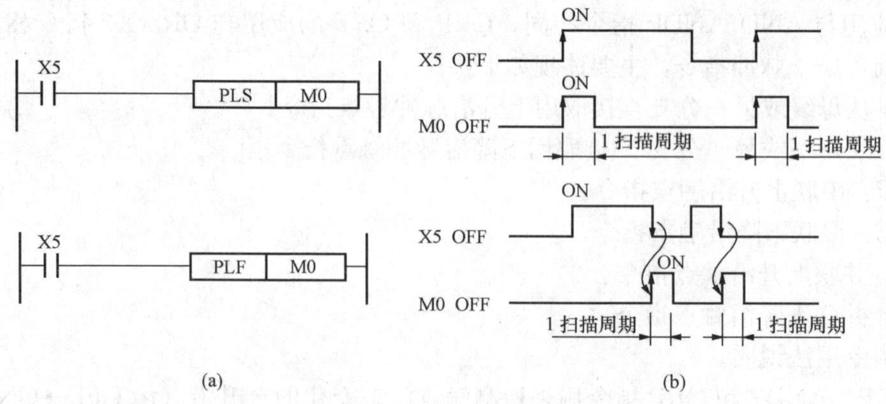

图 5-45 PLS/PLF 指令的应用

(a) 梯形图；(b) 波形图

PLS 将指定的软元件 M0 开启，而其他情况（如 X5 从 ON 到 ON，从 ON 到 OFF 或从 OFF 到 OFF）下，PLS 指令将指定的软元件 M0 关闭。当输入条件 X5 由 ON→OFF 时，下降沿脉冲输出指令 PLF 将指定的软元件 M0 开启，而其他情况（如 X5 从 ON 到 ON，从 OFF 到 ON 或从 OFF 到 OFF）下，PLF 指令将指定的软元件 M0 关闭。

（2）指令用法说明。

1）PLS 上沿脉冲指令：仅在驱动输入的↑，使线圈得电一个扫描周期。

2）PLF 下沿脉冲指令：仅在驱动输入的↓，使线圈得电一个扫描周期。

3）PLS、PLF 指令只能用于输出继电器 Y 和辅助继电器 M（不包括特殊辅助继电器）。

4）PLC 从 RUN 到 STOP，再从 STOP 到 RUN 时，PLS M0 指令将输出一个脉冲，如果用的是断电保持型的辅助继电器则不会输出脉冲。

（3）几种输出指令的应用比较。OUT、SET 和 RST、PLS 和 PLF 指令在执行结果上有所不同，具体比较如图 5-46。

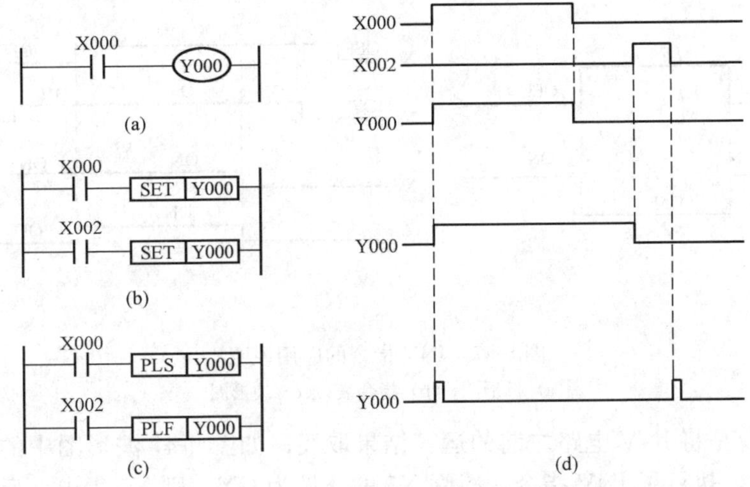

图 5-46　几种输出指令的结果比较

(a) OUT 指令的应用；(b) SET/RST 指令的应用；(c) PLS/PLF 指令的应用；(d) 波形图

从图 5-46 中我们可以得知：OUT Y0 指令中若使 Y0 一直保持为得电状态，则 OUT 前面的条件 X0 必须一直为 ON，否则 Y0 断电，也就是说 Y0 的状态与 OUT 前面的状态保持一致；SET/RST 指令中，当 X0 由 OFF→ON 时，执行完 SET Y0 指令后（X2 还未得电）Y0 一直保持得电状态，此时 Y0 置“1”的状态与 X0 无关，等 RST Y0 指令前面的条件 X2 由 OFF→ON 时 Y0 才失电，复位为“0”状态。PLS/PLF 指令中，只有当 X0 由 OFF→ON 或 X2 由 ON→OFF 那一瞬间，Y0 才输出一个脉冲，其他情况 Y0 处于失电状态。

10. 取反指令（INV）

INV 指令的数据如表 5-20 所示。

表 5-20　　INV 指令的数据

梯形图	指令，名称	功　能	操作元件	程序步
─┤├──/──◯	INV，取反指令	运算结果取反	无	1

(1)指令用法。INV 指令是在梯形图中用一条 45°短斜线表示，它将使用 INV 指令之前的运算结果取反，无操作元件。INV 指令不能单独占用一条电路支路，也不能直接与左母线相连。

(2)指令用法的说明。INV 指令的应用说明如图 5-47 所示，图 5-47(a)为 INV 指令的应用梯形图，图 5-47(b)为 INV 指令的编程，图 5-47(c)为该程序的波形图。

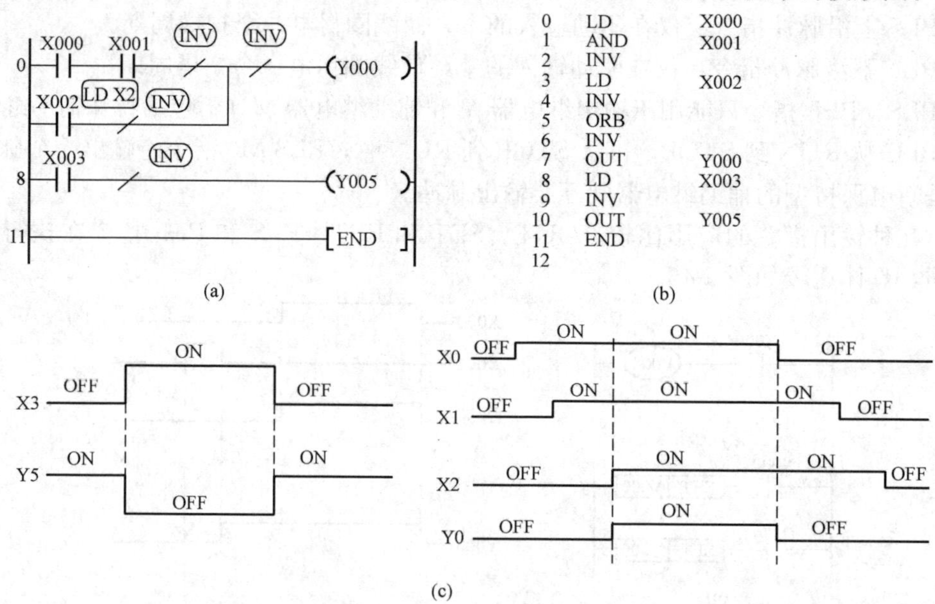

图 5-47 INV 指令的应用说明

(a)梯形图；(b)指令表；(c)波形图

1)INV 指令是将 INV 电路之前的运算结果取反；如图 5-47 波形图中的输出线圈 Y5，当 X3 为 OFF 时，执行了 INV 指令，线圈 Y5 的条件为 ON，则 Y5 得电，反之 Y5 失电。

2)能编制 AND、ANI 指令步的位置可使用 INV；如图 5-47 梯形图中 AND X2。

3)LD、LDI、OR、ORI 指令步的位置不能使用 INV；如图 5-47 梯形图中，在 OR X2 指令后加入 INV 取反指令后，OR X2 指令变为 LD X2 改变了它原来指令的功能，所以这种情况下不能用 INV 指令。

4)在含有 ORB、ANB 指令的电路中，INV 是将执行 INV 之前的运算结果取反。

11. 空操作指令(NOP)

NOP 指令数据如表 5-21 所示。

表 5-21 **NOP 指令的数据**

梯形图	指　　令	功　　能	操作元件	程序步
NOP	NOP	无动作	无	1

NOP：空操作指令，程序中使用 NOP 指令时，每个 NOP 指令占用 1 步程序步，NOP 指令后不带操作元件。PLC 的编程器一般都有指令的插入和删除功能，在实际的编程应用中很少使用 NOP 指令。在使用手持编程器时，当将全部程序清除时，全部指令均为 NOP。

12. 程序结束指令（END）

END 指令数据如表 5-22 所示。

表 5-22　END 指令的数据

梯形图	指令，名称	功　能	操作元件	程序步
├─[END]	END，结束程序	输入/输出处理，程序返回到开始	无	1

END 为程序结束指令。用户在编程时，可在程序段中插入 END 指令进行分段调试，等各段程序调试通过后删除程序中间的 END 指令，只保留程序最后一条 END 指令。每个 PLC 程序结束时必须用 END 指令，若整个程序没有 END 指令，则编程软件在进行语法检查时会显示语法错误。

除了上述基本指令外，机床电气控制中还会用到其他指令，如算术运算指令、比较指令等。下面对这些指令做一补充。

二、其他补充指令

1. 算术运算指令

算术运算指令是指二进制加 ADD、减 SUB、乘 MUL 和除 DIV 几种指令，它们的使用要素如表 5-23 所示。

表 5-23　算术运算指令的使用要素

指令名称	助记符	操作数			指令步数
		S1（可变址）	S2（可变址）	D（可变址）	
加法	ADD	K，H，KnX，KnY，KnM，KnS，T，C，D，V，Z		KnY，KnM，KnS，T，C，D，V，Z	7
减法	SUB				7
乘法	MUL			KnY，KnM，KnS，T，C，D，V，Z（限 16 位）	7
除法	DIV				7

（1）指令说明。

1）二进制加法指令 ADD 是指将指定的源元件（[S1] 和 [S2]）中的二进制数相加，结果送到指定的目标元件（[D]）中去。ADD 加法指令的说明如图 5-48 所示，当 X000 为 ON 时，执行（D10）＋（D12）→（D14），即把数据寄存器 D10 中的数据与 D12 中的数据相加所得到的和送到 D14 中保存。

2）二进制数减法指令 SUB 是指将指定的源元件（[S1] 和 [S2]）中的二进制数相减，结果送到指定的目标元件（[D]）中去。SUB 减法指令的说明如图 5-48 所示。当 X001 为 ON 时，执行（D0）-22→（D0），即把数据寄存器 D0 中的数据减去十进制数 22 所得的差送到 D0 中保存。

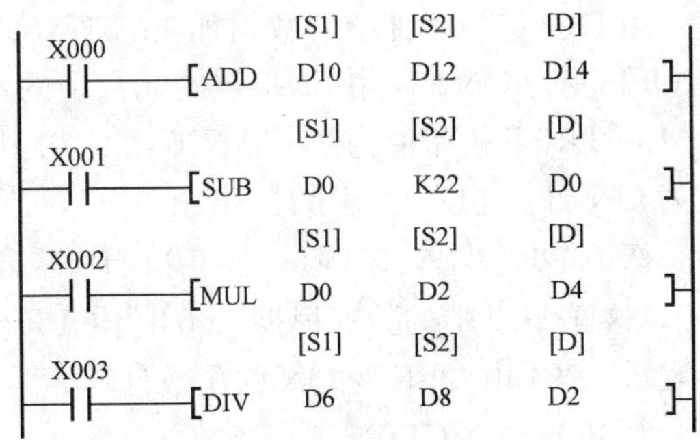

图 5-48　算术运算指令说明

3）二进制数乘法指令 MUL 是将指定的源元件（[S1] 和 [S2]）中的二进制数相乘，

结果送到指定的目标元件（［D］）中去。MUL乘法指令分16位和32位两种情况，没特殊说明，本书都以16位进行介绍。

MUL乘法指令的说明如图5-48所示。当X002为ON时，执行（D0）×（D2）→（D5、D4）。源操作数是16位，目标操作数是32位，即把数据寄存器D0中的数据与D2中的数据相乘，所得积的低位字送到数据寄存器D4中，高位字送到数据寄存器D5中。

4）二进制数除法指令DIV是将指定的源元件（［S1］和［S2］）中的二进制数相除，商送到指定的目标元件（［D］）中去，余数送到［D］的下一个目标元件［D+1］。其中［S1］为被除数，［S2］为除数。它也分16位和32位两种情况，没特殊说明，本书都以16位进行介绍。

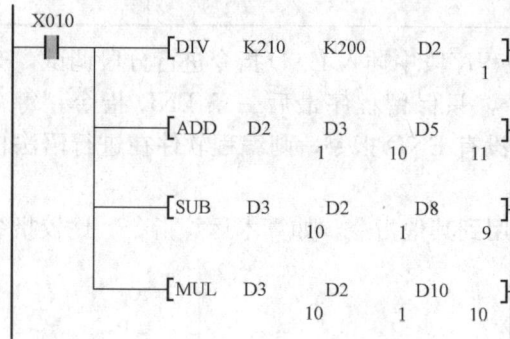

```
X010
─┤├─┬─[DIV  K210  K200  D2 ]
    │                    1
    ├─[ADD  D2    D3    D5 ]
    │       1     10    11
    ├─[SUB  D3    D2    D8 ]
    │       10    1     9
    └─[MUL  D3    D2    D10]
            10    1     10
```

图5-49 算术运算指令的应用

DIV除法指令使用说明如图5-48所示，当X003为ON时，执行16位除法运算，即执行（D6）/（D8），所得到的商自动送到数据寄存器（D2）中，所得到的余数自动送到（D3）中。

（2）指令的应用。如图5-49所示为二进制数运算指令的应用示例，当X010为ON时，执行完DIV除法指令，即K210/K200，商为1，余数为10，其中商送到目标元件D2中，余数送到D2的下一个目标元件D3中，所以执行完D2+D3所得和为11送到D5中，执行完D3-D2所得差为9送到D8中，执行完D3×D2所得积为10送到D10中。

2. 二进制数加1、减1指令

二进制数加1指令INC，减1指令DEC。它们的使用要素如表5-24所示。

表5-24　二进制数加1、减1指令的使用要素

指令名称	助记符	操作数	指令步数
		D（可变址）	
加1	INC	KnY，KnM，KnS，T，C，D，V，Z	3
减1	DEC		3

如图5-50所示当X004每次由OFF变为ON时，由D指定的元件中的数据加1；当X005每次由OFF变为ON时，由D指定的元件中的数据减1。如［D10］初始值为0，当X004第一次由OFF变为ON时，［D10］中的数据由0→1，当X004第二次由OFF变为ON时，［D10］中的数据由1→2，这样D10中的数据根据X004由OFF变ON的次数不断地加1，所以D10中的数据也可表示X004由OFF变ON的次数计算。

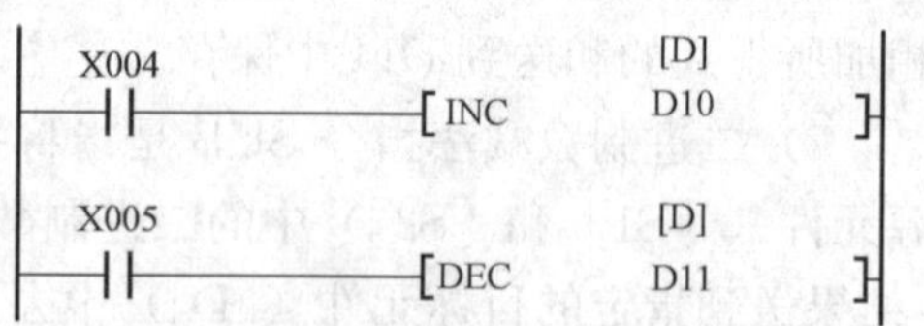

图5-50 加1、减1指令说明

3. 比较指令CMP

比较指令CMP的使用要素如表5-25所示。

表 5-25　　CMP 指令的使用要素

指令名称	助记符	操作数		
		S1（可变址）	S2（可变址）	D（可变址）
比较	CMP	D		Y，M，S

（1）CMP 指令说明。比较指令 CMP 是比较二个源操作数［S1］和［S2］的代数值大小，结果送到目标操作数［D］～［D+2］中。其中若［S2］＜［S1］，结果送到目标操作数［D］中；若［S2］＝［S1］，结果送到［D+1］中；若［S2］＞［S1］，结果送到［D+2］中。

1）CMP 指令中的［S1］和［S2］可以是所有字元件，［D］为 Y，M，S。

2）当比较指令的操作数不完整（若只指定一个或两个操作数），或者指定的操作数不符合要求（例如把 X、D、T、C 指定为目标操作数），或者指定的操作数元件号超过了允许范围等情况，用比较指令就会出错。

3）如要清除比较结果，要采用复位 RST 指令。

（2）CMP 指令应用。CMP 指令应用如图 5-51 所示，当计数器 C0（［S2］）中的当前值小于 50（［S1］），如等于 2 时，执行完比较指令 CMP 以后，将结果送到目标操作数 M0（［D］）中，此时 M0 接通，如图 5-51（a）所示。

当计数器 C0（［S2］）中的当前值等于 50（［S1］）时，执行完比较指令 CMP 以后，将结果送到目标操作数 M1（［D+1］）中，此时 M1 接通，如图 5-51（b）所示。

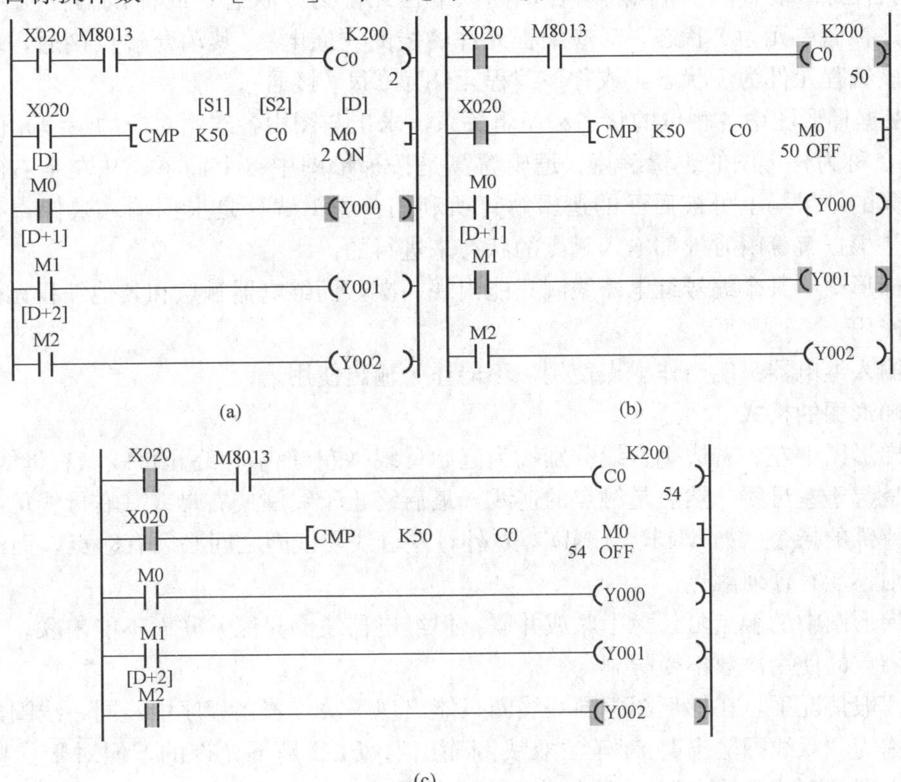

图 5-51　CMP 指令的应用

（a）［S2］＜［S1］的情况；（b）［S2］＝［S1］的情况；（c）［S2］＞［S1］的情况

当计数器C0（[S2]）中的当前值大于50（[S1]），如等于54时，执行完比较指令CMP以后，将结果送到目标操作数M2（[D+2]）中，此时M2接通，如图5-51（c）所示。

第四节 梯形图的编程规则

梯形图是PLC中使用最多的图形编程语言，也是PLC应用的第一编程语言。梯形图之所以受到PLC开发人员的如此热捧，主要是由于梯形图与继电接触器控制系统的电路图很相似，具有直观易懂的优点，很容易被工厂电气人员掌握，特别适用于开关量逻辑控制。因此，梯形图常被称为电路或程序，梯形图的设计也称为编程。本节介绍梯形图的特点、书写格式和编程规则等。

一、梯形图的特点

（1）梯形图的左右母线并非实际电源的两端，因此，梯形图中流过的电流也不是实际的物理电流，而是“概念”电流，是用户程序执行过程中满足输出条件的形象表现形式。

（2）PLC梯形图中的某些编程元件沿用了继电器这一名称，如输入继电器、输出继电器、内部辅助继电器等，但它们不是真实的物理继电器（即硬件继电器），而是在软件中使用的编程元件。每一编程元件与PLC存储器中元件映像寄存器的两个存储单元相对应。

以辅助继电器为例，如果该存储单元为0状态，梯形图中对应的编程元件的线圈“断电”，其动合触点断开，动断触点闭合，称该编程元件为0状态，或称该编程元件为OFF（断开）。该存储单元为1状态，对应编程元件的线圈“通电”，其动合触点接通，动断触点断开，称该编程元件为1状态，或称该编程元件为ON（接通）。

（3）根据梯形图中各触点的状态和逻辑关系，求出与图中各线圈对应的编程元件的ON/OFF状态，称为梯形图的逻辑解算。逻辑解算是按梯形图中自上而下、从左至右的顺序进行的。解算的结果马上可被后面的逻辑解算所利用。逻辑解算是根据输入映像寄存器中的值，而不是根据解算瞬时外部输入触点的状态来进行的。

（4）梯形图中某个编号继电器线圈只能出现一次，而继电器触点和其他编程元件的触点可无限次使用。

（5）输入继电器只能当作触点使用，不能作为输出使用。

二、梯形图的格式

（1）梯形图中左、右边垂直线分别称为起始母线（左母线）、终止母线（右母线）。每一逻辑行总是起于左母线，然后是触点的连线，最后终止于线圈或右母线（右母线可不画出）。注意：除特殊的指令（如MCR、END等）外，左母线与线圈之间必须有触点，而线圈与右母线之间则不能有任何触点。

（2）梯形图中的触点可任意串联或并联，但继电器线圈只能并联而不能串联。

（3）触点的使用次数不受限制。

（4）一般情况下，在梯形图中同一线圈只能出现一次。若在程序中，同一线圈出现两次或多次，称为“双线圈输出”。对于“双线圈输出”，PLC是不允许的，但对于一些特殊的指令允许出现“双线圈输出”，如跳转指令、步进指令和SET/RST指令（同时出现）等。

（5）在电气图纸设计时，工业上常将安全系数高的开关量接动断，其他普通的开关量接动合，对于接动断的输入点则要采用反向思维的方法编写梯形图。

（6）为了简化程序，在实际编写梯形图时，有几个串联电路相并联时，应将串联触点多的回路放在上方，如图 5-52（a）所示。有几个并联电路相串联时，应将并联触点多的回路放在左方，如图 5-52（b）所示

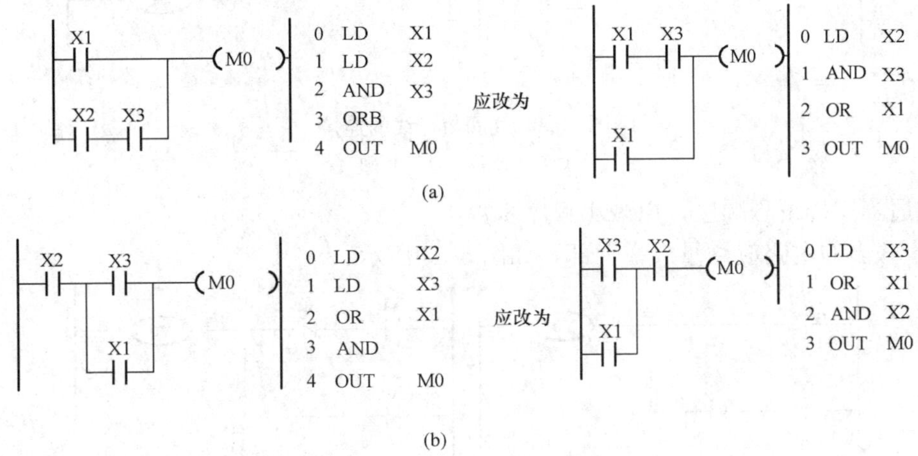

图 5-52　梯形图简化

（a）串联触点多的回路放在上方；（b）并联触点多的回路放在左方

（7）每个梯形图由多个梯级组成，每个输出元素可构成一个梯级，每个梯级可由多个支路组成。每个梯级必须有一个输出元件。

（8）梯形图的触点有两种，即动合触点和动断触点，其中动合触点表示与实际触点的状态相同，动断触点表示与实际触点的状态相反。

（9）触点应水平放置，不能垂直放置，即梯形图中的“电流”方向只能由左向右流动，而不能双向流动。

（10）一个完整的梯形图程序必须用“END”结束。

三、编程注意事项及编程技巧

（1）程序应按自上而下，从左至右的顺序编制。

（2）同一地址的输出元件在一个程序中使用两次，即形成双线圈输出，双线圈输出容易引起误操作，应尽量避免。但不同地址的输出元件可以并行输出，如图 5-53 所示。

（3）线圈不能直接与左母线相连。如果需要，可以通过一个没有使用元件的动断触点或特殊辅助继电器 M8000（常 ON）来连接，如图 5-54 所示。

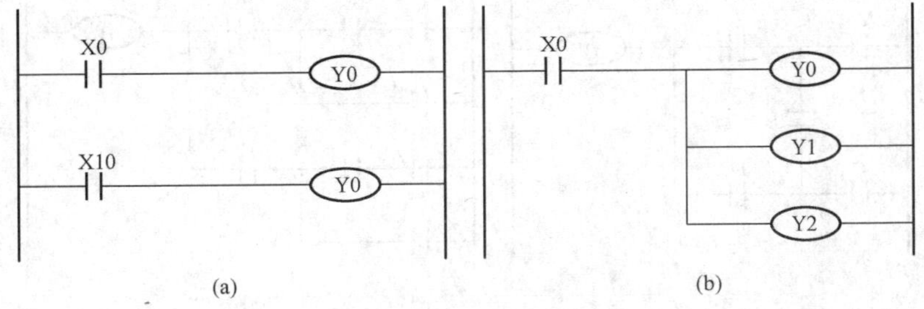

图 5-53　双线圈和并行输出

（a）双线圈输出；（b）并行输出

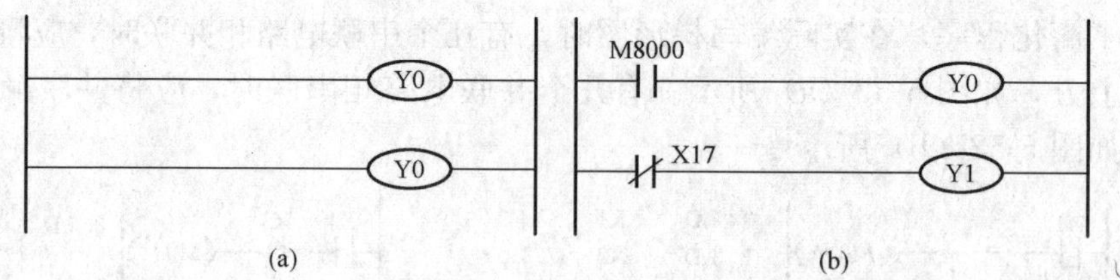

图 5-54　线圈与母线的连接

(a) 不正确；(b) 正确

(4) 适当安排编程顺序，以减小程序步数。

1) 串联多的电路应尽量放在上部，如图 5-55 所示。

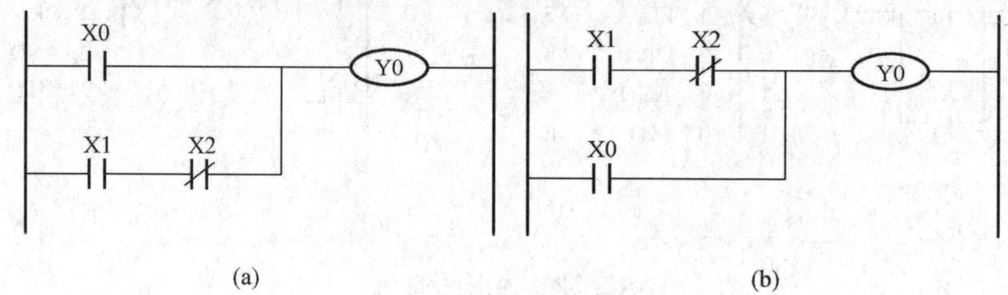

图 5-55　串联多的电路应放在上部

(a) 电路安排不当；(b) 电路安排得当

2) 并联多的电路应靠近左母线，如图 5-56 所示。

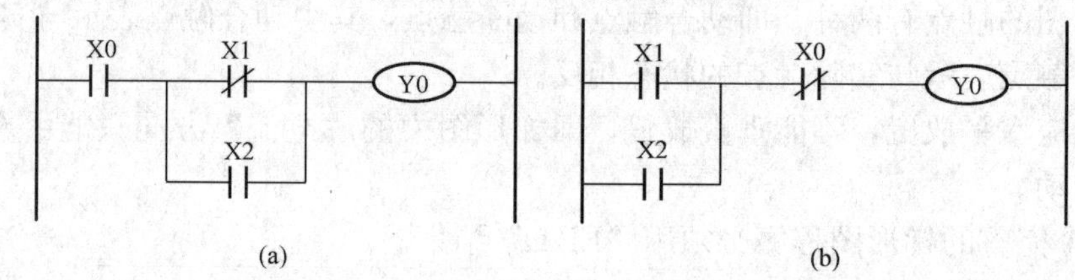

图 5-56　并联多的电路应靠近左母线

(a) 电路安排不当；(b) 电路安排得当

(5) 不能编程的电路应进行等效变换后再编程。

1) 桥式电路应进行变换后才能编程。如图 5-57 (a) 所示桥式电路应变换成图 5-57 (b) 所示的电路才能编程。

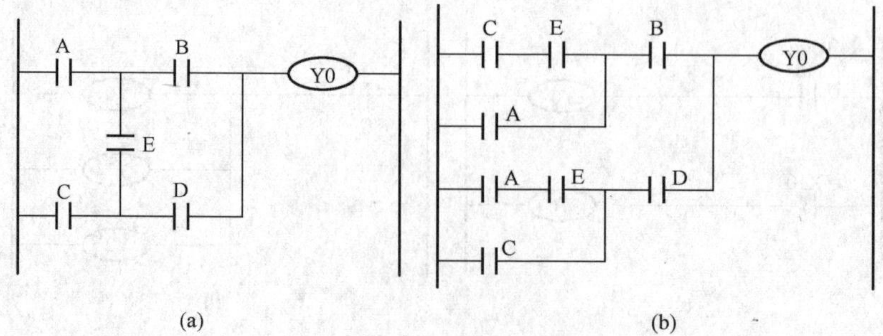

图 5-57　桥式电路的变换方法

(a) 桥式电路；(b) 等效电路

2）线圈右边的触点应放在线圈的左边才能编程，如图 5-58 所示。

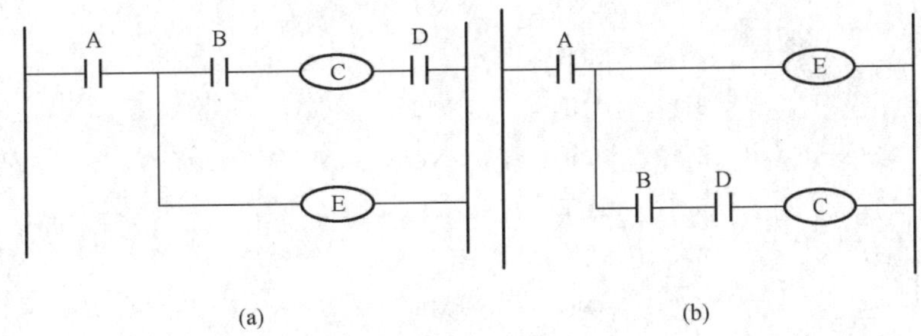

图 5-58 线圈右边的触点应放其左边

（a）电路不正确；（b）电路正确

3）对复杂电路，用 ANB、ORB 等指令难以编程，可重复使用一些触点画出其等效电路，然后再进行编程，如图 5-59 所示。

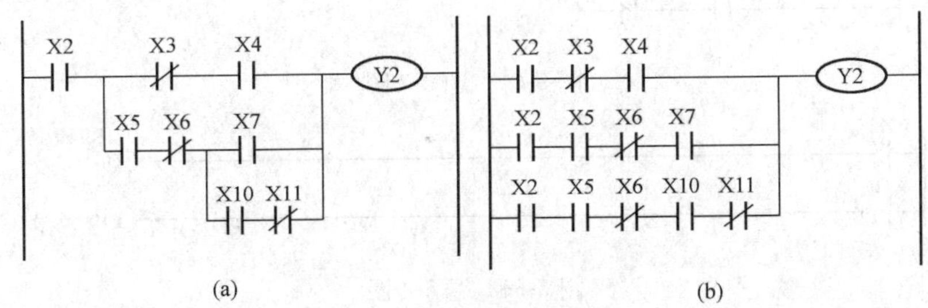

图 5-59 复杂电路的编程

（a）复杂电路；（b）等效电路

习 题

5-1 PLC 编程语言有哪几种？

5-2 填空

（1）若梯形图中输出继电器的线圈“通电”，对应的输出映像寄存器为（　　）状态，在输出处理阶段后，继电器型输出模块中对应的硬件继电器的线圈（　　），其动合触点（　　），动断触点（　　），外部负载（　　）。

（2）定时器的定时时间到时，该定时器线圈（　　），其动合触点（　　），动断触点（　　）

（3）OUT 指令不能用于（　　）继电器。

（4）对于 FX2N 系列 PLC 来说，（　　）是初始化脉冲，当（　　）时，它 ON 一个扫描周期。当 PLC 处于 RUN 模式时，M8000 一直为（　　）。

（5）编程元件中输入继电器和输出继电器的元件号采用（　　）进制数。

5-3 写出下列梯形图图 5-60 所对应的指令表。

5-4 请说出图 5-61 程序中 T0 计时到多少秒时，Y10 线圈才得电？

5-5 写出下列指令表对应的梯形图。

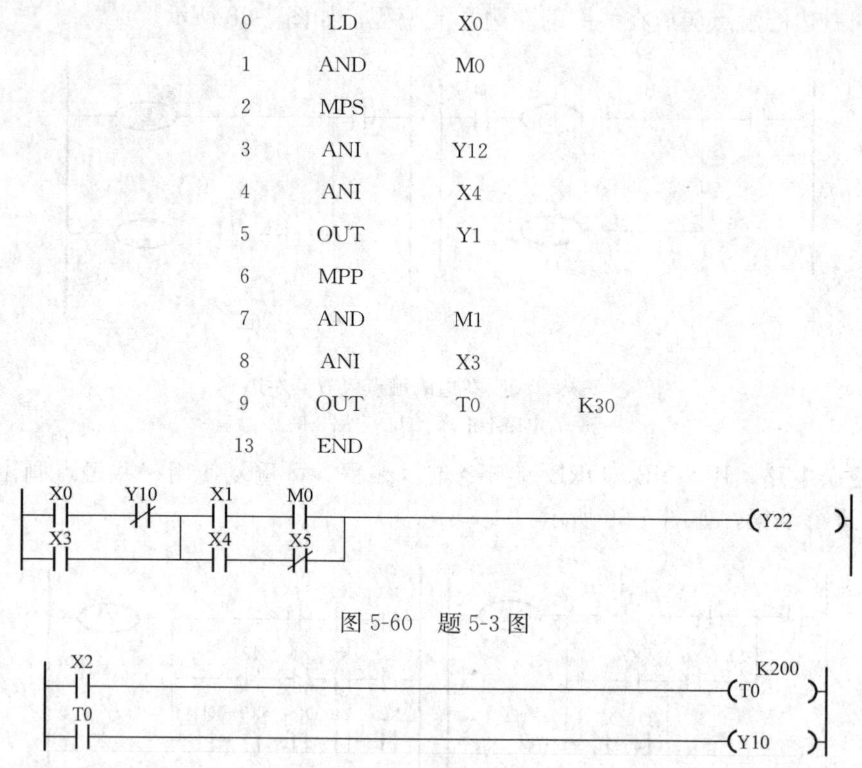

```
0     LD     X0
1     AND    M0
2     MPS
3     ANI    Y12
4     ANI    X4
5     OUT    Y1
6     MPP
7     AND    M1
8     ANI    X3
9     OUT    T0     K30
13    END
```


图 5-60　题 5-3 图

图 5-61　题 5-4 图

5-6　在按下 X0 按钮后，延时 6s 后 Y10 得电，同时 T0 开始计时，当计时到 10s 时，Y10 断电，设计出梯形图，并写出对应的指令表。

5-7　指出梯形图图 5-62 中的错误，并改正。

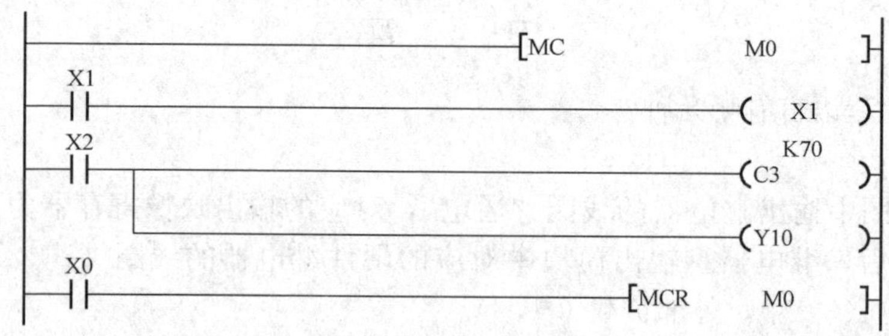

图 5-62　题 5-7 图

5-8　PLC 梯形图的编程规则主要有哪些？

5-9　若用 PLC 改造机床电气控制，它能替代原系统中的哪些器件？而哪些器件不能替代？

5-10　简述 FX2N 系列 PLC 的基本单元、扩展单元和扩展模块的用途。

第六章

FX2N 系列 PLC 机床控制的最常用编程环节

本章主要内容 本章在介绍工业控制中常用基本环节编程的基础上，以实例说明 FX2N 系列 PLC 基本指令的编程应用，并总结编程的基本技巧。本章的优点是将本书第二章所介绍的三相异步电动机的继电接触器控制改造为 PLC 控制系统，并用图解方法进行讲解，通俗易懂。

和机床电气控制的基本电路环节一样，机床的 PLC 控制也是由一些最基本的编程环节组成的，为了进一步提高对 PLC 认识和 PLC 程序的设计水平，也需要熟知一些常见的最基本电路环节的应用程序，并通过编程工作的不断积累，掌握各种复杂电路的编程方法。下面介绍常见的基本环节电路的编程。

第一节　起—保—停电路

起—保—停电路是工业控制系统中最基础、应用最广泛的一种电路，机床控制中应用最多的就是对电动机进行起保停控制。

1. 继电接触器控制电路

图 6-1 为单向异步电动机的继电接触器电路图。SB1 为起动按钮、SB2 为停止按钮、KM 为电动机线圈。当按下起动按钮 SB1 时，线圈 KM 得电，电动机开始工作；再用 KM 的辅助动合触点与 SB1 并联，使电动机持续工作（这时松开 SB1 按钮）；按下 SB2 停止按钮，线圈 KM 断电，同时 KM 动合触点断开，这样电动机停止工作。

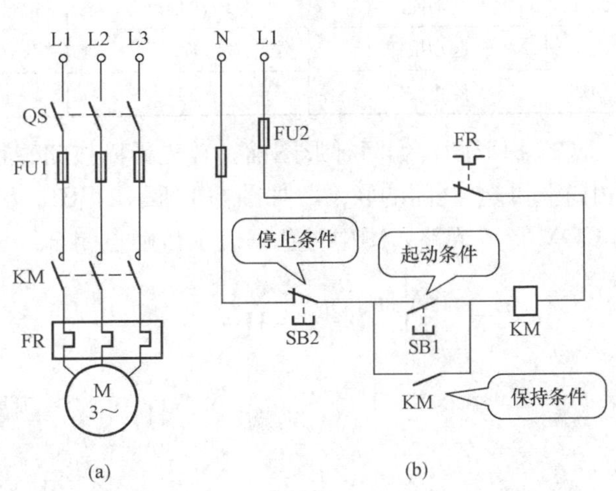

图 6-1　单向异步电动机继电接触器电路图

（a）主电路；（b）控制电路

图 6-1 中 SB1 和 SB2 必须按照图中的接线方式进行实物的连接，即起动按钮 SB1 接动合触点，停止按钮 SB2 接动断触点，且 SB1 动合触点必须与电动机线圈 KM 的辅助动合触点并联，SB2 动断触点串接在线圈 KM 回路上。只有按照这样的接线方式才能实现对电动机实现起保停控制。

以上是继电接触器系统中起保停电路的控制，如何将其改造为 PLC 控制呢？

2. PLC 控制电路

由于是控制电动机的起保停，所以在 PLC 控制系统中电动机的主回路仍然保持不变，如图 6-1(a)所示，而图 6-1(b)控制电路设计为 PLC 输入/输出外部接线图和梯形图两部分。

(1) PLC 输入/输出外部接线图。PLC 输入/输出外部接线图如图 6-2 所示。SB1 和 SB2 都接动合触点（也可接动断，编程时有所不同）。

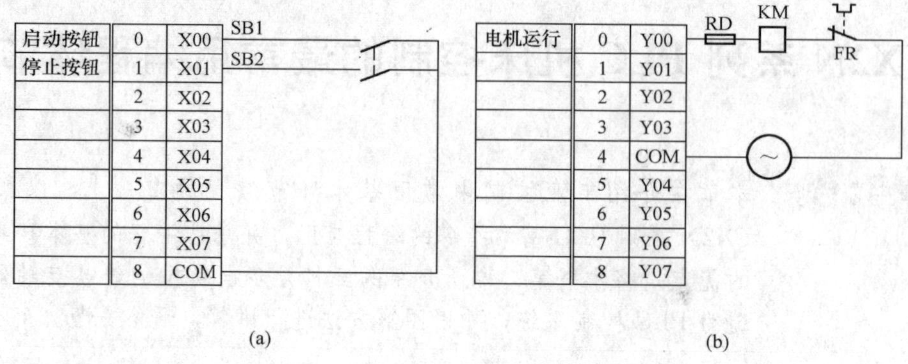

图 6-2　PLC 输入/输出外部接线图

(a) 输入部分；(b) 输出部分

按钮、行程开关、接近开关等开关量信号接到 PLC 的输入模块上，如图 6-2 中，按钮 SB1 接到输入模块地址 X0 上，按钮 SB2 接到输入模块地址 X1 上；而线圈、指示灯等信号接到 PLC 的输出模块上，如图 6-2 中线圈 KM 接于输出模块地址 Y0 上，这就是 I/O 地址分配，如表 6-1 所示。

表 6-1　PLC 的 I/O 地址分配

输入部分			输出部分		
代号	功能	PLC 地址	代号	功能	PLC 地址
SB1	起动按钮	X0	KM	电动机运行线圈	Y0
SB2	停止按钮	X1			

(2) 梯形图。编写梯形图前，首先弄懂按钮、行程开关等开关量信号实物的接线与梯形图中┤├和┤/├之间的联系。如图 6-3 所示，SB1、SB2 分别接于 PLC 输入地址 X0 和 X1，且与 COM 形成回路，图中蓝色框表示该触点闭合。

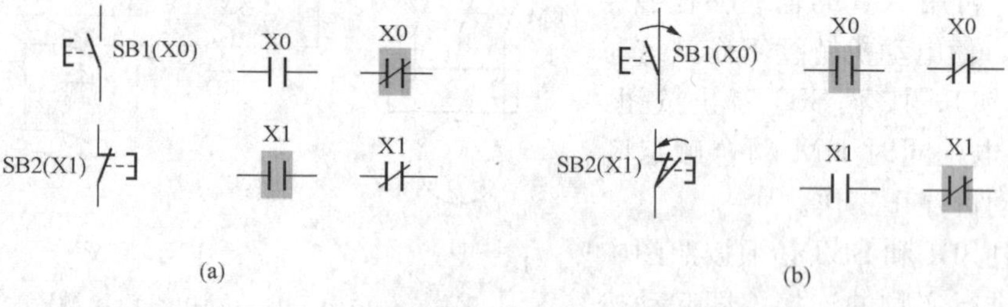

图 6-3　实物接线与梯形图中触点的联系

(a) SB1、SB2 均未合上时的情况；(b) SB1、SB2 均合上时的情况

分析： 图 6-3 (a) 中，由于 SB1 实物接动合触点，则梯形图中 X0 ┤├ 与按钮 SB1 的状态相同，即 SB1 未按下时，SB1（X0 断开）断开，所以 X0 ┤├ 断开，X0 ┤/├ 接通；由于 SB2 实物接动断触点，所以在 SB2 未按下的情况下，SB2 实物所接的回路是接通的，则梯形图中 X1 ┤├ 与

SB2 的状态相同，即为接通闭合状态，而$\overset{X1}{\text{-|/|-}}$为断开状态。

当合上 SB1 时，实物 SB1 所接的回路接通，此时梯形图中$\overset{X0}{\text{-| |-}}$闭合，$\overset{X0}{\text{-|/|-}}$断开；当合上 SB2 时，SB2 实物所接的回路断开，则梯形图中$\overset{X1}{\text{-| |-}}$断开，而$\overset{X1}{\text{-|/|-}}$为闭合状态，如图 6-3（b）所示。

梯形图编辑时有起动优先式和关断优先式两种控制电路。

1）起动优先式。如图 6-4 所示为起动优先式控制电路。当 X0 为 ON 时，无论 X1 为何状态，Y0 被接通。当 X0 和 X1 同时接通时，X0 接通信号有效优先，故称此电路为起动优先式控制电路，也称接通优先式控制电路。

电路分析： 按下 SB1 时，X0 动合触点接通，Y0 线圈得电并自锁，电动机启动并持续工作。当按下停止按钮 SB2 时，梯形图中 X1 的动断触点断开，Y0 线圈失电，即实物接触器 KM 线圈失电，同时接在主回路上的 KM 三对主触点也断电，电动机停止运行。

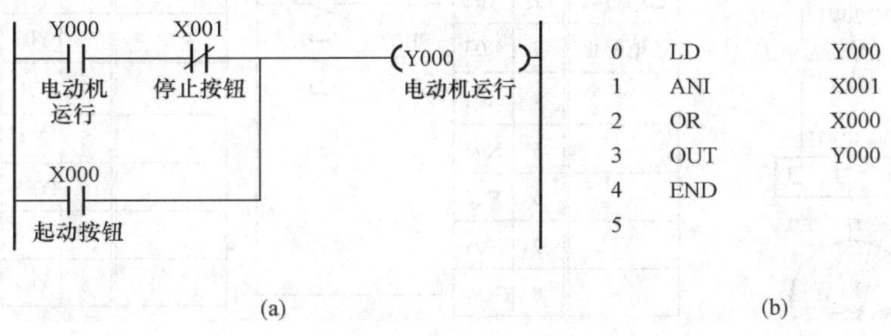

图 6-4 起动优先式控制电路

（a）梯形图；（b）指令表

这种起动优先式电路是不可取的。如电动机运行过程中碰到紧急情况而切断电动机电路，错误地将 SB1 和 SB2 两个按钮同时按下时，电动机无法停止，仍处于运行状态，所以这种电路在实际应用中是不科学的，建议不用此电路。

2）关断优先式。如图 6-5 所示为关断优先式控制电路。当 X0 动合触点接通，X1 动合触点断开，即 X1 动断触点接通时，Y0 线圈得电，电路通过 Y0 的动合触点自锁，此时无论 X0 为何状态，Y0 仍然得电。当 X1 接通，即 X1 动合触点闭合，X1 动断触点断开时，Y0 失电。当 X0 和 X1 同时接通时，关断信号 X1 有效优先，故称该电路为关断优先式控制电路。

实际应用时经常采用关断优先式控制电路，因为在电动机运行过程中若遇到紧急情况需

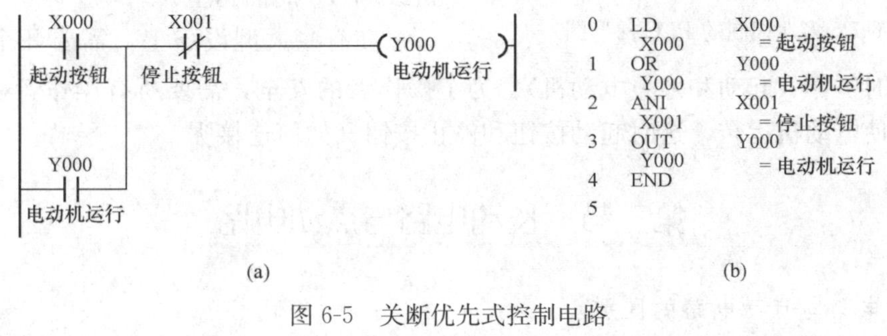

图 6-5 关断优先式控制电路

（a）梯形图；（b）指令表

将电动机停止，而错误地将起动按钮 SB1（X0）和停止按钮 SB2（X1）同时按下，电动机停转而达到所需要的结果。

第二节　多地点控制电路

在有些机床设备上，为了操作方便，常要求能在多个地点对电动机进行控制，这时可将安装在不同位置的起动按钮并联连接，停止按钮串联连接。

如图 6-6 所示为两地点控制的 PLC 控制电路图。

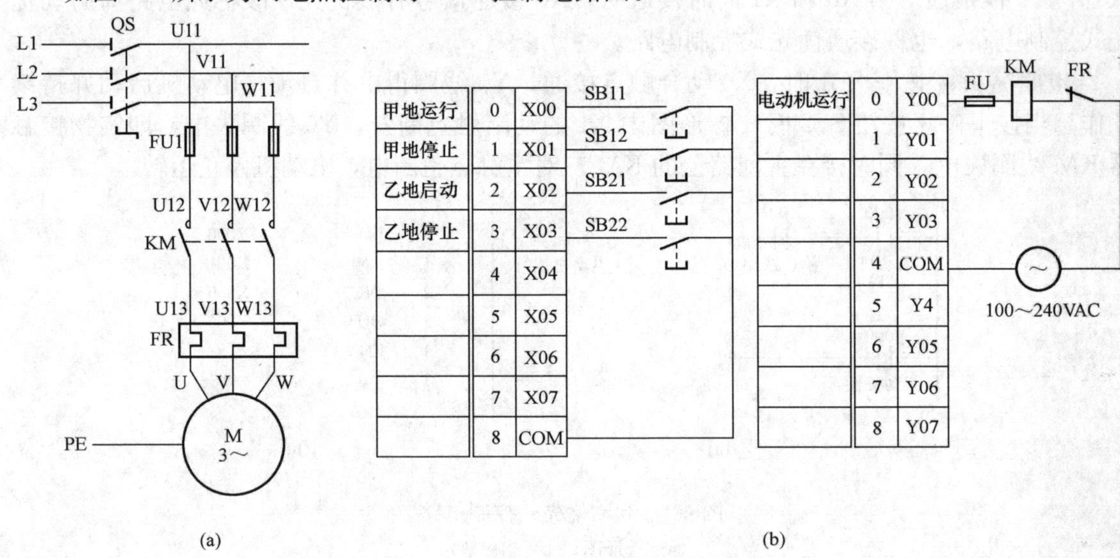

图 6-6　两地点控制的 PLC 控制电路图

（a）主回路；（b）PLC 的 I/O 接线图

如图 6-5 所示，甲地启动按钮 SB11、停止按钮 SB12 分别接于 PLC 输入地址 X0、X1，乙地启动按钮 SB21、停止按钮 SB22 分别接于 PLC 输入地址 X2、X3，电动机运行线圈 KM 接于 PLC 输出地址 Y0。其梯形图如图 6-7 所示，启动按钮地址 X0、X2 动合触点并联，停止按钮 X1、X1 动断触点串联在电动机线圈 Y0 的回路上。

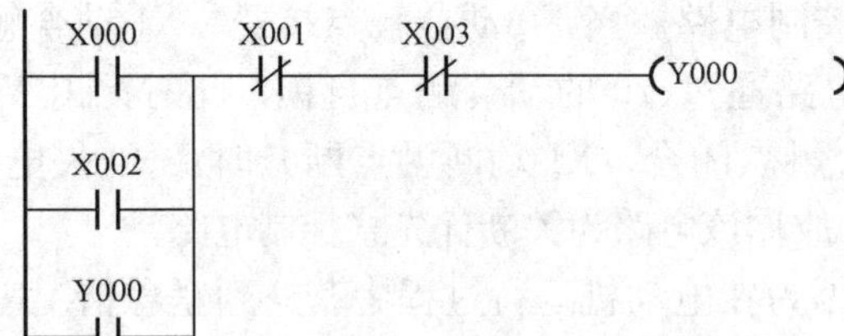

图 6-7　多地控制的 PLC 梯形图

在有些大型设备上，需要几个操作者在不同位置同时工作（起动和停止电动机）。为了操作者的安全，需要所有操作者都发出起动信号后才能使电动机运转，这时起动按钮和停止按钮又如何连接呢？

第三节　长动电路与点动电路

1. 长动电路与点动电路的区别

首先明白接触器本身是没有机械自锁的，所谓的自锁是靠电路实现。一般的点动就是通过按钮给电到接触器线圈，然后接触器吸合，松开按钮后线圈断电，接触器分开。

长动是在点动的基础上在接触器的动合辅助触头中再引出一组线经过“停止”开关到线圈，当按下起动后线圈得电吸合，动合辅助触头闭合，线圈由此得电，这样松开起动按钮后线圈也能保持得电吸合，就成了长动了。只有按下停止按钮，电路才会停止，长动电路可用自锁电路实现。

2. 两种电路的梯形图

图 6-8（a）为点动电路的梯形图，在 PLC 的 I/O 接线图中，起动按钮 SB1 动合触点接于 PLC 的输入地址 X0，停止按钮 SB2 动合触点接于 PLC 的输入地址 X1，线圈 KM 接于 PLC 的输出地址 Y0。注意，没特别说明，以后实例中所有的按钮、行程开关等都是动合触点接于 PLC 的输入模块上。

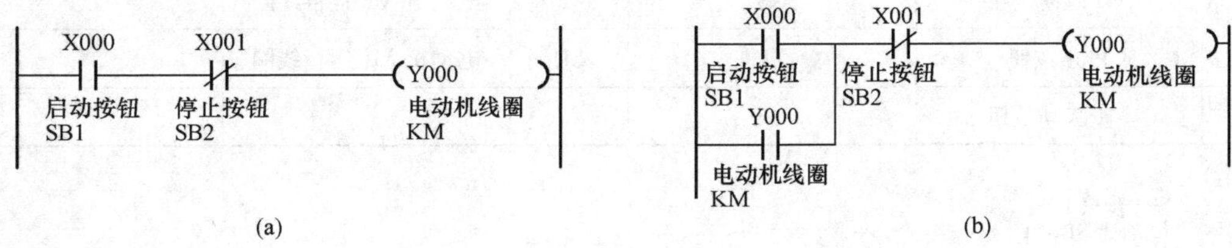

图 6-8　点动/长动电路梯形图

（a）点动电路；（b）长动电路

图 6-8（a）的工作原理： 由于 SB2 未动作，所以 X1 动断触点闭合，按下 SB1 时，即 X0 动合触点闭合，Y0 线圈得电，即 KM 线圈得电，接于主回路上的 KM 主触点吸合，电动机运转；松开 SB1 时，X0 动合触点断开，Y0 线圈无输出，则 KM 线圈断电，接于主回路上的 KM 主触点断开，电动机停转。

图 6-8（b）为长动电路的梯形图，该电路是在点动电路的基础上加了 Y0 动合触点自锁而实现了长动功能，其工作原理与起保停电路类似，这里不做介绍。

第四节　联锁电路和互锁电路

电气自锁、互锁、联锁一般是指接触器和继电器，在梯形图中是指输出线圈。

所谓自锁是指接触器动作后，松开按钮开关，接触器线圈由该接触器的动合触点联锁将电路连通，接触器维持得电状态。

所谓互锁是指 A 接触器动作后 B 接触器断开，B 接触器动作后，A 接触器断开。

自锁和互锁统称为联锁。

1. 相互禁止的互锁电路

图 6-9 为相互禁止的互锁电路。Y0 和 Y1 不能同时得电，即 Y0 得电时 Y1 失电；Y1 得电时 Y0 失电。X0 为 Y0 工作的起动信号，X2 为 Y1 工作的起动信号。在程序中必须写入相对应的动断触点作为互锁的条件。这类

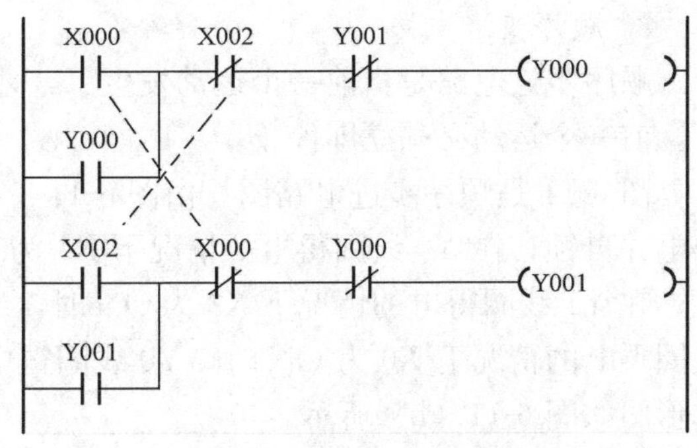

图 6-9　相互禁止的互锁电路

程序常用于控制电动机的正反转。

2. 具有协调的联锁电路

具有协调的联锁电路，是指一线圈工作必须在另一线圈工作的条件下才可得电。

例如有两台电动机 M0、M1，起初都处于停止张图。按下 SB0 时 M0 启动并持续运转，当 M0 起动后按下 M1 启动按钮 SB2，M2 才工作。其 PLC 的 I/O 分配表如表 6-2 所示。图 6-10 为该电路的梯形图和波形图。

表 6-2　**PLC 的 I/O 地址分配**

输入部分			输出部分		
代号	功能	PLC 地址	代号	功能	PLC 地址
SB0	M0 起动按钮	X0	M0	电动机 M0 运行线圈	Y0
SB1	停止按钮	X1	M1	电动机 M1 运行线圈	Y1
SB2	M1 起动按钮	X2			

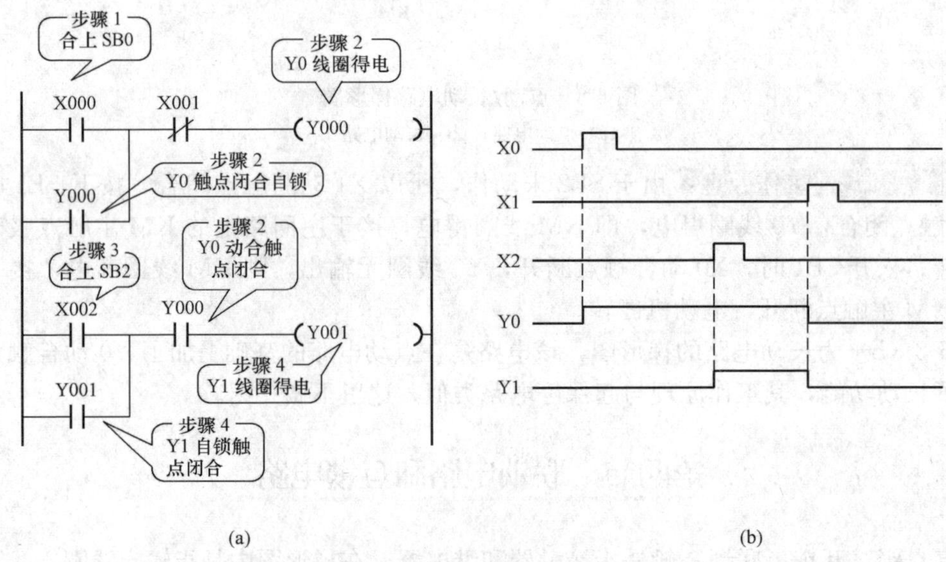

图 6-10　具有协调的联锁电路

（a）梯形图；（b）波形图

3. 顺序步进电路

顺序步进电路是指前一个运动发生了，才允许后一个运动发生；而一旦后一个运动发生了，前一个运动必须立即停止。

图 6-11 是顺序步进电路图。由图 6-11（a）波形图分析可知，当 X0 为 ON 时，Y0 线圈得电并自锁；在 Y0 线圈得电的情况下 X1 为 ON 时，Y1 线圈得电并自锁，同时 Y0 线圈断电；在 Y1 线圈得电的情况下 X2 为 ON 时，Y2 线圈得电并自锁，同时 Y1 线圈断电；在 Y2 线圈得电的情况下 X0 为 ON 时，Y0 线圈得电并自锁，同时 Y2 线圈断电。该波形图对应的梯形图如图 6-11（b）所示。

图 6-11 梯形图适用于三台电动机的顺序控制电路。

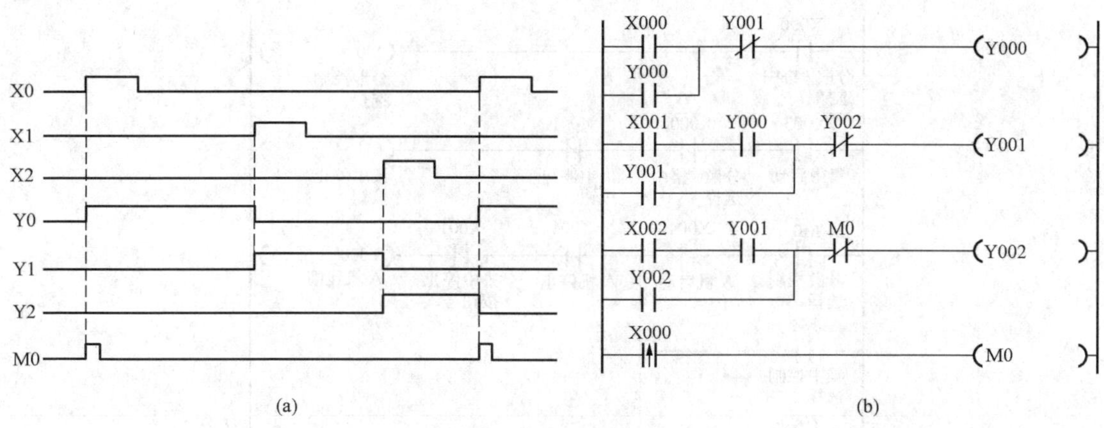

图 6-11　顺序步进电路

（a）波形图；（b）梯形图

4．集中控制与分散控制电路

在多台单机组成的自动生产线上，需要能够在总操作台上进行集中控制和在单机操作台上进行分散控制。如图 6-12 为 A 机和 B 机实行集中/分散控制的 PLC 输入/输出外部接线图。

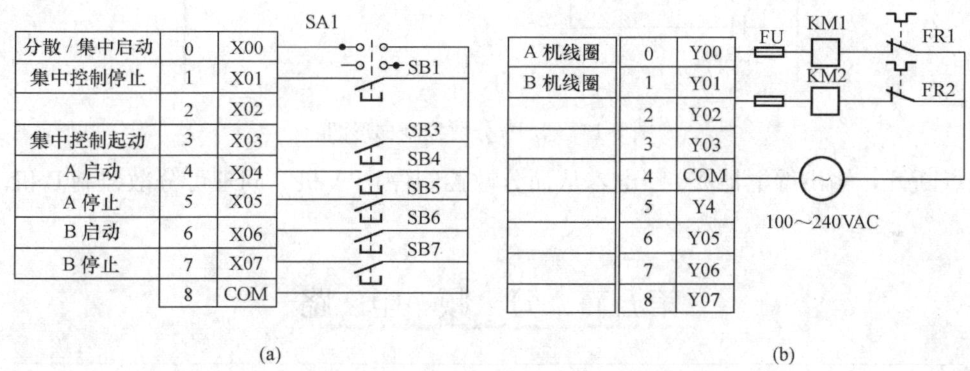

图 6-12　集中/分散控制 I/O 接线图

（a）输入部分；（b）输出部分

图 6-12 中，表示集中与分散控制的转换开关 SA1 接于 X0，当 X0 为 ON 时为单机分散控制；当 X0 为 OFF 时为集中控制，其他按钮都接动合触点于 PLC 输入地址。当 SA1 旋至单机分散档时可实现单机 A 或 B 的启动和停止，当 SA1 旋至集中控制挡时可实现对 A 机和 B 机的集中启动和停止。其梯形图如图 6-13 所示。

当将 SA1 旋至集中档时，X0 动断触点闭合，当按下集中启动按钮 SB3 时，X3 动合触点接通，中间继电器 M1 输出线圈得电，M1 的动合触点闭合，集中控制启动 A 机和 B 机。当按下集中停止按钮 SB1 时，X1 动断触点断开，输出线圈 Y0 和 Y1 断电，从而集中控制停止 A 机和 B 机。

当 SA1 旋至单机分散档时，X0 动合触点闭合，中间继电器 M0 线圈得电，M1 动合触点闭合，此时为单机分散控制。当按下单机 A 的启动按钮 SB4 时，X4 动合触点闭合，输出继电器 Y0 接通并通过其动合触点自锁，从而启动 A 机；当按下 A 机停止按钮 SB5 时，X5

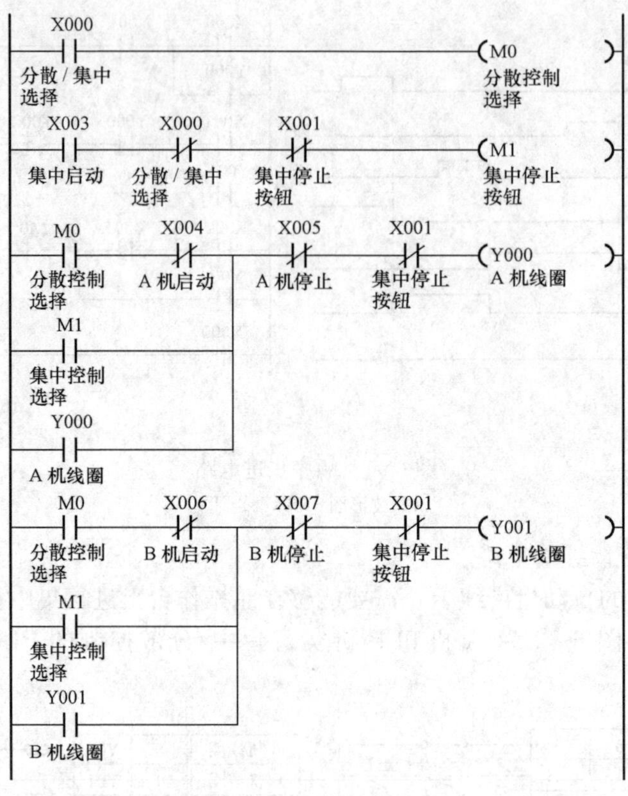

图 6-13 集中/分散控制梯形图

动断触点断开，输出继电器Y0断电，从而分散控制停止A机。同理可分散控制B机的启动和停止。

第五节 分 频 电 路

分频电路是指通过一个按钮的通断来实现的，有时也称按通按断电路。假设起初电路处于断开状态，按下奇数次按钮，电路接通有输出，按下偶数次按钮则电路断开无输出。该电路还可用作奇偶校验电路等。

图6-14为二分频电路，X0为一按钮，M0为中间继电器，Y0为输出继电器。初始状态Y0线圈断电，Y0动断触点闭合、动合触点断开，M0线圈也为断电状态、M0动合触点断开、动断触点闭合。

第一次按下X0，即X0由OFF→ON时，M0接通一个扫描周期，M0动合触点也闭合一个扫描周期、动断触点动断一个扫描周期，则概念电流从M0动合和Y0动断流到动断Y0，此时Y0线圈得电，Y0动合触点闭合、动断触点断开，M0线圈失电，M0动断触点闭合、动合断开，概念电流从M0动断触点、Y0动合触点流到Y0输出，Y0仍然维持得电状态。松开按钮X0，即X0由ON→OFF时，M0无输出，M0动断触点闭合、动合触点断开，概念电流从M0动断触点、Y0动合触点流到Y0输出，Y0仍然维持得电状态。

第二次按下X0时，M0又接通一个扫描周期，此时M0动合触点接通、动断触点断开，从而切断 Y0 输出回路，Y0 输出继电器断电，Y0 动断闭合、动合断开，同时 M0 动合触点也断开、动断触点闭合。松开按钮 X0 时，Y0 线圈前面的条件仍然为 OFF 状态，所以 Y0 仍然维持断电状态。

第三次按下 X0 时又重复第一次按下 X0 时的情况，Y0 后面的状态根据 X0 按键次数而循环出现。

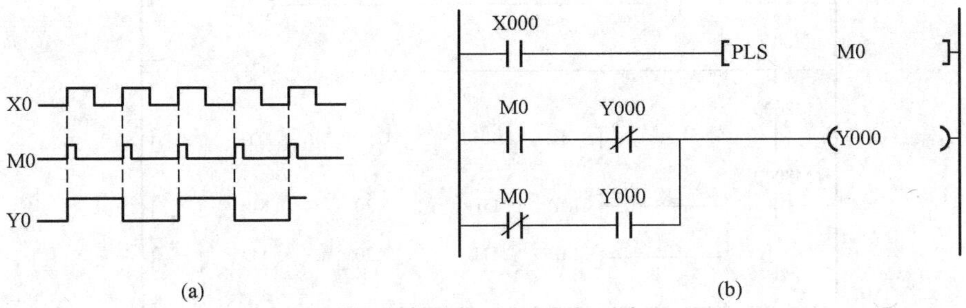

图 6-14　二分频电路

（a）波形图；（b）梯形图

第六节　扫描计数控制电路

计数控制电路一般都有使用计数器 C 指令实现，当计数器当前值达到目标值时，计数器接通。如果要进行中间数值的动态监控，常使用数据寄存器 D、并结合比较指令 CMP 等达到控制目的。

1. 扫描计数电路

在某些场合下需要统计 PLC 的扫描次数往往会用到扫描计数电路。图 6-15 是扫描计数电路图，图中用计数器 C1 统计 PLC 的扫描次数。当输入 X1 接通时，中间继电器 M0 每隔一个扫描周期接通一次，每次接一个扫描周期，计数器 C1 对扫描次数进行计数，达到设定值时计数器 C1 接通，从而使输出继电器 Y0 接通。

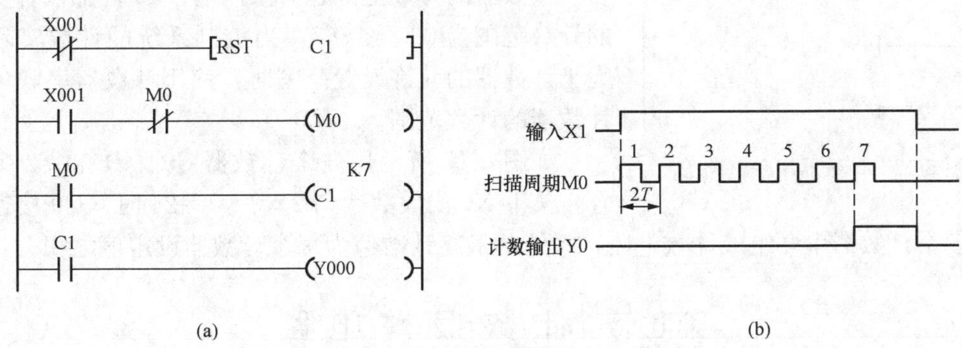

图 6-15　扫描计数电路

（a）梯形图；（b）波形图

该类电路特点是脉冲周期不可调节，脉冲周期由扫描周期决定。这种扫描计数电路在实际应用中无多大意义，主要是扫描周期无法确定。

2. 用一个计数器实现3个计数控制的电路

图6-16是一个计数器C1实现对三个计数控制的电路图。按下计数按钮X1，当计数值减到30时Y1有输出；减到20时Y2有输出；达到目标值时Y3有输出。这里使用了基本比较指令、减法指令来动态监控C1的中间计数值。

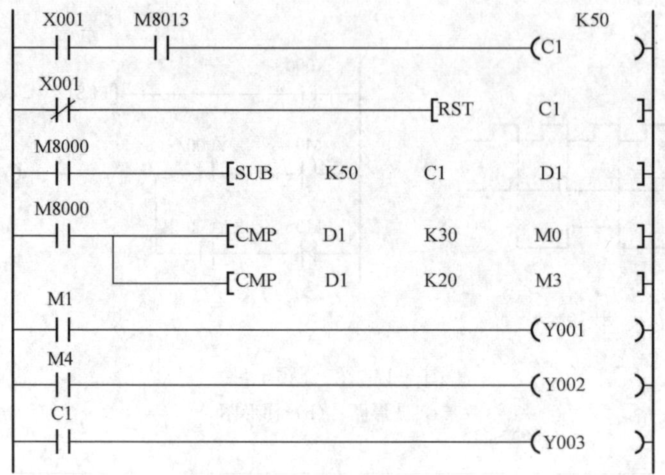

图6-16 计数电路

图6-16中，计数器C1要正常工作前面必须有脉冲信号，如M8013，由于计数器C1是加法计数器，而要求是减数到某值时有相应的输出，所以必须要用到减法指令SUB，通过减法指令数据寄存器D1中的动态数值，采用比较指令CMP，将减法所得的结果与题目要求的几个数值进行比较，与相应的数值相等时就有相应的输出。采用这种方法除了用一个计数器实现3个计数控制以外，还可实现更多个计数控制。

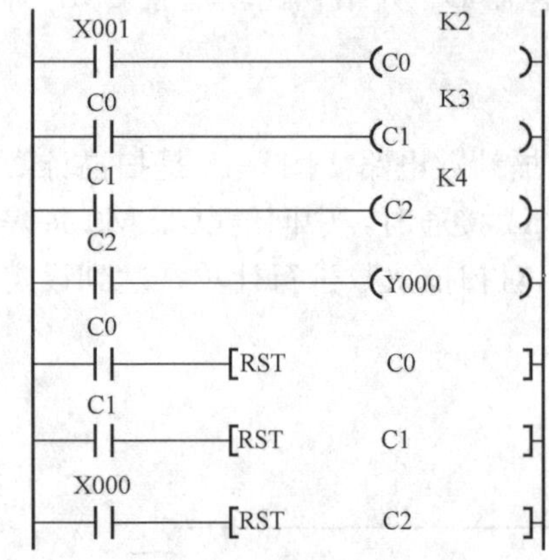

图6-17 计数器串联电路

3. 计数器串联使用可扩大计数范围

计数器的计数范围是有限制的。16位加法计数器C的计数范围为0～32 767，当控制系统的计数实际需要大于计数器的允许设置范围时，使用计数器串联可扩大计数器的计数范围。

如图6-17所示用3个计数器C0、C1和C2串联组合，按下X0的次数达到2×3×4＝24时，Y0接通。这说明用多个计数器串联组成计数电路，系统的最终计数值为每个计数器设定值之积。

第七节 计数报警电路

当计数值达到规定数值时引发的报警叫做计数报警。要实现计数报警并不一定非使用计数器，使用加1、减1指令同样可以完成计数报警功能。

例如，假设一个展厅只能容纳100人，当超过100人时就报警。在展厅进出口分别装一个传感器X0和X1。当有人进入展厅时，X0检测到实现加1运算，当有人出来时X1检测到实现减1运算，当展厅内人数达到100人以上时就接通Y0报警。其计数报警电路如图6-18所示。

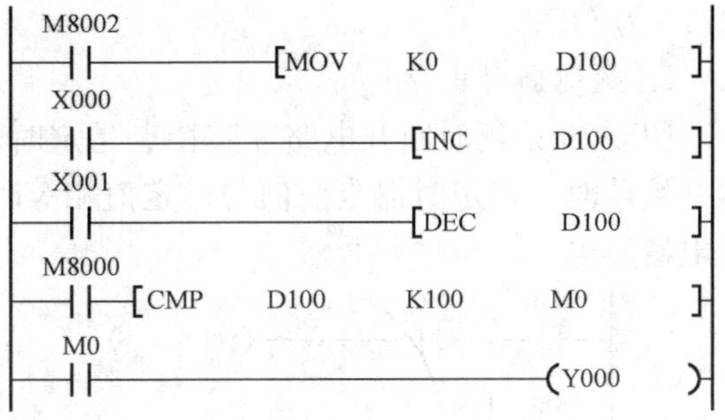

图6-18　计数报警电路

图6-18中用数据寄存器D100存放展厅内人数。起初应将展厅人数清零，程序中用M8002上电脉冲，利用M0V指令将展厅人数清零。展厅内每进入一个人就加1，如图6-18中用INC D100指令，每走出一个人就减1，如图中用DEC D100指令，最后用比较指令CMP D100 K100 M0，将存放展厅内人数的数据寄存器D100与十进制数K100进行比较，当D100中的数值大于100时Y0有输出，由比较指令功能知M0接通时满足要求，Y0有输出。

第八节　时间控制电路

时间电路主要用于延时、定时和计数控制等。时间控制电路既可以用定时器实现，也可以用其他方式实现，如用标准时钟脉冲实现。

1. 延时接通电路

FX2N系列PLC中的定时器都是通电延时型定时器，并且不带瞬时触点，即定时器输入信号一经接通，定时器的当前值不断加1，当前值与设定值相等时，定时器才有输出，此时定时器的动合触点闭合，动断触点断开。对普通定时器来说，当定时器输入信号断开时，定时器复位且当前值数值为0，其输出的动合触点断开，动断触点闭合。

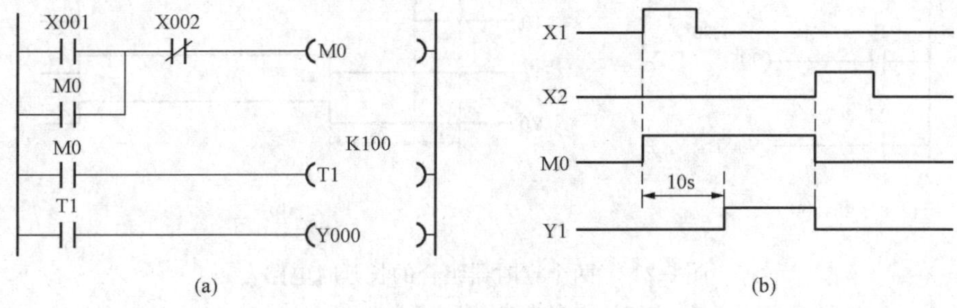

图6-19　延时接通电路

(a) 梯形图；(b) 波形图

如图6-19所示是延时接通电路。当X1为ON时，M0接通自锁，同时定时器T1开始计时，当定时器T1的当前值由0增加到设定值K100，即10s时，T1动合触点闭合，Y0输出继电器得电并保持，直到按下X2，即X2动合触点接通、动断触点断开时，中间继电器M0失电，M0动合触点断开，同时T0定时器复位，T0动合触点断开，Y0输出继电器失电。

由上述分析可知，延时接通电路的特点： 当按下X1按钮后，需要经过100×0.1s=10s的时间Y0才会接通。当输入X2接通后，中间继电器M0断电，定时器T1复位，使输出 Y0 为 OFF。

2. 延时断开电路

图 6-20 是延时断开电路。其特点是定时器输入信号一经接通，输出继电器得电，定时器开始计时，当定时器当前值与设定值相等时，定时器动合触点接通、动断触点断开，输出继电器失电。

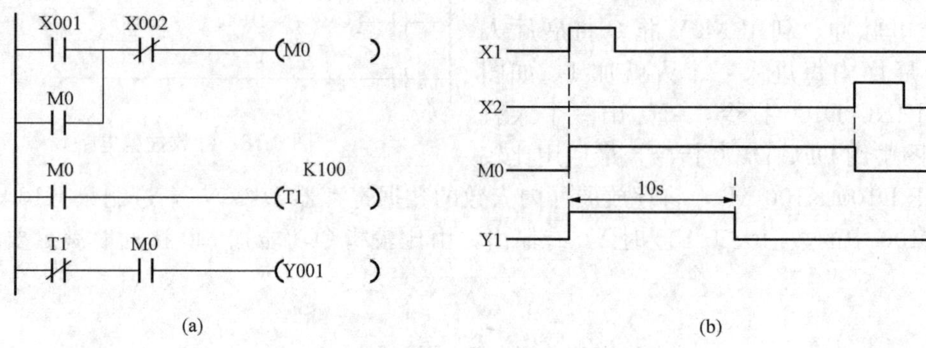

图 6-20 延时断开电路
(a) 梯形图；(b) 波形图

由图 6-19 可知，当按下 X1 按钮后，Y1 接通，同时定时器 T1 开始计时，延时 10s 后，T1 动断触点断开，输出继电器 Y1 断电。

3. 长定时电路

(1) 利用多个定时器的组合实现长延时。图 6-21 是利用两个定时器组合以实现长延时的电路。

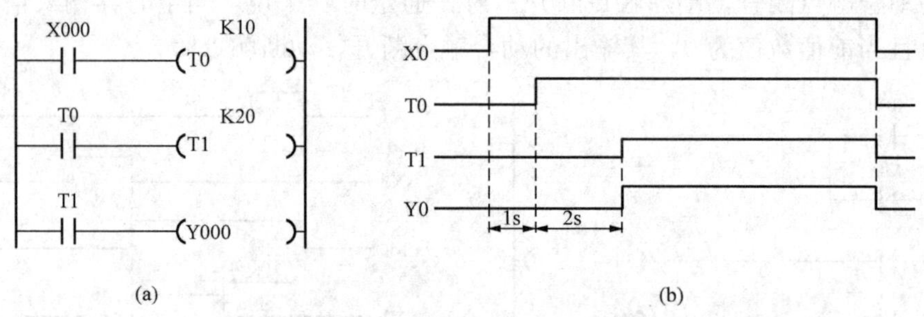

图 6-21 两个定时器组合的长延时电路
(a) 梯形图；(b) 波形图

由图 6-21 可知，当 X0 为 ON 时，定时器 T0 开始计时，延时 10×0.1s=1s 后，T0 接通，T0 动合触点闭合，定时器 T1 开始计时，延时 20×0.1s=2s 后，T1 接通，T1 动合触点闭合，输出继电器 Y0 得电。长延时时间为 10×0.1s+20×0.1s=3s。

(2) 采用定时器和计数器组合实现长延时电路。在许多场合要用到长延时控制，FX2N 系列 PLC 中可定时的最长时间为 32767×1s。如果需要更长的定时时间，除了利用多个定时器的组合外，也可以将定时器和计数器结合起来，实现长延时控制。

图 6-22 是定时器和计数器组合电路，图中定时器 T1 的定时时间为 50×0.1s=5s，计数器 C2 的计数设定值为 K2000，每经过 5s，定时器 T1 动合触点闭合一次，计数器 C2 加 1，与此同时 T1 的动断触点断开，T1 线圈断电，T1 动合触点断开，计数器 C2 仅计数 1 次，

而后定时器T1开始重新定时，如此循环。T1动合触点闭合2000次时，计数器C2的动合触点闭合，输出继电器Y0才接通。长延时时间为5×2000＝10000（s）。

（3）采用计数器的长延时电路。实际应用时常采用计数器来实现定时控制。图6-23是采用2个计数器构成长延时电路。当X0为ON时，计数器C1每计数300次（即300s），计数器C1动合触点接通，计数器C2计数值加1，与此同时计数器C1复位为0，C1动合触点断开，计数器C2仅计数1次，而后计数器C1又开始重新计数，如此循环。当计数器C1动合触点闭合400次时，计数器C2的动合触点闭合，输出继电器Y0才接通。

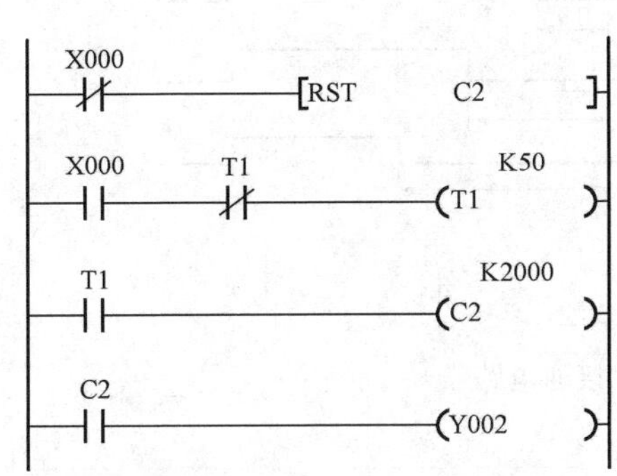

图6-22 定时器和计数器组合电路

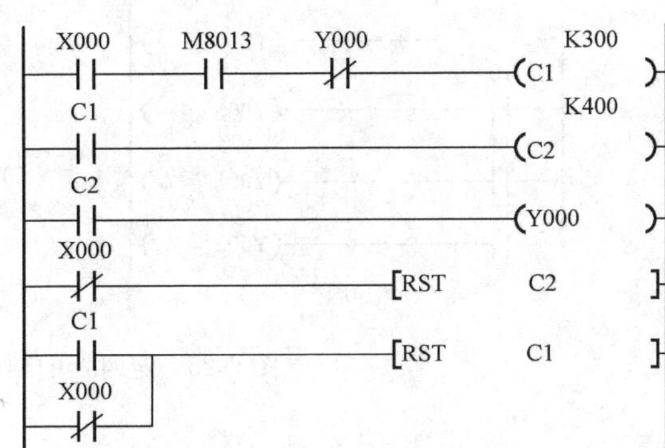

图6-23 2个计数器构成长延时电路

由上面分析可知，计数器C1每加1计时为1s，而计数器C2每加1计时300s。当C2动合触点接通时，总的延时时间为300×400＝120 000（s）。

4. 顺序延时接通电路

所谓顺序延时接通电路是指系统一启动，每延时一段时间按一定的顺序将相应的输出继电器接通。而该延时电路有以下几种。

（1）采用计数器的顺序延时接通电路。图6-24是采用3个计数器的顺序延时接通电路。当输入X0接通时，计数器C0、C1和C2分别同时开始计数。当计数器C0当前值等于设定值20，即20s时，计数器C0动合触点接通，输出继电器Y0接通；在计数器C0计数的同时，其他两个计数器C1和C2也在计数，当Y0接通时，计数器C1继续计数，当C1当前值等于其设定值30，即Y0接通延时10s时，计数器C1接通，C1动合触点闭合，从而输出继电器Y1接通；当Y1接通时，计数器C2继续计数，当C2当前值等于其设定值40，即Y1接通延时10s时，计数器C2接通，C2动合触点闭合，从而输出继电器Y2接通。这样就实现了顺序延时控制。这种顺序延时接通电路也可用前面所介绍的一个计数实现多个计数控制电路来实现。

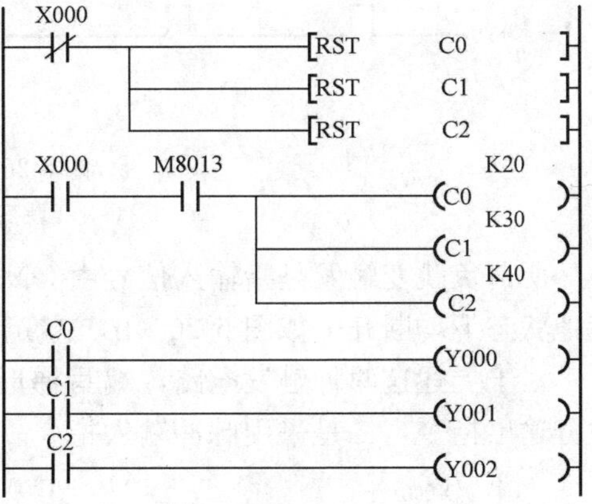

图6-24 采用计数器的顺序延时接通电路

（2）采用定时器的顺序延时接通电路。图6-25是定时器的顺序延时接通电路。当X0为ON时，定时器T0、T1和T2分别同时计时，当定时器T0当前值等于设定值100，即10s

时，T0 动合触点闭合，输出继电器 Y0 得电，同时定时器 T1 和 T2 继续计时，当 T1 当前值等于其设定值 200，即 Y0 接通 10s 后时，T1 动合触点闭合，输出继电器 Y1 接通，同时定时器 T2 还在计时，当 T2 当前值等于其设定值 300，即 Y1 接通 10s 后时，T2 动合触点闭合，输出继电器 Y2 接通。这样也实现了顺序延时控制。

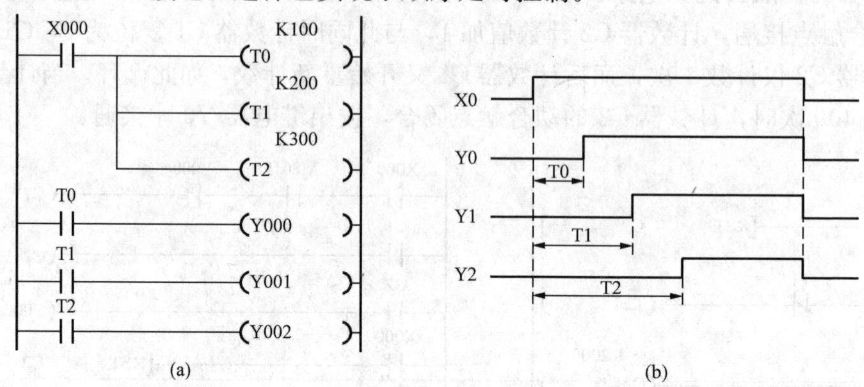

图 6-25　定时器的顺序延时接通电路

第九节　微分电路及振荡电路

一、微分电路

微分电路含正跳变触发电路和负跳变触发电路。所谓正跳变触发是指输入信号由 OFF→ON 的上升沿时，输出继电器接通，在输入信号其他状态下均断开。如图 6-26（a）为正跳变触发的时序图。

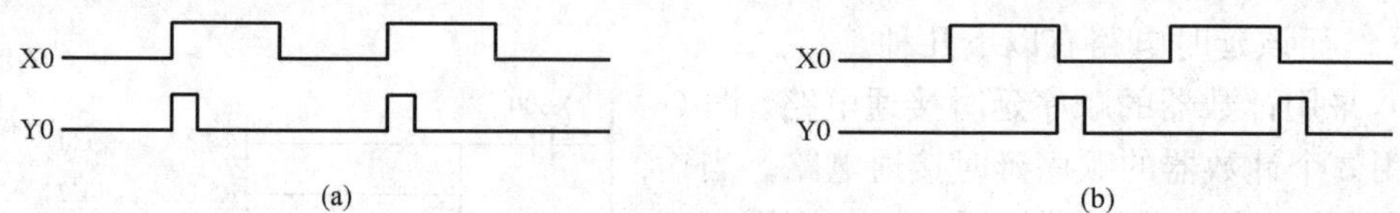

图 6-26　微分电路波形图

（a）正跳变触发；（b）负跳变触发

所谓负跳变触发是指输入信号由 ON→OFF 的下降沿时，输出继电器接通，在输入信号其他状态下均断开。如图 6-26（b）为负跳变触发的时序图。

对于上述这两种触发电路，编写梯形图时可用两种方法进行编写，一是采用 PLS/PLF 微分输出指令，二是采用脉冲输入指令。图 6-27 为 PLS/PLF 微分指令编写的梯形图。

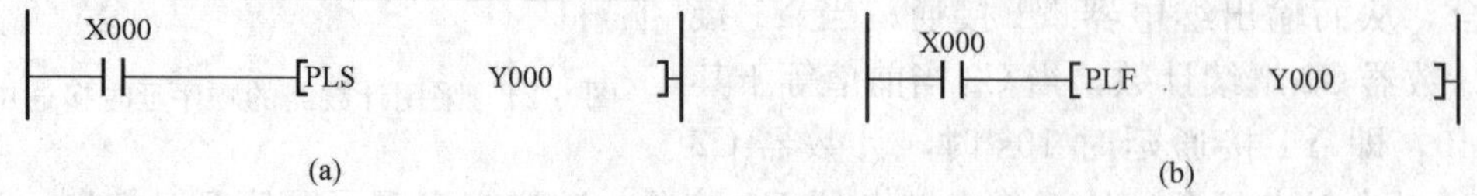

图 6-27　PLS/PLF 指令编写的微分电路

（a）正触发跳变；（b）负触发跳变

图 6-28 为脉冲输入指令编写的微分电路。

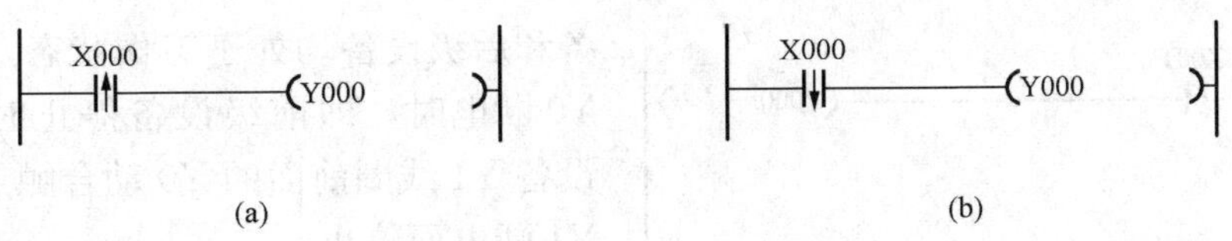

图 6-28　脉冲触发指令编写的微分电路

（a）正触发跳变；（b）负触发跳变

二、振荡电路

振荡电路可提供不同占空比的振荡脉冲输出，可用作设备工作状态警示、彩灯闪烁电路等。该振荡脉冲可由定时器 T 或计数器 C 设定。

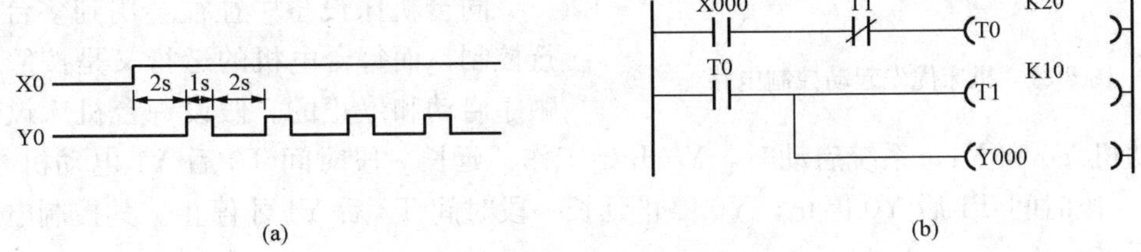

图 6-29　振荡电路

（a）波形图；（b）梯形图

图 6-29 为振荡电路，由波形图可知 Y0 线圈在 X0 为 ON 时，每隔 2s 接通 1s，反复循环。其动作示意图如图 6-30 所示。

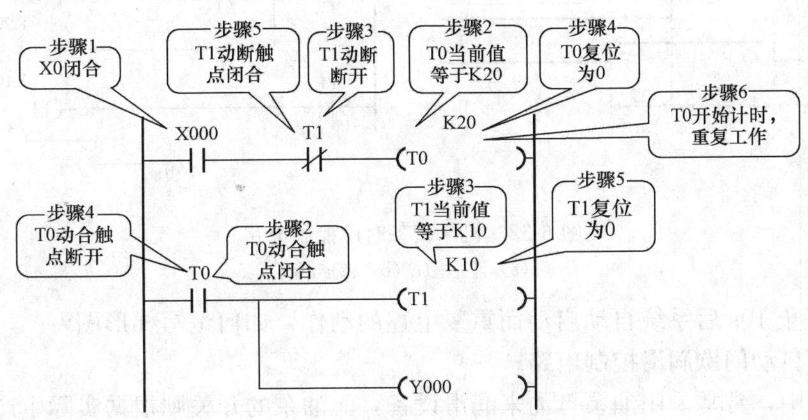

图 6-30　振荡电路动作示意图

第十节　常用机床电路的编程实例及经验设计法

一、机床设备优先起动控制电路

例如多台机床设备，其控制要求为：当前级设备不起动时，后级设备不能起动；当前级设备停止时，后级设备也停止。

图 6-31 是机床设备优先起动控制电路，Y0 和 Y1 分别是前级设备和后级设备的线圈。当前级设备 Y0 断电时，后级设备 Y1 无法得电。当合上 X0 时，前级设备 Y0 线圈得电并自锁，这时合上后级设备输入信号 X2，后级设备才能起动，即 Y1 得电并自锁。这时前级设

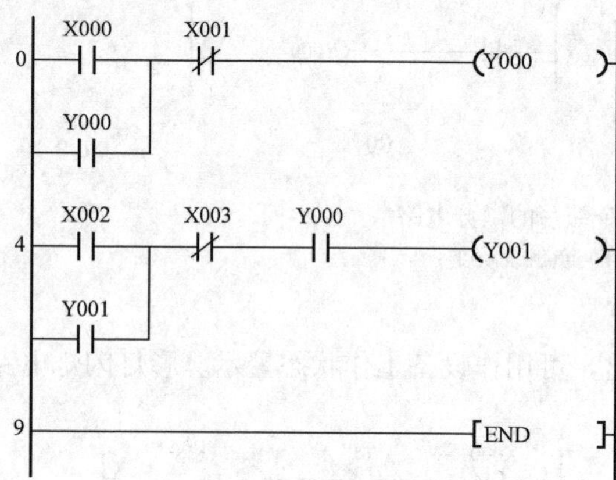

图 6-31　机床优先起动控制电路

备和后级设备均处于工作状态，当前级设备Y0断电时，即前级设备停止时，接在后级设备Y1线圈前面的Y0动合触点断开，使得Y1断电而停止。

如果系统一启动，前级设备Y0开始运行，10s后后级设备Y1才开始运行，Y1运行20s后Y0自动停止，等Y0停止10s后Y1才停止，如何编写梯形图？

二、机床设备时序控制电路

同台机床设备中往往会用到多台电机进行控制，而每台电机的运行又是按照一定的顺序启动和停止的。假设一台机床设备中有两台电动机Y0和Y1，系统启动时，Y0开始工作，延长一段时间T0后Y1电动机才工作，Y1工作一段时间T1后Y0停止，Y0停止延长一段时间T2后Y1才停止。其控制电路如图6-32所示。

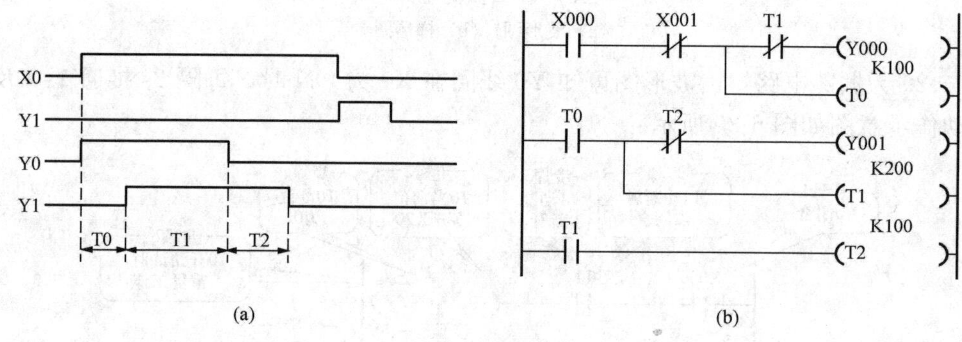

图 6-32　机床设备时序控制电路

（a）波形图；（b）梯形图

当Y1停止10s后系统自动启动而重复上述的动作，如何编写梯形图？

三、机床自动间歇润滑控制电路

机床设备中，常常采用油泵打油来润滑设备，而油泵的开关则根据实际生产需要、编写程序来实现。油泵并不是经常处于工作状态，而是间隙式工作的。

图6-33是机床自动间歇润滑的继电接触器控制电路图，其中接触器KM为润滑液压泵电动机起停用接触器（主电路未画出），电路可使润滑规律间隙进行。

1. 机床自动间歇润滑工作原理

下面对机床自动间歇润滑工作原理进行如下分析：

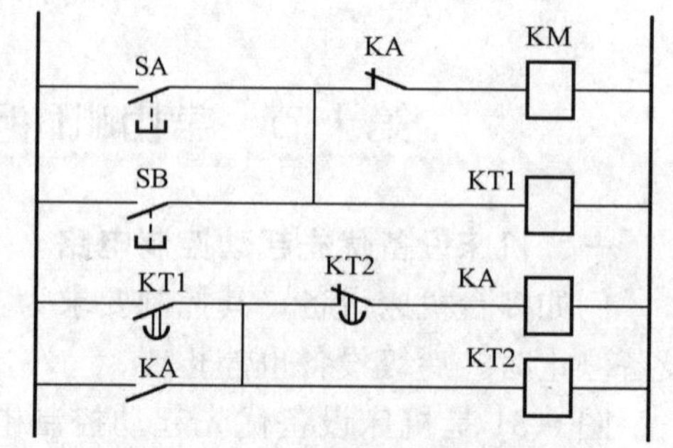

图 6-33　机床自动间歇润滑的继电接触器控制电路图

图6-33中，首先将转换开关SA置于工作闭合

状态，KM 线圈得电，润滑液压泵电动机起动运行，供给润滑油；同时 KT1 时间继电器线圈得电，定时时间 t_1 到，其动合触点 KT1 闭合，KT2 时间继电器线圈得电，同时辅助继电器 KA 线圈也得电，KA 动断触点断开，KM 线圈和时间继电器 KT1 线圈同时失电，KM 失电停止供润滑油，KT1 失电使其动合触点 KT1 断开；同时动合触点 KA 闭合，保证 KA 线圈继续有电，实现自锁。时间继电器 KT2 定时时间 t_2 到，其延时动断触点 KT2 断开，线圈 KA 失电，动断触点 KA 复位，使 KM 再次得电，进入下一次供油；动合触点 KA 断开，使 KT2 线圈失电。

机床自动间歇润滑工作原理示意图如图 6-34 所示。

由图 6-33 可知，按钮 SB 的作用是实现点动供油。当按下 SB 时，KM 线圈得电，液压泵电动机运转供油，松开按钮 SB 后，KM 线圈立即失电，液压泵电动机停转，从而停止供油。

中间继电器 KA 作用是利用其动断和动合触点实现两次定时时间到达状态的切换。

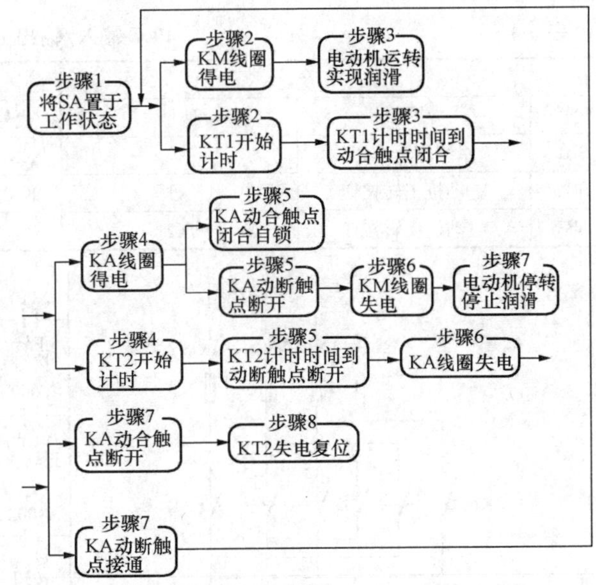

图 6-34　机床自动间歇润滑工作原理示意图

2. 机床自动间歇的 PLC 控制电路

由前面分析可知，该系统用到的外部输入信号有 SA、SB 两个，输出信号是 KM 线圈。表 6-3 是机床自动间歇控制电路的 PLC 输入/输出分配表。图 6-35 是机床自动间歇润滑的 PLC 控制电路。

表 6-3　　PLC 输入/输出分配表

输入部分			输出部分		
代号	功能	地址	代号	功能	地址
SA	自动润滑	X0	KM	润滑泵线圈	Y0
SB	点动润滑	X1			

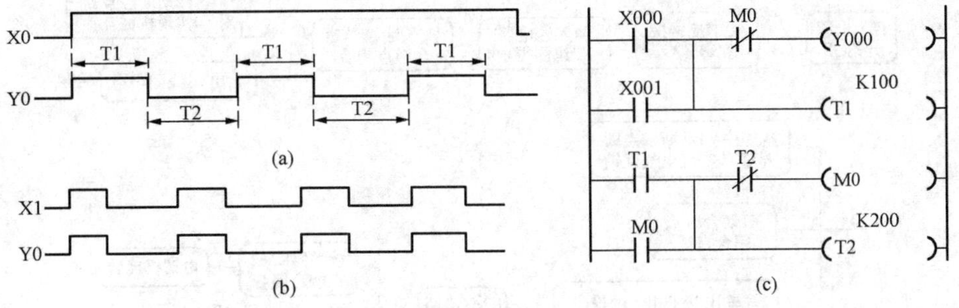

图 6-35　机床自动间歇润滑的 PLC 控制电路

(a) 自动间歇润滑波形图；(b) 点动间歇润滑波形图；(c) 梯形图

四、机床设备的正/反转控制电路

机床设备的正/反转控制电路一般是指控制三相异步电动机的正反转来实现的，其继电接触器控制电气原理图如第一部分图 3-11 所示，它对应的 PLC 控制电路如图 6-36 所示，PLC 的 I/O 分配如表 6-4 所示。

表 6-4　　PLC 输入/输出分配表

输入部分			输出部分		
代号	功能	地址	代号	功能	地址
SB1	系统停止按钮	X0	KM1	电动机正转运行线圈	Y0
SB2	电动机正转按钮	X1	KM2	电动机反转运行线圈	Y1
SB3	电动机反转按钮	X2			

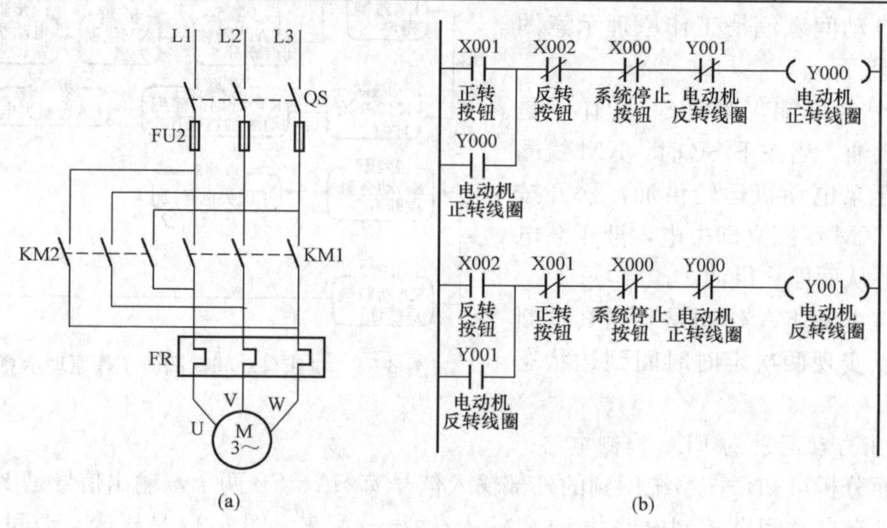

图 6-36　机床设备的正反转 PLC 控制电路

（a）主电路；（b）梯形图

图 6-36 梯形图中也用到了互锁电路，如在 Y0 线圈前用到的 X2 动断触点，是指实物按钮 SB，属于机械互锁，Y1 动断触点是指反转线圈 KM2 的触点，属于电气互锁，在编辑梯形图中有了软继电器的互锁，在 PLC 输入/输出电路的外部电路也必须使用互锁（此例省略，请读者思考）。

电动机反转控制梯形图的工作过程分析如下：

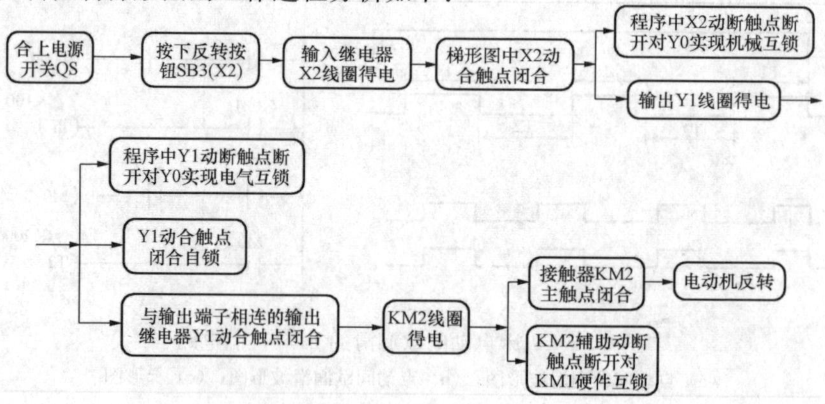

正转控制请读者自行分析。

五、机床电动机的 Y/△起动控制电路

机床电动机的 Y/△起动控制电路一般是控制三相异步电动机的 Y 起动、△运行来实现。图 6-37（a）所示是三相异步电动机的 Y/△起动控制的主电路，将图 6-37 所示 Y/△起动的继电接触器控制电路改造为功能相同的 PLC 控制系统，具体步骤如下：

1. 确定 I/O 信号数量，选择合适的输入/输出模块，并设计出 PLC 的 I/O 外部接线图

从图 6-37 和 PLC 的有关知识可知，PLC 的输入信号是 SB2（启动按钮）和 SB1（停止按钮）；输出信号是 KM1 线圈（共用）、KM3 线圈（星形接法）和 KM2 线圈（三角形接法），总共有 2 点输入、3 点输出，所以选择 FX2N 系列 PLC 的基本单元完全满足要求，其 PLC 的 I/O 外部接线图如图 6-37（b）所示。

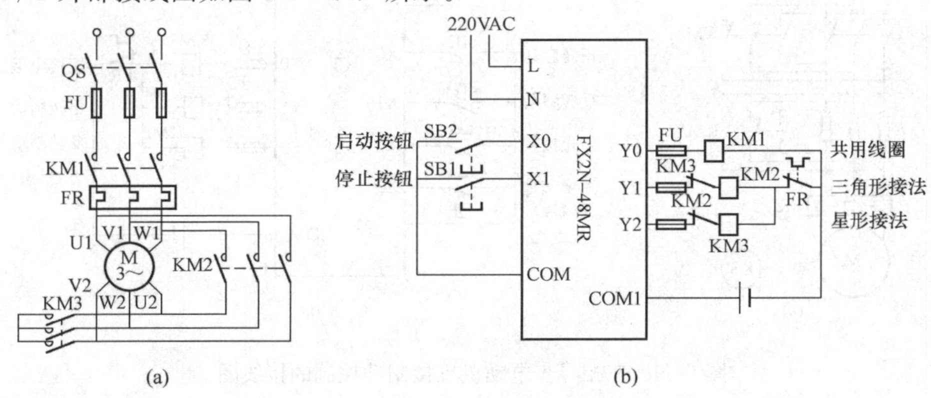

图 6-37　电动机的 Y/△起动接线图

（a）主电路；（b）I/O 外部接线图

2. 梯形图的设计

根据三相异步电动机的 Y/△降压启动工作原理，可以设计出对应的梯形图，如图 6-38 所示。为了防止电动机由 Y 形转换为△接法时发生相间短路，输出继电器 Y2（Y 形接法）和输出继电器 Y1（△形接法）的动断触点实现软件互锁，而且还在 PLC 输出电路使用接触器 KM2、KM3 的动断触点进行硬件互锁。

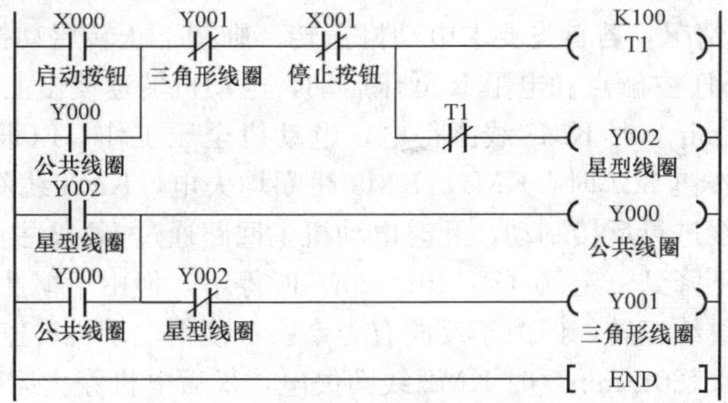

图 6-38　电动机的 Y/△降压启动控制的梯形图

当按下启动按钮 SB2 时，输入继电器 X0 接通，X0 的动合触点闭合，输出继电器 Y2 接通，使接触器 KM3（Y 形连接接触器）得电，接着 Y2 的动合触点闭合，使接触器 Y0 接通

并自锁，接触器KM1（共用线圈）得电，电动机接成Y形降压启动；同时定时器T1开始计时，10s后T1的动断触点断开使Y2失电，故接触器KM3（Y形连接接触器）也失电复位，Y2的动断触点（互锁用）恢复闭合解除互锁使Y1接通，接触器KM2（△形连接接触器）得电，电动机接成△形全压运行。

六、机床电动机的反接制动控制电路

图6-39（a）所示是三相异步电动机正/反方向反接制动的主电路，下面介绍实现三相异步电动机反接制动的PLC控制系统，具体步骤如下。

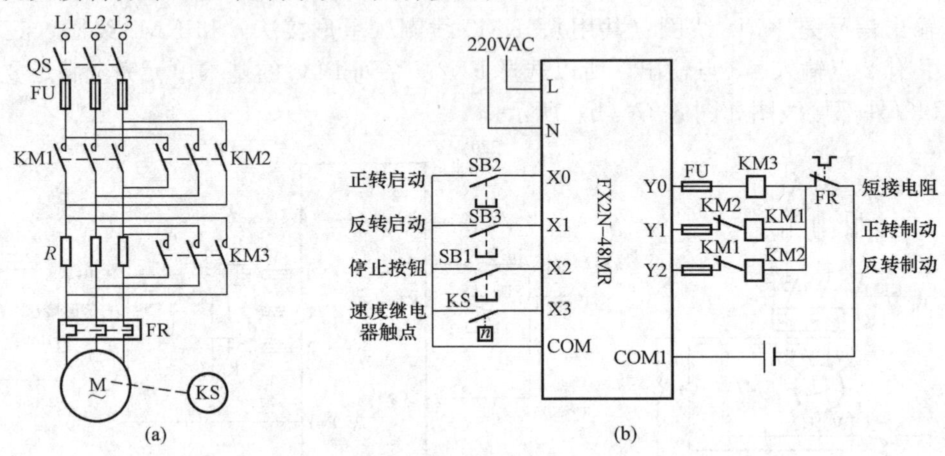

图6-39　三相异步电动机反接制动控制的接线图

（a）主电路；（b）PLC的I/O接线图

1. 确定I/O信号，设计PLC的外部接线图

PLC输入信号： 正转启动按钮SB2、反转启动按钮SB3、停止按钮SB1和速度继电器KS触点。

PLC输出信号： 正转制动接触器KM1、反接制动接触器KM2和短接电阻接触器KM3。

PLC输入/输出接线图如图6-39（b）所示。

2. 设计三相异步电动机反接制动的梯形图

分析： 根据实际情况，若首先要求电动机正转，则按下正转启动按钮SB2，KM1线圈得电，主电路通过KM1主触点和电阻R低压启动，电动机转速慢慢上升，当电动机转速上升到一定值（>120r/min）时KM3线圈得电，电动机全压工作，以很快的转速正转运行。需停机时，按下停止按钮SB1时，KM1、KM3线圈均失电，KM2线圈得电，KM2主触点闭合，对调两根电源线进行反接制动，此时电动机主回路通过KM2主触点和电阻R低压反向运转，当电机转速下降到一定值（<120r/min）时停下，但由于惯性的作用，电动机不会立即反向运行，而是继续正转，但由于反向有力牵引，使得电动机转速逐渐下降，当电动机转速下降到一定值（<120r/min）时KM2线圈失电，最后电机停止运行，反接制动结束。

若首先要求电动机反转的制动请读者自行分析。

三相异步电动机反接制动控制梯形图如图6-40所示。若首先要求电动机正转，则按下正转启动按钮SB2，输入继电器X0接通，程序中X0动合触点闭合，初始正转条件M0接通，M0动合触点闭合并自锁，正转输出继电器Y1接通并保持得电，外部接的KM1线圈得电，KM1 主触点闭合，电动机主回路通过 KM1 主触点和电阻 R 低压启动，电动机转速逐渐上升，当上升到一定值（＞120r/min），速度继电器 KS 线圈得电，其动合触点闭合，即接在 PLC 输入模块上的 X3 动合触点闭合，程序中 Y0 线圈得电，接在外部的 KM3 线圈得电，KM3 主触点吸合，电动机主回路上 KM3 主触点将电阻 R 短接，电动机全压运行，此时 Y0 和 Y1 线圈都处于得电状态，程序中它们的动合触点都闭合，所以 M5 动合触点也保持闭合状态，如果需要停机时只需按下停止按钮 SB1，程序中 X2 动合触点闭合，使得反转条件的中间继电器 M3 得电并自锁，为反转输出继电器 Y2 得电提供条件，与此同时正转启动的条件 M0 失电，M0 动合触点断开，使得 Y0 和 Y1 失电（Y0 失电使 M5 复位，为下一轮反转制动做准备），对应外部的交流接触器 KM3 和 KM1 失电而使其主触点断开，电动机主回路中通过 KM2 主触点和电阻 R 接通，按理电动机应反转低压工作，但由于惯性电动机还会继续正转，由于反转有力的牵制，所以电动机正转的转速逐渐下降，当转速下降到一定值（＜120r/min）时，速度继电器 KS 线圈又得电，接在 PLC 输入模块上的动合触点 X3 闭合，程序中的 M3、Y2 失电，接在外部的接触器 KM2 也失电，最后电动机停止工作，实现了正转低压启动、正转高速运行、反转制动的功能。

如要实现反转低压启动、反转高速运行、正转制动的功能，请读者根据图 6-40 自行分析。

常用机床的 PLC 基本编程环节除了本章介绍的以外，还有多流程顺序控制电路，这在后面讲步进指令时再重点介绍。

七、梯形图经验设计法

1. PLC 控制系统梯形图的特点

(1) PLC 控制系统的输入信号和输出负载。继电器电路图中的交流接触器、指示灯和电磁阀等执行机构用 PLC 的输出继电器来控制，它们的线圈接在 PLC 的输出端。按钮、控制开关、限位开关、接近开关、线圈的触点等用来给 PLC 提供控制命令和反馈信号，它们的触点接在 PLC 的输入端。

(2) 继电器电路图中的中间继电器和时间继电器的功能用 PLC 内部的辅助继电器和定时器来完成，它们与 PLC 的输入继电器和输出继电器无关。

(3) 设置中间单元。在梯形图中，若多个线圈都受某一触点串/并联电路的控制，为了简化电路，在梯形图中可设置用该电路控制的辅助继电器，辅助继电器类似于继电器电路中的中间继电器。

(4) 时间继电器瞬动触点的处理。时间继电器除了延时动作的触点外，还有在线圈得电或失电时立即动作的瞬动触点。对于有瞬动触点的时间继电器，可以在梯形图中对应的定时器的线圈两端并联辅助继电器，辅助继电器的触点相当于时间继电器的瞬动触点。

(5) 外部联锁电路的设立。为了防止控制正/反转的两个接触器同时动作，造成三相电源短路，除了在梯形图中设置与它们对应的输出继电器的线圈串联的动断触点组成的软互锁电路外，还应在 PLC 外部设置硬互锁电路。

2. 经验设计法

以上实例编程使用的方法为经验设计法。顾名思义，经验法是依据设计者的经验进行设计的方法。这种设计方法没有普遍的规律可以遵循，具有很大的试探性和随意性，最后的结果也不是唯一的，设计所用的时间、设计质量与设计者的经验有很大的关系，因此，有人称

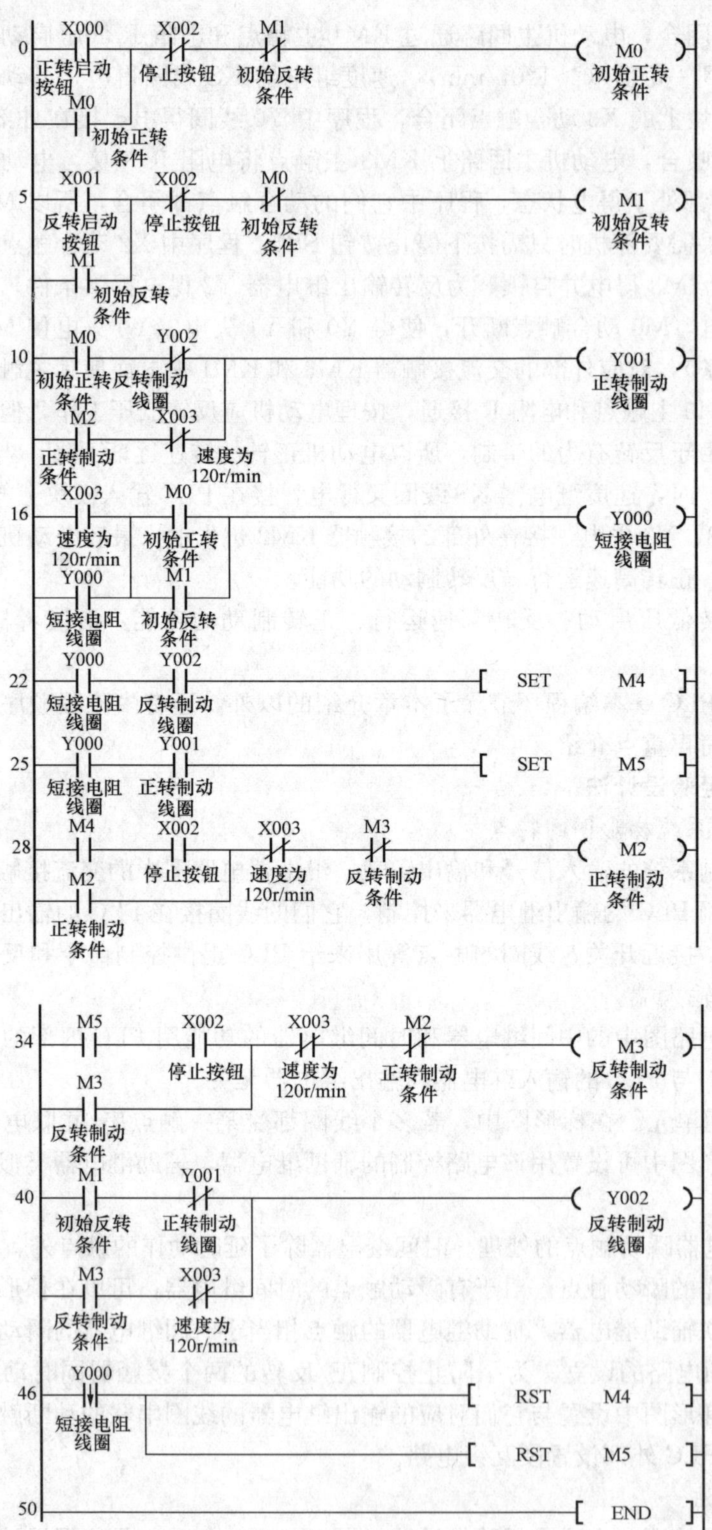

图 6-40 反接制动梯形图

这种设计方法为经验设计法，它是其他设计方法的基础，用于较简单的梯形图程序设计。

（1）经验设计法的要点。

1）梯形图的基本模式为起—保—停电路。每个起—保—停电路一般只针对一个输出，这个输出可以是系统的实际输出，也可以是中间变量。

2）PLC 的编程，从梯形图来看，其根本点是找出符合控制要求的系统各个输出的工作条件，这些条件又总是用机内各种器件按一定的逻辑关系组合来实现的。

3）梯形图编程中有一些约定俗成的基本环节，它们都有一定的功能，可以在许多地方借以应用。

4）最好从工程安全的角度考虑 PLC 的输入信号。通常在工程设计时，我们把安全系数较高部件所用到的行程开关、接近开关、光电开关、急停按钮等输入设备的动断触点接到 PLC 的输入模块上。

（2）经验设计法编程步骤。

1）在准确了解控制要求后，合理地为控制系统中的事件分配输入输出端。选择必要的机内器件，如定时器、计数器、辅助继电器。

2）对于一些控制要求较简单的输出，可直接写出它们的工作条件，依启—保—停电路模式完成相关的梯形图支路。工作条件稍复杂的可借助辅助继电器。

3）对于较复杂的控制要求，为了能用启—保—停电路模式绘出各输出端的梯形图，要正确分析控制要求，并确定组成总的控制要求的关键点。

在空间类逻辑为主的控制中关键点为影响控制状态的点（如抢答器例中主持人是否宣布开始，答题是否到时等）。在时间类逻辑为主的控制中（如交通灯），关键点为控制状态转换的时间。

4）将关键点用梯形图表达出来。关键点总是用机内器件来代表的，应考虑并安排好。绘关键点的梯形图时，可以使用常见的基本环节，如定时器计时环节、振荡环节、分频环节等。

5）在完成关键点梯形图的基础上，针对系统最终的输出进行梯形图的编绘。使用关键综合出最终输出的控制要求。

6）审查以上草绘图纸，在此基础上，补充遗漏的功能，更正错误，进行最后的完善。

最后需要说明的是“经验设计法”并无一定的章法可循。在设计过程中如发现初步的设计构想不能实现控制要求时，可换个角度试一试。当您的设计经历多起来时，经验法就会得心应手了。

习　　题

6-1　试设计一个工作台前进——退回的控制线路。工作台由电动机 M 拖动，行程开关 SQ1、SQ2 分别装在工作台的原位和终点。要求：

（1）能自动实现前进—后退—停止到原位。

（2）工作台前进到达终点后停一下再后退。

（3）工作台在前进中可以立即后退到原位。

（4）有终端保护。

试作出 PLC 输入输出分配接线图，并编写梯形图控制程序。

6-2 有两台三相异步电动机 M1 和 M2，要求：

(1) M1 启动后，M2 才能启动。

(2) M1 停止后，M2 延时 30s 后才能停止。

(3) M2 能点动调整。

试作出 PLC 输入输出分配接线图，并编写梯形图控制程序。

6-3 设计抢答器 PLC 控制系统。控制要求：

(1) 抢答台 A、B、C、D，有指示灯，抢答键。

(2) 裁判员台，指示灯，复位按键。

(3) 抢答时，有 2s 的声音报警。

6-4 设计彩灯 PLC 顺序控制系统。控制要求：

(1) A 灯亮 1s，灭 1s；B 灯亮 1s，灭 1s。

(2) C 灯亮 1s，灭 1s；D 灯亮 1s，灭 1s。

(3) A、B、C、D 灯亮 1s，灭 1s。

(4) 循环三次。

6-5 设计气压成型机的 PLC 控制系统，其控制要求如下：

开始时，冲头处在最高位置（XK1 闭合）。按下启动按钮，电磁阀 1DF 得电，冲头向下运动，触到行程开关 XK2 时，1DF 失电，加工 5s 时间。5s 后，电磁阀 2DF 得电，冲头向上运动，直到触到行程开关 XK1 时，冲头停止。按下停车按钮，要求立即停车。

启动信号 X0，停车信号 X1，XK1(X2)，XK2(X3)，1DF(Y0)，2DF(Y1)。

6-6 根据图 6-41 的时序图，设计通电和断电延时的 PLC 梯形图。

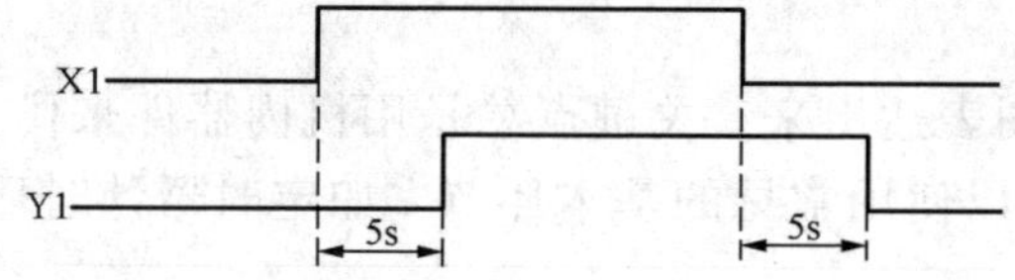

图 6-41 题 6-6 时序图

第七章

三菱PLC编程软件和仿真软件在编程与调试中的应用

本章主要内容 熟悉 GX Developer 编程软件和 GX-Simulator 仿真软件的安装。
掌握 GX Developer 编程软件和 GX-Simulator 仿真软件的应用。

目前，工业领域中三菱 PLC 编程软件用得最为广泛的是 8.86 版本（SW8D5C-GPPW-C）的 GX Developer 软件，为了减少现场调试时间，三菱公司还开发了 PLC 的模拟软件 GX-Simulator，软件功能非常强大。由于篇幅问题，本章以工程创建和调试为例来实现对该软件的应用。

第一节 软件的安装与应用

一、软件的介绍

三菱 GX Developer 编程软件是应用于三菱系统 PLC 的中文编程软件，可在 Window 及以上操作系统运行。

1. GX Developer 编程软件的主要功能

GX Developer 软件功能十分强大，它集成了项目管理、程序键入、编译链接、模拟仿真和程序调试等功能，其主要功能有：

（1）在 GX Developer 中，可通过线路符号，列表语言及 SFC 符号来创建 PLC 程序，建立注释数据及设置寄存器数据。

（2）创建 PLC 程序以及将其存储为文件，用打印机打印。

（3）该程序可在串行系统中与 PLC 进行通信，文件传送，操作监控以及各种测试功能。

（4）该程序可脱离 PLC 进行仿真调试。

2. 系统配置

（1）计算机。计算机要求机型为 IBM PC/AT（兼容）；CPU：486 以上；内存：8M 或更高（推荐 16M 以上）；显示器：分辨率为 800×600 点，16 色或更高。

（2）接口单元。接口单元采用 FX-232AWC 型 RS-232/RS-422 转换器（便携式）或 FX-232AW 型 RS-232/RS-422 转换器（内置式），以及其他指定的转换器。

（3）通信电缆。通信电缆采用 FX-422CAB 型 RS-422 缆线（用于 FX2，FX2C 型 PLC，0.3m）或 FX-422CAB-150 型 RS-422 缆线（用于 FX2，FX2C 型 PLC，1.5m）。

三菱 GX Simulator 仿真软件提供了 PLC 的仿真调试环境，支持三菱所有型号 PLC（FX，AnU，QnA 和 Q 系列），利用它可以缩短现场调试时间，当模拟调试 PLC 程序时，可以不需要实际设备。

二、软件的安装

1. GX Developer 软件的安装

在电脑中找到存放 GX Developer 软件的位置，在 GX Developer 文件夹中有一个文件夹"EnvMEL"，如图 7-1 所示。

（1）环境的安装。在图 7-1 中鼠标左双击文件名"ENVMEL"进入图 7-2 窗口，找到"SETUP. EXE"，然后鼠标左双击它开始安装，根据安装过程的提示一步一步完成，中途还需输入序列号（序列号为 570－986818410），直到点击"完成"按键，环境安装完毕。

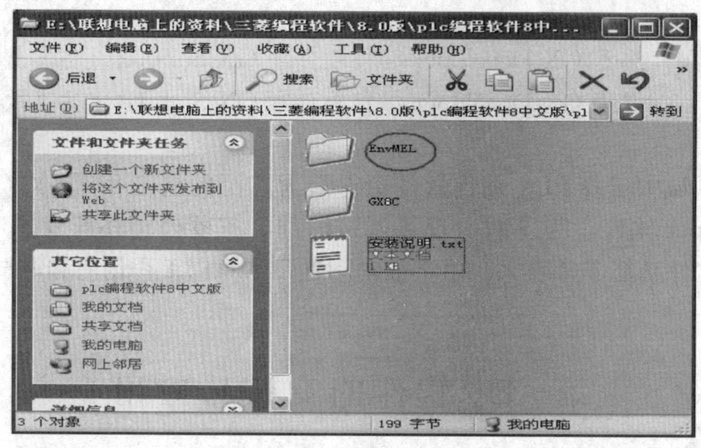

图 7-1　软件环境安装路径

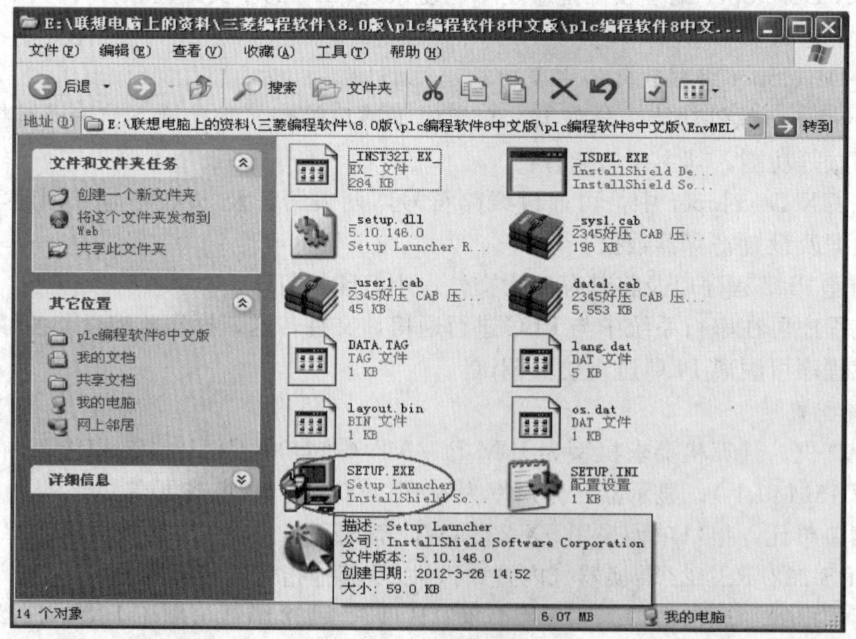

图 7-2　软件环境安装

（2）程序安装。

1）在图 7-1 中鼠标左双击"GX8C"，进入图 7-3 窗口，点击"SETUP. EXE"正式安装三菱 PLC 编程软件 GX Developer。

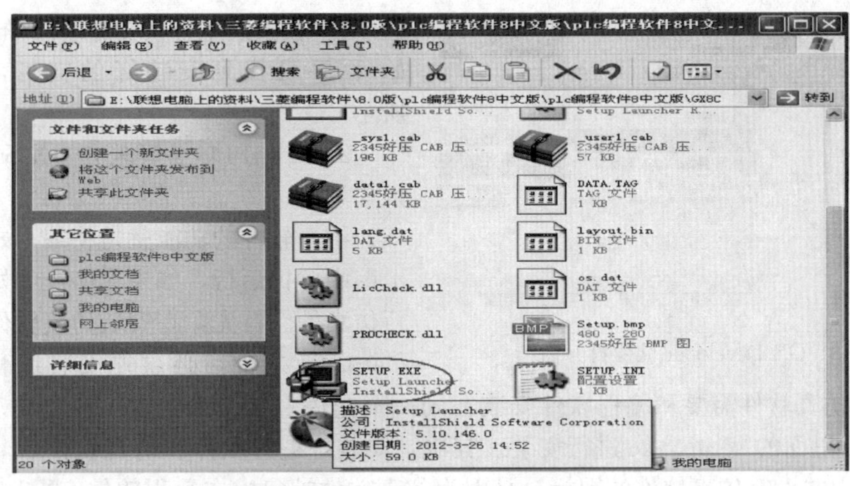

图 7-3　软件正式安装路径

2）安装过程中提示选择安装路径，安装路径最好使用默认的，不要更改，输入各种注册信息后，输入序列号，如图 7-4 所示。注意，不同软件的序列号可能会不相同，序列号可以在“安装说明 . txt”中找到。

3）“监视专用”这里不用打勾，否则就只能监视不能编程了，如图 7-5 所示。

图 7-4　序列号输入窗口

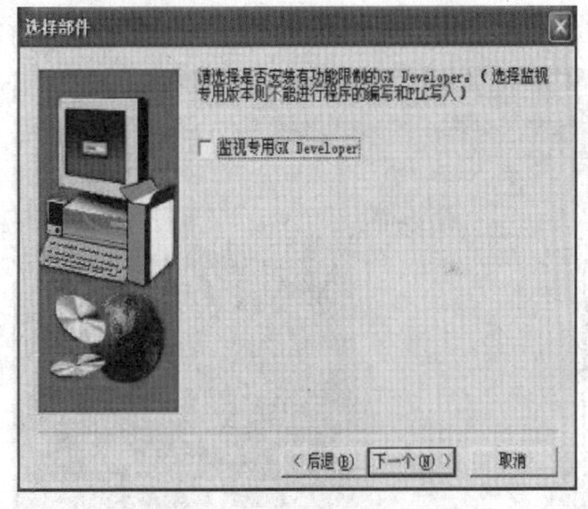

图 7-5　选择部件窗口

4）等待安装过程，其窗口如图 7-6 所示。

5）直到出现如图 7-7 窗口，GX Developer 软件才算安装完毕。安装结束后将在桌面上建立一个和“GX Developer”相对应的图标，同时在桌面的“开始”程序中建立一个“MELSOFT 应用程序→GX Developer”选项。

图 7-6　安装过程等待窗口

图 7-7　软件安装完毕窗口

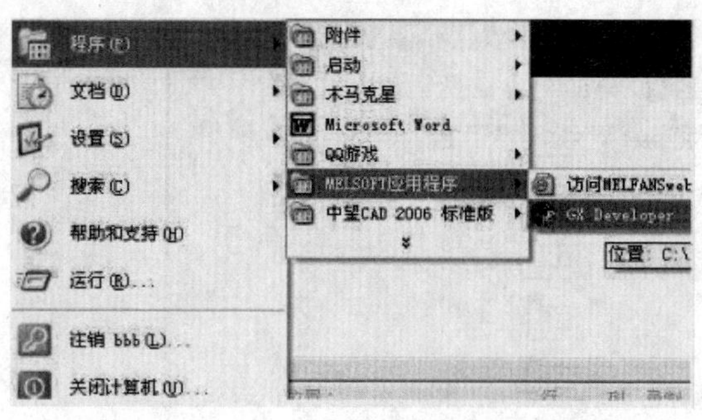

图 7-8 GX Developer 软件打开窗口

6）在安装软件的电脑桌面的左下角开始/程序可找到安装好的文件，如图 7-8 所示。

2. 三菱 PLC 仿真软件 GX Simulator 6c 的安装

仿真软件的功能就是将编写好的程序在电脑中虚拟运行，如果程序没编好是无法进行仿真的。首先，在安装仿真软件 GX Simulator 6c 之前，必须先安装编程软件 GX Developer，仿真软件需要和编程软件安装在同一个文件目录下面，点击三菱仿真软件 GX Simulator 6c 里面的 setup. exe 进行安装。其次，安装好编程软件和仿真软件后，在桌面或者开始菜单中并没有仿真软件的图标，是因为仿真软件被集成在编程软件 GX Developer 中了，其实这个仿真软件相当于编程软件的一个插件。

3. 检验编程软件和仿真软件是否安装完好

通过实例来检验。

(1) 启动编程软件 GX Developer，如图 7-9 所示，图中标识部分颜色为灰色，说明编程软件没安装好，必须重新安装；若标识部分颜色为白色，说明编程软件安装完好。点击图中标识图标，创建一个新工程，如图 7-10 所示。

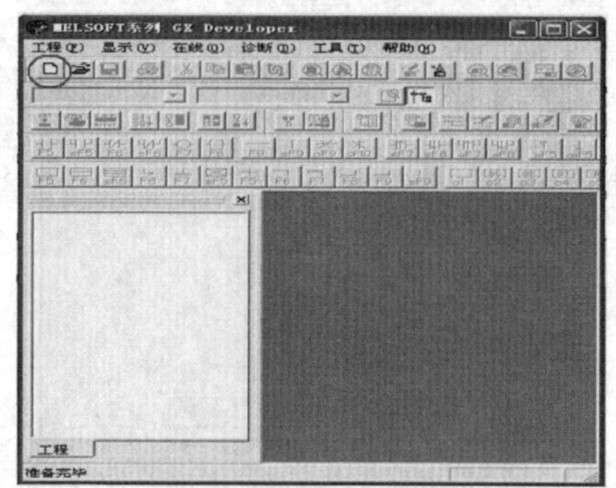

图 7-9 GX Developer 软件安装完好检验

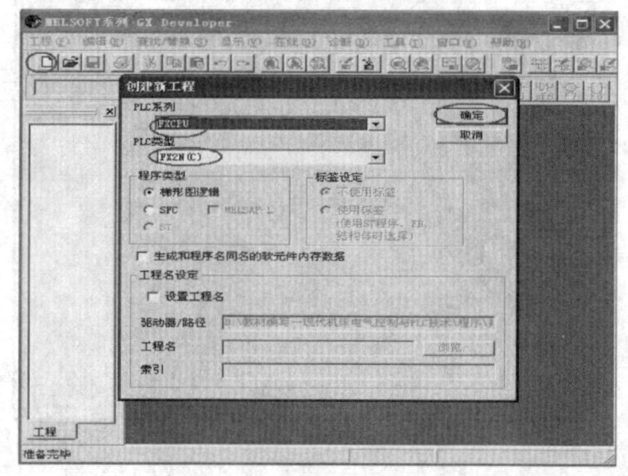

图 7-10 新工程创建窗口

(2) 按下图 7-10 中“确定”按钮，进入如图 7-11 所示的窗口。

图中标号 1 处为“梯形图逻辑测试起动/结束”图标，若其颜色为灰色，说明模拟软件未安装好，必须重新安装，若其颜色变为蓝色，说明模拟软件安装完好，满足要求。

通过上面编程软件和模拟软件的正确安装，以及软件的检验合格后就可用于编程应用。

三、GX Developer 编程软件界面

双击桌面上的编程软件“GX Developer”图标，即可启动 GX Developer，其界面如图 7-12 所示。

GX Developer 界面由项目标题栏、菜单、快捷工具栏、编辑窗口和管理窗口等部分组成。在调试模式下，可打开远程运行窗口，数据监视窗口等。

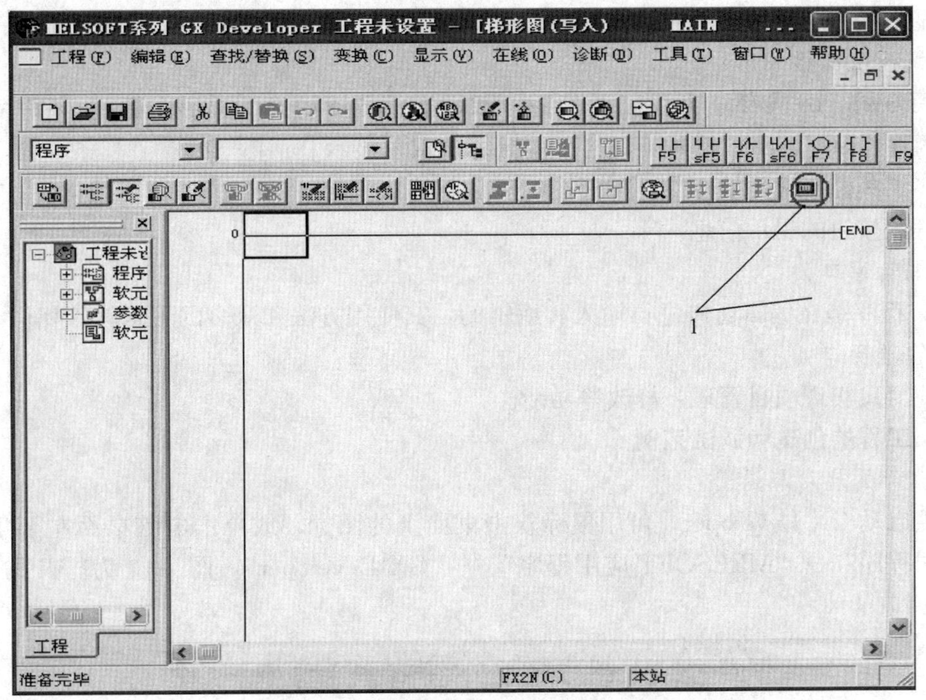

图 7-11　GX Simulator 6c 软件安装完好检验

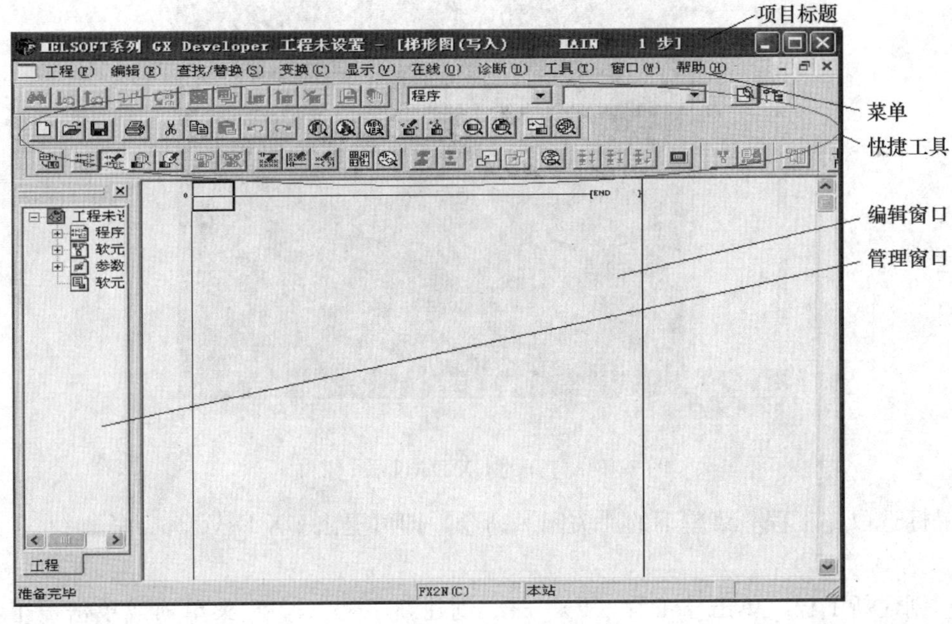

图 7-12　软件编辑界面

1. 菜单

GX Developer 共有 10 个菜单，每个菜单又有若干个菜单项。许多基本相同菜单项的使用方法和目前文本编辑软件的同名菜单项的使用方法基本相同。多数使用者一般很少直接使用菜单项，而是使用快捷工具。常用的菜单项都有相应的快捷按钮，GX Developer 的快捷键直接显示在相应菜单项的右边。

2. 快捷工具栏

GX Developer 共有 8 个快捷工具栏，即标准、数据切换、梯形图标记、程序、注释、软元件内存、SFC、SFC 符号工具栏。用鼠标选取［显示］菜单下的［工具条］命令，即可打开这些工具栏。常用的标准、梯形图标记和程序工具栏，将鼠标停留在快捷键按钮片刻，就可获得该按钮的提示信息。

3. 编辑窗口

PLC 程序是在编辑窗口进行输入和编辑的，其使用方法和众多的编辑软件相似。

4. 管理窗口

管理窗口实现项目管理、修改等功能。

四、工程的创建和调试范例

1. 软件的启动与退出

要想启动 GX Developer，可用鼠标双击桌面上的图标，或单击电脑桌面左下角的“开始”→“程序”→“MELSOFT 应用程序”→“GX Developer”，图 7-13 为打开的 GX Developer 窗口。

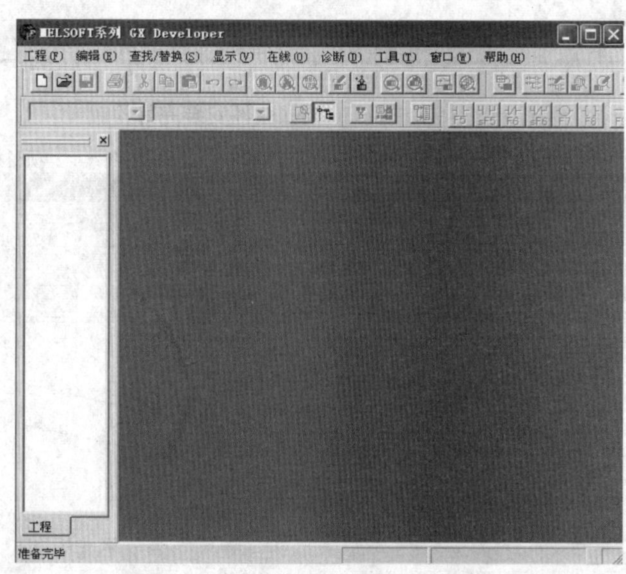

图 7-13　打开的 GX Developer 窗口

用鼠标选取［工程］菜单下的［关闭］命令，即可退出 GX Developer 软件。

2. 文件的管理

(1) 创建新工程。单击“工程（F)”→“创建新工程（N)”菜单项或单击“工程”下面的图标，或者按[Ctrl]+[N]键操作，在出现的创建新工程对话框中选择 PLC 系列和 PLC 类型，如图 7-14 所示的对话框，“PLC 系列”选择 FXCPU，“PLC 类型”选择 FX2N，“程序类型”默认为“梯形图”，勾选“设置工程名”，在“工程名”框中输入程序名称，如“车床”，点击“确定”。因为在 D 盘没有此文件夹，所以会出现图 7-15 所示的对话框。选择“是”，在 D 盘新工程建立完毕，此时便可出现图 7-12 的编程软件界面。

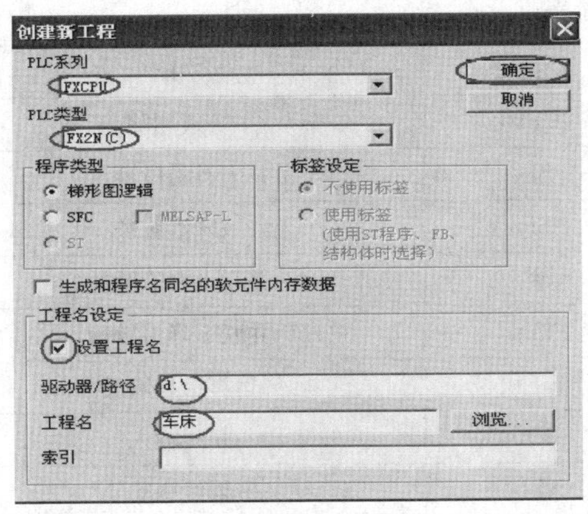

图 7-14 创建新工程对话框

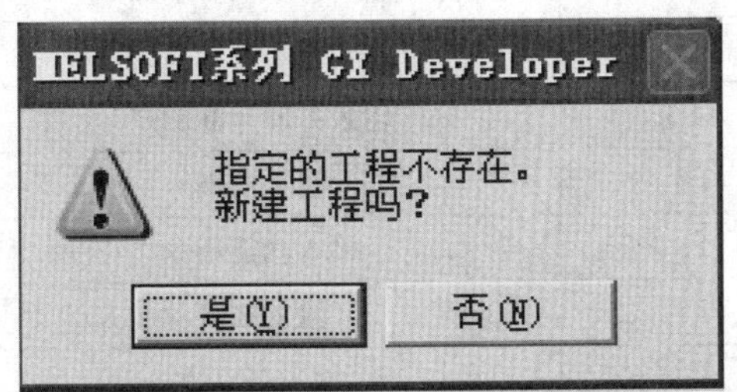

图 7-15 新工程创建提示

（2）打开工程。打开一个已有工程，选择[工程]→[打开工程]菜单项或按[Ctrl]+[O]键，在出现的打开工程对话框中选择已有工程，单击［打开］，如图 7-16 所示。

（3）文件的保存和关闭。保存当前 PLC 程序，注释数据以及其他在同一文件名下是数据。操作方法是：执行[工程]→[保存工程]菜单操作或［Ctrl］＋［S］键操作即可。将已处于打开状态的 PLC 程序关闭，操作方法是：执行[工程]→[保存工程]菜单操作即可。

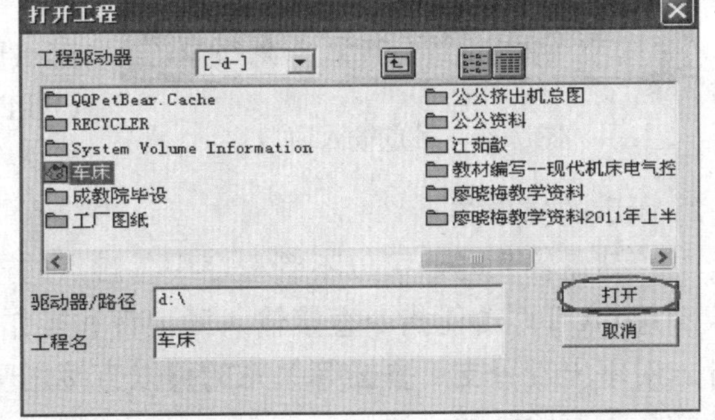

图 7-16 打开工程对话框

3. 编程操作

（1）输入梯形图。梯形图输入有两种方法，一是利用工具条中的快捷键输入，二是直接用键盘输入如 F5，F6，F7，F8，F9，F10。下面以一段简单的程序为例说明这两种输入方法。

（2）用工具条中的快捷键输入。工具条中的快捷键如图 7-17 所示。

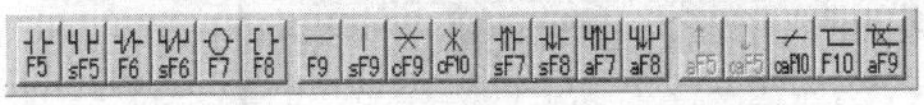

图 7-17 工具条中的快捷键

1）触点输入：点击 F5，则出现如图 7-18 所示的“梯形图输入”对话框。在对话框中输入 X0，点击“确定”则触点输入，用同样的方法可以输入其他的常开或动断触点。

2）线圈输入：点击 F7，则出现如图 7-19 所示的“梯形图输入”对话框。在对话框中输入 Y0，点击“确定”则线圈输入。用同样的方法可以输入其他程序。

图 7-18 梯形图触点输入对话框

图 7-19 梯形图触点输出对话框

表 7-1 是工具条中各按钮的功能解释。

表 7-1　　各按钮功能表

快捷键	功能	快捷键	功能
F5	输入动合触点	CF10	竖线删除
SF5	输入并联动合触点	SF7	上升沿脉冲
F6	输入动断触点	SF8	下降沿脉冲
SF6	输入并联动断触点	aF7	并联上升沿脉冲
F7	输入线圈	aF8	并联下降沿脉冲
F8	输入功能指令	caF10	运算结果取反
F9	输入横线	F10	划线输入
SF9	输入竖直线	aF10	划线删除
CF9	横线删除		

（3）从键盘输入。如果键盘使用熟练，直接从键盘输入则更方便，效率更高。不用点击工具栏中的按钮。在图 7-12 中首先使光标处于第一行的首端，在键盘上直接敲入 LD X0，同样出现一个如图 7-20 所示的对话框。再敲回车键（ENTER），则 X0 动合触点输入；接着输入 OUT Y0，再敲回车键（ENTER）线圈输入；再输入 OR Y0，再敲回车键（ENTER），就得到图 7-21 所示的梯形图。

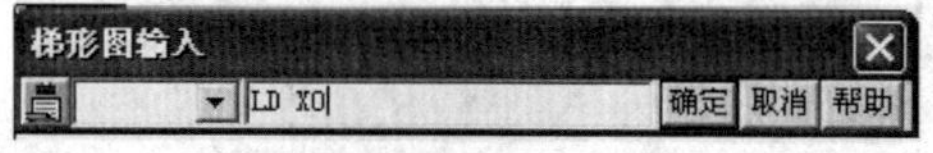

图 7-20　触点输入窗口

用键盘输入时，可以不管程序中各触点的连接关系，动合触点用 LD，动断触点用 LDI，线圈用 OUT，功能指令直接输入助记符和操作数。但要注意助记符和操作数之间用空格隔开。对于出现分支、自锁等关系的可以直接用竖线去补上通过一定的练习和摸索，就能熟练地掌握程序输入的方法。

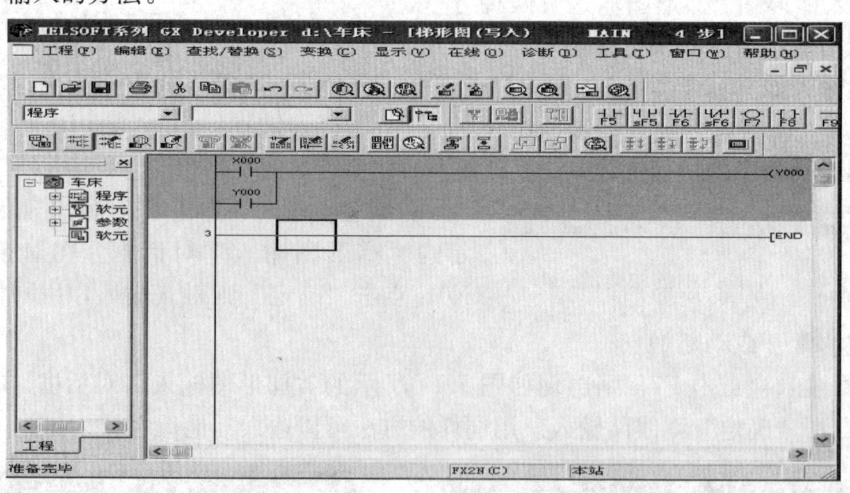

图 7-21　梯形图

4. 梯形图编辑

在输入梯形图时，常需要对梯形图进行编辑，如插入、删除等操作。

（1）触点的修改、添加和删除。

修改： 把光标移到需要修改的触点上，直接输入新的触点，回车即可；则新的触点覆盖了原来的触点，也可以吧光标移到需要修改的触点上双击，则出现一个对话框，在对话框上输入新触点的地址，回车即可。

添加： 若在图 7-21 的 X0 动合触点前添加 X2 动合触点，把光标移到 X0 触点上，右击鼠标出现图 7-22 的窗口，选择“列插入”，光标自动的移到需要添加触点处，直接输入触点 X2，按回车即可，如图 7-23 所示。

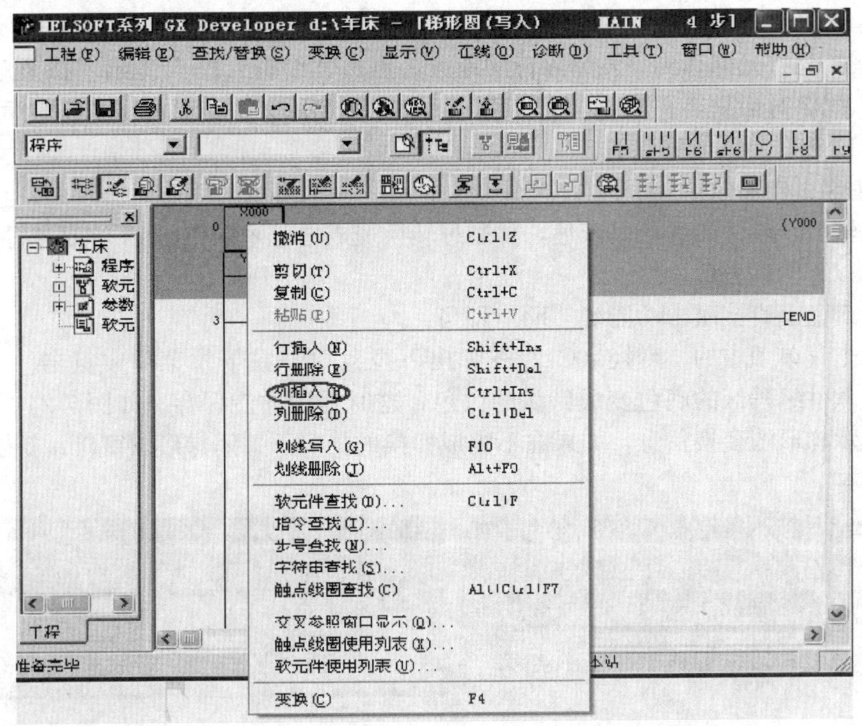

图 7-22　列添加

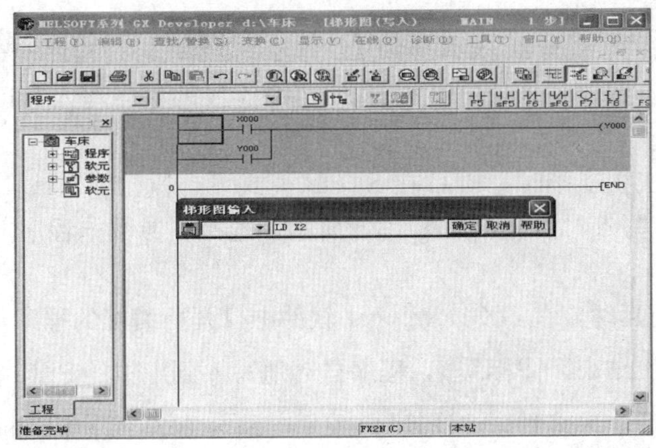

图 7-23　新触点的添加

删除： 把光标放在需要删除的触点上，再按键盘的“Delete”键，即可删除再点击直线，按回车即可，用直线覆盖原来的触点。

(2) 行插入和行删除。在进行程序编辑时，通常要插入或删除一行或几行程序，其操作方法如下：

行插入： 先将光标移到要插入的地方，点击“编辑（E)”弹出下拉菜单，或右击鼠标进入图7-22对话框，再点击“行插入（N)”，则在光标处出现一个空行，在空行处就可以输入一行程序；用同样方法可以继续插入行。注意在程序与结束指令END插入程序，不需要采用“行插入”方法进行操作，将光标直接放在END指令行的首端，按前面输入程序的方法直接输入即可。

行删除： 先将光标移到需要删除行的地方，点击“编辑（E)”弹出下拉菜单，或右击鼠标进入图7-22对话框，再点击“行删除（E)”，就删除了一行；用同样方法可以继续删除。注意“END”是不能删除的。

5．程序的变换及保存操作

程序编辑后，软件的底色是灰色，要通过转换变成白色才能传给PLC或进行仿真运行。转换方法有以下两种方法：

(1) 在键盘上直接敲击功能键“F4”即可。

(2) 点击菜单条中的“变换（C)”→弹出下拉菜单→在下拉菜单中点击“变换（C)”即可，这时软件编程区的底色变成默认的白色，这时程序才能保存。如图7-24所示。在变换过程中显示梯形图变换信息，如果在不完成变换的情况下关闭梯形图窗口，新创建的梯形图将不被保存。

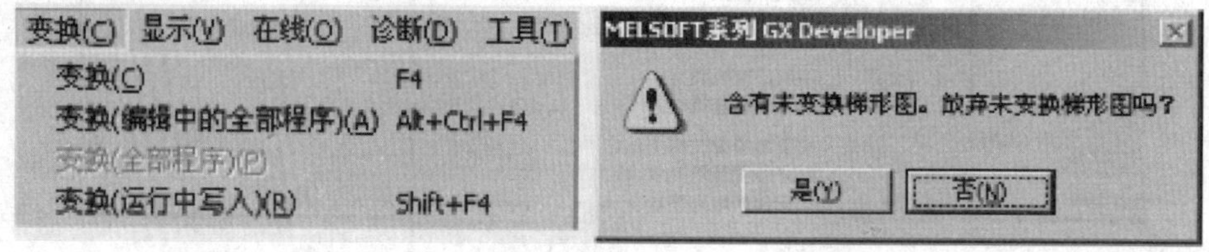

图7-24　变换操作

6．程序调试及运行

(1) 程序的检查。执行[诊断]菜单→[PLC诊断]命令，进行程序检查，如图7-25所示。

(2) 程序的写入。程序写入分电脑与PLC实物连接的程序写入和运用模拟软件下的程序写入两种。

1) 电脑与PLC实物连接时，PLC在STOP模式下，执行［在线］菜单项→［PLC写入］命令，出现PLC写入对话框，如图7-26所示，选择［参数+程序］，再按［执行］，完成将程序写入PLC。

2) 用模拟软件仿真时，在GX Developer软件中打开所编好的程序，然后打开工具条中“梯形图逻辑测试起动/结束”图标，程序自动地写入到虚拟的PLC中。若现有程序有所修改，则将程序修改后，再将程序“变换”，重复电脑与PLC实物相连时的写入步骤，或者再点击关闭模拟软件，再重新打开模拟软件，修改后的程序也能自动地写入。

(3) 程序的读取。PLC程序读取是指把程序从PLC→电脑。它有两种方法，一是点击快捷按钮，二是点击菜单条中的“在线（0)”弹出下拉菜单，在下拉菜单中点击“PLC

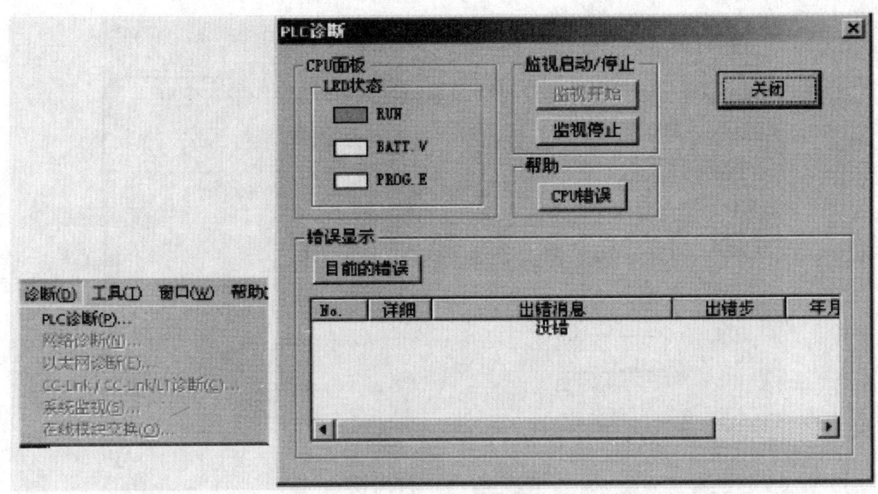

图 7-25　诊断操作

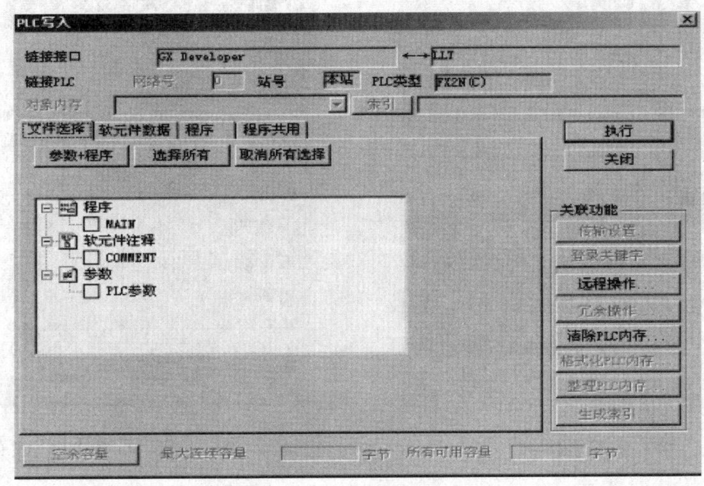

图 7-26　程序的写入操作

读取（R）”。

利用模拟软件时是不能执行 PLC 程序读取的。只有电脑与 PLC 正式连接时才有此功能。

程序传送是指 PLC 与电脑之间的传送，执行传送时应注意以下几个问题：

1）计算机的 RS232C 端口及 PLC 之间必须用指定的通信电缆及转换器连接；

2）PLC 必须在 STOP 模式下才能执行程序传送；

3）执行完［PLC 写入］后，PLC 中原有的程序被读入的新程序所替代；

4）在［PLC 读取］时，程序必须在 RAM 或 EE－PROM 内存保护关断的情况下读取。

（4）程序的运行及监控。

1）程序的运行。执行［在线］菜单→［远程操作］命令，将 PLC 设为 RUN 模式，程序运行，如图 7-27 所示。

2）程序的监控。执行程序运行后，再执行［在线］菜单→［监视］命令，可对 PLC 的

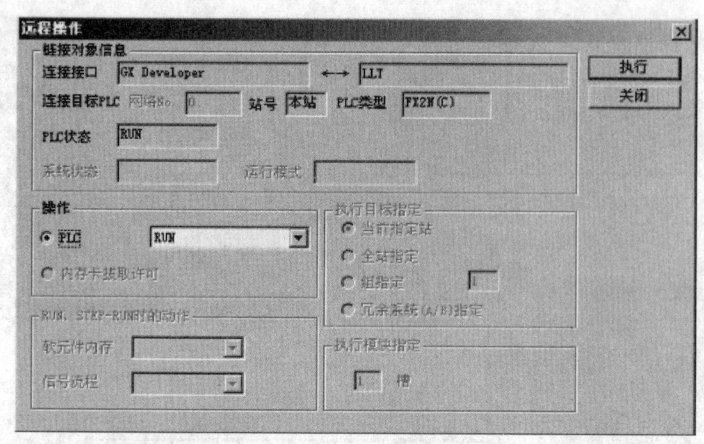

图 7-27 运行操作

运行过程进行监控。结合控制程序，操作有关输入信号，观察输出状态，如图 7-28 所示。

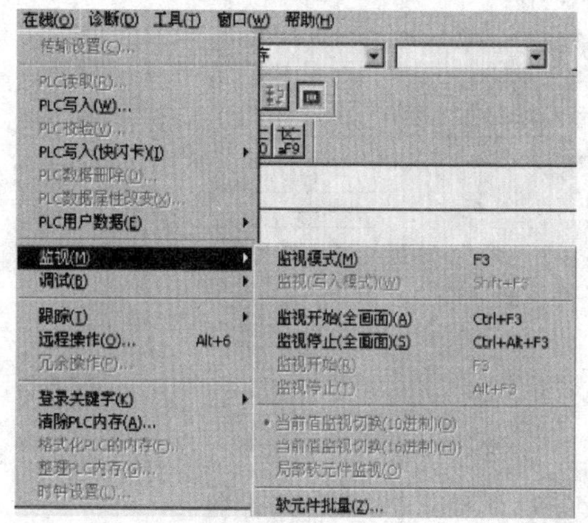

图 7-28 监控操作

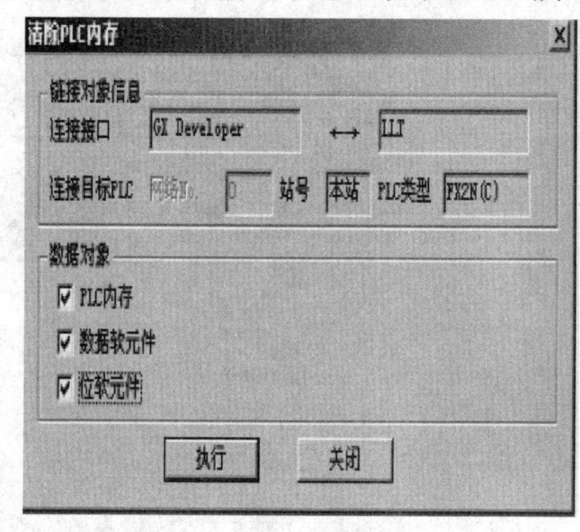

图 7-29 清除 PLC 内存操作

（5）程序的调试。程序运行过程中出现的错误有两种：

1）一般错误：运行的结果与设计的要求不一致，需要修改程序，即先执行［在线］菜单→［远程操作］命令，将 PLC 设为 STOP 模式，再执行［编辑］菜单→［写模式］命令，再从上面第（2）点开始执行（输入正确的程序），直到程序正确。

2）致命错误：PLC 停止运行，PLC 上的 ERROR 指示灯亮，需要修改程序，即先执行［在线］菜单→［清除 PLC 内存］命令，如图 7-29 所示；将 PLC 内的错误程序全部清楚后，再从上面第（2）点开始执行（输入正确的程序），直到程序正确。

第二节 GX-Simulator 仿真软件在程序调试中的应用

GX-Simulator 是在 Window 上运行的软件包。在安装有 GX Developer 的计算机内追加安装 GX-Simulator，就能够实现不在线时的调试。

不在线调试功能内包括软元件的监视测试，外部机器的 I/O 模拟操作等。若使用 GX-Simulator，就能够在 1 台计算机上进行顺控程序的开发和调试，所以能够有效地进行顺控程序修正后的确认。提高了现场调试的效率。

此外，为了能够执行本功能，必须事先安装 GX Developer ，才能将编写的程序通过 GX-Simulator 进行模拟调试。

一、GX-Simulator 的主要功能

GX-Simulator 的功能包括从 GX-Simulator 菜单执行的功能以及从 GX Developer 菜单执行的功能。从 GX Developer 菜单执行 GX-Simulator 的时候，GX-Simulator 将执行所选 CPU 的功能：支持 A、QnA、FX 系列 CPU。同样，当选择了运动控制器时，则运行 A 系列 CPU 的功能（关于 A 系列 CPU 对应的运动控制器有关内容，本书不做介绍）。然而当选择了 FXCPU 系列时，则运行 FX 系列 CPU 的功能。GX-Simulator 所支持的功能如表 7-2 所示。

表 7-2　　GX-Simulator 所支持的功能

功　能		描　述
从 GX Developer 菜单执行的功能	梯形图监视 软元件监视	监视 GX Simulator 的处理状态
	软元件监视	在监视过程中强制写入 GX Simulator 的软元件值
	PLC 写入	参数文件和程序文件写入 GX Simulator 的功能
	PLC 诊断	检查 GX Simulator 的状态及检查出错
	远程操作	操作 GX Simulator 执行状态的功能
	程序监视列表	以表格的方式监视程序执行状态及执行次数，在表格中启动和停止程序的执行
	在线修改	仿真的 CPU 运行状态时写入程序（梯形图或 ST 变换写入）
从 GX Simulator 菜单执行的功能	I/O 系列设置	通过简单的设置来仿真外部设备的运行功能
	串行通信功能	检查从外部设备发送至串行通信模块的运行
	监视测试	通过监视软元件内存状态来进行测试 显示软元件的 ON/OFF 图标 强制软元件的 ON/OFF，更改软元件的当前值
	软元件管理功能	允许通过设置外部输入假定软元件值得的变更图案及写入允许软元件范围。运行用户应用程序进行检查的功能 允许使用 MELSOFT 产品从用户应用程序访问其他站软元件的功能
	工具	读取保存软元件内存/缓冲存储器数据并做选项设置的功能

二、GX-Simulator 快速入门

在 GX Developer 软件中增添了 PLC 程序的离线调试功能，即仿真功能。通过该软件可以实现在没有 PLC 的情况下仍可进行 PLC 程序的运行调试，实现程序的在线监控和仿真。

使用 GX-Simulator 仿真软件调试程序的步骤：

（1）打开编程软件 GX Developer，新建文件，编写用户程序并变换程序。

（2）执行［工具］菜单－［梯形图逻辑测试起动］命令，或直接按图标 ，出现如图 7-30 对话框。

（3）过几秒钟后出现如图 7-31 所示的窗口，此时 PLC 程序进入运行状态。

（4）在上述“LADDER LOGIC TEST TOOL”窗口下，执行［Start］菜单项→［De-

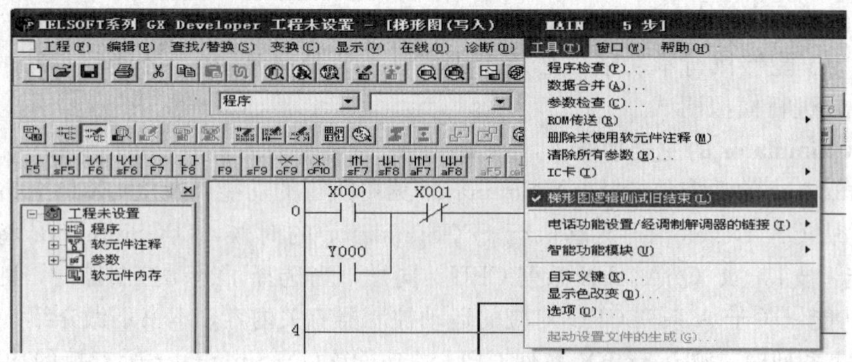

图 7-30 梯形图逻辑测试

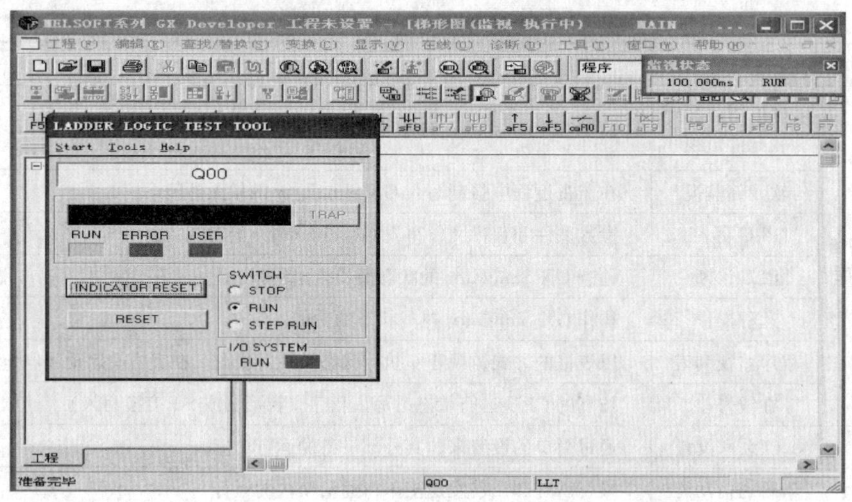

图 7-31 PLC运行

vice Memory Monitor］命令，进入图 7-32 窗口。

（5）在第 4 步出现的［Device Memory Monitor］窗口下选取［Timer Chart］下的［RUN］键，就可出现图 7-33 所示的窗口。

（6）若图 7-33 中出现了如图 7-34 所示的时序图画面，即编程元件若为黄颜色，则说明该编程元件当前状态为“1”，“Monitoring”键右边指示灯为绿色，说明程序运行。

在图 7-34 中，用户不仅可监视软元件的 ON/OFF 状态和数值，而且还可以执行强制软元件的 ON/OFF 和更改当前值。本功能也允许在时序格式中显示 ON/OFF 状态和数值，从而掌握时序进行。

（7）在程序运行过程中，若要停止，只要再次按下监视菜单中的“开始/停止”即可。另外，还可在第 4 步的窗口下选择“Device Memory”菜单对各种软元件进行监控。

三、GX-Simulator 在调试中的应用

1. 系统调试的基本步骤

（1）选择 GX Developer 菜单项的［工具］→［梯形图逻辑测试起动］，启动 GX-Simulator 软件，出现如图 7-35 所示的对话框。由 GX Developer 创建的顺控程序和参数将被自动地写入到 PLC 中。

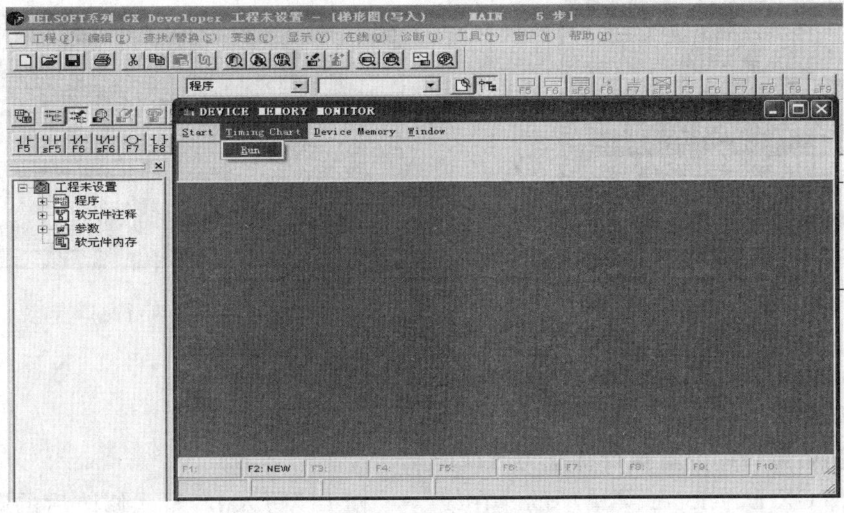

图 7-32　编程元件监控

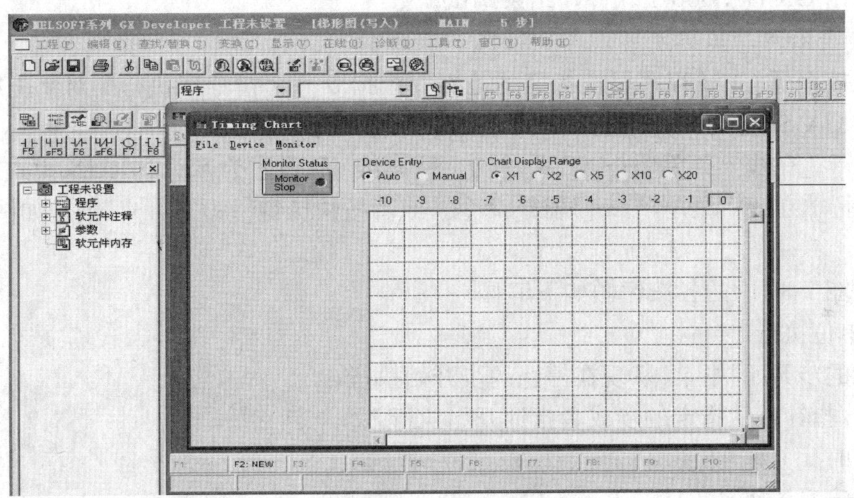

图 7-33　时序图画面

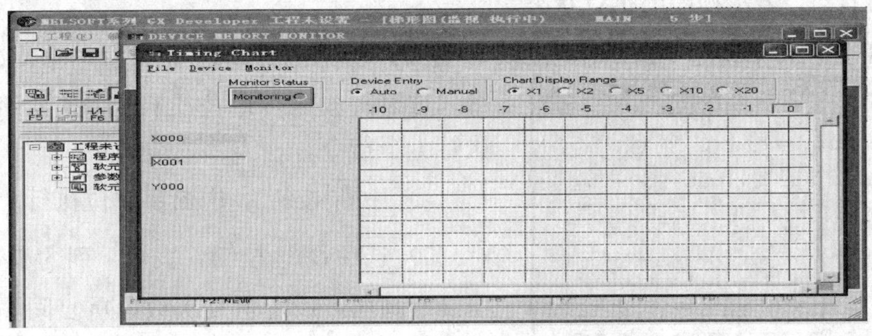

图 7-34　时序图监控

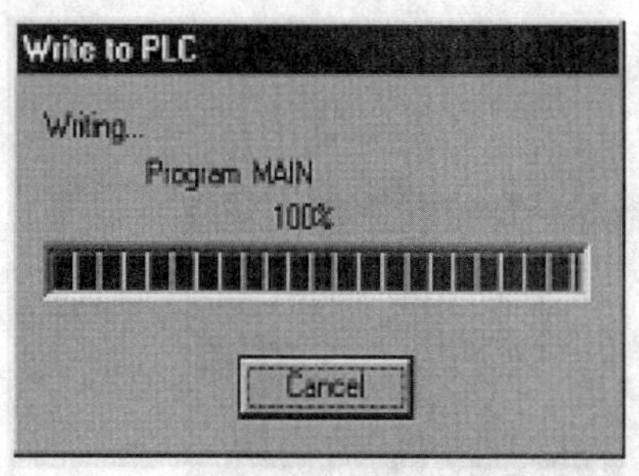

图 7-35　程序自动写入

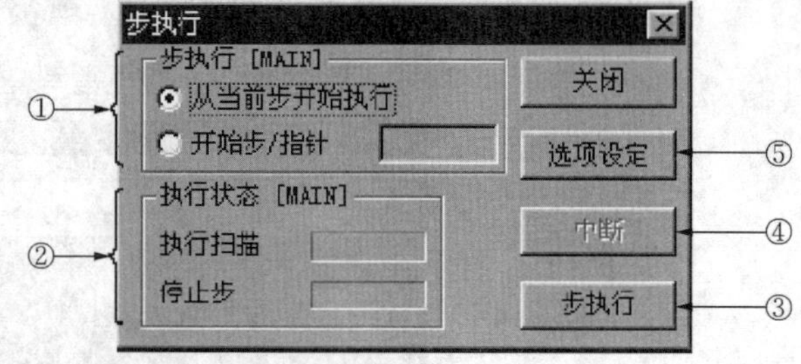

图 7-36　步执行窗口

（2）通过使用软元件监视、更改专用软元件值调试。

（3）调试完后，修改顺控程序。

（4）在初始窗口中设置执行状态为 STOP。

（5）选择 GX Developer 菜单项的［在线］→［PLC 写入］，写入修改后的顺控程序至 PLC 中，再次调试程序时，重复上述步骤。直到程序满足要求为止。

（6）退出 GX Developer 软件，结束调试。

2. 单步与断点功能的使用

可编程控制器 CPU 程序可按指定的范围一个指令一个指令来执行。对于 FX 系列的程序，只有在 GX Simulator 中进行调试才有效。操作顺序是：

(1) 执行［在线］菜单项→[调试]命令 →[调试]键 设置为 SETP-RUN 模式。

(2) 执行［在线］菜单项 →[调试]命令，或者按快捷键[Alt＋ 4]，出现如图 7-36 所示窗口。

下面对图 7-36 中的各按钮做如下解释：

1）步单位执行。

从现在的步开始执行：从现在停止的步开始执行。

开始步/指针：从指定的步或者指针开始执行。

步指定时：＊＊

指针指定时：P＊＊　　I＊＊

＊＊=指定的步或者是指针号

2）执行状态。表示程序的执行状态。

3）步单位执行按钮：按下此按钮，按照在选项设定中对某一步设置的重复次数开始执行。重复次数的步单位执行结束后，每按下 1 次执行 1 个指令。

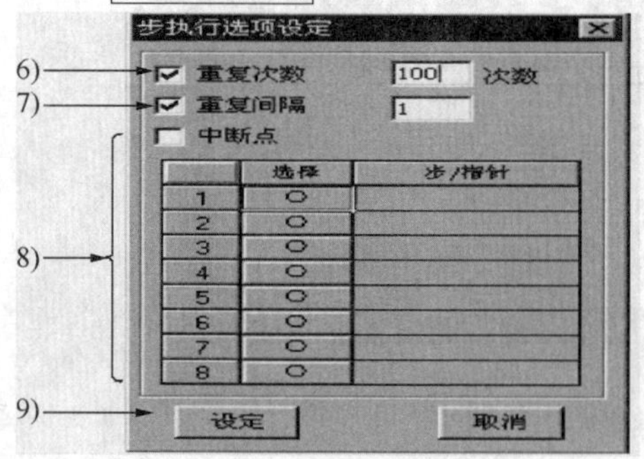

图 7-37　步执行选项设定

4）中断按钮 ：中断步单位执行。

5）选项设定按钮：表示下列的步单位执行选项设定画面。设定重复次数，重复间隔，停止点。操作如图 7-37 所示。

6）重复次数：选择在检查框内打上√的话，只按设定的次数进行步单位执行。执行了次数部分的指令后，每按下步[单位执行]按钮就前进一个指令。设定范围是 1～32 767。

7）重复间隔：选择在检查框内打上√的话，在设定值的间隔内步单位执行。间隔的单位是相当于执行 1 次从 GX Developer 到可编程控制器 CPU 的中断的间隔。

此外，用选项设定只设定重复间隔，进行步单位执行的时候，会进行重复次数无限制的执行。设定范围 1-32767。

8）停止点：设定步单位执行停止的步，或者是指针。对于 A 系列和 FX 系列的程序不能设定本项目。

此外，不设定重复次数，只设定停止点，进行步单位执行的时候，会在从开始步到停止点之间进行步单位执行。断开后，按下步[单位执行]按钮就一个指令一个指令前进。

步指定时：＊＊　　指针指定时：P＊＊　　I＊＊

＊＊=指定的步或者是指针号。

9）设定按钮：设定结束后，按下此按钮，回到步单位执行画面内。

设定步骤：

a. 表示电路监视画面。

b. 用远程操作或键开关使可编程控制器 CPU STEP-RUN。

c. 在步单位执行画面中设定 1）和按照需要设定 6）→8）。

d. 按下 3）执行

e. 结束的时候，按下关闭按钮。出现如图 7-38 所示的对话框，按下［是］，CPU 变更为 RUN 状态。

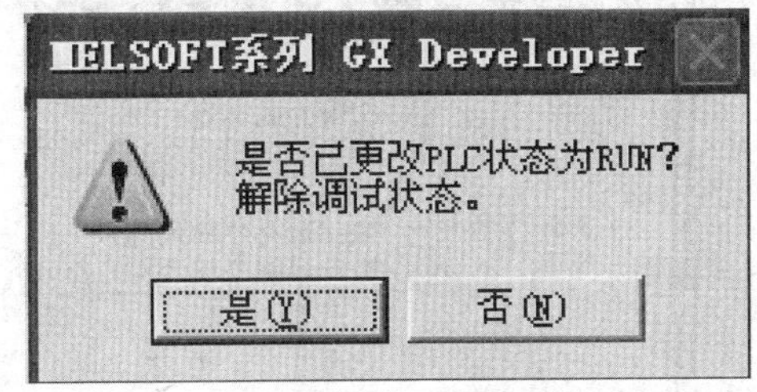

图 7-38　PLC 的 RUN 状态

3. PLC 参数设置

在管理窗口点击“参数”前的“+”号，双击“PLC 参数”，进入如图 7-39 所示对

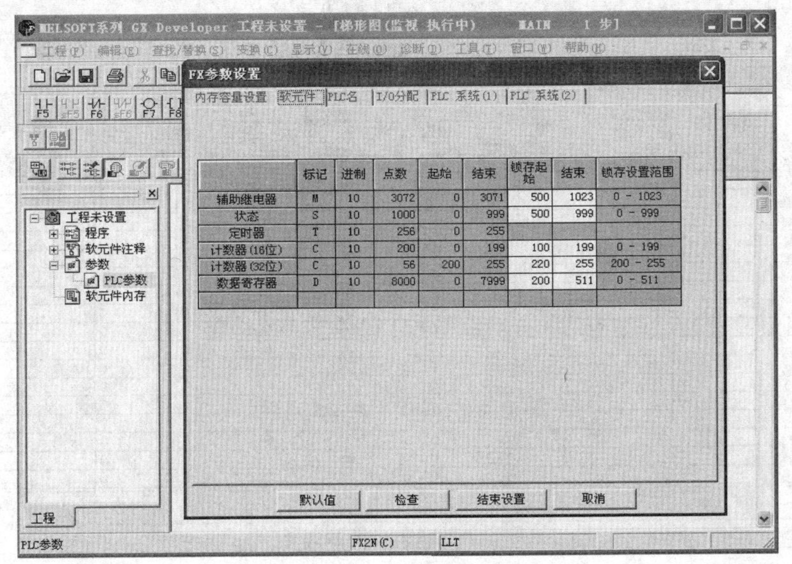

	标记	进制	点数	起始	结束	锁存起始	结束	锁存设置范围
辅助继电器	M	10	3072	0	3071	500	1023	0 - 1023
状态	S	10	1000	0	999	500	999	0 - 999
定时器	T	10	256	0	255			
计数器(16位)	C	10	200	0	199	100	199	0 - 199
计数器(32位)	C	10	56	200	255	220	255	200 - 255
数据寄存器	D	10	8000	0	7999	200	511	0 - 511

图 7-39　PLC 参数设置

话框。

在图 7-39 中根据实际情况设置相关的参数，参数设置完后按［结束设置］按钮即可。然后再按程序写入的方法，在图 7-26 中将［PLC 参数］勾选，再按［执行］按钮，设置好的 PLC 参数就写入到 PLC 中。

4. 软元件内存的设置

实际应用时程序中往往用软元件内存进行数据的设定和数据的显示，其操作为：在管理窗口中右击［软元件内存］，出现图 7-40 对话框，在该对话框中单击［新建］，进入图 7-41"新建"窗口，按［确定］，按照提示直到出现图 7-42 对话框。

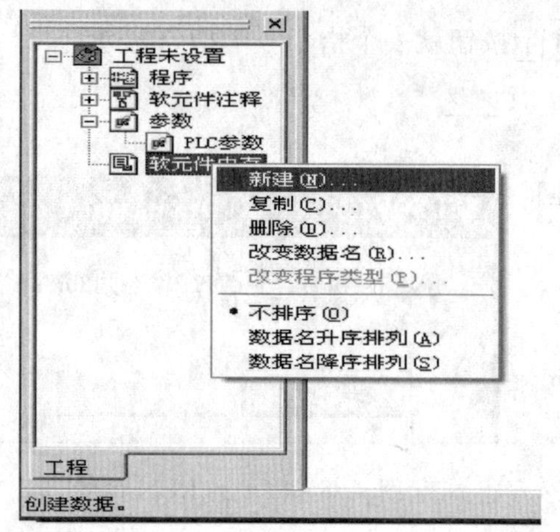

图 7-40　软元件内存创建

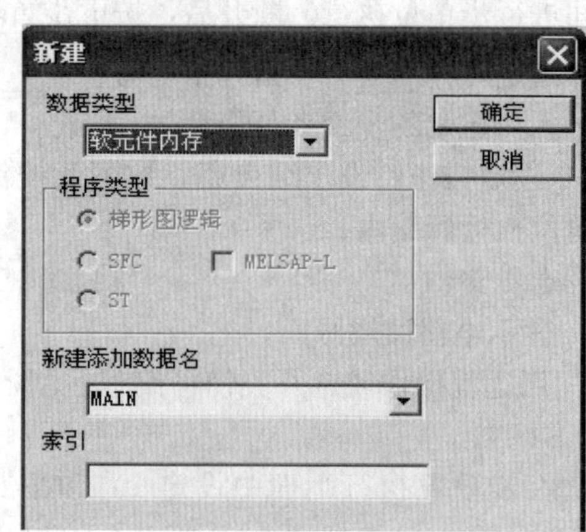

图 7-41　软元件内存数据名的创建

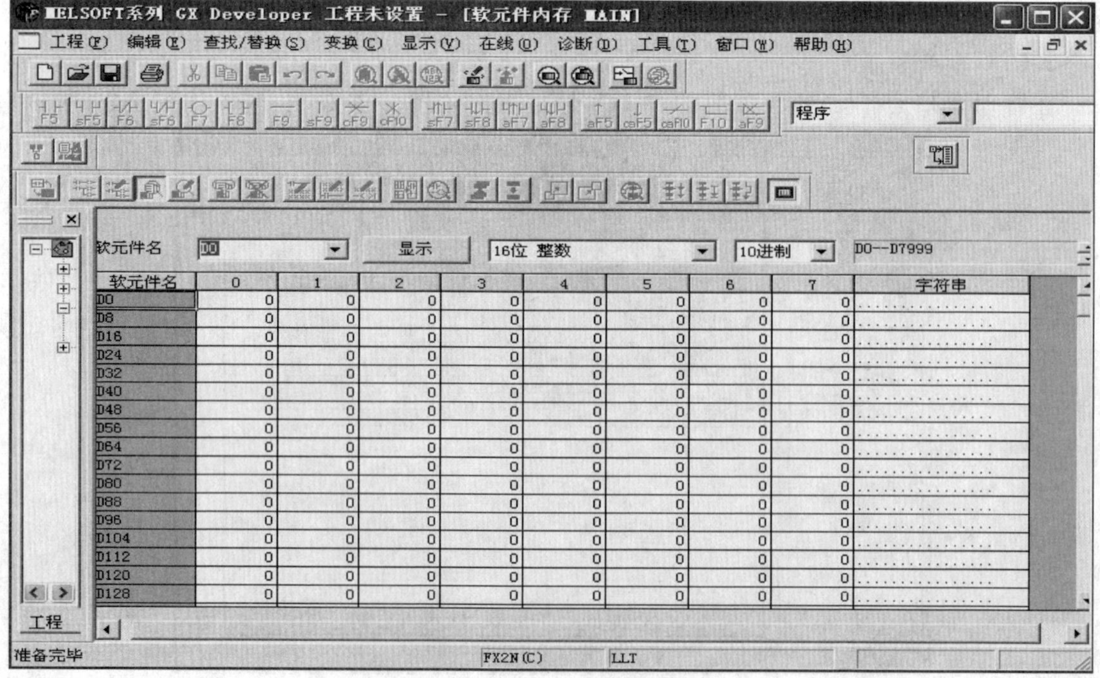

图 7-42　软元件内存窗口

在图 7-42 窗口中，如要设置 D10 中的数据，只要在软元件名中输入 D10，再点击［显示］按钮，光标就自动的跳到 D10 位置处，这样就可输入数据了。数据设定好后，再重复程序写入的方法，按［在线］→［PLC 写入］，出现了如图 7-26 类似的 PLC 写入对话框，如图 7-43 所示（请读者比较下图 7-43 与图 7-26 有何异同?）。

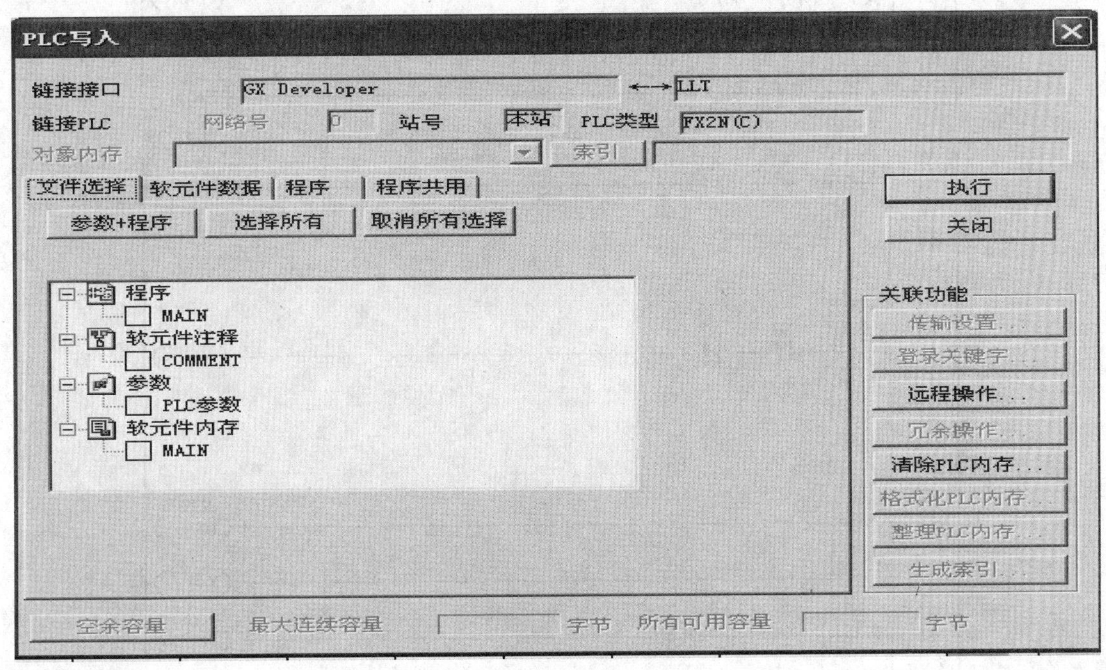

图 7-43　软元件写入 PLC 窗口

在图 7-43 中勾选［MAIN］，再按［执行］按钮设定的软元件数据就传送到 PLC 中。想要退出该窗口而回到梯形图编辑窗口，点击管理窗口中［程序］下的［MAIN］即可。

习　　题

7-1　简述 GX Developer 软件的特点。

7-2　熟练运用 GX Developer 软件来进行编程。

7-3　GX-Simulator 仿真软件的熟练运用。

7-4　利用 GX Developer 软件和 GX-Simulator 仿真软件分别编写出图 7-44（a）、（b）的程序并进行调试。

7-5　请思考如何利用 GX Developer 软件将题 7-4 的梯形图转换为指令表。

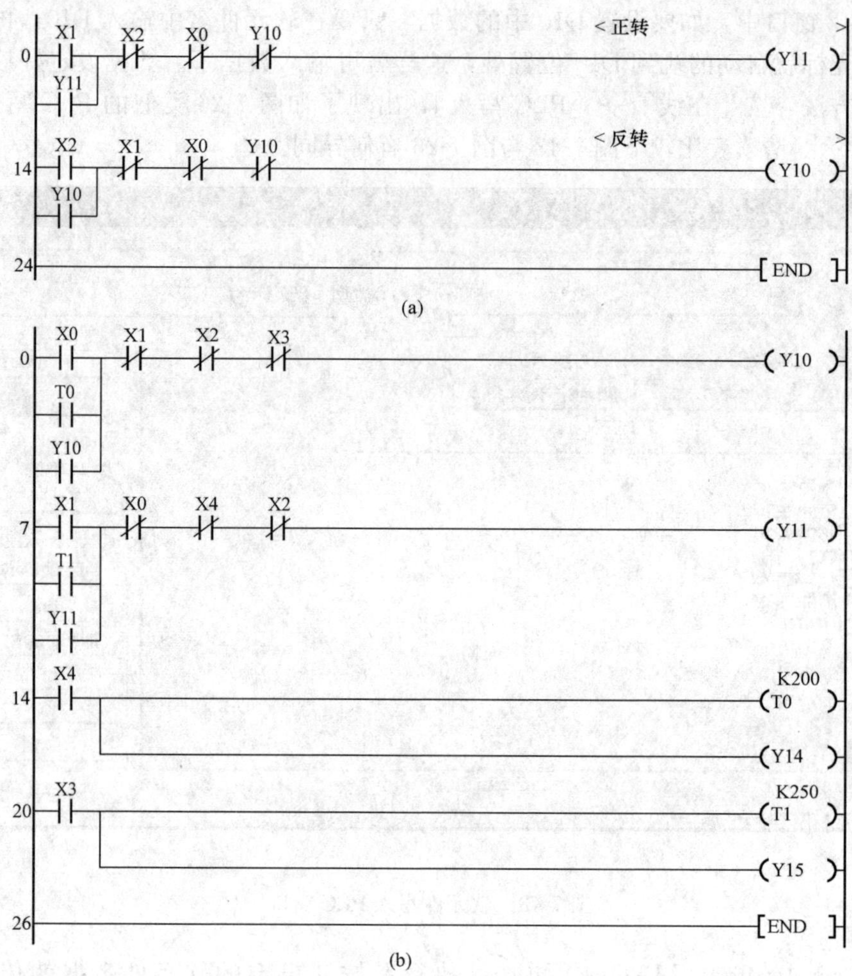

0
X1
X2
X0
Y10
<正转>
Y11
Y11
14
X2
X1
X0
Y10
<反转>
Y10
Y10
24
END
(a)
0
X0
X1
X2
X3
Y10
T0
Y10
7
X1
X0
X4
X2
Y11
T1
Y11
14
X4
K200
T0
Y14
20
X3
K250
T1
Y15
26
END
(b)

图 7-44　题 7-4 图

第八章

顺序功能图与FX2N系列PLC步进指令的编程方法

本章应用图解法详细地介绍了FX2N系列PLC的步进指令，以及运用状态编程法编制程序的方法和步骤，并结合实例说明了状态编程方法的应用。

本章主要内容 掌握一些基本概念：步进控制、步进指令、编程步骤和编程方法。

第一节 顺序功能图概述

一、顺序功能图中的几个基本概念

顺序功能图（Sequential Function Chart，SFC）又称状态转移图或状态流程图，它是描述控制系统的控制过程、功能和特性的一种图形，同时也是设计PLC顺序控制程序的一种有力工具。

顺序功能图主要由步、有向连线、转换、转换条件和动作输出组成，如图8-1为顺序功能图的一般形式。

1. 步

根据系统输出量的变化，将系统的一个工作循环过程分解成若干个顺序相连的阶段。“步”在状态图中用方框表示，如图8-1中的$i-1$、i和$i+1$。编程时一般用PLC内部的软辅助继电器M或状态寄存器S表示各步。

步是根据PLC的输出量是否发生变化来划分的，只要系统的输出量状态发生变化，系统就从原来的步进入到新的步。

（1）初始步。初始步是指刚开始阶段所处的步，每个功能图必须有一个初始步。在状态图中，初始步用双线框表示，如图8-1中的［0］步。

（2）活动步。活动步是指当前正在执行的步。

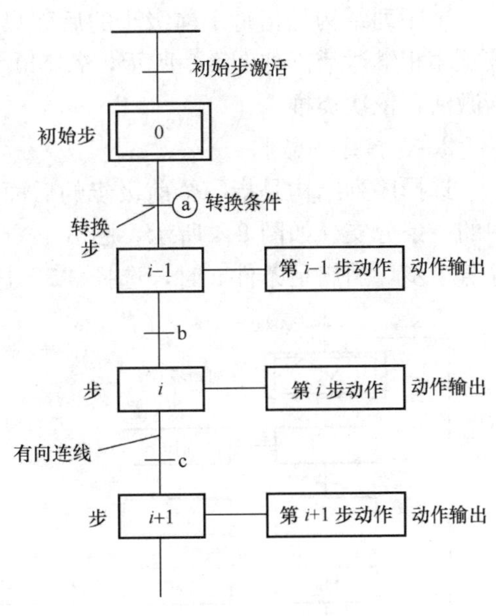

图8-1 顺序功能图的一般形式

2. 有向连线

有向连线指的是步与步之间的连线，表示步的活动状态的进展方向。无箭头的有向连线表示的转换方向为上→下，左→右。

3. 转换

转换指的是从当前步进入到下一步。转换是用与有向连线垂直的短划线表示。其特点是当前步转换到下一步后，前一步自动复位，下一步变为当前步，即活动步。

4. 转换条件

转换条件是使系统从上一工步向下一工步转换时应该满足的条件。通常转换条件是按钮、行程开关、定时器触点或计数器触点等。

5. 动作（输出）

动作（输出）是指某步活动时，PLC 向被控系统发出的命令，或系统应执行的动作。动作用矩形框或圆、且中间用文字或符号表示，如果某一步有几个动作，则可用如图 8-2 方法表示。图 8-2 中动作 A 和动作 B 没有先后顺序之分。

图 8-2　动作输出

二、顺序功能图的基本结构

顺序功能图基本结构分为单序列结构、选择序列结构、并列序列结构、跳步序列结构、重复序列结构和循环序列结构等。

1. 单序列结构

单序列结构是指每个前级步的后面只有一个转换，每个转换的后面只有一步，每一步都按顺序相继激活。如图 8-3 所示，若 M0 为活动步，当条件 X3 满足时，执行 M1 步，即 M1 步激活，依次类推。

2. 选择序列结构

选择序列结构是指一个前级步的后面紧跟着若干后续步可供选择，但一般只允许选择其中的一条分支。如图 8-4 所示，图 8-4（a）中，当“4”步为前级步，其后面有“5，7，9”等若干步，当满足条件 a 时，选择“5”这个分支。反过来也成立，如图 8-4（b）。

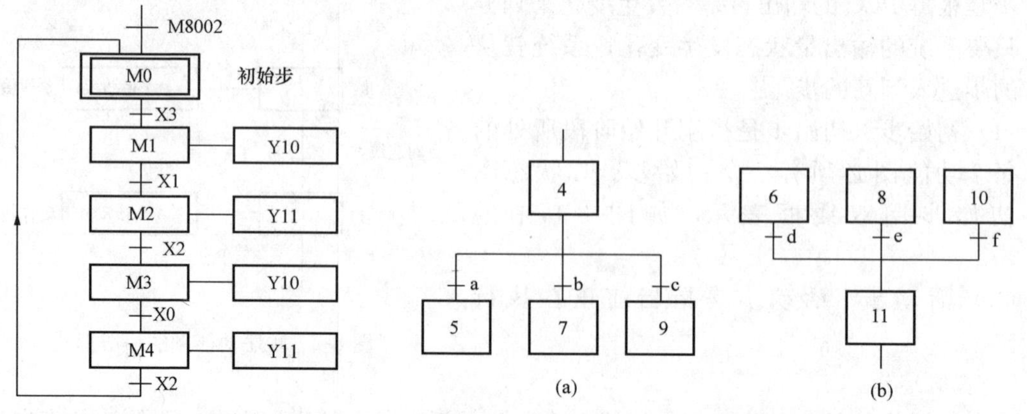

图 8-3　单序列结构

图 8-4　选择序列结构

（a）选择序列的分支；（b）选择序列的合并

3. 并列序列结构

并列序列结构是指一个前级步的后面紧跟着若干后续步，当转换实现时将后续步同时激活，要用双线表示并进并出。如图 8-5 所示，第 20 步的后面紧跟着 21 步、31 步和 41 步，当转换条件 a 满足时，这三步同时被激活，称为并列序列的分支结构。另外第 50 步的前级步有 22 步、32 步和 42 步，当这三步都为激活步，且转换条件 d 满足时 50 步变为活动步，这三个前级步变为不活动步，这种结构称为并列序列的汇合结构。

4. 跳步、重复和循环序列结构

（1）跳步序列结构。跳步序列结构是指当转换条件满足时，跳过几个后续步不执行。如图 8-6 所示，当前步为 S31，当转换条件 X5 满足时，跳过 S32 步，直接执行 S33 步。

（2）重复序列结构。重复序列结构是指当转换条件满足时，重新返回到前级步执行。如图 8-7 所示，若前级步为 21 步，执行完 22 步后，当转换条件 e 满足时，程序重新返回到前级步执行

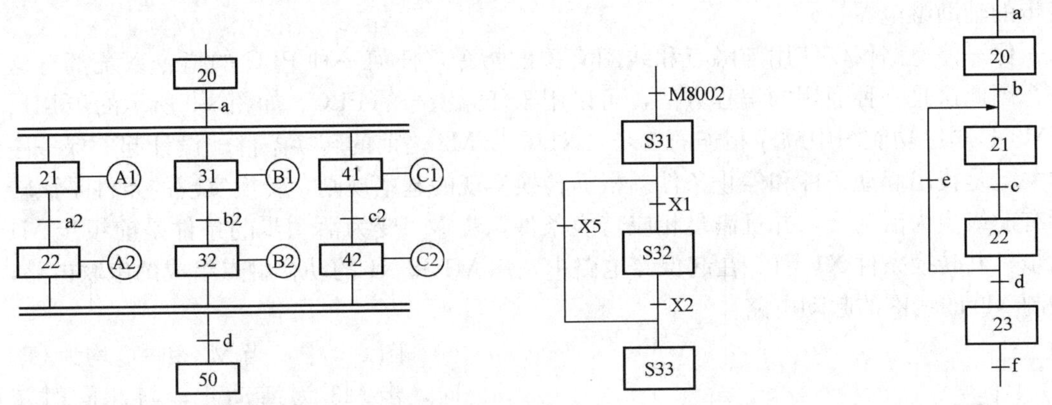

图 8-5　并列序列结构　　图 8-6　跳步序列结构　　图 8-7　重复序列结构

（3）循环序列结构。循环序列结构是指当转换条件满足时，用重复序列结构的方法直接返回到初始步。

三、顺序功能图种转换实现的基本规则

1. 转换实现的条件

在顺序功能图中，步的活动状态的进展是由转换实现来完成的。转换实现必须同时满足如下两个条件：①该转换所有的前级步都是活动步；②相应的转换条件得到满足。

如果转换的前级步或后续步不止一个，转换的实现称为同步实现。为了强调同步实现，有向连线的水平部分用双线表示，如图 8-8 所示，图中$\overline{X7}$表示 X7 的动断触点。转换实现的第一个条件是不可缺少的，如果取消了第一个条件，就不能保证系统按顺序功能图规定的顺序工作。

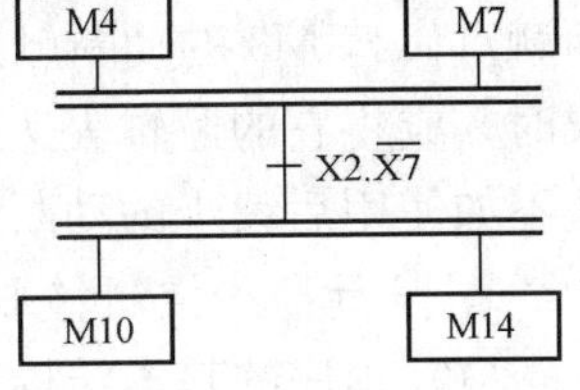

图 8-8　转换的同步实现

2. 转换实现应完成的操作

转换实现时应完成的操作有两个，一是使所有由有向连线与相应转换符号相连的后续步都变为活动步；二是使所有由有向连线与相应转换符号相连的前级步都变为不活动步。在单序列中，一个转换仅有一个前级步和一个后续步；在并行序列的

分支处，转换有几个后续步，在转换实现时应同时将它们对应的编程元件置位。在并行序列的合并处，转换有几个前级步，它们均为活动步时才有可能实现转换，在转换实现时应将它们对应的编程元件全部复位；在选择序列的分支与合并处，一个转换实际上也只有一个前级步和一个后续步，但是一个步可能有多个前级步或多个后续步。

第二节　顺序功能图的编程方法及应用实例

一、使用起—保—停电路的顺序控制梯形图编程方法

根据顺序功能图设计梯形图时，可以用辅助继电器 M 代表步。某一步为活动步时，对应的辅助继电器为 ON，某一步转换实现时，该转换的后续步变为活动步，前级步变为不活动步。很多转换条件都是短信号，即它存在的时间比它激活的后续步为活动步的时间短，因此应使用有记忆（或称保持）功能的电路（如起保停电路和置位复位指令组成的电路）来控制代表步的辅助继电器。

起—保—停电路仅仅使用与触点和线圈有关的指令，任何一种 PLC 的指令系统都有这类指令，因此这是一种通用的编程方法，可以用于任意型号的 PLC。如图 8-9 所示的步 M1、M2 和 M3 是顺序功能图中顺序相连的 3 步，X1 是步 M2 之前的转换条件。设计起—保—停电路的关键是找出起动条件和停止条件。根据转换实现的基本规则，转换实现的条件是该转换的所有前级步为活动步，并且满足相应转换条件，步 M2 变为活动步的条件是前级步 M1 为活动步，其转换条件 X1=1。在起保停电路中，用 M1 和 X1 的动合触点组成的串联电路，作为控制 M2 的线圈的起动电路。

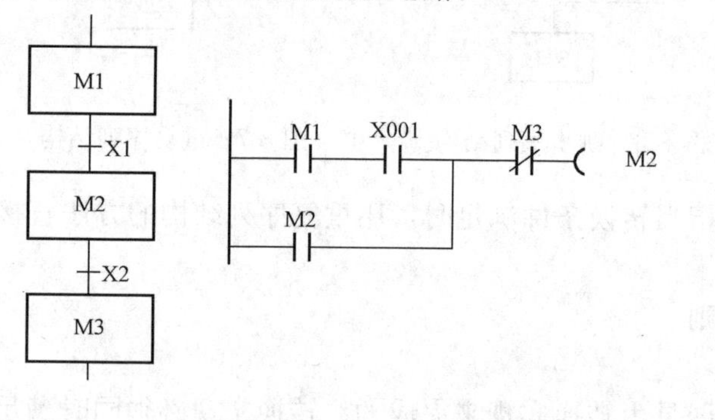

图 8-9　起—保—停编写的梯形图

图 8-9 中，当 M2 和 X2 均为 ON 时，步 M3 为活动步，与此同时步 M2 为不活动步，因此可将 M3=1 作为辅助继电器 M2 为 OFF 的条件，即在梯形图中将后续步 M3 的动断触点与 M2 的线圈串联，作为 M2 步的停止电路，则图中的梯形图可以用逻辑代数式表示为：$M2=(M1.X1+M2).\overline{M3}$。

在这个例子中，可以用 X2 的动断触点代替 M3 的动断触点。但是当转换条件由多个信号经“与、或、非”逻辑运算组合而成时，应将它的逻辑表达式求反，再将对应的触点串联作为起保停电路的停止条件，这种方法不如使用后续步的动断触点简单方便。

1. 设计顺序控制梯形图的一些基本问题

（1）程序的基本结构。

（2）执行自动程序的初始状态。

（3）双线圈问题。

（4）设计顺控程序的基本方法。

用存储器位 M 来代表步。顺控程序分为控制电路和输出电路两部分。

2. 单序列结构的编程方法

单序列的编程原则是指按照动作顺序一步一步往下执行。

3. 编程实例

【例 8-1】 某组合机床液压工作台的自动工作过程如图 8-10 所示，要求用状态流程图来编制程序实现工作台的工作循环。当按下 SB1 快进按钮，工作台快进，当运行到压合限位开关 SQ2 时改为工进，继续往前运行，当压合 SQ3 限位开关时退回，退回到原位（即压合 SQ1 限位开关），第一轮动作结束准备下一循环。

单序列结构的编程步骤如下：

（1）状态转移图中步的确定与绘制。

1）步序的确定：原位、快进、工进、快退；

初始步激活条件：特殊继电器 M8002；

M0～M3 分别表示原位、快进、工进、快退。

2）状态转移图中步的绘制。由题目要求可知，该系统共有四个工步，它们分别是原位（也称停止位）、快进、工进和快退，依次用 M0、M1、M2 和 M3 表示，如图 8-11 所示。

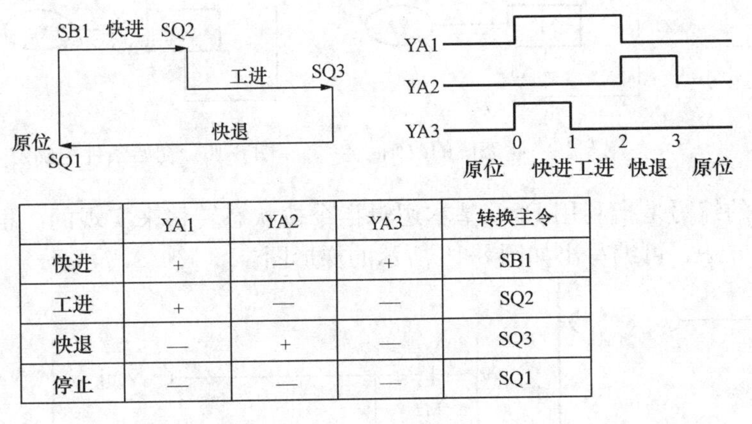

	YA1	YA2	YA3	转换主令
快进	+	—	+	SB1
工进	+	—	—	SQ2
快退	—	+	—	SQ3
停止	—	—	—	SQ1

图 8-10　工作台的动作过程要领

注：表中“+”表示得电，“—”表示断电。

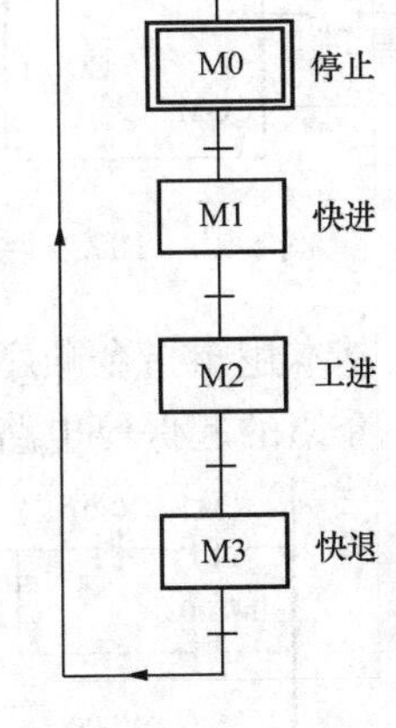

图 8-11　步的绘制

（2）转换条件和动作的绘制。由题目要求可知，工作台在初始位，即停止位 M0 满足 SB1＝1 条件时，进入快进步 M1，快进步发生的动作是 YA1＋和 YA3＋；在快进步 M1 满足 SQ2＝1 条件时进入工进步 M2，工进步发生的动作是 YA1＋；在 M2 步满足 SQ3＝1 条件时进入快退步 M3，快退步发生的动作是 YA2＋；在快退步 M3 满足 SQ1＝1 条件回到初始位 M0 步，一个工作循环结束。转换条件和动作绘制如图 8-12 所示。

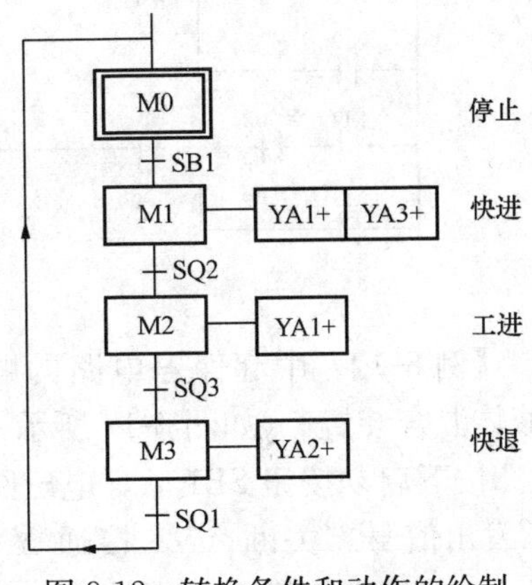

图 8-12　转换条件和动作的绘制

（3）PLC 接线图的绘制和状态图的改画。

1）PLC 接线图的绘制。

PLC 输入信号：SB1，SQ2，SQ3，SQ1

PLC 输出信号：YA1，YA2，YA3

PLC 接线图如图 8-13 所示。

2）状态图的改画。将图 8-12 中各元件代号用 PLC 接线图中各元件对应点的 PLC 地址替代，如图 8-14 所示。

（4）当 PLC 刚进入程序运行状态时，由于 M0 的前级步 M3 还未曾得电，虽然 SQ1 条件已满足，故 M0 无法得电，其所有的后续步均无法工作。因此，刚开始时应该给初始步一个激活信号，且此信号在激活初始步以后就不能再出现，否则会同时出现两活动步。初始激活信号可以用 M8002，或其他满足要求的脉冲信号，参见图 8-15。

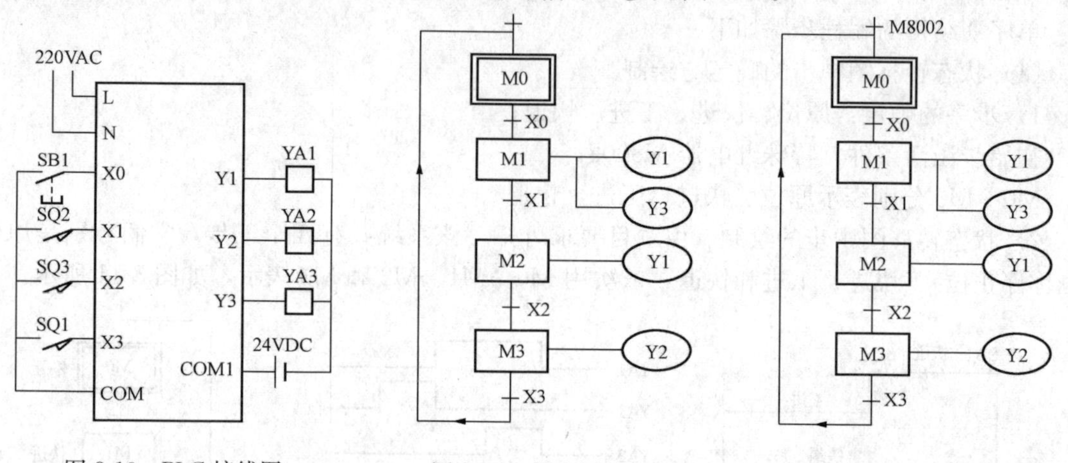

图 8-13　PLC 接线图　　图 8-14　状态图的改画　　图 8-15　初始条件的确定

基本逻辑指令顺序程序的编写是指利用 PLC 基本逻辑指令按状态转移来实现的。根据前面介绍的起保停电路编程方法，可编写出如图 8-16 所示的梯形图。

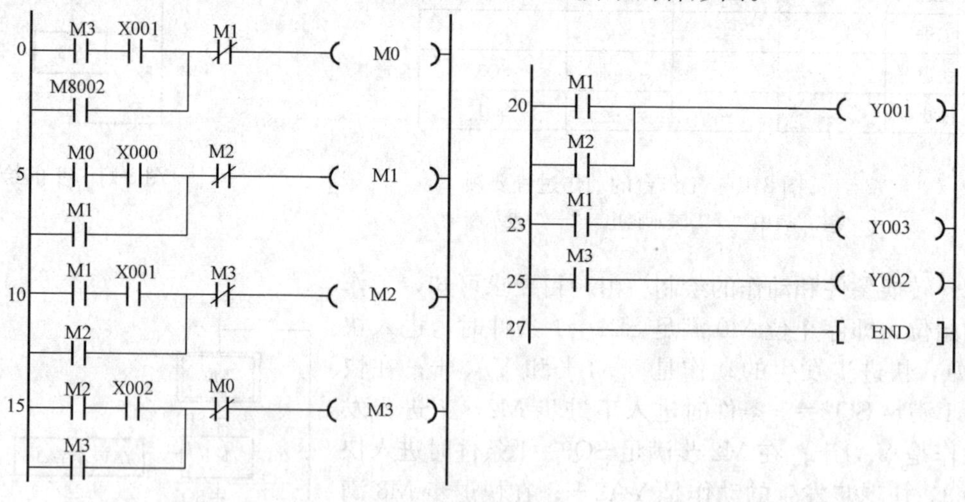

图 8-16　梯形图

【例 8-2】　用起保停电路的顺序控制梯形图方法设计“液体混合装置”的控制程序，“液体混合装置”（如图 8-17 所示）的工艺要求如下：

按下启动按钮 SB1 后，电磁阀 YV1 得电，液体 A 流入；当液位达到传感器 S1 的高度，S1 发出信号，关断 YV1 接通 YV2，液体 B 流入；当液位达到传感器 S2 的高度，切断 YV2，接通搅拌机 M，搅拌 5min 后停止搅拌，同时打开出口电磁阀 YV3，排出液体；液体排完（定时2min）后，切断YV3，一个工作循环结束。请读者自行设计。

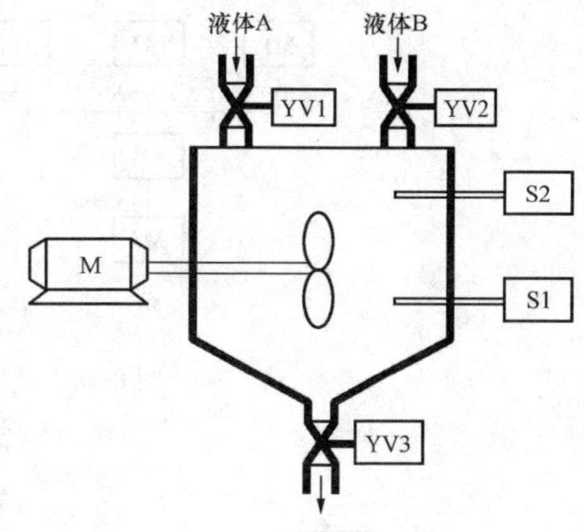

图8-17　液体混合装置

4. 选择序列与并行序列的编程方法

（1）选择序列编程方法。选择序列编程方法分选择序列分支和选择序列合并两种结构的编程方法进行介绍。

1）选择序列分支的编程方法。若某一步的后面有一个由 N 条分支组成的选择序列，该步可能转换到不同的分支，编程时应将这 N 个后续步对应的辅助继电器的常闭触点与该步的线圈串联，作为停止该步的条件。如图8-18（a）所示中M2步后有一个选择序列的分支，当它的后续步M3、M4或M5变为活动步时，它应变为不活动步。所以需将M3、M4和M5的动断触点串联作为步M2的停止条件，如图8-18（b）所示。

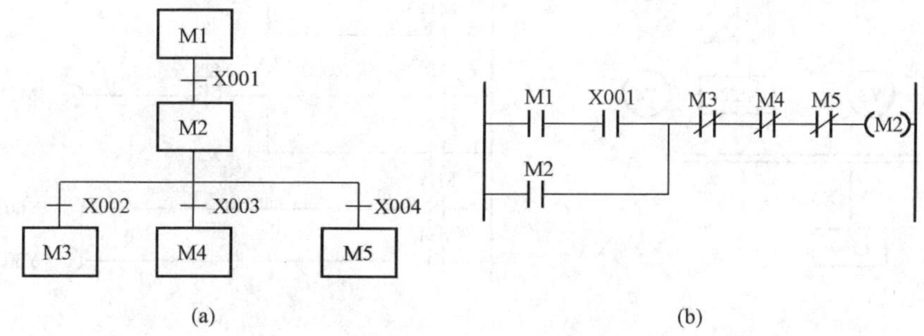

图8-18　选择序列分支的编程方法示例

（a）顺序功能图；（b）梯形图

2）选择序列合并的编程方法。对于选择序列的合并，若某一步之前有 N 个转换（即有 N 条分支在该步之前合并后进入该步），则代表该步的辅助继电器的起动电路由 N 条支路并联而成，各支路由某一前级步对应的辅助继电器的动合触点与相应转换条件对应的触点或电路串联而成。

如图8-19（a）所示，步M4之前有一个选择序列的合并。当步M1为活动步且转换条件X1满足，或步M2为活动步且转换条件X2满足，或步M3为活动步且转换条件X3满足，步M4都应变为活动步，即控制步M4的“起—保—停”电路的起动条件应为M1.X1＋M2.X2＋M3.X3，对应的起动条件由三条并联支路组成，每条支路分别由M1、X1和M2、X2还有M3、X3的常开触点串联而成，如图8-19（b）所示。

（2）并列序列编程方法。

1）并列序列分支的编程方法。若某一步的后面由 N 个后续步组成的并列序列分支结构，该步可将其后面的 N 个后续步同时激活，编程时应将这 N 个后续步对应的辅助继电器的动断触点并联后再接于该步的线圈电路中，作为停止该步的条件。如图8-20（a）所示中M10步后是一个并列序列的分支结构，当它的后续步M11和M21变为活动步时，它应变为不活动步。所以需将M11和M21的常闭触点并联作为步M10的停止条件，如图8-20（b）所示。

2）并列序列汇合的编程方法。若某一步前面由 N 个前级步组成的并列序列汇合结构，

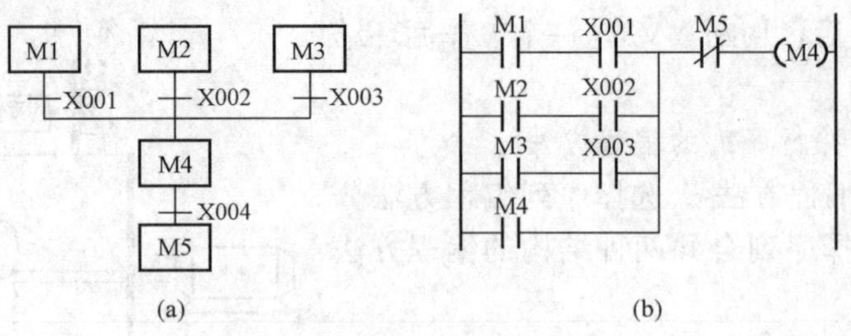

图 8-19 选择序列合并的编程方法示例

（a）顺序功能图；（b）梯形图

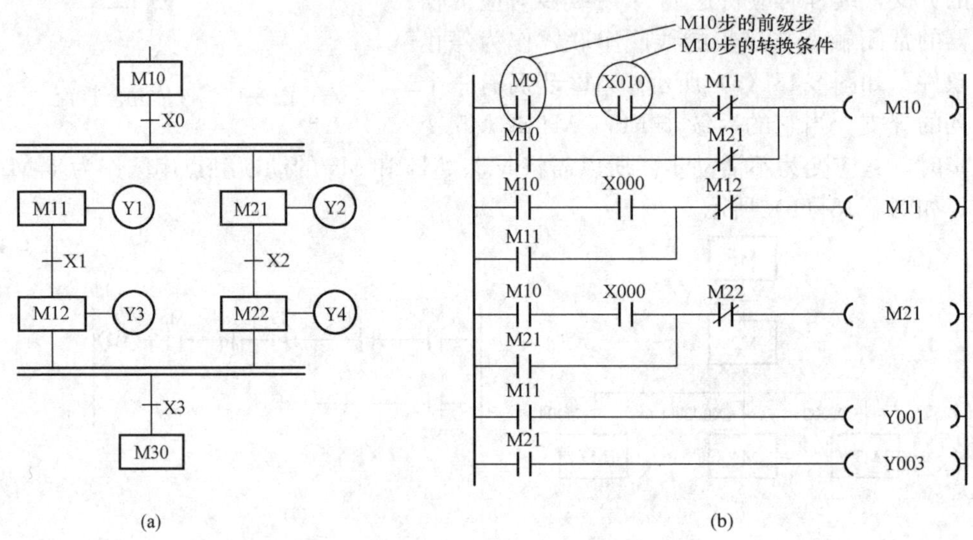

图 8-20 并列序列分支的编程示例

（a）顺序功能图；（b）梯形图

当这 N 个前级步同时激活，且转换条件满足时将该步激活，同时这 N 个前级步变为不活动步，编程时应将这 N 个前级步对应的辅助继电器的动合触点和转换条件的动合触点串联到该步的线圈中，作为起动该步的条件。如图 8-20（a）所示中 M30 步前是一个并列序列的汇合结构，当它的前级步 M12 和 M22 同时为活动步且转换条件 X3 满足时将 M30 激活，与此同时 M12 和 M22 步变为不活动步。所以需将 M12、M22 和 X3 的动合触点串联作为步 M30 的起动条件，梯形图如图 8-21 所示。

（3）编程实例。

【例 8-3】 用起保停电路的顺序控制梯形图编程方法设计十字路口交通灯控制的控制程序。

控制要求： 如图 8-22 所示为十字路口交通灯示意图，合上系统启动开关 SA1，东西南北方向的指示灯按图 8-23 所示的时序图亮灯。

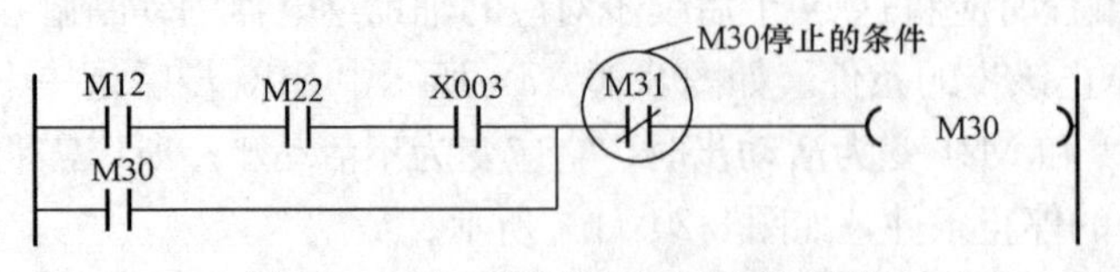

图 8-21 并列序列汇合的编程示例

1）PLC 的输入/输出点数的确定。

PLC 的输入：SA1

PLC 的输出：南北方向的红、

黄、绿三色灯；东西方向的红、黄、绿三色灯。

从上面分析知，该系统共有 1 个输入信号和 6 个输出信号。

2）PLC 外部接线图的设计。PLC 外部接线图如图 8-24 所示。

3）顺序功能图。根据控制要求，当未合上系统启动开关 SA1 时，十字路口的东西南北方向的交通指示灯都灭；当按下启动开关 SA1 时，东西方向的红灯、南北方向的绿灯同时开始运行，具有两个分支的并行流程，其状态流程图如图 8-25 所示。

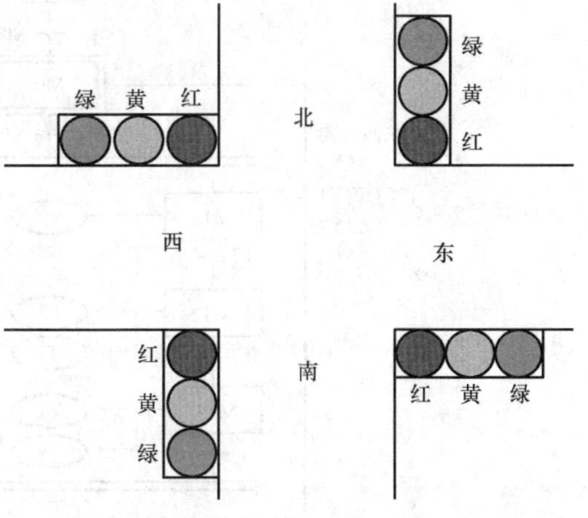

图 8-22　十字路口交通灯控制示意图

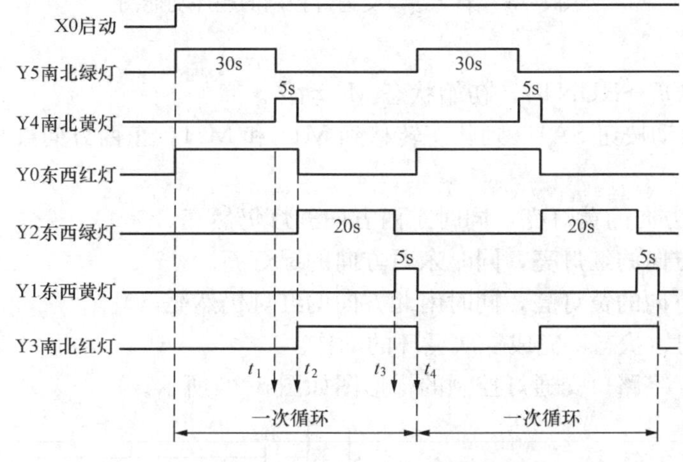

图 8-23　十字路口交通灯的时序图

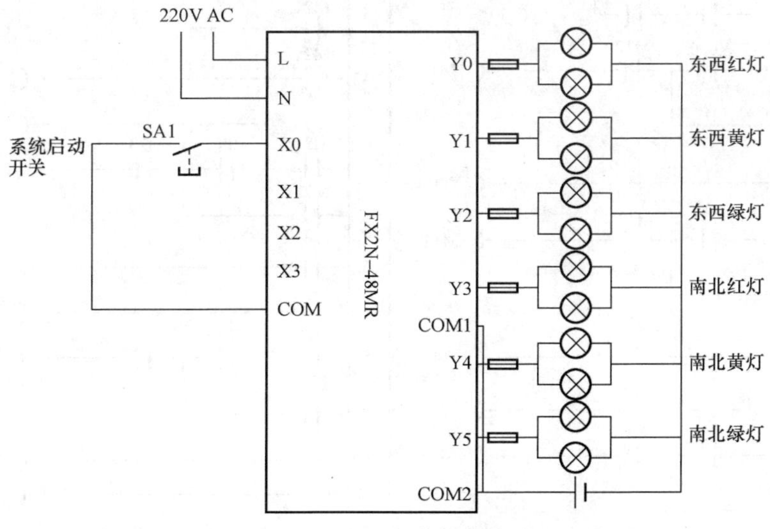

图 8-24　PLC 的外部接线图

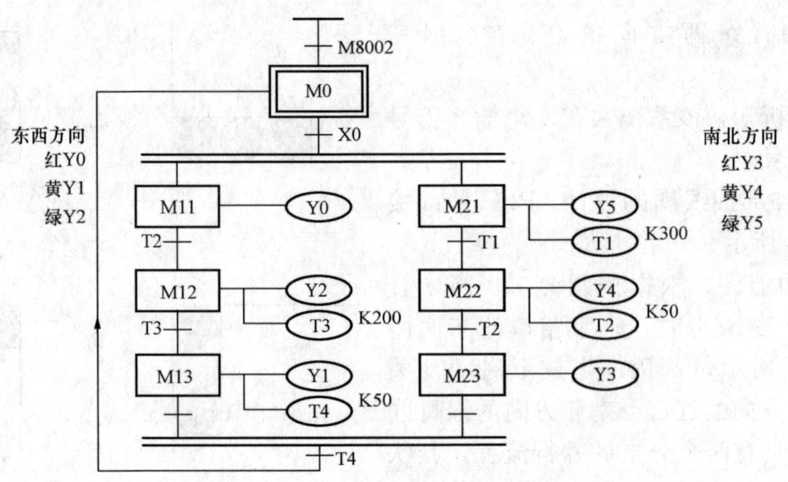

图 8-25 十字路口交通灯控制的顺序功能图

说明：

a. PLC 从 STOP→RUN 时，初始状态 M0 动作。

b. 合上系统启动按钮 SA1，则状态转移到 M11 和 M21，东西方向红灯亮，同时南北方向绿灯亮。

c. 30s 后南北方向的黄灯亮，同时东西方向红灯仍然亮。

d. 5s 后南北方向的红灯亮，同时东西方向的绿灯亮。

e. 20 后东西方向的黄灯亮，同时南北方向的红灯仍然亮。

f. 5s 后返回初始状态，完成一次循环的动作。

4）梯形图。十字路口交通灯控制的梯形图如图 8-26 所示。

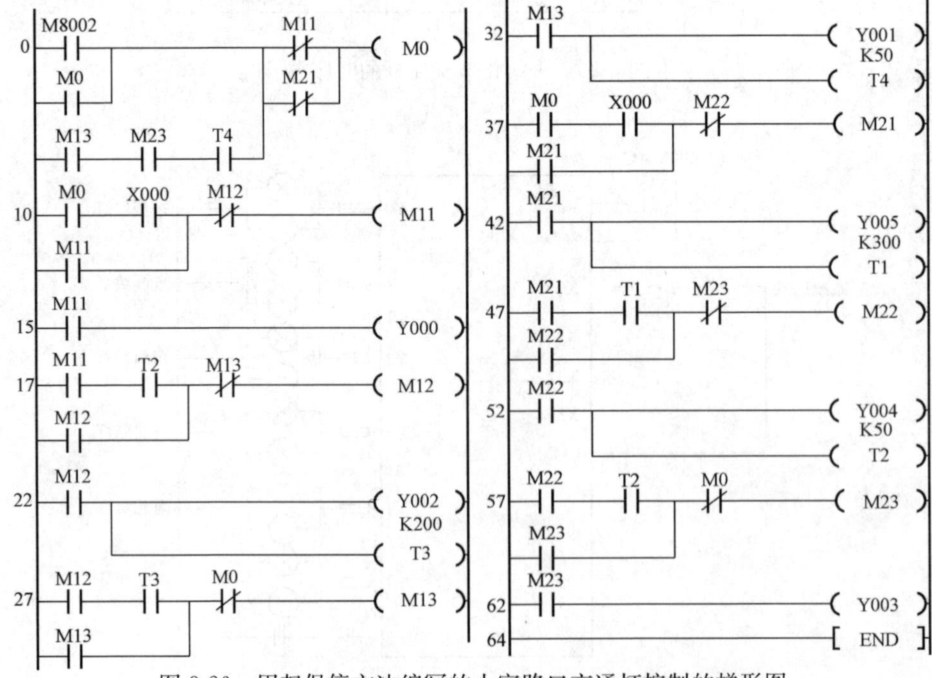

图 8-26 用起保停方法编写的十字路口交通灯控制的梯形图

5. 仅有两步闭环结构的编程方法

如图 8-27（a）所示，M2 和 M3 为顺序功能图中组成的两步小闭环。从图中可知 M2 步既是 M3 步的前级步，也是 M3 步的后续步。如果采用前面所介绍的用起保停电路的编程方法，编辑出其对应的梯形图如图 8-27（b）所示。下面对该梯形图进行如下分析。

梯形图分析： 当 M2 步为活动步，满足转换条件 X2＝1 时将 M3 步激活，与此同时 M2 步变为不活动步（梯形图未画），所以应将 M2 的动合触点和 X2 的动合触点串联作为 M3 线圈起动的条件，根据起保停电路的顺序控制编程方法，应将 M3 步的后续步 M2 的动断触点作为 M3 线圈停止的条件，如图 8-27（b）所示，但是此时梯形图中 M2 的动断触点处于断开状态，因此 M3 线圈不能得电。对于只有两步闭环控制电路，采用这种编程方法是行不通，出现上述问题的根本原因在于步 M2 既是步 M3 的前级步，又是它的后续步。

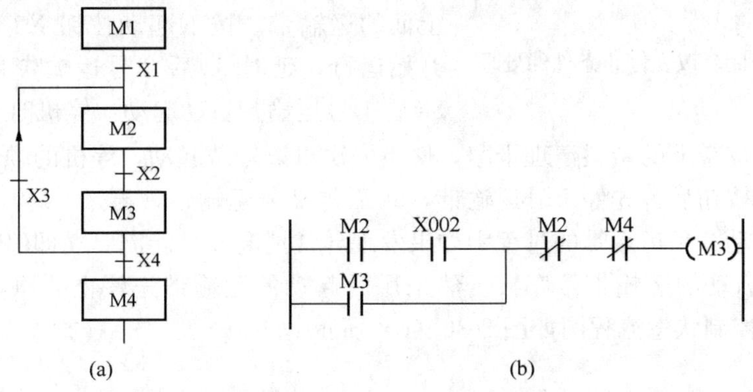

(a)　　(b)

图 8-27　仅有两步的闭环处理

（a）顺序功能图；（b）梯形图

（1）仅有两步闭环结构的编程方法。出现前面这种仅有两步闭环结构，通常采用如下两种方法进行处理。

1）在小闭环中增设一步。如图 8-28（a）所示，在 M3 步后增设一小步 M10 步，表示 M3 为活动步、且满足转换条件 X3＝1 时激活 M10 步，与此同时 M3 变为不活动步，这样就避免出现 M2 步既为 M3 的前级步，又为 M3 的后续步这一现象。M10 步后面的转换条件

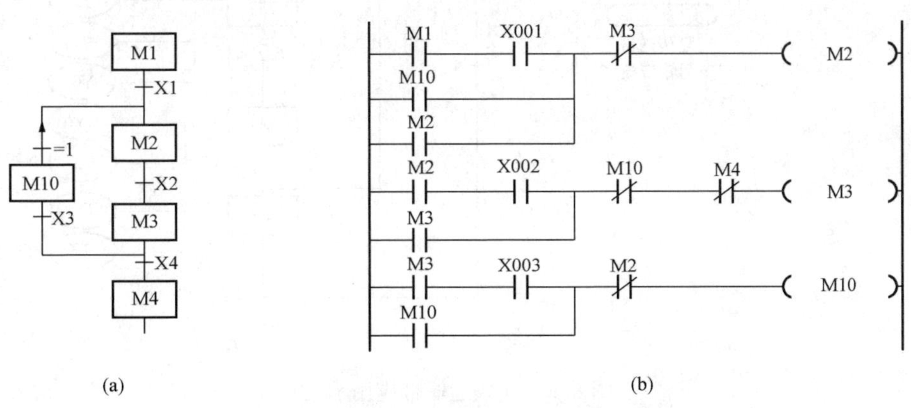

(a)　　(b)

图 8-28　两步小闭环增设一小步的处理

（a）两步小闭环处理的顺序功能图；（b）梯形图

“=1”相当于逻辑代数中的常数1，即表示转换条件总是满足的，只要进入M10步，将马上转换到M2步。对应的梯形图如图8-28（b）所示。

2）改变停止条件。将如图8-27（b）所示梯形图中M3线圈前面的停止条件—M2动断触点，用它同等意义的信号来代替。从图8-27（a）顺序功能图知道，M3断电是因为满足X3=1的条件，而使M2转换为活动步，所以在图8-27（b）梯形图中可用X3的动断触点来代替M2的动断触点，这样就能解决此问题。梯形图如图8-29所示。

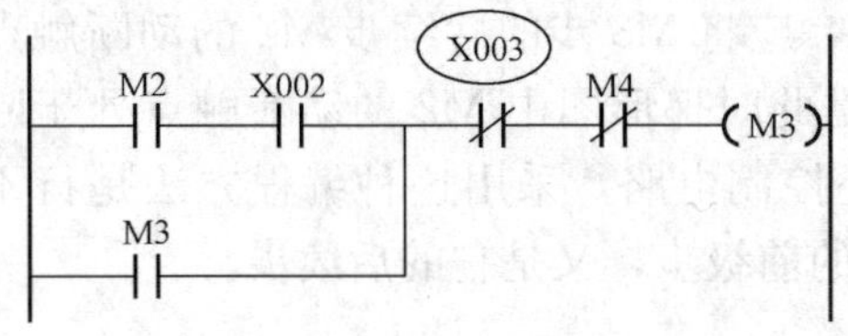

图8-29 两步小闭环改变停止条件的处理

（2）应用举例。

【例8-4】 图8-30（a）中为3条运输带顺序相连的示意图，为了避免运送的物料在2号和3号运输带上堆积，起动时先起动下面的运输带，再起动上面的运输带。按下起动按钮X2后，3号运输带开始运行，延时5s后2号运输带自动起动，再过5s后1号运输带自动起动。停机时为了避免物料的堆积，并尽量将皮带上的余料清理干净，使下一次可以轻载起动，停机的顺序与起动顺序应相反。即按停止按钮后，先停1号运输带，5s后停2号运输带，再过5s停3号运输带。操作人员在顺序起动3条运输带的过程中如果发现异常情况，可能需要立即停车。按下停止按钮X1后，将已启动的运输带停车，仍然采用后起动的运输带先停止的原则。根据控制要求，3条运输带控制状态流程图如图8-30（b）所示。

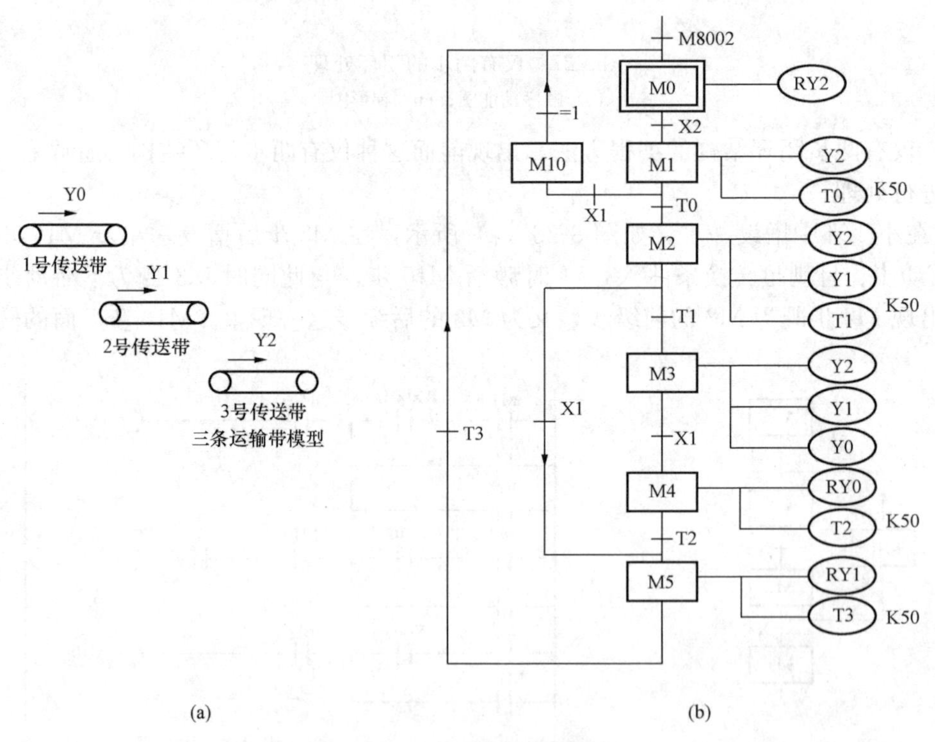

图8-30 3条运输带应用示例

（a）示意图；（b）状态流程图

注：图中RY0-RY2等表示Y0-Y2线圈失电。

1）PLC 的 I/O 地址分配。

停止按钮：SB1-X1；启动按钮：SB0-X2；

1 号、2 号、3 号传输带线圈分别为 Y0、Y1 和 Y2；

2）状态流程图。3 条运输带状态流程图如图 8-30（b）所示。从状态流程图可知，当按下启动按钮 X2 时启动第 3 号运输带，这时碰到异常情况按下停止按钮 X1，系统马上转换到初始状态 M0 步，这里就出现了两步闭环结构，所以在图 8-30（b）这个两步闭环结构中增设了 M10 步。

3）梯形图。梯形图如图 8-31 所示，左图表示 M0、M1 两步小闭环中增设的一小步 M10。

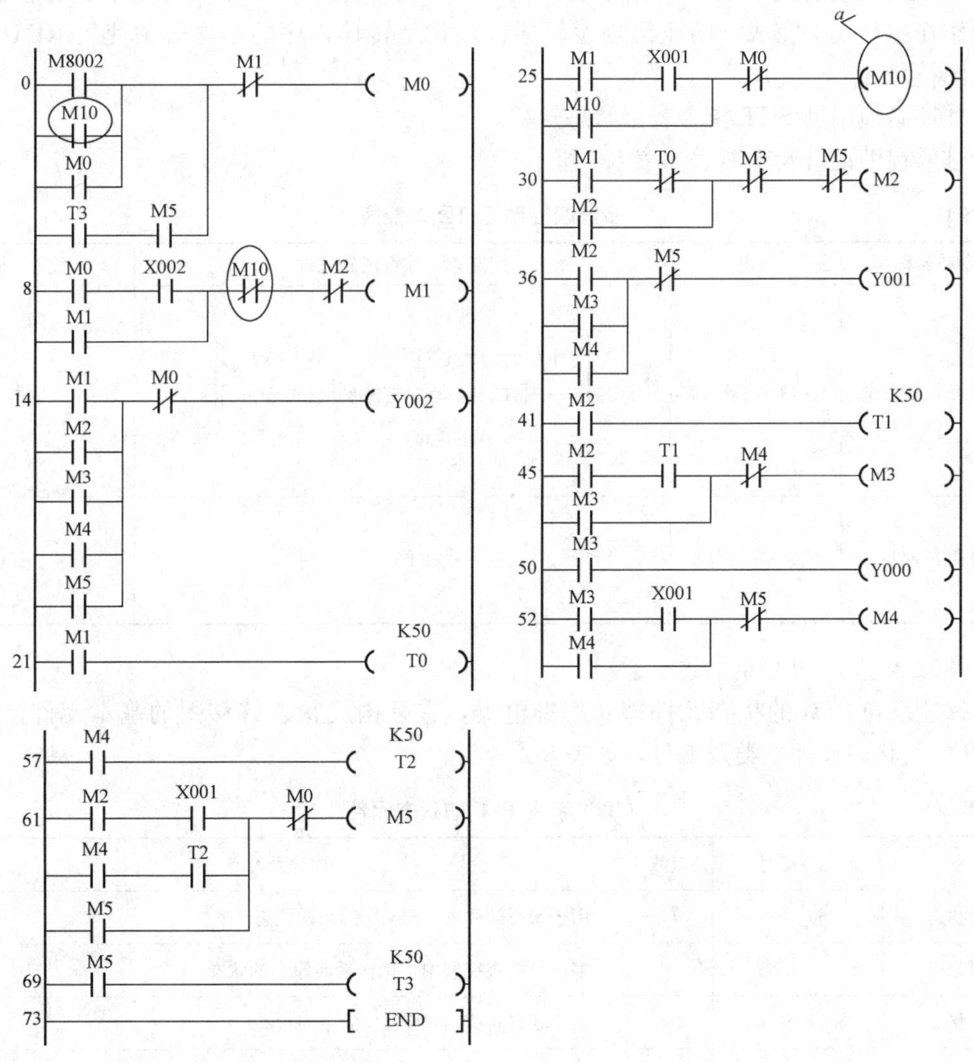

图 8-31　3 条运输带梯形图

二、使用 FX2N 系列 PLC 的步进指令编程方法

在顺序控制程序中，除了采用上述介绍的起保停电路实现编程外，还常常利用到步进指令 STL 和 RET。步进指令是利用 PLC 内部状态寄存器（S），以一个状态寄存器 S（也叫一

步）为控制单位，在控制程序中借助转换条件控制状态的转移，从而实现顺序控制。一个完整的步进指令包括步、动作输出及转换条件三部分。它的优点是程序编写简单明了，逻辑性与可读性强，并具备前级步自动复位功能。

1. FX2N 系列 PLC 的步进顺控指令

FX2N 系列 PLC 的步进顺控指令有两条：步进开始指令 STL 和步进返回指令 RET。

STL 指令表示步进开始指令，属于触点类指令，在 Gx Developer 软件中放置在线圈输出位置处，执行完该指令后，主母线右移到该触点后而建立子母线，使 STL 与 RET 指令之间的程序操作均在子母线上进行。

RET 指令是步进返回指令，用于返回主母线，使步进顺控程序执行完毕后，非状态程序的操作在主母线上完成，防止出现逻辑错误，状态转移程序的结尾必须使用 RET 指令，其梯形图符号为—— [RET]。

另外还必须用到 SET 指令表示状态转移。

步进顺控助记符及功能表如表 8-1 所示。

表 8-1　步进顺控助记符及功能表

指令和名称	功能	回路表示和可用软元件	程序步长
STL 步进开始指令	步进梯形图开始	—┤├—[SET　状态元件] —[STL 编号与 SET 指令中状态元件同] S0～S899	1 步
RET 步进返回指令	步进梯形图结束	—[RET　]	1 步

2. FX2N 系列 PLC 的状态元件

FX2N 系列 PLC 的状态元件即状态继电器，它是构成状态转移图的基本元件。FX2N 系列 PLC 的状态元件分类及编号，如表 8-2 所示。

表 8-2　FX2N 系列 PLC 的状态元件

类别	元件编号	点数	用途及特点
初始状态	S0～S9	10	用于状态转移图（SFC）的初始状态
返回原点	S10～S19	10	多运行模式控制中，用作返回原点的状态
一般状态	S20～S499	480	用于状态转移图（SFC）的中间状态
停电保持状态	S500～S899	400	具有停电保持功能，用于停电恢复后需继续执行停电前状态的场合
信号报警状态	S900～S999	100	用作报警元件使用

每个状态元件有三种功能：一是驱动负载（输出继电器）；二是指定转换条件；三是指定转移到哪一个状态器，即哪一步。

关于状态转移图中状态元件使用的几点说明：

（1）步进地址号不能重复使用，即用状态继电器 S 表示步的编号不能重复使用。

（2）允许用一个步进触点驱动多重线圈输出，初始状态一般不安排驱动负载。

（3）允许在不同步中，对同一元件进行多次输出。

（4）输出之间的联锁。

（5）不相邻的步中，允许重复使用同一编号的定时器。

（6）输出的驱动方法要符合规则。

（7）注意状态转移方向。

3. 梯形图中步进指令使用说明

状态转移图中初始状态必须先行驱动，用 PLC 的初始化脉冲 M8002 来驱动。除初始状态元件之外的中间状态元件必须在其他状态接通后加入 STL 指令才能驱动，决不能脱离状态元件用其他方式驱动。

图 8-32（a）为状态转移图，其中 S0 表示初始状态，也称初始步，S21 和 S22 是中间状态。对应的梯形图如图 8-32（b）所示，指令表如图 8-32（c）所示。

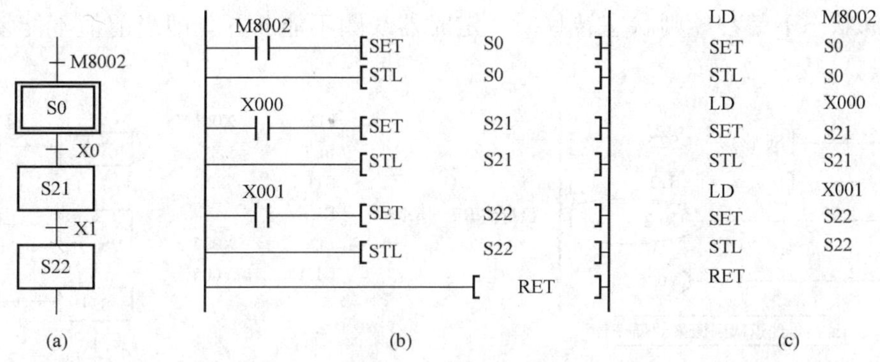

图 8-32　步进指令的应用示例

（a）状态转移图；（b）梯形图；（c）指令表

图 8-32 指令解释如下。

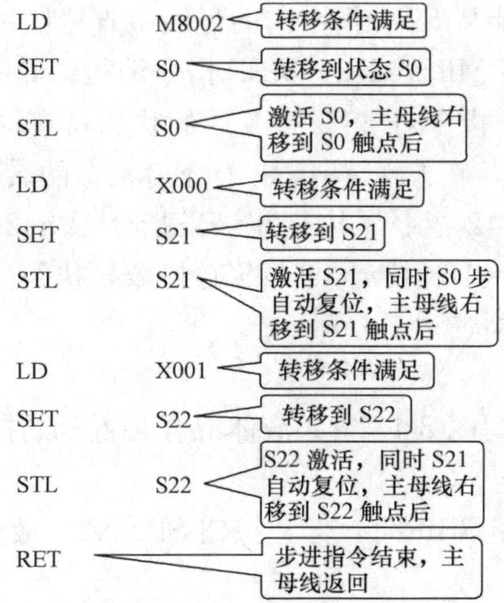

关于梯形图中步进指令使用的几点说明：

（1）STL 触点直接与左母线相连（如图 8-32（b）中指令 STL S0 起始于左母线），与 STL 相连的起始触点要用 LD，LDI 指令［如图 8-32（c）中 STL S0 后的 X0 动合触点，其指令为 LD X0］。

（2）使用 STL 指令后，相当于母线右移到 STL 触点右侧，直到出现下一条 STL 指令或者出现 RET 指令为止。

（3）RET 指令使右移后的母线回到原来的母线。

（4）使用 STL 指令使新的状态置位，前一状态自动复位。如图 8-32 中，执行 STL S21 时，S0 自动复位。

（5）STL 触点接通后，与此相连的电路动作。当 STL 触点断开时，与此相连的电路不动作，并且在一个扫描周期以后不再执行指令。

（6）STL 和 RET 指令是一对指令，在一系列步进指令 STL 后必须加上 RET 指令，表明步进指令的结束，LD 接点返回原来的母线。如图 8-33 所示执行完 RET 指令后步进指令结束，左母线返回到原来的母线。

（7）定时器线圈可在不同状态间对同一软元件编程。但在相邻状态中不能编程，这是因为若在相邻状态下编程，则状态转移时，定时器线圈不能断开，即当前值不能复位，如图 8-34 所示。

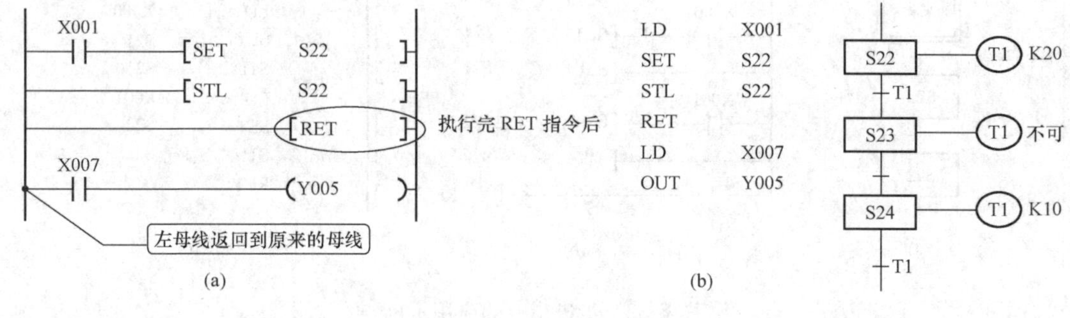

图 8-33 RET 指令使用说明

（a）梯形图；（b）指令表

图 8-34 定时器在 SFC 图中的用法

（8）用 STL 编程时，不能从 STL 指令内的母线中直接使用 MPS/MRD/MPP 指令。而只能在 LD 或 LDI 指令后使用 MPS/MRD/MPP 指令编程。如图 8-35 所示。

（9）用 OUT 指令与 SET 指令对 STL 指令后的状态具有同样的功能，都将自动复位转移状态。但使用 OUT 指令时，在 SFC 图中用于分离状态的转换。如图 8-36 所示，若满足转换条件 X3=1 时执行 SETS42 指令，执行完该条指令后 S42 自动激活，与此同时 S41 自动复位。若满足转换条件 X4=1 时执行 OUTS50 指令，执行完该条指令后 S41 自动复位，与此同时自动转移到 S50 置位状态。

4. 步进指令的应用示例

【例 8-5】 用步进指令编写图 8-17 中“液体混合装置”的控制程序。

（1）PLC 的 I/O 地址分配。

PLC 输入地址：启动按钮 SB1-X1，停止按钮 SB2-X2，液位 1 开关 S1-X3，液位 2 开关—X4。

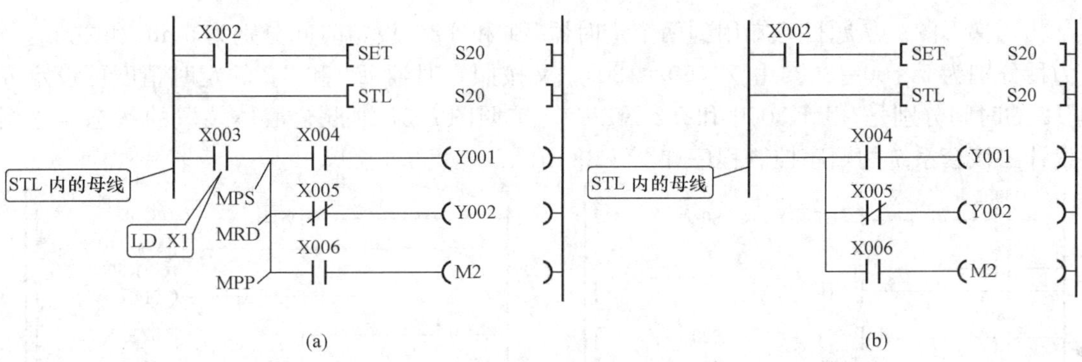

图 8-35　MPS/MRD/MPP 指令的位置
（a）正确；（b）不正确

PLC 输出地址：电磁阀 YV1-Y1，电磁阀 YV2-Y2，搅拌机电机 M-Y3，电磁阀 YV3-Y4。

其他辅助地址：搅拌定时器 T1，排液定时器 T2。

（2）PLC 外部接线图（未画出，请读者自行设计）。

（3）状态确定。即将整个过程按任务确定每个工序，而每个工序对应一个状态，每个状态用状态继电器 S 的不同编号表示。如图 8-37（a）所示，每个工序（或称步）用一矩形方框表示，方框中用 S 的编号表示。与控制过程的初始状态相对应的步称为初始步，初始步用双线框表示，方框之间用线段连接表示状态间的联系。每个工序发生的动作用矩形方框表示，方框中用文字表示该工序的动作内容，每个工序和该工序所发生的动作用也用线段表示。

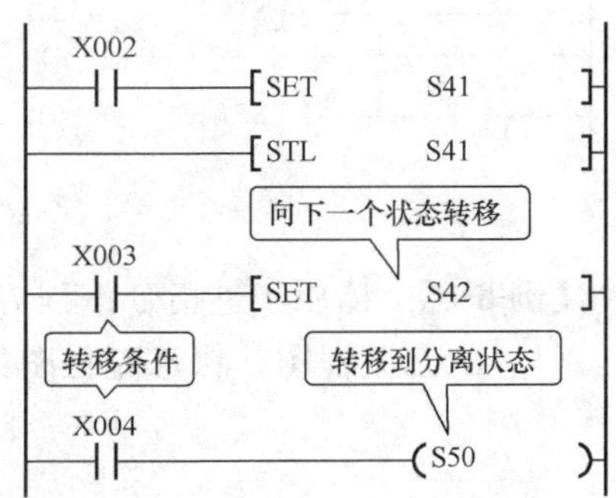

图 8-36　状态的转移方法

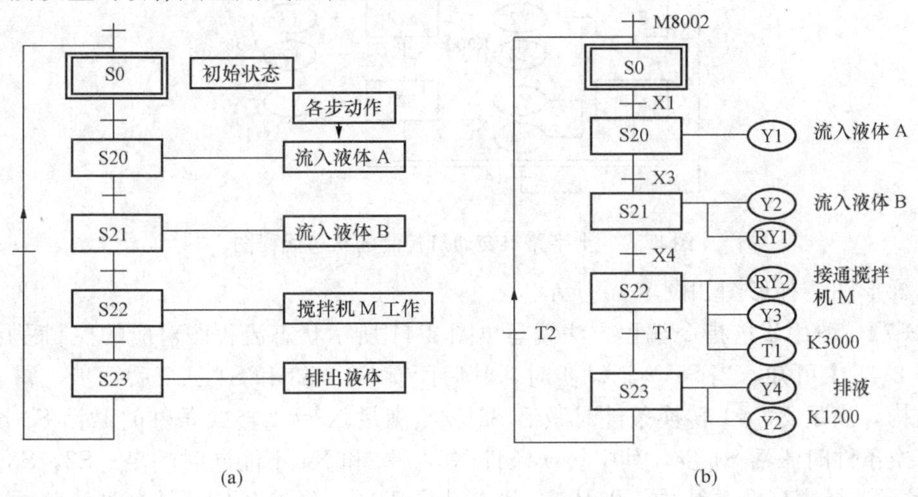

图 8-37　混合液体装置的状态流程图
（a）状态确定；（b）状态流程图

（4）状态流程图。根据前面 3 个步骤的内容，并按照系统控制要求，画出最后完整的状态流程图如图 8-37（b）所示。

（5）梯形图。从题目可知用到两个定时器 T1 和 T2，设定时间分别为 5min 和 2min，转换为秒分别为 5×60＝300s 和 2×60＝120s，又按照定时器 T1 和 T2 的定时精度可设定 T1 和 T2 的时间分别是 T1 K3000 和 T2 K1200。按照图 8-37 中混合液体装置的状态流程图，可设计出该套系统的顺序控制程序如图 8-38 所示。

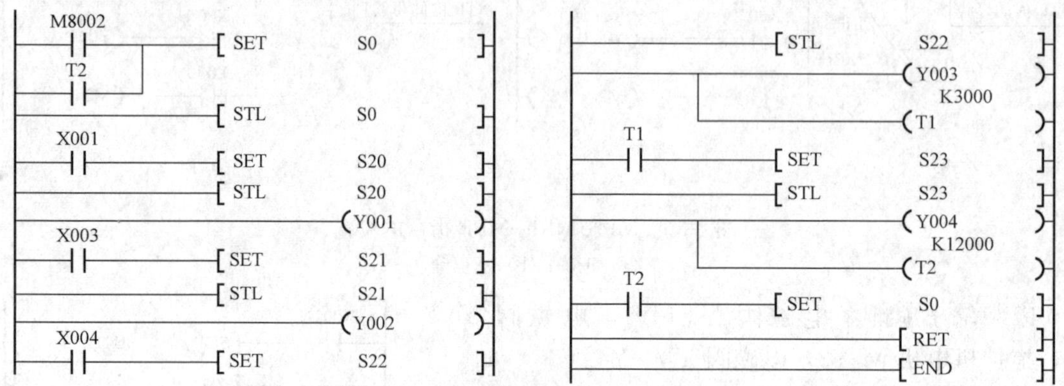

图 8-38　混合液体装置梯形图

【例 8-6】　请用步进指令编程方法编写出图 8-22 十字路口的交通灯控制程序。

（1）状态流程图。状态流程图如图 8-39 所示。

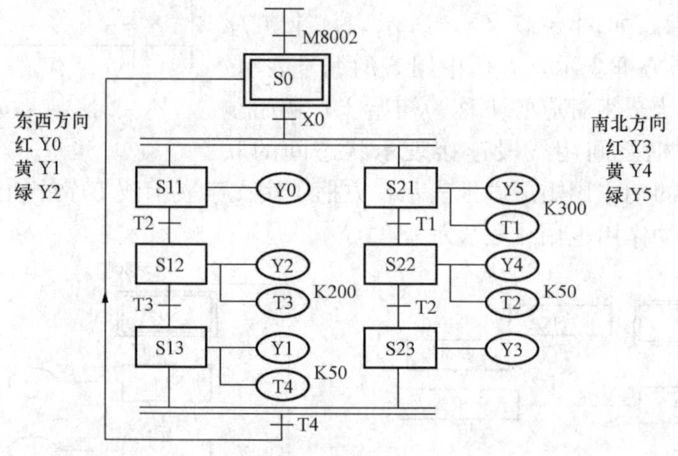

图 8-39　十字路口交通灯控制的状态流程图

（2）梯形图。梯形图如图 8-40 所示。

【例 8-7】　请用步进指令编程方法编写出图 8-41 所示状态流程图对应的控制程序。

从图 8-41 中可知，当 S1 为活动步时，其后面有 S2，S3 和 S4 三个后续步，属于选择序列分支结构，满足 X2＝1 转换条件时激活 S2 步，满足 X3＝1 转换条件时激活 S3 步，满足 X4＝1 转换条件时激活 S4 步，其中转换条件 X2，X3 和 X4 不能同时满足。S2，S3 和 S4 与 S5 之间属于选择序列合并结构，即从 S2 状态满足 T2＝1 转换条件可转换到 S5，或从 S3 状态满足 X31＝1 转换条件也可转换到 S5，或从 S4 状态满足转换条件 T4＝1 也可转换到 S5。

由选择序列分支、选择序列合并结构的特点，以及步进指令的特点可编写出图 8-41 对应的梯形图，如图 8-42 所示。

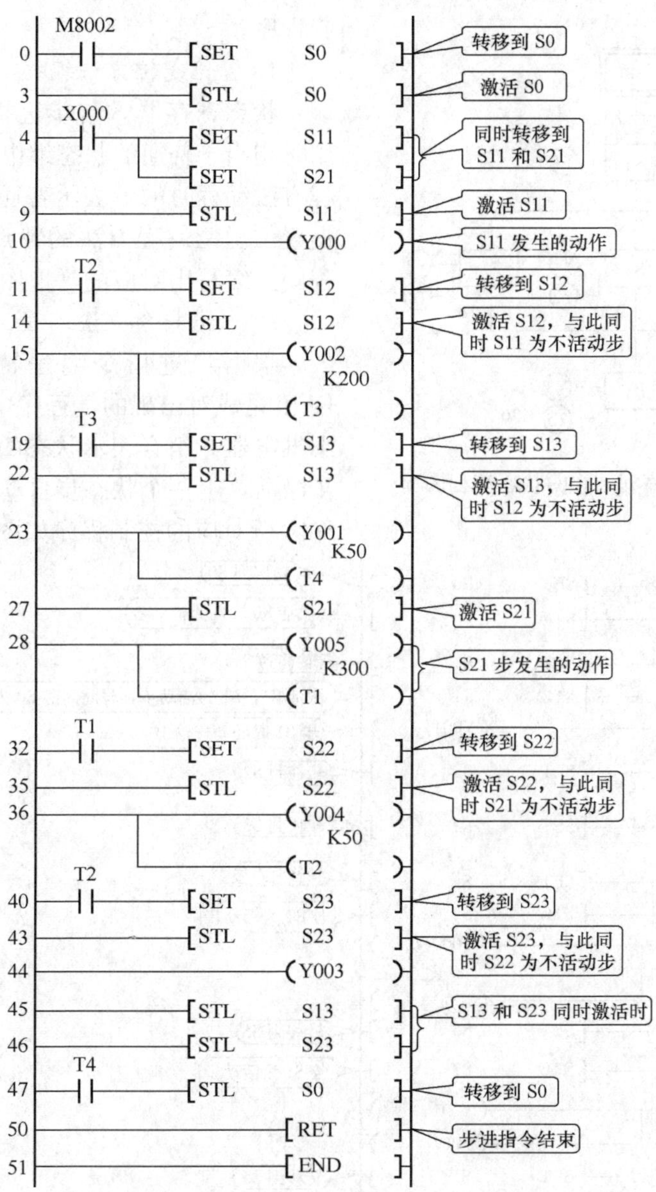
M8002
0 SET S0
转移到 S0
3 STL S0
激活 S0
X000
4 SET S11
SET S21
同时转移到 S11 和 S21
9 STL S11
激活 S11
10 Y000
S11 发生的动作
T2
11 SET S12
转移到 S12
14 STL S12
激活 S12，与此同时 S11 为不活动步
15 Y002
K200
T3
T3
19 SET S13
转移到 S13
22 STL S13
激活 S13，与此同时 S12 为不活动步
23 Y001
K50
T4
27 STL S21
激活 S21
28 Y005
K300
T1
S21 步发生的动作
T1
32 SET S22
转移到 S22
35 STL S22
激活 S22，与此同时 S21 为不活动步
36 Y004
K50
T2
T2
40 SET S23
转移到 S23
43 STL S23
激活 S23，与此同时 S22 为不活动步
44 Y003
45 STL S13
46 STL S23
S13 和 S23 同时激活时
T4
47 STL S0
转移到 S0
50 RET
步进指令结束
51 END

图 8-40　步进指令编写的十字路口交通灯控制的梯形图

三、使用置位复位指令的顺序控制梯形图编程方法

与使用起保停电路的编程方法相比，用置位复位指令设计的梯形图的总体结构、手动程序、公用程序和自动程序中的输出电路完全相同。

【例 8-8】 某 PLC 控制的回转工作台控制钻孔的过程是：当回转工作台不转且钻头回转时，若传感器 X40 检测到工件到位，钻头向下工进（Y50），当钻到一定深度，钻头套筒压到接近开关 X41 时，计时器 T4 计时，4s 后快退（Y51），压到接近开关 X42 就回到了原位。控制程序如图 8-43（a）所示。

四、综合应用实例

请用前面所学的置位复位及步进指令编程方法编写出图 8-44 所示状态流程图对应的控

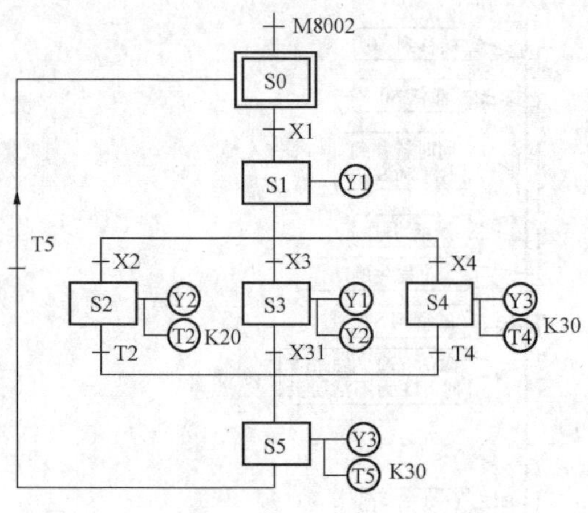

图 8-41　选择序列结构的状态流程图

制程序。

1. 置位复位方法编程

状态寄存器 S 与步进指令 STL 不一起使用时相当于普通的状态继电器。所以用该种编程方法编程时的 S 表示普通的状态继电器。根据置位复位编程方法的特点和图 8-44 状态流程图，编写出对应的梯形图如图 8-45 所示。

2. 步进指令方法编程

根据步进指令编程特点，STL 指令与 RET 是成对出现的，程序中还要用 SET 和状态继电器 S 组合表示状态的转移，下一个状态步激活，上一个状态步自动复位，状态流程图 8-44 所对应的控制程序如图 8-46 所示。

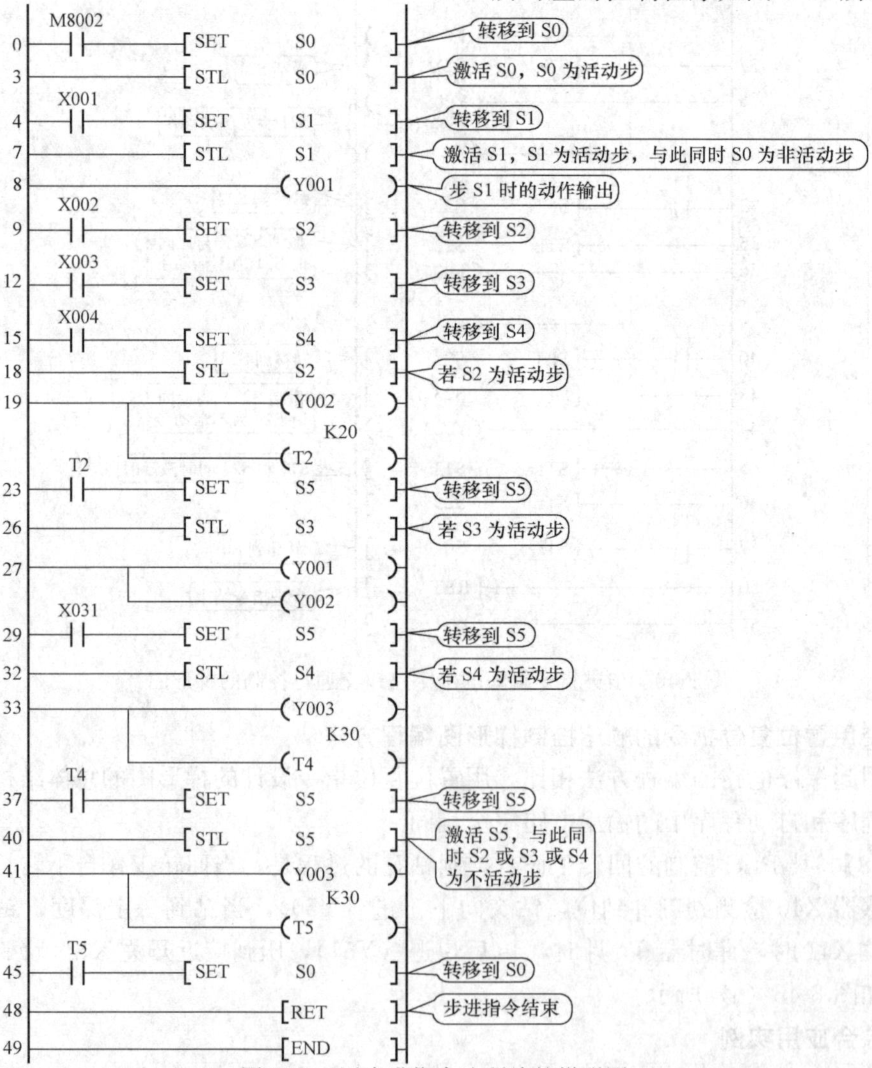

```
0   M8002 ─┤├─ [SET  S0]     转移到 S0
3          ─── [STL  S0]     激活 S0，S0 为活动步
4   X001  ─┤├─ [SET  S1]     转移到 S1
7          ─── [STL  S1]     激活 S1，S1 为活动步，与此同时 S0 为非活动步
8          ─── (Y001)        步 S1 时的动作输出
9   X002  ─┤├─ [SET  S2]     转移到 S2
12  X003  ─┤├─ [SET  S3]     转移到 S3
15  X004  ─┤├─ [SET  S4]     转移到 S4
18         ─── [STL  S2]     若 S2 为活动步
19         ─┬─ (Y002)
            └─ (T2  K20)
23  T2    ─┤├─ [SET  S5]     转移到 S5
26         ─── [STL  S3]     若 S3 为活动步
27         ─┬─ (Y001)
            └─ (Y002)
29  X031  ─┤├─ [SET  S5]     转移到 S5
32         ─── [STL  S4]     若 S4 为活动步
33         ─┬─ (Y003)
            └─ (T4  K30)
37  T4    ─┤├─ [SET  S5]     转移到 S5
40         ─── [STL  S5]     激活 S5，与此同时 S2 或 S3 或 S4 为不活动步
41         ─┬─ (Y003)
            └─ (T5  K30)
45  T5    ─┤├─ [SET  S0]     转移到 S0
48         ─── [RET]         步进指令结束
49         ─── [END]
```

图 8-42　用步进指令法所编的梯形图

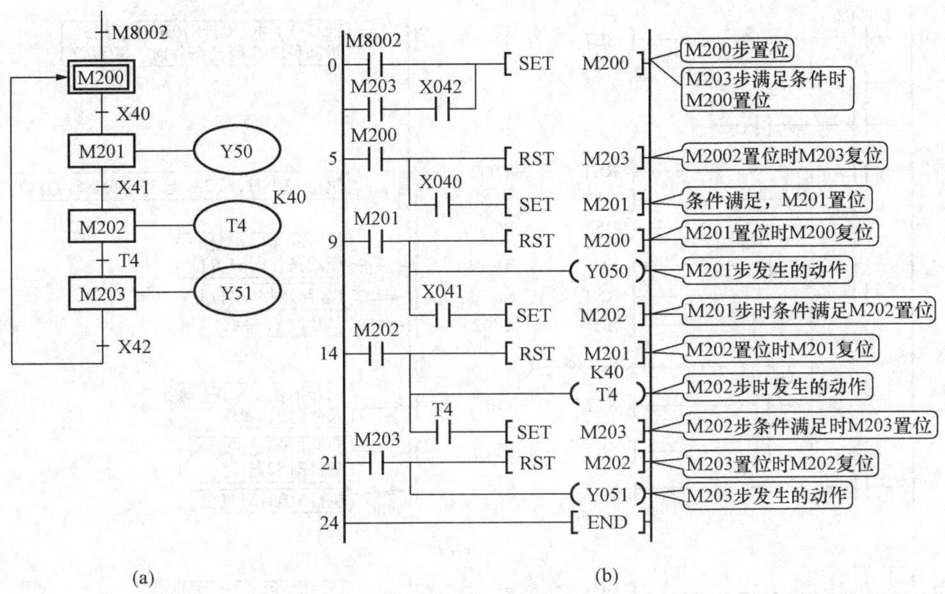

图 8-43　回转工作台钻孔控制应用示例

(a) 顺序功能图；(b) 梯形图

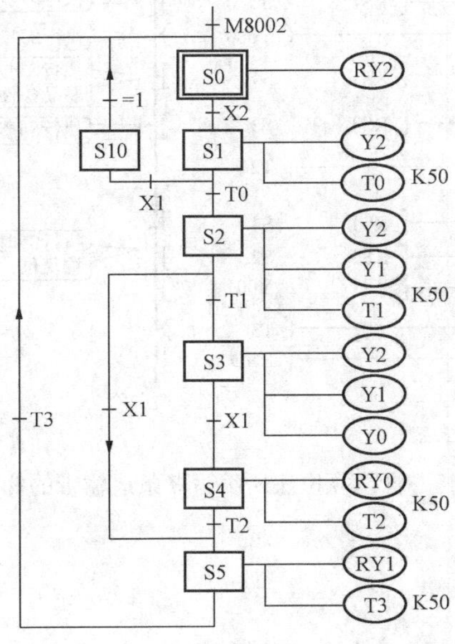

图 8-44　3 条运输带工作的状态流程图

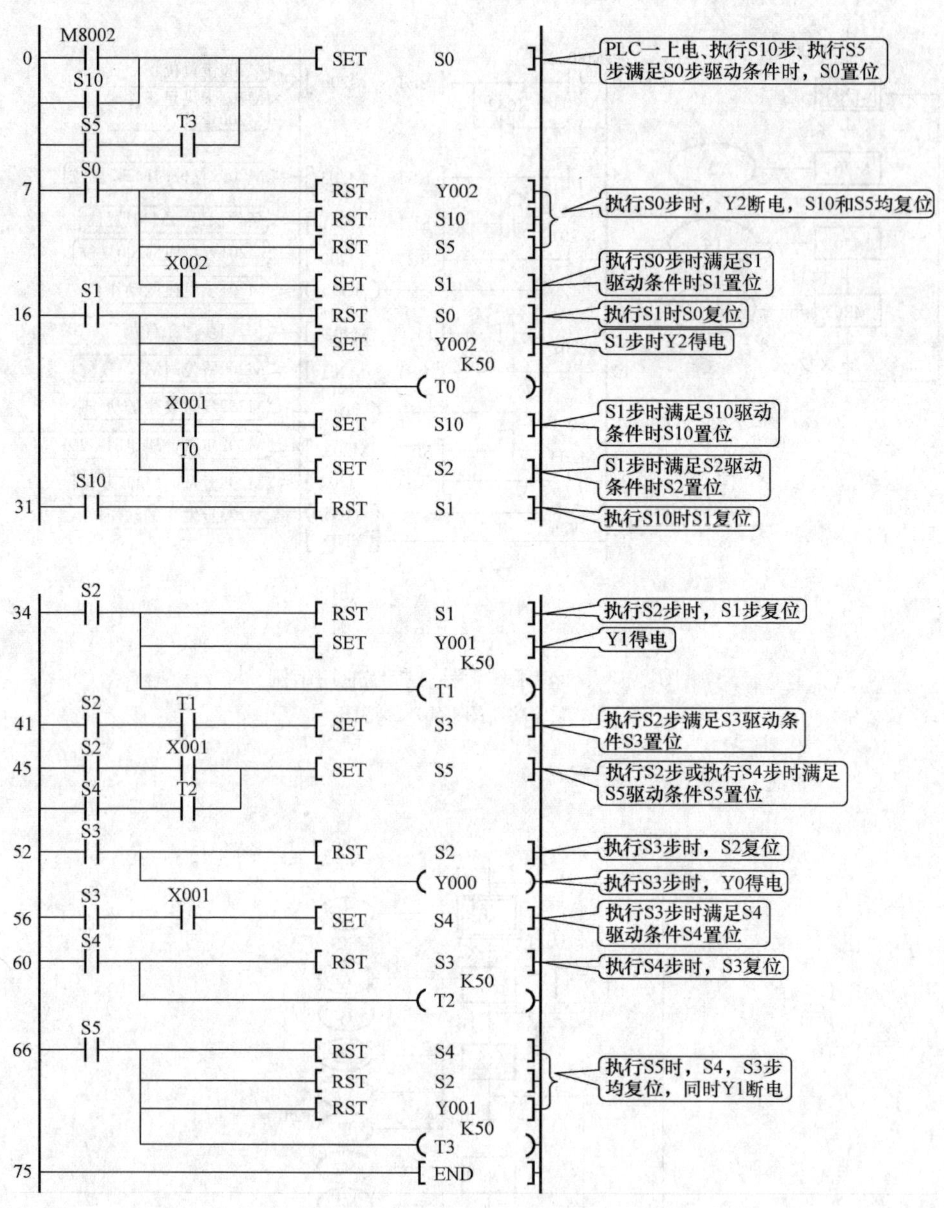

图 8-45　置位复位法所编写 3 条运输带的梯形图

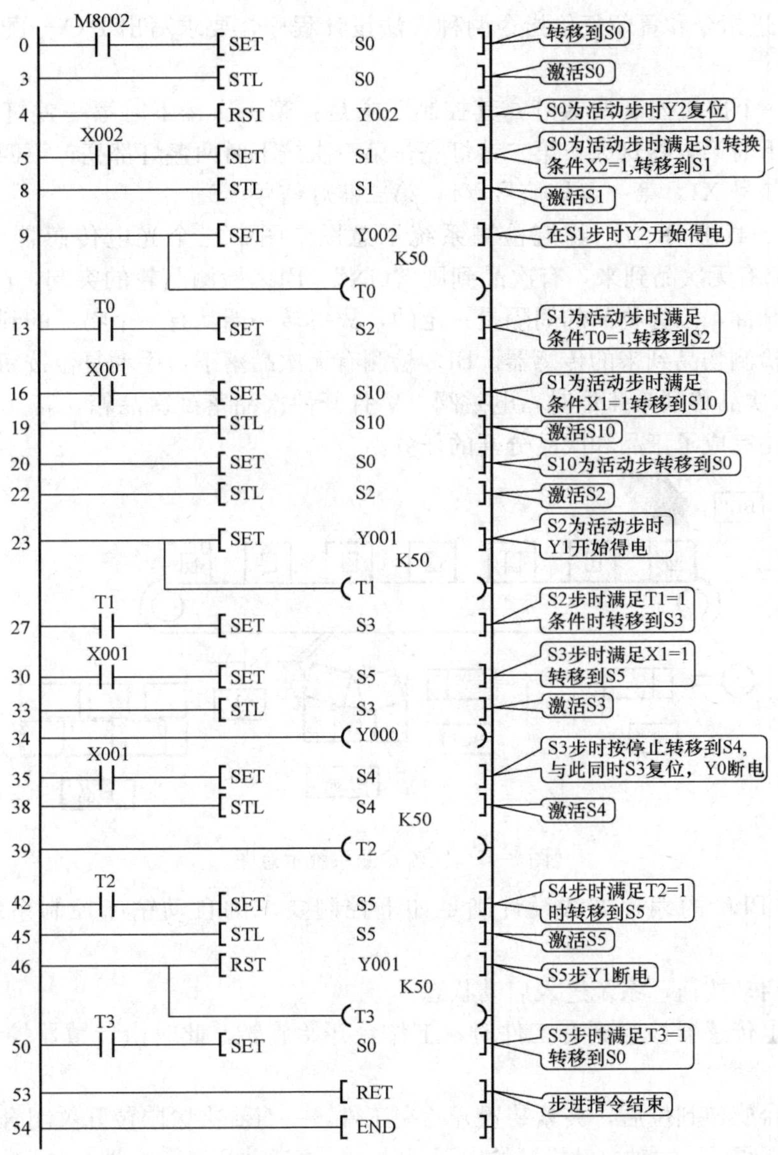

转移到S0
激活S0
S0为活动步时Y2复位
S0为活动步时满足S1转换条件X2=1,转移到S1
激活S1
在S1步时Y2开始得电
S1为活动步时满足条件T0=1,转移到S2
S1为活动步时满足条件X1=1转移到S10
激活S10
S10为活动步转移到S0
激活S2
S2为活动步时Y1开始得电
S2步时满足T1=1条件时转移到S3
S3步时满足X1=1转移到S5
激活S3
S3步时按停止转移到S4,与此同时S3复位，Y0断电
激活S4
S4步时满足T2=1时转移到S5
激活S5
S5步Y1断电
S5步时满足T3=1转移到S0
步进指令结束

图 8-46　用步进指令所编的 3 条运输带控制程序

习　　题

8-1　填空题

（1）顺序功能图由________、________、________、________和________组成。

（2）若为顺序不连续转移（跳转），不能使用 SET 指令进行状态转移，应改用________指令进行状态转移。

（3）步进返回指令 RET 用于返回________，使步进顺控程序执行完毕后，非状态程序的操作可在________上完成，防止出现逻辑错误。

（4）步进顺控指令的编程原则是先进行________，然后进行________。状态转移处理是根据________和转移________实现向下一个状态的转移。

8-2 用步进指令和置位复位指令两种方法设计程序，要求写出I/O分配表，并设计出I/O原理图。

(1) 使用一个按钮控制两盏灯，其控制要求是：第一次按下时第一盏灯亮，第二盏灯灭；第二次按下时第一盏灯灭，第二盏灯亮；第三次按下时两盏灯都亮；第四次按下时两盏灯都灭。按钮信号X1，第一盏灯信号Y1，第二盏灯信号Y2。

(2) 如图8-47所示为一物流检测系统示意图。图中三个光电传感器为BL1、BL2、BL3。BL1检测有无次品到来，有次品到则“ON”。BL2检测凸轮的突起，凸轮每转一圈，则发一个移位脉冲，因为物品的间隔是一定的，故每转一圈就有一个物品的到来，所以BL2实际上是一个检测物品到来的传感器。BL3检测有无次品落下，手动复位按钮SB1（图8-47中未画出）。当次品移到第4位时，电磁阀YV打开使次品落到次品箱。若无次品则正品移到正品箱。于是完成了正品和次品分开的任务。

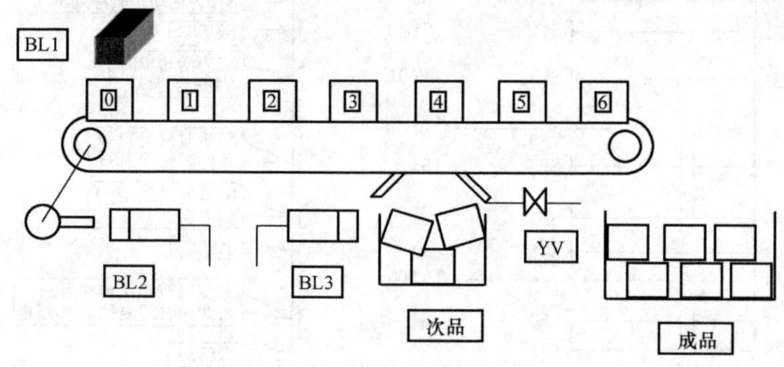

图8-47 物流检测系统示意图

8-3 利用PLC的编程方法设计满足如下控制要求的自动钻床控制系统。其控制要求是：

(1) 按下启动按钮，系统进入启动状态。

(2) 当光电传感器检测到有工件时，工作台开始旋转，此时由计数器控制其旋转角度（计数器计满2个数）。

(3) 工作台旋转到位后，夹紧装置开始夹工件，一直到夹紧限位开关闭合为止。

(4) 工件夹紧后，主轴电动机开始向下运动，一直运动到工作位置（由下限位开关控制）。

(5) 主轴电动机到位后，开始进行加工，此时用定时5s来描述。

(6) 5s后，主轴电动机回退，夹紧电动机后退（分别由后限位开关和上限位开关来控制）。

(7) 接着工作台继续旋转由计数器控制其旋转角度（计数器计满2个）。

(8) 旋转电动机到位后，开始卸工件，由计数器控制（计数器计满5个）。

(9) 卸工件装置回到初始位置。

(10) 如再有工件到来，实现上述过程。

(11) 按下停车按钮，系统立即停车。

写出该系统的I/O分配表、主电路图和I/O原理图，设计出合理的PLC梯形图，并进行模拟调试。

第三部分

典型机床的电气与 PLC 控制

在学习了继电器—接触器控制电路和 PLC 控制电路基本环节的基础上，下面将对生产机械的电气控制进行分析和研究。本部分从常用机床的电气控制入手，学会阅读、分析机床电气控制电路的方法和步骤，加深对典型控制环节的理解和应用，了解机床上机械、液压、电气三者的紧密配合，从机床加工工艺出发，掌握各种典型机床的电气控制，为机床及其生产机械电气控制的设计、安装、调试、运行等打下一定的基础。

机床的电气控制，不仅要求能够实现起动、制动、反向和调速等基本要求，更要满足生产工艺的各项要求，还要保证机床各运动的准确和相互协调，具有各种保护装置，工作可靠，并能实现操作自动化等。

学习与分析机床电气控制电路时，应注意以下几个问题：

(1) 对机床的基本结构、运动情况、加工工艺要求等应有一定的了解，做到了解控制对象，明确控制要求。

(2) 应了解机械操作手柄与电器开关元件的关系；了解机床液压系统与电气控制的关系等。

(3) 将整个控制电路按功能不同分成若干局部控制电路，逐一分析，分析时应注意各局部电路之间的联锁与互锁关系，然后再通过整个电路形成一个整体概念。

(4) 抓住各机床电气控制的特点，深刻理解电路中各电器元件、各触点的作用，学会分析的方法，养成分析的习惯。

(5) 抓住各机床的电机拖动特点和工作要领，将继电—接触器控制系统改造为 PLC 控制系统。

下面介绍机床电气控制线路图的识读，并以几台典型机床控制电路为例，分析其电气控制，并将其改造为 PLC 控制。

第九章　机床电气控制线路图的识读方法及步骤

对于初学者来说，当一张机床电路图拿在手中时，总觉得眼花缭乱，根本无从下手。怎样识图？识图时又有什么技巧呢？本章重点讲述机床电气控制线路图的识读方法及步骤，并给出常用的电气设备文字符号及图形符号。

一、机床电气控制线路图的组成

在没有进行机床电气控制线路图的识读方法及步骤介绍之前，以图 9-1 为例先介绍一下机床电气控制线路图的组成。

图 9-1 为 M7120 型平面磨床电气控制线路图，从图中可以看出，机床电气控制线路图由电路功能文字说明框部分、电气控制图部分和区域标号部分组成。

1. 电路功能文字说明框部分

在图上方的方框中标注有文字，例如“电源开关及保护”、“液压泵电动机”等，这些就是电路功能文字说明框。电路功能文字说明框在电路中的作用主要是说明该部分电路的功能，即从说明文字框两条垂直边往下延伸所夹在里边的元器件或由元器件构成的控制线路在机床电路图中所起的作用。例如左上角第五个文字说明框中标有文字“砂轮升降电动机”，其意义为由构成该框的两条垂直边往下延伸，夹在里面的元器件组成砂轮升降电动机的控制主电路；又如左上角第九个文字说明框中标有文字“砂轮上升或下降”，表示由构成该方框的两条垂直边往下延伸，夹在里面的元器件组成砂轮升降电动机的上升和下降控制电路。其余类推。

2. 电气控制图部分

电气控制图部分位于机床电气控制线路图的中间位置，它也是机床电气控制线路图的核心部分。电气控制图分为主电路部分、控制电路部分、照明和信号及其他电路部分。在电气控制图部分中，不但绘制有电气图形符号，而且标有文字符号及线路各节点的标号，以便读图。而在每个接触器或继电器线圈的下端有一个触头表格，触头表格的左上方为动合触点的符号，右上方为动断触点的符号，在触头表格左下角和右下角有一些数字，表示该接触器或继电器的动合触头或动断触头所在电路图的区域。例如，在接触器 KM1 线圈下方的表格中，左下角的数字为：2，2，2，8，22，表示接触器有 3 个动合触点在第 2 区，控制着液压泵电动机电源的接通及断开；一个动合触点在第 8 区，作为接触器 KM1 的自锁触头；还有一个动合触点在第 22 区，作为接通液压泵电动机运转时信号指示灯的电源。

3. 区域标号部分

区域标号部分位于机床电气控制线路图的下方，它的主要作用是对中间的电气控制图部分进行分区，以便在识图时能快速、准确地找出所需要找的元器件在图中的位置。

二、机床电气控制线路图的识读方法及步骤

机床电气图的识读，既分步骤，又讲方法，而步骤和方法又是相互渗透的。仍以图 9-1 为例，说明机床电气控制线路图的识读方法及步骤。

机床电气控制线路图的识读及步骤应从主电路、控制电路、照明、信号其他电路部分入手。

对主电路进行识图分析时，应逐一分析各电动机主电路中的每一个元器件在电路中的作用、功能，分析容易出现故障的元器件，出现故障时对机床的影响。

对控制电路进行识图分析时，应逐一分析各电动机对应的控制电路中每个元器件在电路中的作用、功能，分析容易出现故障的元器件出现故障时对机床的影响。在分析过程中，可借助机床电气控制线路图中的功能文字说明框、区域标号、接触器或继电器线圈下面的触头表格协助识图。

对照明、信号其他电路部分进行识图分析时，找出被控制电路部分和控制电路部分以及各元器件在电路中的作用，分析容易出现故障的元器件出现故障时对机床的影响。

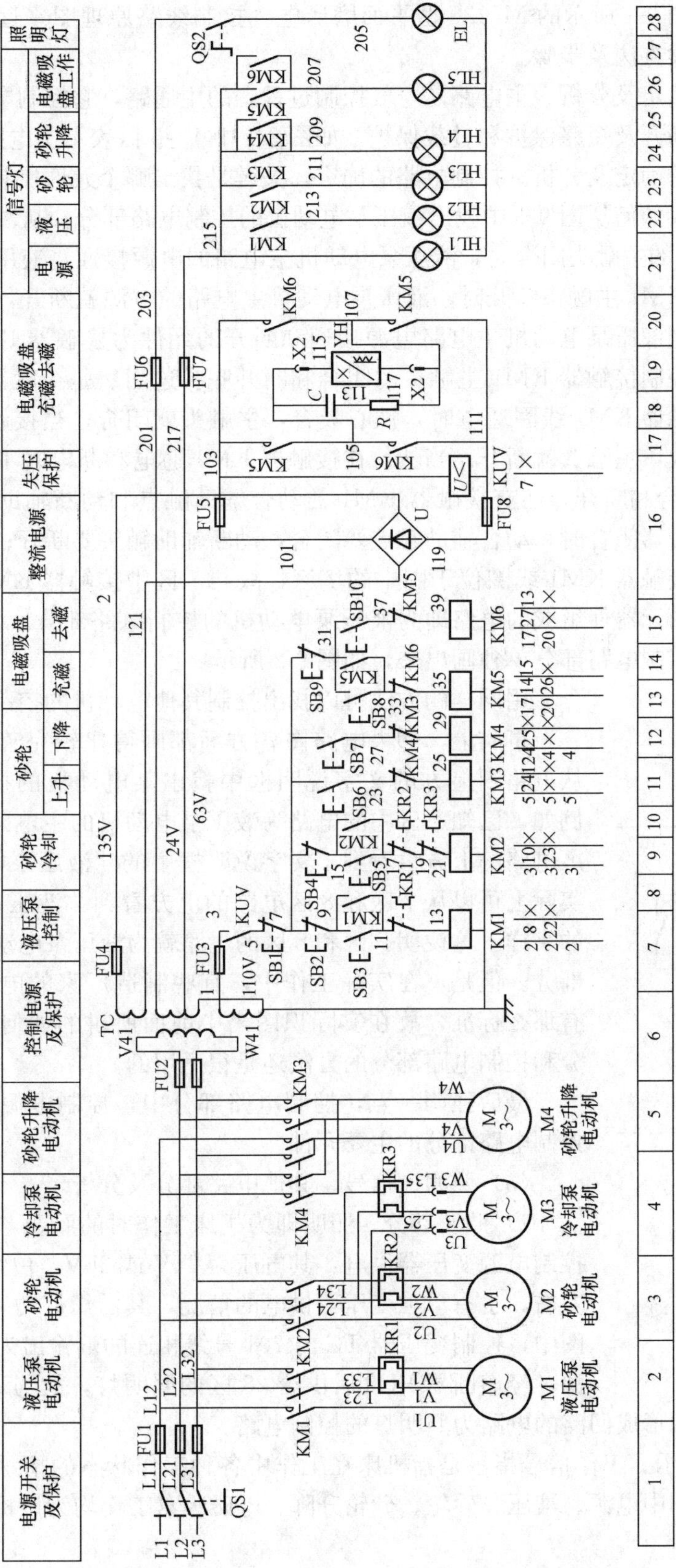

图 9-1　M7120 型平面磨床电气控制线路图

下面我们结合图 9-1 所示的 M7120 型平面磨床电气控制线路原理图来逐一说明机床电气控制线路图的识读方法及步骤。

(1) 主电路的确定及分析。主电路是电气控制过程中的主通路，它控制电动机等大功率负载电源的接通和断开及短路保护和过载保护。如图 9-1 中 1～5 区表示主电路。

(2) 控制电路的确定及分析。控制电路的确定，关键是找出哪个元件控制主电路电源的接通和断开。例如，如何从图 9-1 中找出液压泵电动机的控制电路部分？从图中 2 区可以看到，当接触器 KM1 的主触头闭合时，液压泵电动机主电路的电源接通，液压泵电动机通电单向运转；接触器 KM1 主触头断开时，液压泵电动机主电路的电源就断开，液压泵电动机失电停转。所以控制液压泵电动机主电路电源接通和断开的元件为接触器 KM1 的主触头。那么又是什么元件控制接触器 KM1 主触头的闭合和断开呢？这当然是接触器 KM1 线圈的通电和断电。当接触器 KM1 线圈通电时，铁心吸合，主触头就闭合；当接触器 KM1 线圈断电时，铁心就释放，主触头就断开。当然，在接触器 KM1 通电和断电时不仅只是接触器 KM1 主触头随着闭合和断开，还有接触器 KM1 的动合辅助触点和动断辅助触点也要作相应的动作，即在接触器闭合时，动合辅助触点要闭合，动断辅助触头要断开；而在接触器断开时则如相反。而接触器 KM1 线圈位于图中的 7 区，故与 7 区中接触器 KM1 线圈串联和控制电源形成回路的元器件组成的电路即为液压泵电动机的控制电路部分。为了清除起见，将液压泵电动机的控制电路部分单独画出来，如图 9-2 所示。

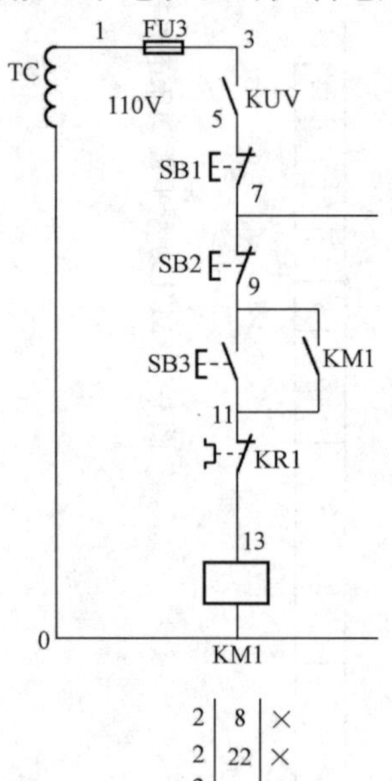

图 9-2 液压泵电动机控制电路

用同样的方法可以找出控制其他电动机的控制电路。

事实上，如果电路图各方面都画得比较完善的话，也可以从电路图上方的文字说明框中找出某电动机的控制电路部分。例如，已知 2 区中的电路为液压泵电动机的主电路部分，并从 2 区电路的上方也看到了文字说明框中的“液压泵电动机”字样，实际上可以从 7 区和 8 区电路的上方看到“液压泵电动机控制”的字样，这说明 7 区和 8 区的电路就为液压泵电动机的控制电路部分。但是，在实际工作中，有些制造厂家的电路图画得并没有那么标准，故在实际识图当中前面所讲的如何确定主电路部分和控制电路部分的方法还是很适用的。

最后强调一点，控制电路部分中，控制电源变压器也属于控制电路部分的主要元件。

(3) 照明、信号、其他电路部分及分析。

1) 照明部分。照明即为机床工作时的照明，一般情况下由控制电源变压器供电，其电压为 24V 或 36V，白炽灯功率为 3W 左右，也有单独变压器供电的情况，其白炽灯功率可达 6W。在图中，控制变压器 TC 与 201 号线相连的端输出为照明电压的电源，经熔断器 FU6 后供给 28 区的照明灯，故与 28 区照明灯串联的元器件并与电源形成回路的电路为照明灯的控制电路。

2) 工作信号指示。工作信号指示是指机床在工作中各种工作状态的指示信号，一般由交流电压供电。在图中电源、液压、砂轮、砂轮升降、电磁吸盘工作均为该机床各种工作状态下的信号指示。

3）其他电路部分。其他电路部分是指主电路、控制电路、照明、信号电路部分以外的电路。图 9-1 中，电磁吸盘充磁去磁电路即为其他电路部分。从图中可以看出，电磁吸盘充磁去磁电路部分包括 16 区中的整流电路和失压保护电路和 17～20 区中的电磁吸盘充磁去磁电路。

习　　题

9-1　图 9-3 为一电动机控制电路接线图，请根据如下要求答题。

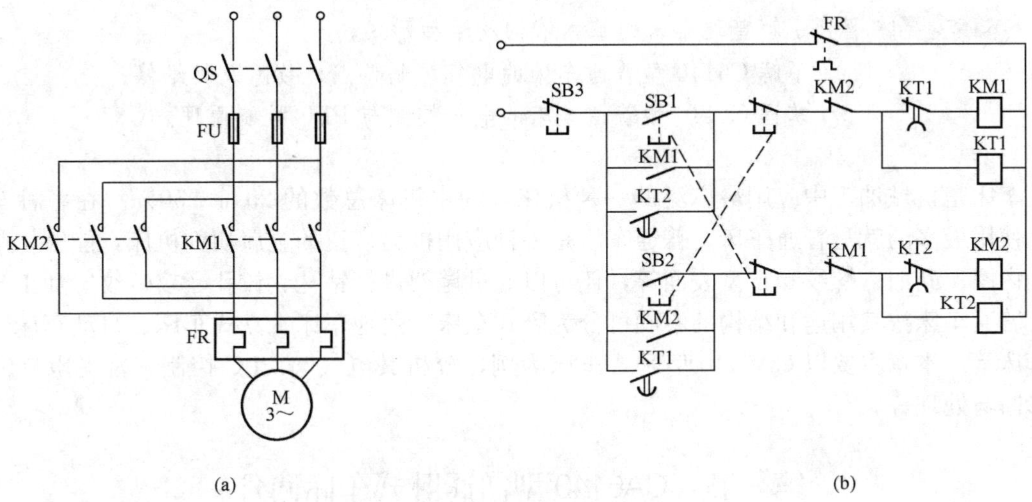

图 9-3　电动机控制电路接线图

（a）主电路图；（b）控制电路图

（1）简述电动机控制原理。

（2）在接线图中，电源进线有哪几根？分别是什么？

（3）在接线图中，FR 和 FU 的功能是什么？

（4）简述图中的互锁装置是怎样工作的。

9-2　电气控制系统图通常包括哪些图？

9-3　电气控制原理图基本的绘图原则有哪些？

9-4　简述机床电气控制线路图的识读方法及步骤。

第十章

普通车床的电气与PLC控制

本章主要内容 了解普通车床的基本结构及运动形式；
了解C6140型普通车床的电气控制特点、故障及其维修；
掌握C6140型普通车床的电气控制与PLC控制原理。

车床是机械加工中应用最广泛的一种机床，约占机床总数的25%～50%。在各种车床中，使用最多的就是普通车床。普通车床是一种应用极为广泛的金属切削机床，能够切削外圆、内圆、断面、螺纹和定型表面等，还可以通过尾架进行钻孔、铰孔、攻螺纹等加工。

普通车床按其用途和结构的不同可分为卧式车床、落地车床、立式车床、自动车床、仿行车床等。本章主要以CA6140型卧式车床为例，分析其电气与PLC控制、常见电气故障的诊断与处理等。

第一节 CA6140型普通卧式车床简介

CA6140型车床是我国自行设计制造的一种卧式车床，它属于一种机械结构比较复杂而电气系统较简单的机电设备，可加工的最大工件回转直径可达400mm，最大工件长度为2000mm。CA6140型号中的C—表示车床类，A—表示结构特性代号，6—表示落地及卧式车床组，1—表示卧式车床系，40—表示主参数折算值（床身上最大工件回转直径400mm）

一、CA6140型车床用途

车床主要用来加工各种回转表面，如内外圆柱面、圆锥表面，成形回转表面和回转体的端面等，有些车床还能加工螺纹。在车床上使用的刀具主要是车刀，有些车床还可采用各种孔加工工具，如钻头、镗刀、铰刀、丝锥、板牙等。车床加工工件范围如图10-1所示。

二、CA6140型卧式车床的主要结构及运动形式

1. 主要结构

CA6140型车床的结构如图10-2所示。它由床身、主轴箱、交换齿轮箱、进给箱、溜板箱、滑板和床鞍、刀架、尾座及冷却、照明装置等部分组成。

（1）床身。床身4是车床精度要求很高的带有导轨（山形导轨和平导轨）的一个大型基础部件。它支撑和连接车床的各个部件，并保证各部件在工作时有准确的相对位置。

（2）主轴箱（又称床头箱）。主轴箱1支撑并传动主轴带动工件作旋转主运动。箱内装有齿轮、轴等，组成变速传动机构，变换主轴箱的手柄位置，可使主轴得到多种转速。主轴通过卡盘等夹具装夹工件，并带动工件旋转，以实现车削。

（3）交换齿轮箱（又称挂轮箱）。交换齿轮箱12把主轴箱的转动传递给进给箱。更换箱内齿轮，配合进给箱内的变速机构，可以得到车削各种螺距螺纹（或蜗杆）的进给运动；并

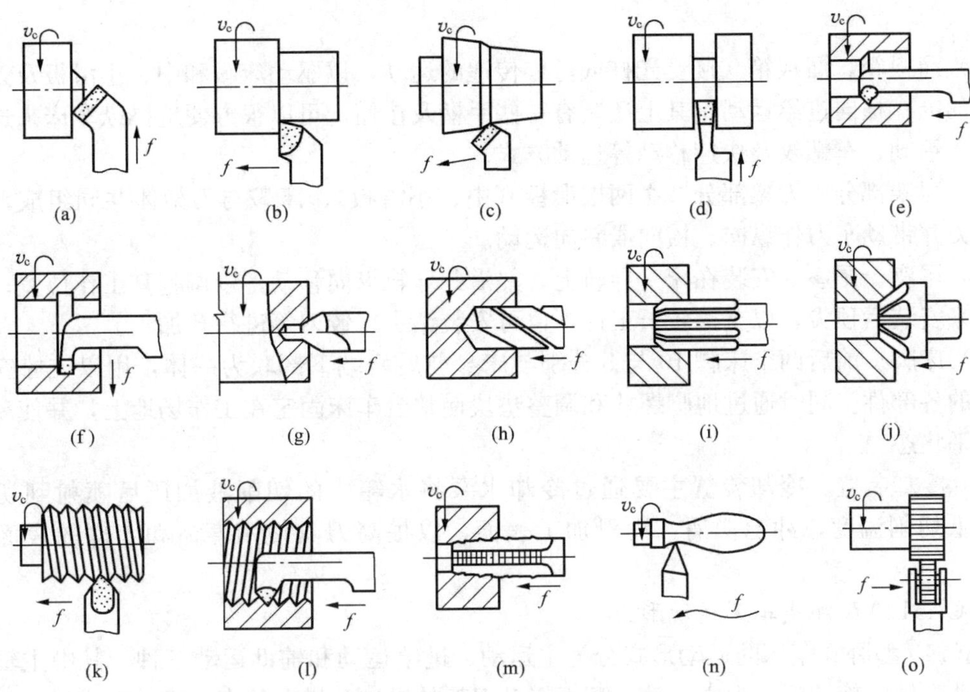

图 10-1　车床加工范围

(a) 车端面；(b) 车外圆；(c) 车外锥面；(d) 切槽、切断；(e) 镗孔；(f) 且内槽；(g) 钻中心孔；(h) 钻孔；(i) 铰孔；(j) 锪锥孔；(k) 车外螺纹；(l) 车内螺纹；(m) 攻螺纹；(n) 车成形面；(o) 滚花

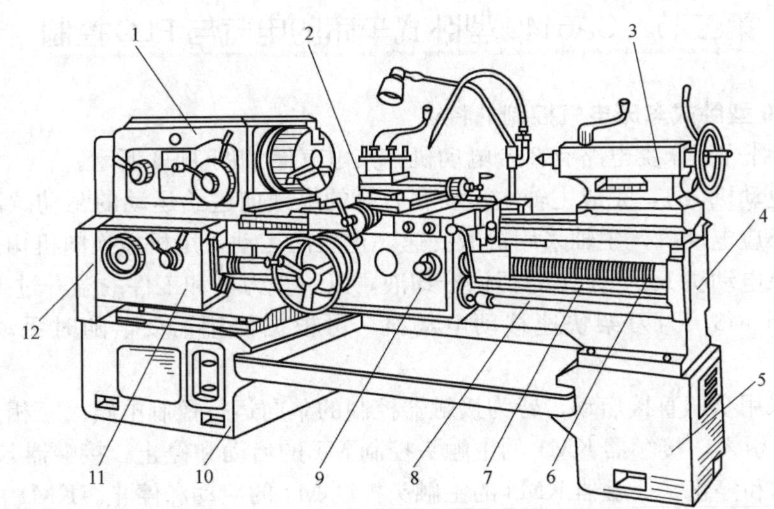

图 10-2　CA6140 型卧式车床的结构示意图

1—主轴箱；2—刀架；3—尾座；4—床身；5—床脚；6—丝杠；7—光杆；8—操作杆；9—溜板箱；10—床脚；11—进给箱；12—交换齿轮箱

满足车削时对不同纵、横向进给量的需求。

(4) 进给箱（又称走刀箱）。进给箱 11 是进给传动系统的变速机构。它把交换齿轮箱传递过来的运动，经过变速后传递给丝杠，以实现车削各种螺纹；传递给光杠，以实现机动

进给。

（5）溜板箱。溜板箱9接受光杠或丝杠传递的运动，以驱动床鞍和中、小滑板及刀架实现车刀的纵、横向进给运动。其上还装有一些手柄及按钮，可以很方便地操纵车床来选择诸如机动、手动、车螺纹及快速移动等运动方式。

（6）刀架部分。刀架部分2由两层滑板（中、小滑板）、床鞍与刀架体共同组成，用于安装车刀并带动车刀作纵向、横向或斜向运动。

（7）尾座。尾座3安装在床身导轨上，并沿此导轨纵向移动，以调整其工作位置。尾座主要用来安装后顶尖，以支撑较长工件，也可安装钻头、铰刀等进行孔加工。

（8）床脚。前后两个床脚10与5分别与床身前后两端下部联为一体，用以支撑安装在床身上的各部件。同时通过地脚螺栓和调整垫块使整台车床固定在工作场地上，并使床身调整到水平状态。

（9）冷却装置。冷却装置主要通过冷却水泵将水箱中的切削液加压后喷射到切削区域，降低切削温度，冲走切屑，润滑加工表面，以提高刀具使用寿命和工件的表面加工质量。

2. CA6140型卧式车床运动形式

CA6140型卧式车床的运动形式分为主运动、进给运动和辅助运动三种。其中主轴通过卡盘带动工件的旋转运动为主运动；溜板带动刀架的纵向和横向的直线运动为进给运动，其中纵向运动是指相对操作者向左或向右的运动，横向运动是指相对于操作者向前或向后的运动；辅助运动是指刀架的快速移动、工件的夹紧与松开等。

第二节　CA6140型卧式车床的电气与PLC控制

一、CA6140型卧式车床电气控制的特点

CA6140型卧式车床主电路有3台电动机，其电气图如图10-3所示。

一是主轴电动机M1，完成主轴主运动和刀具的纵横向进给运动的驱动。该电动机为不能调速的笼型感应电动机，主轴采用机械变速，正反向运动采用机械换向机构。

二是冷却泵电动机M2，加工时提供冷却液，以防止刀具和工件的温升过高。

三是电动机M3，为刀架快速移动电动机，可根据使用需要，随时手动控制启动或停止。

电动机均采用全压直接启动，皆为接触器控制的单向运行控制电路。三相交流电源通过低压断路器QF引入，接触器KM1的主触头控制M1的启动和停止。接触器KM2的主触头控制M2的启动和停止。接触器KM3的主触头控制M3的启动和停止。KM1由按钮SB1和SB2控制，KM3由SB3进行电动控制。KM2由开关SA1控制。主轴正反向运行由摩擦离合器实现。

M1、M2为连续运动的电动机，分别利用热继电器FR1、FR2作过载保护；M3为短时工作电动机。因此未设过载保护。熔断器FU1分别对主电路、控制电路和辅助电路实行短路保护。SB4为电动机M1、M2和M3的停止按钮。

二、CA6140型卧式车床电气控制线路的分析

控制电路的电源为控制变压器TC次级输出110V电压。

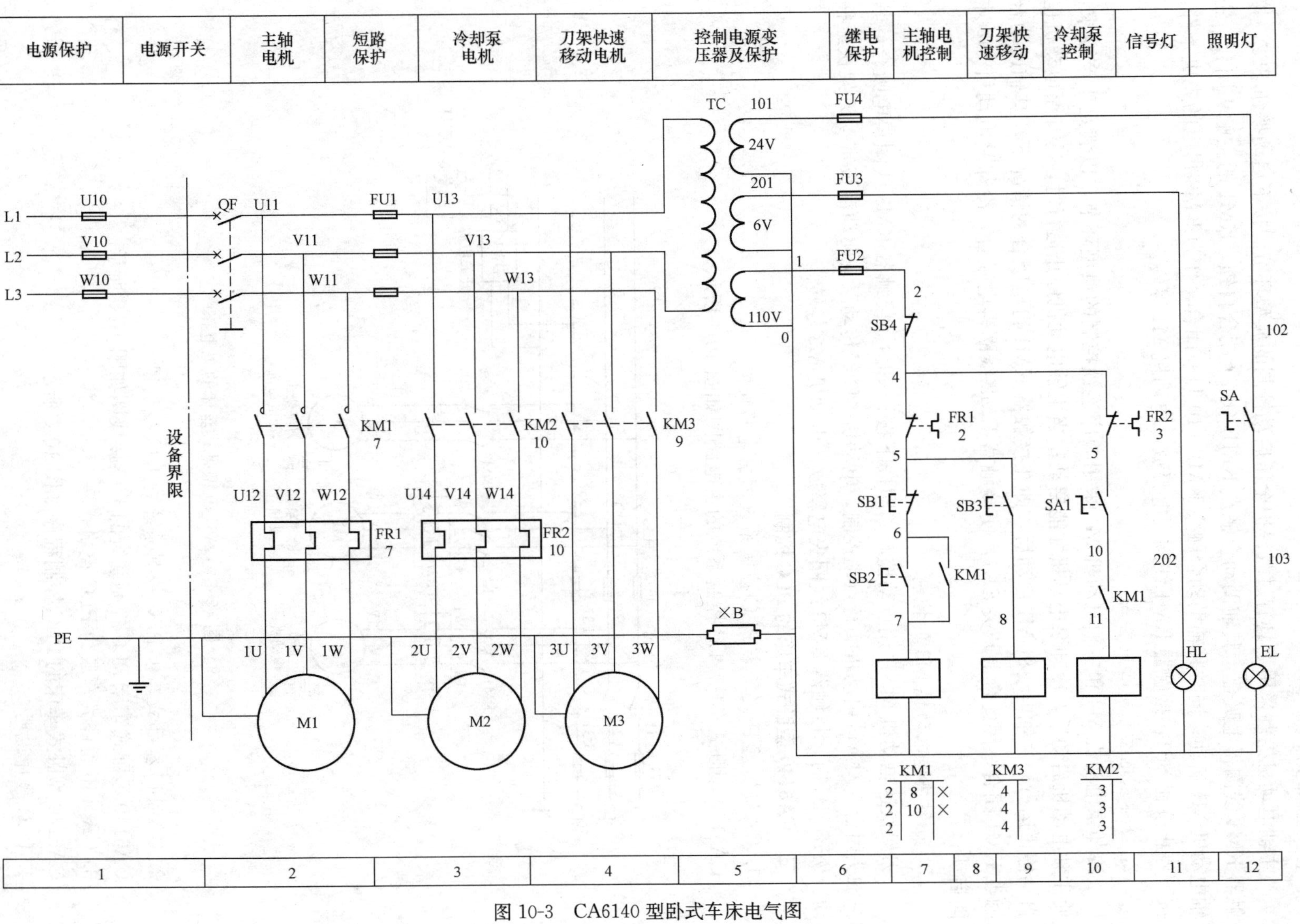

图 10-3　CA6140 型卧式车床电气图

1. 主轴电动机的控制

主轴电动机控制采用了具有过载保护全压启动控制的典型环节。按下启动按钮SB2，接触器KM1线圈得电吸合，其辅助动合触点KM1（6-7）闭合自锁，KM1的主触头闭合，主轴电动机M1启动；同时其辅助动合触头KM1（10-11）闭合，作为KM2得电的先决条件。按下停止按钮SB1，接触器KM1线圈失电释放，电动机M1停转。

2. 冷却泵电动机M2的控制

冷却泵电动机M2和主轴电动机M1采用顺序连锁控制的典型环节，以满足生产要求，使主轴电动机启动后，冷却泵电动机才能启动；当主轴电动机停止运行时，冷却泵电动机也自动停止运行。主轴电动机M1启动后，即在接触器KM1得电吸合的情况下，其辅助动合触点KM1闭合，因此合上开关SA1，使接触器KM2线圈得电吸合，冷却泵电动机M2才能启动。

3. 刀架快速电动机M3的控制

刀架快速电动机M3采用点动控制。即按下按钮SB3，接触器KM3线圈得电吸合，其主触头闭合，对M3电动机实行点动控制，电动机M3经传动系统驱动溜板带动刀架快速移动。松开SB3时，接触器KM3线圈失电释放，电动机M3停转。

三、CA6140型卧式车床的PLC控制

1. CA6140型卧式车床PLC控制系统的主电路图

CA6140型卧式车床PLC控制系统的主电路图如图10-4所示。

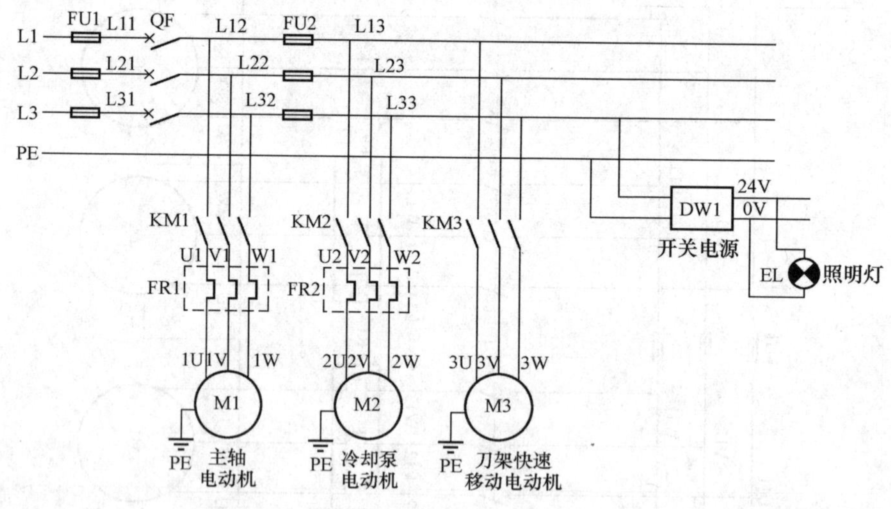

图10-4　CA6140型卧式车床的主电路图

2. CA6140型卧式车床PLC控制系统的I/O接线图

CA6140型卧式车床PLC控制系统的I/O接线图如图10-5所示。

3. CA6140型卧式车床的PLC控制程序

CA6140型卧式车床的PLC控制程序如图10-6所示。

4. PLC程序说明

（1）主轴电动机控制。按下主轴电动机启动按钮SB2，对应的第1个逻辑行中的X0动

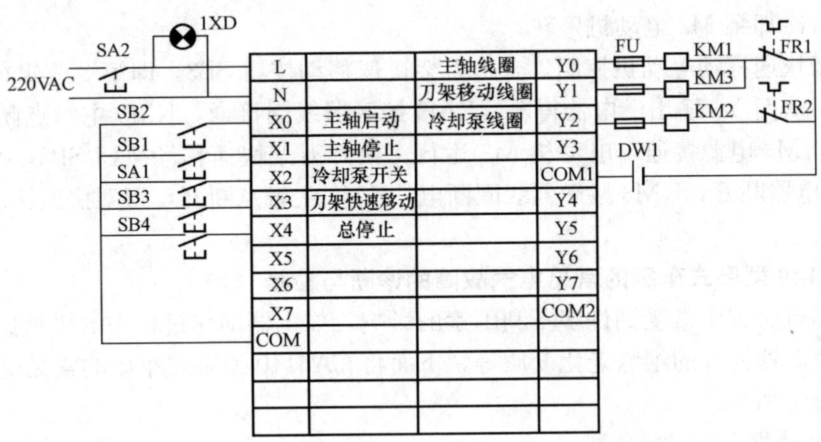

图 10-5　CA6140 型卧式车床的 I/O 接线图

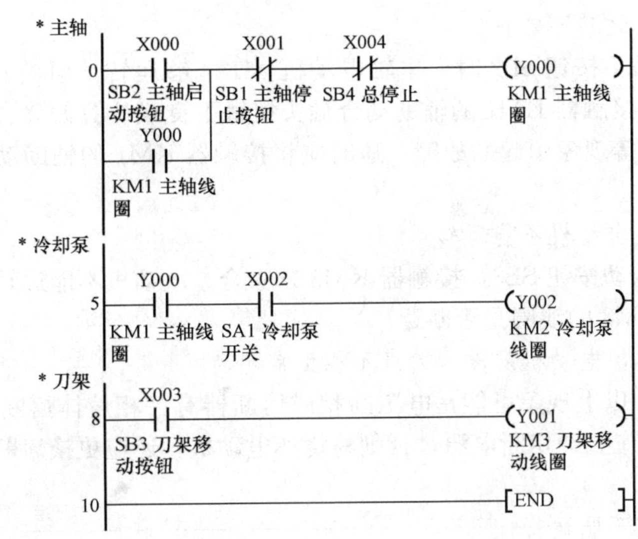

图 10-6　CA6140 型卧式车床的 PLC 控制程序

合触点闭合，概念电流从左经过 X0、X1 和 X4，使得 Y0 输出继电器得电，这时与 X0 动合触点并联的 Y0 动合触点也闭合使 Y0 自锁，与此同时接触器 KM1 线圈得电，使得接在主电路中的 KM1 主触点闭合，电动机 M1 工作并持续运行。按下主轴停止按钮 SB1 或总停止按钮 SB4，Y0 输出继电器失电，从而接触器 KM1 线圈断电，KM1 的主触点也断开，切断了主轴电动机 M1 的电源，电动机 M1 停转。

（2）冷却泵电动机控制。冷却泵电动机在主轴电动机运行的状态下按下冷却泵启动按钮，冷却泵才能工作。如图 10-6 中，当 Y0 动合触点闭合，即主轴电动机 M1 工作状态下，合上冷却泵开关 SA1，即第 2 逻辑行中 X2 动合触点闭合，这时 Y2 输出继电器得电，同时 KM2 接触器线圈得电，KM2 主触点闭合，冷却泵 M2 电动机的电源接通，M2 电动机运行。当主轴电动机 M1 停转，即 Y0 断电时，Y0 动合触点断开，使得 Y2 输出继电器断电，KM2

接触器失电，冷却泵 M2 电动机停转。

(3) 刀架快速移动电动机控制。合上刀架快速移动按钮 SB3，即第 3 逻辑行中的 X3 动合触点接通，从而 Y1 输出继电器得电，KM3 接触器线圈接通，KM3 主触点闭合，刀架快速移动电动机 M3 电源接通，电动机 M3 运行；松开刀架快速移动按钮 SB3，X3 动合触点断开，Y1 继电器断开，KM3 接触器线圈断电，KM3 主触点断开，刀架快速移动电动机 M3 停转。

四、CA6140 型卧式车床的常见电气故障的诊断与检修

机床在运行过程中常受到许多不利因素的影响，如电器动作过程中的机械振动、过电流的热效应加速电器元件的绝缘老化变质等，下面将 CA6140 型卧式车床的常见电气故障现象及诊断方法介绍如下。

1. 主轴电动机 M1 不能停转

原因分析：这类故障多数是由于接触器 KM1 的铁心上的油污使铁芯不能释放或 KM1 的主触点发生熔焊，或停止按钮 SB1 的动断触点短路所造成的。这时应切断电源，清洁铁心表面的污垢或更换触点即可排除故障。

2. 主轴电动机的运转不能自锁

原因分析：当按下按钮 SB2 时，主轴电动机 M1 能够运转，但松开按钮后电动机 M1 立即停转，这是因为接触器 KM1 的辅助动合触头接触不良或位置偏移，或辅助动合触点的连接导线松脱或断裂等现象引起的故障。这时应将接触器 KM1 的辅助动合触点进行修整或更换即可排除故障。

3. 刀架快速移动电动机不能运转

原因分析：按点动按钮 SB3，接触器 KM3 未吸合，电动机不能运转。这时应检查点动按钮 SB3，接触器 KM3 的线圈是否断路。

4. 按下起动按钮，电动机发出嗡嗡声不能正常起动

原因分析：出现以上现象可能是电源断相或熔断器有一相熔体熔断或接触器有一对主触点没接触好，这时应立即切断电源，否则易烧坏电动机，还应更换熔断的熔断器、修复好接触器。

5. 冷却泵电动机不能运行

原因分析：

(1) 开关 SA1 触点不能闭合，应更换。

(2) 熔断器 FU2 熔体熔断，应更换。

(3) 热继电器 FR1 已动作过，未复位。

(4) 接触器 KM2 线圈或触点已损坏，应修复或更换。

(5) 冷却泵电动机已损坏，应修复或更换。

习　题

10-1　简述 CA6140 卧式车床的电气控制特点及运动形式。

10-2　图 10-7 为某机床主轴控制原理图。

(1) 简述电动机 M1 的工作过程。

(2) 将该继电器—接触器控制系统改造为 PLC 控制系统。

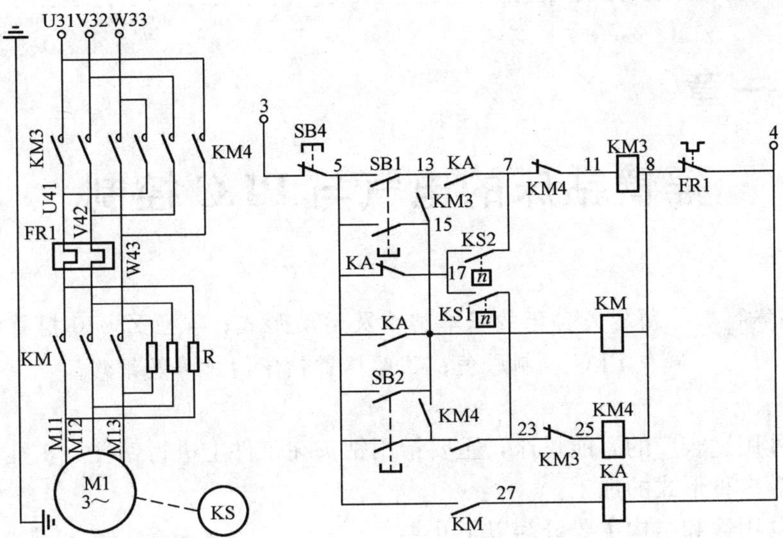

图 10-7　某机床主轴控制原理图

第十一章

摇臂钻床的电气与 PLC 控制

本章主要内容 了解摇臂钻床的基本结构及运动形式；掌握 Z3040 摇臂钻床的电气控制与 PLC 控制原理；了解摇臂钻床的故障及维修。

钻床是一种用途较广的万能机床，主要指用钻头在工件上进行钻孔、扩孔、铰孔、攻螺纹及修刮端面等多种形式的加工。

钻床根据其用途和结构主要分为以下几类：

（1）立式钻床。工作台和主轴箱可以在立柱上垂直移动，用于加工中小型工件。

（2）台式钻床，简称台钻。一种小型立式钻床，最大钻孔直径为 12～15mm，安装在钳工台上使用，多为手动进钻，常用来加工小型工件的小孔等。

（3）摇臂钻床。主轴箱能在摇臂上移动，摇臂能回转和升降，工件固定不动，适用于加工大而重和多孔的工件，广泛应用于机械制造中。

（4）深孔钻床。用深孔钻钻削深度比直径大得多的孔（如枪管、炮筒和机床主轴等零件的深孔）的专门化机床，为便于除切屑及避免机床过于高大，一般为卧式布局，常备有冷却液输送装置（由刀具内部输入冷却液至切削部位）及周期退刀排屑装置等。

（5）中心孔钻床。用于加工轴类零件两端的中心孔。

（6）铣钻床：工作台可纵横向移动，钻轴垂直布置，能进行铣削的钻床。

（7）卧式钻床：主轴水平布置，主轴箱可垂直移动的钻床。

在各类钻床中，摇臂钻床操作方便、灵活，适用范围广，具有典型性。本章主要以 Z3040 型摇臂钻床为例，分析其电气与 PLC 控制、常见电气故障的诊断与处理等。

第一节　Z3040 型摇臂钻床简介

摇臂钻床是一种立式钻床，它适用于单件或批量生产中带有多孔大型零件的孔加工，是一般机械加工车间常用的机床。

一、Z3040 型摇臂钻床的主要结构及运动形式

1. 主要结构

Z3040 摇臂钻床适用于中小零件的加工，最大钻孔直径为 40mm，跨距最大 1200mm，最小 300mm。它主要由底座、内外立柱、摇臂、主轴箱和工作台等组成，其结构示意图如图 11-1 所示。内立柱固定在底座的一端，在它外面套着外立柱，外立柱可绕内立柱回转 360°，摇臂的一端为套筒，它套在外立柱上，并借助丝杠的正反转可沿外立柱做上下移动，由于该丝杠与外立柱连为一体，而升降螺母固定在摇臂上，所以摇臂只能与外立柱一起绕内立柱回转。主轴箱安装在摇臂的水平导轨上，可通过手轮操作使其在水平导轨上沿摇臂移

动，它由主传动电动机、主轴和主轴传动机构、进给和变速机构以及机床的操作机构等部分组成。

加工时，根据工件高度的不同，摇臂借助于丝杠可带着主轴箱沿外立柱上下升降。在升降之前，应自动将摇臂松开，再进行升降，当达到所需位置时，摇臂自动夹紧在立柱上。

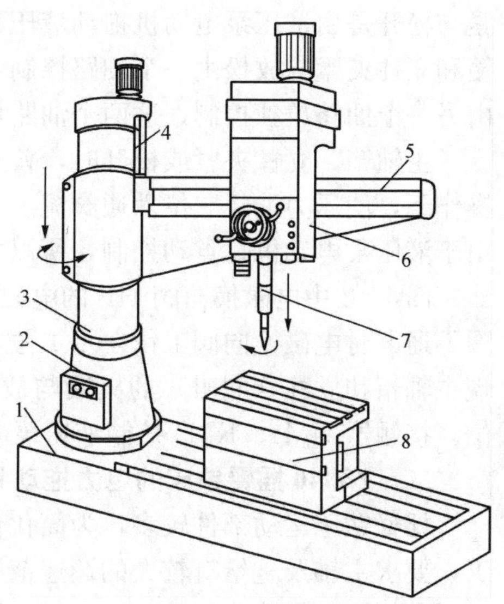

图 11-1　Z3040 摇臂钻床结构示意图
1—底座；2—内立柱；3、4—外立柱；5—摇臂；6—主轴箱；7—主轴；8—工作台

2. 运动形式

(1) 主轴带动刀具的旋转与进给运动。主轴的转动与进给运动由一台三相交流异步电动机（3kW）驱动，主轴的转动方向由机械及液压装置控制。

(2) 各运动部分的移位运动。主轴在三维空间的移位运动有主轴箱沿摇臂方向的水平移动（平动）；摇臂沿外立柱的升降运动（摇臂的升降运动由一台1.1kW 笼型三相异步电动机拖动）；外立柱带动摇臂沿内立柱的回转运动（手动）等三种，各部件的移位运动用于实现主轴的对刀移位。

(3) 移位运动部件的夹紧与放松。摇臂钻床的三种对刀移位装置对应三套夹紧与放松装置。对刀移动时，需要将装置放松，机加工过程中，需要将装置夹紧。三套夹紧装置分别为摇臂夹紧（摇臂与外立柱之间）、主轴箱夹紧（主轴箱与摇臂导轨之间）、立柱夹紧（外立柱与内立柱之间）。通常主轴箱和立柱的夹紧与放松同时进行。摇臂的夹紧与放松则要与摇臂升降运动结合进行。

Z3040 摇臂钻床夹紧与放松机构液压原理图如图 11-2 所示。主轴箱、立柱和摇臂的夹

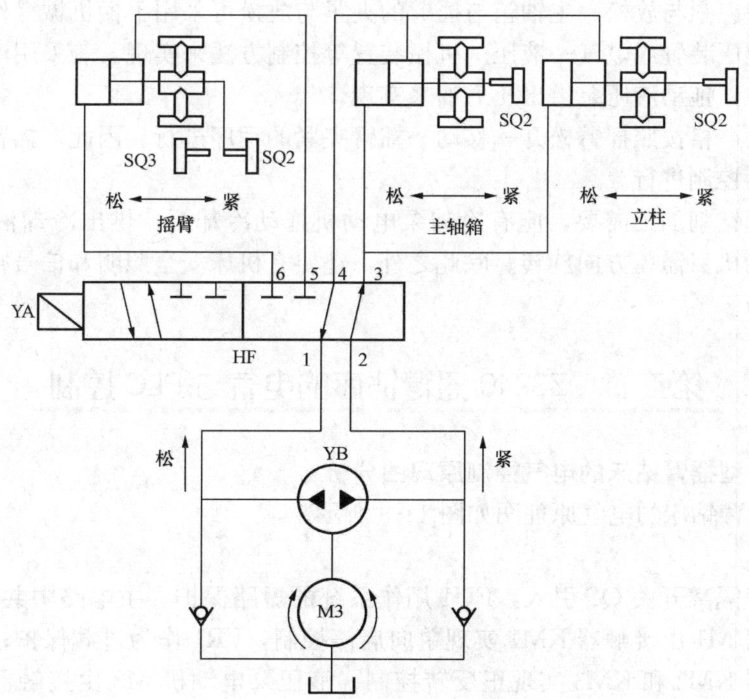

图 11-2　Z3040 摇臂钻床的夹紧与放松液压原理图

紧与松开是由液压泵电动机拖动液压泵送出压力油，推动活塞、菱形块来实现的。其中主轴箱和立柱夹紧与放松由一个油路控制，而摇臂的夹紧松开因与摇臂升降构成自动循环，所以由另一个油路单独控制，这两个油路均由电磁阀控制。

主轴箱、立柱夹紧或松开时，首先启动液压电动机拖动液压泵，送出压力油，在电磁阀操作下，使压力油经二位六通阀流入夹紧或松开油腔，推动活塞和菱形块实现夹紧或松开。由于液压泵电动机是点动控制，所以主轴箱和立柱夹紧与松开是点动的。

图 11-2 中电磁换向阀 HF 的电磁铁 YA 用于选择夹紧与放松的现象，电磁铁 YA 的线圈不通电时电磁换向阀工作在左工位，接触器 KM4、KM5 控制液压泵电动机的正反转，实现主轴箱和立柱（同时）的夹紧与放松；电磁铁 YA 线圈通电时，电磁换向阀工作在右工位，接触器 KM4、KM5 控制液压泵电动机的正反转，实现摇臂的夹紧与放松。

二、Z3040 摇臂钻床的电力拖动特点及控制要求

摇臂钻床运动部件较多，为简化传动装置采用多台电动机拖动。为了适应多种形式的加工，要求主轴及进给有较大的调速范围。主轴一般速度下的钻削加工常为恒功率负载；而低速时主要用于扩孔、铰孔、攻螺纹等加工，这时则为恒转矩负载。

摇臂钻床的主运动与进给运动皆为主轴的运动，这两种运动由一台主轴电动机拖动，分别经主轴传动机构、进给传动机构实现主轴旋转和进给，所以主轴变速结构与进给变速机构都装在主轴箱内。该机床的主轴调速范围为 80，正转最低速度为 25r/min，最高速度为 2000r/min，分 6 级变速；进给运动的调速范围为 80，最低进给量是 0.04mm/r，最高进给量是 3.2mm/r，也分为 16 级变速。加工螺纹时，主轴要求正、反转工作，摇臂钻床主轴正、反转一般采用机械方法来实现，所以主轴电动机只需单方向旋转。

摇臂的升降由升降电动机拖动，要求电动机能实现正、反转。

内外立柱的夹紧与放松、主轴箱与摇臂的夹紧与放松可采用手柄机械操作、电气—机械装置、电气—液压装置或电气—液压—机械装置等控制方法来实现。若采用液压装置则必须有液压泵电动机，拖动液压泵供出压力油来实现。

摇臂的移动严格按照摇臂松开→移动→摇臂夹紧的程序进行。因此，摇臂的夹紧放松与摇臂升降按自动控制进行。

另外，根据钻削加工需要，应有冷却泵电动机拖动冷却泵，供出冷却液进行刀具的冷却，冷却泵电动机只需单方向旋转。除此之外，还要有机床安全照明和信号指示灯和必要的联锁及保护环节。

第二节　Z3040 摇臂钻床的电气与 PLC 控制

一、Z3040 型摇臂钻床的电气控制原理图分析

Z3040 型摇臂钻床的电气原理图如图 11-3 所示。

1. 主电路

电源由空气隔离开关 QS 引入，FU1 用作系统的短路保护。主电路中共有 4 台电动机，其中主轴电动机 M1 由接触器 KM1 实现单向启停控制，FR1 作为过载保护；摇臂升降电动机 M2 由接触器 KM2 和 KM3 实现正反转控制；液压泵电动机 M3 由接触器 KM4 和 KM5 实现正反转（夹紧/松开）控制，FR2 作过载保护；冷却泵电动机 M4 由转换开关 SA1 实现

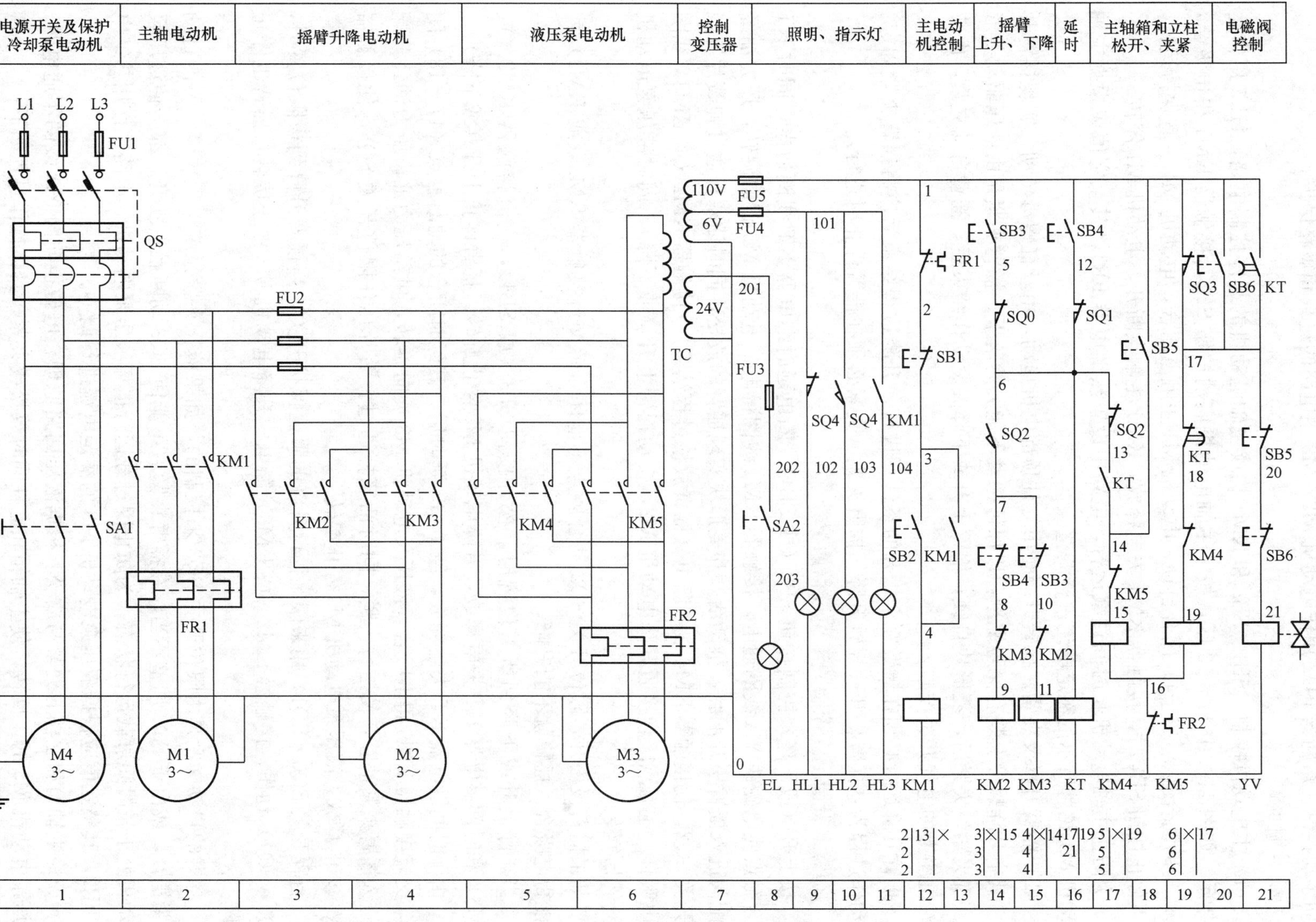

图 11-3　Z3040 型摇臂钻床的电气原理图

单向手动控制。熔断器 FU2 用作电动机 M2、M3 主电路的过载和短路保护。

2. 控制电路

(1) 主电动机控制。SB1、SB2 和 KM1 构成主轴电动机的起停控制电路，HL3 用作运行指示。如图 11-3 中 11～13 区，按下主轴电动机启动按钮 SB2，接触器 KM1 得电吸合，KM1 辅助动合触点（3—4）闭合自锁，电动机 M1 主触点闭合，电动机 M1 一直保持运行。按下停止按钮 SB1 时，接触器 KM1 失电释放，KM1 主触点断开，电动机 M1 停转。

为防止主轴电动机长时间过载运行，电路中设置热继电器 FR1，其整定值应根据主轴电动机 M1 铭牌所示的额定电流进行调整。

(2) 摇臂升降及夹紧。摇臂升降是由立柱顶部电机拖动，由丝杠螺母传动，实现摇臂升降。其中升降螺母上装有保险螺母，以保证摇臂不能突然落下；摇臂夹紧是由液压驱动菱形块实现夹紧，夹紧后，菱形块自锁；摇臂上升或下降夹紧动作结束后，摇臂自动夹紧，由装在油缸座上的电气开关控制。

摇臂升降运行必须在摇臂完全松开的条件下进行，升降过程结束后应将摇臂夹紧固定。其动作过程为：摇臂松开—摇臂升降—摇臂夹紧（夹紧必须在摇臂停止时进行）。

摇臂上升与下降控制的工作过程如下：

按上升（或下降）控制按钮 SB3（或 SB4），断电延时继电器 KT 线圈通电，同时 KT 动合触点使电磁铁 YA 线圈通电，接触器 KM4 线圈得电，电动机 M3 正向旋转，压力油经分配阀进入摇臂松开油腔，推动活塞和菱形块实现摇臂的放松，同时活塞杆通过弹簧片压限位开关 SQ2，使接触器 KM4 线圈断电（摇臂放松过程结束），接触器 KM2（或 KM3）线圈得电吸合，主触点闭合接通升降电动机 M2，带动摇臂上升（或下降），同时液压泵电动机 M3 停止旋转。

如果摇臂没松开，限位开关 SQ2 动合触点不能闭合；交流接触器 KM2（或 KM3）就不能得电吸合，摇臂就不能升降。

当摇臂上升或下降到所需位置时，松开按钮 SB3（或 SB4），交流接触器 KM2（或 KM3）和时间继电器 KT 失电释放，升降电动机 M2 停止旋转，摇臂停止上升（或下降）。

由于时间继电器 KT 失电释放，经 1～3s 延时后，其延时闭合的动断触点（17—18）闭合，交流接触器 KM5 得电吸合，液压泵电动机 M3 反向旋转，供给压力油。压力油经分配阀进入摇臂夹紧油腔，使摇臂夹紧；同时活塞杆通过弹簧片压住限位开关 SQ3，使接触器 KM5 失电释放，液压泵电动机 M3 停止旋转。

行程开关 SQ0（SQ1）用来限制摇臂升降的限位保护开关，当摇臂升降到极限位置时，SQ0（SQ1）动作，接触器 KM2（或 KM3）断电，升降电动机 M2 停止旋转，摇臂也停止升降。

摇臂的自动夹紧是由限位开关 SQ3 来控制的，如果液压夹紧系统出现故障，不能自动夹紧摇臂，或由于 SQ3 调整不当，在摇臂夹紧后不能使 SQ3 动断触点断开，都会使液压泵电动机处于长时间过载运行状态；为防止因过载运行损坏液压泵电动机，电路中使用热继电器 FR2，其整定值应根据液压泵电动机 M3 的额定电流进行调整。

(3) 主轴箱和立柱的夹紧与放松。根据液压回路原理，电磁换向阀 YA 线圈不通电时，液压泵电动机 M3 的正反转，使主轴箱和立柱同时放松或夹紧。具体操作过程如下：

按下按钮 SB5，接触器 KM4 线圈通电，液压泵电动机 M3 正转（YA 不通电），主轴箱和立柱的夹紧装置放松，完全放松后位置开关SQ4不受压，指示灯HL1亮表示主轴箱和立柱放松，松开按钮SB5，KM4线圈断电，液压泵电动机M3停转，放松过程结束。HL1放松指示状态下，可手动操作外立柱带动摇臂沿内立柱回转动作，以及主轴箱沿着摇臂长度方向水平移动。

按下按钮SB6，接触器KM5线圈通电，主轴箱和立柱的夹紧装置夹紧，夹紧后压下位置开关SQ4，指示灯HL2做夹紧指示，松开按钮SB6，接触器KM5线圈断电，主轴箱和立柱的夹紧状态保持。在HL2的夹紧指示灯状态下，可以进行孔加工（此时不能手动移动）。

二、Z3040型摇臂钻床的PLC控制

我国Z3040摇臂钻床的电气控制系统普遍采用传统的继电器—接触器控制方法，因其所要控制的电动机较多、电路较复杂，在日常生产作业当中经常发生电气故障，从而影响生产，另外，一些复杂的控制，如时间、计数控制用继电器一接触器控制方式较难实现，所以有必要对传统电气控制系统进行改进设计，PLC电气控制系统可以有效地弥补这些缺陷。

1. Z3040型摇臂钻床的主电路图

如图11-4所示。

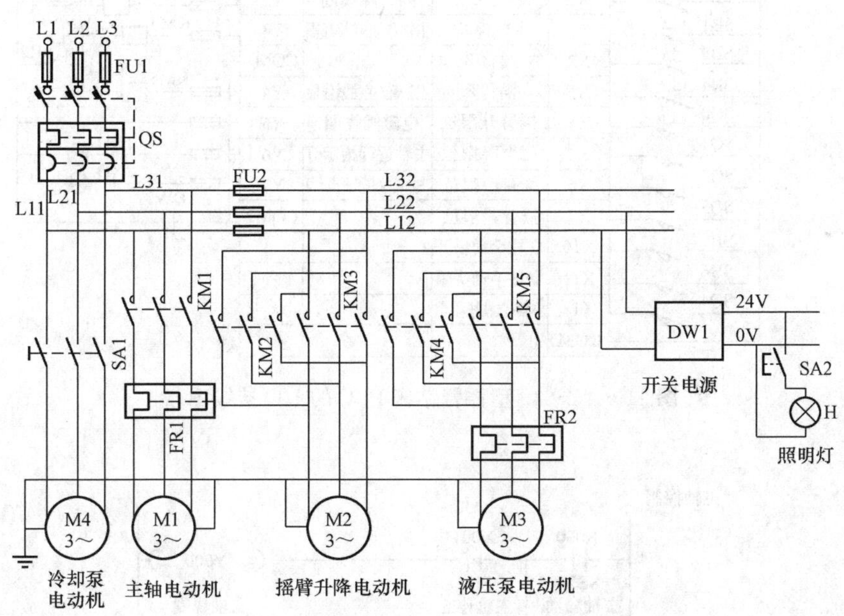

图11-4 Z3040型摇臂钻床的主电路图

2. Z3040型摇臂钻床PLC的输入/输出外部接线图

如图11-5所示。由Z3040型摇臂钻床的电气控制原理可知，该系统共有11个输入信号和8个输出信号，其I/O地址分配表如表11-1所示。

3. Z3040型摇臂钻床PLC控制程序

（1）主轴电动机的PLC控制程序，如图11-6所示。

表 11-1　　Z3040 型摇臂钻床 PLC 的输入模块地址分配表

代号	地址	作用	代号	地址	作用	代号	地址	作用
SB2	X0	主轴启动	SQ1	X5	摇臂降限	KM4	Y3	主轴箱/立柱松线圈
SB1	X1	主轴停止	SQ2	X6	摇臂松限	KM5	Y4	主轴箱/立柱夹紧线圈
SB3	X2	摇臂升	SQ3	X7	摇臂紧限	YA	Y5	电磁阀线圈
SB4	X3	摇臂降	SQ4	X12	主轴箱/立柱松开限位	1XD	Y6	主轴运行指示灯
SB5	X10	立柱松开手动	KM1	Y0	主轴线圈	2XD	Y7	主轴箱/立柱松开指示灯
SB6	X11	立柱夹紧手动	KM2	Y1	摇臂升线圈			
SQ0	X4	摇臂升限	KM3	Y2	摇臂降线圈			

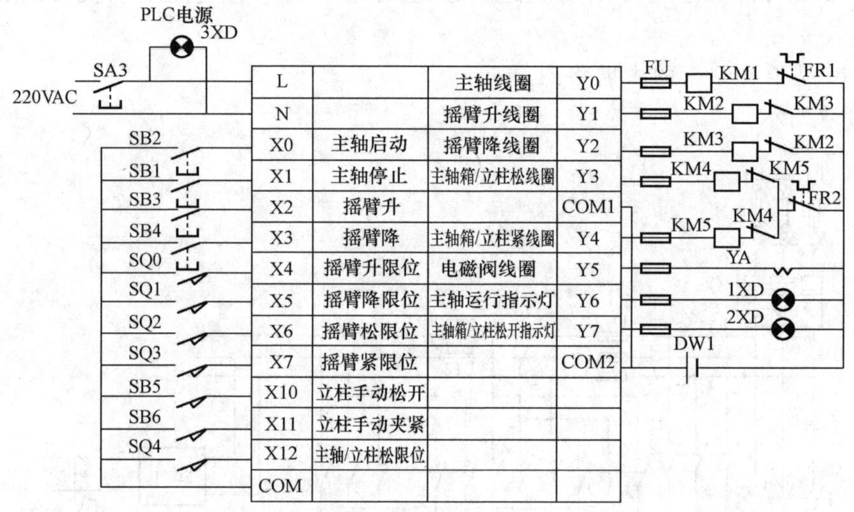

图 11-5　Z3040 型摇臂钻床 PLC 的 I/O 接线图

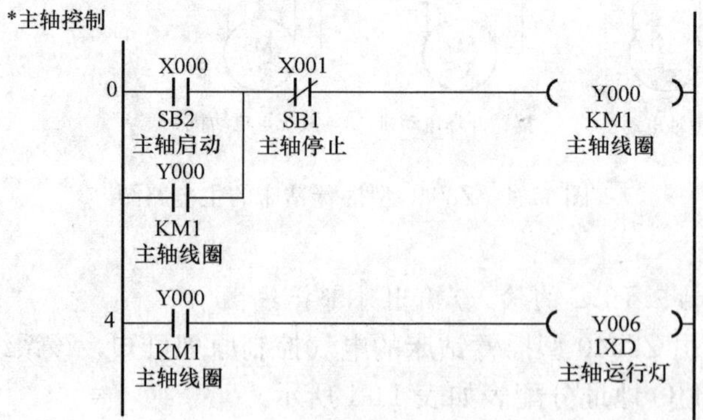

图 11-6　Z3040 型摇臂钻床的主轴 PLC 控制程序

程序说明：

点动按下主轴启动按钮 SB2，梯形图中的第 1 逻辑行中的 X0 动合触点闭合，Y0 输出继电器得电自锁，接触器 KM1 线圈得电，KM1 主触点闭合，在合上总电源开关 QS 的前提下接通了主轴电动机主电路的电源，主轴电动机 M1 单向运行，同时 Y6 主轴运行灯亮，说明主轴电动机处于运行状态；按下停止按钮 SB1，X1 动断触点断开，Y0 输出继电器断电，接触器 KM1 线圈失电，KM1 主触点断开，切断了主轴电动机 M1 主电路中的电源，电动机 M1 停转，同时 Y6 也断开灯灭，说明主轴电动机处于停止状态。

（2）摇臂上升/降的 PLC 控制程序，如图 11-7 所示。

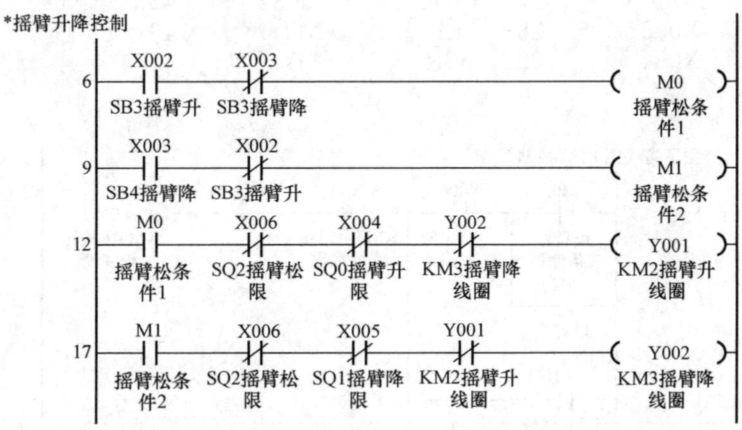

图 11-7　摇臂升降的 PLC 控制程序

程序说明：

按下摇臂上升按钮 SB3，第 1 逻辑行中的 X2 动合触点闭合，中间继电器 M0 接通闭合，根据摇臂钻床的工作原理可知，摇臂要上升必须先松开，所以摇臂松开的限位开关 SQ2 在上升前必须压住，即第三逻辑行中 X6 的动合触点闭合，输出继电器 Y1 接通，接触器 KM2 线圈得电，KM2 主触点闭合，摇臂升降电动机 M2 正转的主电路电源接通，摇臂开始上升，当摇臂上升到一定位置压住上升限位开关 SQ0 时，第三逻辑行中 X4 的动断触点断开，Y1 失电断开，摇臂上升动作停止。

按下摇臂下降按钮 SB4，第 2 逻辑行的 X3 动合触点闭合，中间继电器 M1 接通闭合，根据摇臂钻床的工作原理可知，摇臂要下降必须先松开，所以摇臂松开的限位开关 SQ2 在下降前必须压住，即第 4 逻辑行中 X6 的动合触点闭合，输出继电器 Y2 接通，接触器 KM3 线圈得电，KM3 主触点闭合，摇臂升降电动机 M2 反转的主电路电源接通，摇臂开始下降，等摇臂下降到一定位置压住摇臂降限位开关 SQ1 时，即 X5 动断触点断开，Y2 失电断开，摇臂下降动作停止。

（3）主轴箱/立柱松开/夹紧的 PLC 控制程序，如图 11-8 所示。

（4）总的 PLC 控制程序。总的 PLC 控制程序如图 11-6～图 11-8 所示为三个 PLC 程序的组合，在程序的最后一行加上 END 就行了，其指令表如下：

```
0   LD   X000
1   OR   Y000
2   ANI  X001
3   OUT  Y000
4   LD   Y000
5   OUT  Y006
6   LD   X002
7   ANI  X003
8   OUT  M0
9   LD   X003
10  ANI  X002
11  OUT  M1
12  LD   M0
13  AND  X006
14  ANI  X004
15  ANI  Y002
16  OUT  Y001
17  LD   M1
18  AND  X006
19  ANI  X005
20  ANI  Y001
21  OUT  Y002
22  LD   M0
23  OR   M1
24  ANI  X006
25  OR   X010
26  ANI  Y004
27  OUT  Y003
28  LD   M0
29  OR   M1
30  ANI  X010
31  ANI  X011
32  ORI  X007
33  OUT  Y005
34  LDI  X007
35  OR   X011
36  ANI  Y003
37  ANI  Y001
38  ANI  Y002
39  OUT  Y004
40  LD   X012
41  OUT  Y007
42  END
43
```

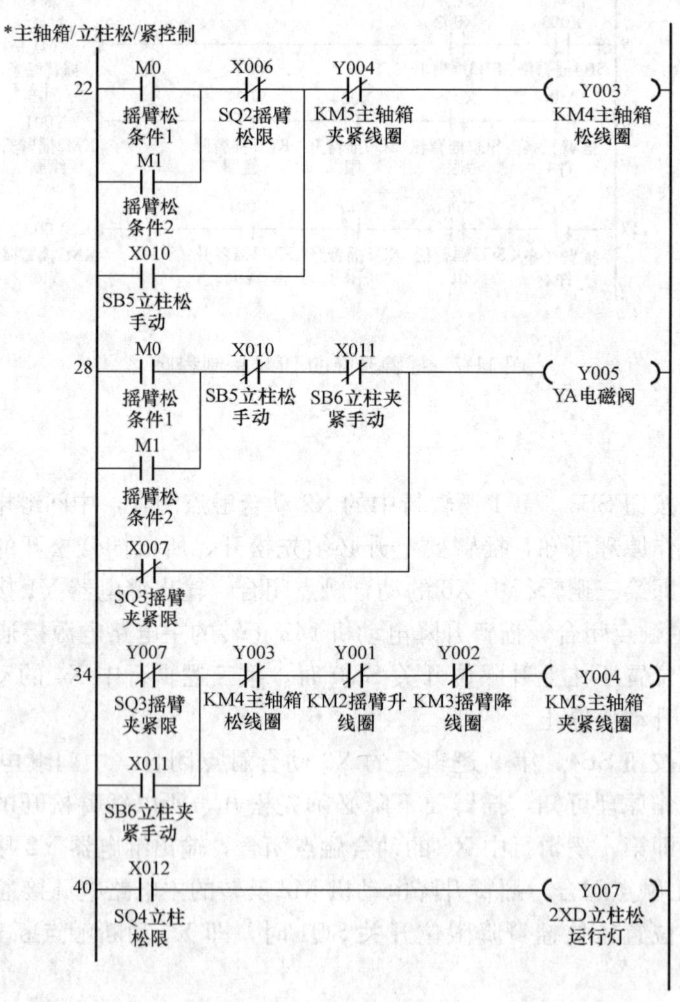

图 11-8 主轴箱/立柱松开/夹紧的 PLC 控制程序

三、Z3040 型摇臂钻床的常见电气故障分析

1. 按启动按钮主电机不转动

原因分析： 总电源开关未打开；或启动按钮接触不好；或接触器不吸合，或主电动机接线盒及电器盘内的接线处接触不好或接头脱落；

排除方法： 合上总电源开关；检查启动按钮接头；检查电气柜中接触器的各接点；检查电动机相联系的接线处。

2. 主轴电动机不能停止

原因分析： 接触器 KM1 的主触点熔焊在一起；

排除方法： 断开电源后更换接触器 KM1 的主触点即可。

3. 摇臂不能上升或下降

由摇臂上升或下降的动作过程可知，摇臂移动的前提是摇臂完全松开，此时活塞杆通过弹簧片压下行程开关 SQ2，电动机 M3 停止运转，电动机 M2 启动运转，带动摇臂上升或下降。若 SQ2 的安装位置不当或发生偏移，这样摇臂虽然完全松开，但活塞杆仍压不住行程开关 SQ2，致使摇臂不能移动；有时也会出现因液压系统发生故障，使摇臂没有完全松开，活塞杆压不住行程开关 SQ2。如果 SQ2 在摇臂松开后已动作，也不能上升或下降，则有可能是以下原因引起的：按钮 SB3、SB4 的动断触点损坏或接线脱落；接触器 KM2、KM3 线圈损坏或接线脱落；KM2、KM3 的触点损坏或接线脱落；应根据具体情况逐项检查，直到故障排除。

4. 摇臂移动后夹不紧

摇臂夹紧动作的结束是由行程开关 SQ3 来控制的。若摇臂夹不紧说明摇臂控制电路能动作只是夹紧力不够，因为 SQ3 动作过载使液压泵电动机 M3 在摇臂还未充分夹紧时就停止旋转。这往往因 SQ3 安装位置不当或松动移位，过早地被活塞压住动作所致。

排除方法： 调整好 SQ3 限位开关。

5. 液压泵电动机不能起动

可能原因： 熔断器 FU2 的熔丝已烧断；热继电器 FR2 动作过载；接触器 KM4、KM5 线圈损坏或接线脱落以及主触点接触不良或接线脱落；应根据具体情况逐项检查，直到故障排除。

6. 液压系统不能正常工作

有时电气系统正常，而液压系统中的电磁阀芯卡住或油路堵塞，导致液压系统不能正常工作，也可能造成摇臂无法移动、主轴箱和立柱不能松开和夹紧。

习　　题

11-1　在 Z3040 摇臂钻床中电磁阀 YA 在什么时候动作？

11-2　试分析 Z3040 摇臂钻床电气控制和 PLC 控制系统中采取了哪些控制环节。

11-3　分析 Z3040 摇臂钻床上升和下降的动作过程。

第十二章

卧式镗床的电气与 PLC 控制

本章重点内容 了解卧式镗床的结构与运动形式；掌握卧式镗床的电气控制与 PLC 控制；了解卧式镗床的常见故障及其维修。

镗床主要是用镗刀在工件上镗孔的机床，它主要用于加工工件上的精密圆柱孔。通常镗刀旋转为主运动，镗刀或工件的移动为进给运动。它的加工精度和表面质量要高于钻床。

镗床的加工特点是加工过程中工件不动，让刀具移动，将刀具中心对正孔中心，并使刀具转动（主运动）。镗床根据其结构和加工精度可分为如下几种。

(1) 卧式镗床。卧式镗床是镗床中应用最广泛的一种。它主要是孔加工，镗孔精度可达 IT7，表面粗糙度 Ra 值为 1.6～0.8μm，卧式镗床的主参数为主轴直径。

(2) 坐标镗床。坐标镗床是高精度机床的一种。它的结构特点是有坐标位置的精密测量装置。坐标镗床可分为单柱式坐标镗床、双柱式坐标镗床和卧式坐标镗床。

单柱式坐标镗床中，主轴带动刀具作旋转主运动，主轴套筒沿轴向作进给运动。其特点是结构简单，操作方便，特别适宜加工板状零件的精密孔，但它的刚性较差，所以这种结构只适用于中小型坐标镗床。

双柱式坐标镗床中，主轴上安装刀具作主运动，工件安装在工作台上随工作台沿床身导轨作纵向直线移动。它的刚性较好，目前大型坐标镗床都采用这种结构。双柱式坐标镗床的主参数为工作台面宽度。

卧式坐标镗床中，工作台能在水平面内做旋转运动，进给运动可以由工作台纵向移动或主轴轴向移动来实现。它的加工精度较高。

(3) 金刚镗床。金刚镗床是以很小的进给量和很高的切削速度进行加工，因而加工的工件具有较高的尺寸精度（IT6），表面粗糙度可达到 0.2μm。用金刚石或硬质合金等刀具，进行精密镗孔的镗床。

(4) 深孔钻镗床。深孔钻镗床本身刚性强，精度保持好，主轴转速范围广，进给系统由交流伺服电机驱动，能适应各种深孔加工工艺的需要。

(5) 落地镗床。落地镗床是加工大型工件和重型机械构件的镗床，一般不设工作台，工件安装在与机床分开的大型平台上，故称为落地镗床。落地镗床的滑板可沿床身导轨移动，主轴箱可沿立柱导轨作升降运动，平旋盘上装有径向刀架，平旋盘在旋转时刀架也可作径向进给，主轴除作旋转运动外，还可作轴向进给运动。落地镗床的主轴直径一般大于 125mm。由于机床庞大，通常采用操纵台或悬挂式操纵板集中控制。

在各类镗床中，卧式镗床是应用最广泛的一种，具有典型性。本章主要以 T68 型卧式镗床为例，分析其电气与 PLC 控制、常见电气故障的诊断与处理等。

第一节　T68 型卧式镗床简介

卧式镗床用于加工各种复杂的大型工件，如箱体、机体等，是一种功能很全的机床。除了镗孔外，还可以进行钻、扩、铰孔及车削内外螺纹用丝锥攻丝、车外圆柱面和端面。安装了端面铣刀与圆柱铣刀后，还可以完成铣削平面等多种工作。因此，在卧式镗床上，工件一次安装后即可完成大部分表面的加工，有时甚至可以完成全部加工。

一、镗床的主要结构及运动形式

1. 镗床的主要结构

卧式镗床主要由床身、立柱、支承架、工作台、主轴、平旋盘、径向刀架、主轴箱、滑座等部分组成。其结构示意图如图 12-1 所示。

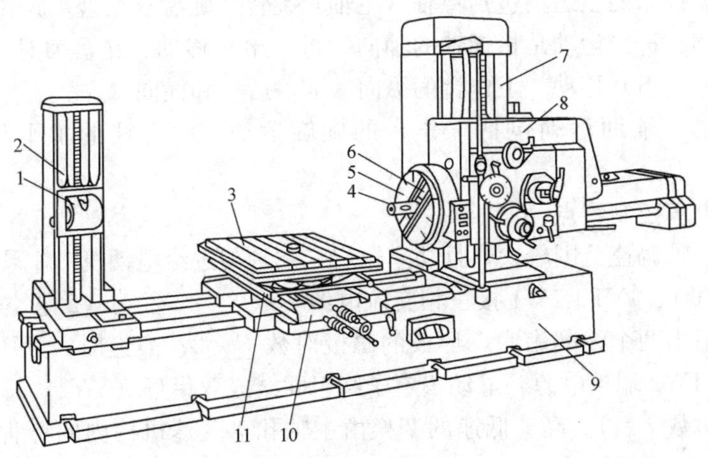

图 12-1　卧式镗床结构示意图

1—支承架；2—后立柱；3—工作台；4—镗轴；5—平旋盘；6—径向刀架；7—前立柱；8—主轴箱；9—床身；10—下滑座；11—上滑座

床身由整体的铸件制成，在它的一端装着固定不动的前立柱，在前立柱的垂直导轨上装有主轴箱，它可上下移动，并由悬挂在前立柱空心部分内的对重来平衡，在主轴箱上集中了主轴部件、变速箱、进给箱与操纵机构等部件。切削刀具安装在主轴前端的锥孔里，或装在平旋盘的径向刀架上，在工作过程中，主轴一面旋转，一面沿轴向作进给运动。平旋盘只能旋转，装在它上面的径向刀架可以在垂直于主轴轴线方向的径向作进给运动，平旋盘主轴是空心轴，主轴穿过其中空部分，通过各自的传动链传动，因此可独立转动，在大部分工作情况下使用主轴加工，只有在用车刀切削端面时才使用平旋盘。

后立柱上的支承架用来夹持装夹在镗轴上的镗杆的末端，它可以随主轴箱同时升降，因而两者的轴心线始终在同一直线上，后立柱可沿床身导轨在主轴轴线方向上调整位置，安装工件的工作台安放在床身中部的导轨上，它有下滑座、上滑座与工作台相对于上滑座可回转。这样，配合主轴箱的垂直移动，工作台的横向、纵向移动和回转，就可加工工件上一系列与轴心线相互平行或垂直的孔。

2. 镗床的运动形式

T68 卧式镗床的运动形式如图 12-2 中箭头表示。

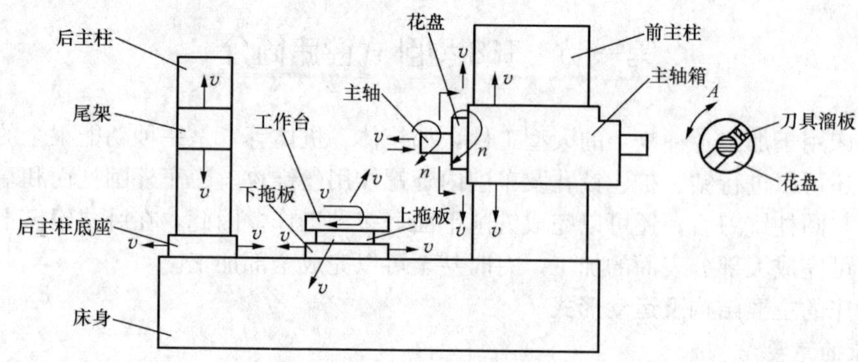

图 12-2 T68 卧式镗床的运动形式

(1) 主运动。镗床的主运动包括镗轴（主轴）旋转平旋盘（花盘）旋转运动。

(2) 进给运动。进给运动是指镗轴的轴向（进、出）移动、花盘刀具溜板的径向移动、主轴箱的垂直（上、下）移动、工作台的纵向（前、后）和横向（左、右）移动。

(3) 辅助运动。辅助运动包括工作台的旋旋运动、后立柱的水平移动和尾架垂直移动。

二、镗床的电气控制特点

(1) 因机床主轴调速范围较大，且功率恒定，主轴与进给电动机 1M 采用 D/YY 双速电动机。低速时，1U1、1V1、1W1 接三相交流电源，1U2、1V2、1W2 悬空，定子绕组接成三角形，每组绕组中两个线圈串联，形成的磁极对数 $P=2$；高速时，1U1、1V1、1W1 短接，1U2、1V2、1W2 端接电源，电动机定子绕组联结成双星形（YY），每组绕组中的两个线圈并联，磁极对数 $P=1$。高、低速的变换由主轴孔盘变速机构内的行程开关 SQ7 控制，其动作说明如表 12-1 所示。

表 12-1 主电动机高、低速变换行程开关动作说明

触点 \ 位置	主电动机低速	主电动机高速
SQ7（11－12）	关	开

(2) 主电动机低速时直接起动。高速运行是由低速起动延时后再自动转成高速运行的，以减少起动电流。

(3) 主电动机 1M 可正、反转连续运行，也可点动控制，点动时为低速。主轴要求快速准确制动，故采用反接制动，控制电器采用速度继电器。为了限制住电动机的起动和制动电流，在点动和制动时，定子绕组串入电阻 R。

(4) 在主轴变速或进给变速时，主电动机需要缓慢转动，以保证变速齿轮进入良好的啮合状态。主轴和进给变速均可在运行中进行，变速操作时，主电动机便作低速断续冲动，变速完成后又恢复运行。主轴变速时，电动机的缓慢转动是由行程开关 SQ3 和 SQ5，进给变速是由行程开关 SQ4 和 SQ6 以及速度继电器 KS 共同完成的，如表 12-2 所示。

表 12-2　　主轴变速和进给变速时行程开关 SQ3～SQ6 状态表

	相关行程开关的触点	正常工作时	变速时	变速后手柄推不上时
主轴变速	SQ3(4－9)	＋	－	－
	SQ3(3－13)	－	＋	＋
	SQ5(15－14)	－	－	＋
进给变速	SQ4(9－10)	＋	－	－
	SQ4(3－13)	－	＋	＋
	SQ6(15－14)	－	＋	＋

注　表中“＋”表示接通；“－”表示断开。

（5）卧式镗床的各进给运动部件要求能快速移动，一般由单独的快速进给电动机拖动。

第二节　T68 型卧式镗床的电气与 PLC 控制

一、T68 型卧式镗床的电气控制线路的分析

T68 型卧式镗床的电气原理图，如图 12-3 所示。

1. 主电路

T68 卧式镗床电气控制线路有两台电动机：一台是主轴电动机 1M，作为主轴旋转及常速进给的动力，同时还带动润滑油泵；另一台为快速进给电动机 2M，作为各进给运动的快速移动的动力。

1M 为双速电动机，由接触器 KM4、KM5 控制：低速时 KM4 吸合，1M 的定子绕组为三角形联结，n_N＝1460r/min；高速时 KM5 吸合，KM5 为两只接触器并联使用，定子绕组为双星形联结，n_N＝1460r/min。KM1、KM2 控制 1M 的正反转。KS 为与 1M 同轴的速度继电器，在 1M 停车时，由 KS 控制进行反接制动。为了限制起动电流、制动电流和减少机械冲击，1M 在制动、点动及主轴和进给的变速冲动时串入了限流电阻器 R，运行时由 KM3 短接。热继电器 FR 作为 1M 的过载保护。

QS1 为电源引入开关，FU1 提供整个电路的短路保护，FU2 提供 2M 及控制电路的短路保护。

2. 控制电路

由控制变压器 TC 提供 220V 工作电压，FU3 提供变压器二次侧的短路保护，控制电路包括 KM1～KM7 七个交流接触器和 KA1、KA2 两个中间继电器，以及时间继电器 KT 共十个电器的线圈支路，该电路的主要功能是对于主轴电动机 1M 进行控制。在起动 1M 之前，首先要选择好主轴的转速和进给量（在主轴和进给变速时，与之相关的行程开关 SQ3～SQ6的状态见表 12-2），并且调整好主轴箱和工作台的位置［在调整好后，行程开关 SQ1、SQ2 的动断触点（1－2）均处于闭合接通状态］。

（1）主电动机 1M 的点动控制。主电动机的点动有正向点动和反向点动，分别由按钮 SB4 和 SB5 控制。按下 SB4，接触器 KM1 线圈通电吸合，KM1 的辅助动合触点（3－13）闭合，使接触器 KM4 线圈得电吸合，三相电源经 KM1 的主触点，电阻 R 和 KM4 的主触点接通主电机 1M 的定子绕组，接法为三角形，使电动机在低速下正向旋转。松开 SB4 主电机断电停止。

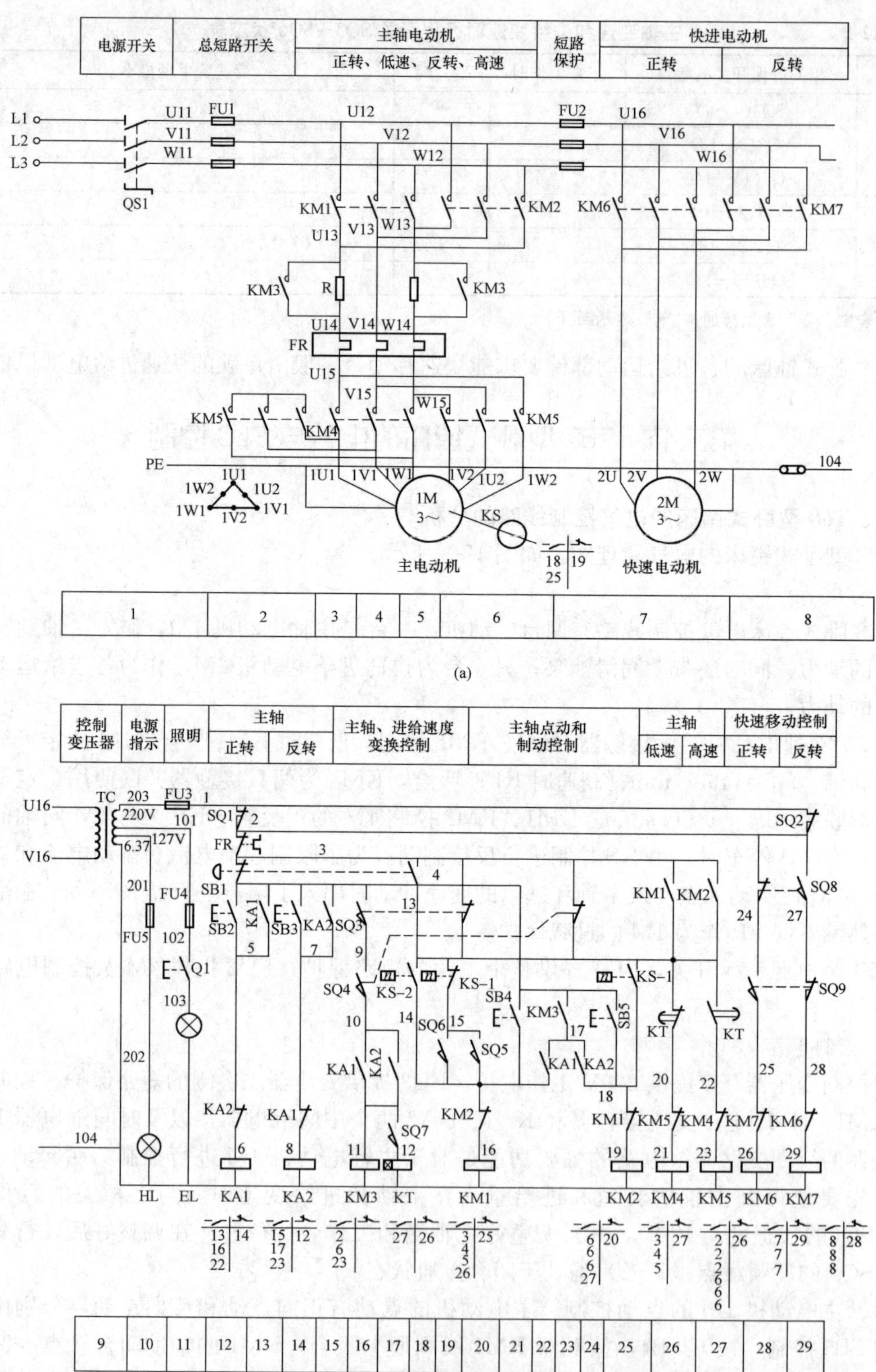

图 12-3　T68 型卧式镗床的电气原理图

（a）主电路；（b）控制电路

反向点动与正向点动控制过程类似，由按钮 SB5、接触器 KM2、KM4 来实现，请读者自行分析。

(2) 主电动机 1M 的正、反转控制。当要求主电动机正向低速旋转时，行程开关 SQ7 的触点（11—12）处于断开位置，主轴变速和进给变速行程开关 SQ3（4—9）、SQ4（9—10）均为闭合状态。按下 SB2，中间继电器 KA1 线圈通电吸合，它有 3 对动合触点，KA1 动合触点（4—5）闭合自锁；KA1 动合触点（10—11）闭合，接触器 KM3 线圈通电吸合，KM3 主触点闭合，电阻 R 短接；KA1 动合触点（17—14）闭合和 KM3 的辅助动合触点（4—17）闭合，使接触器 KM1 线圈通电吸合，并将 KM1 线圈自锁。KM1 的辅助动合触点（3—13）闭合，接通主电动机低速用接触器 KM4 线圈，使其通电吸合。由于接触器 KM1、KM3、KM4 的主触点均闭合，故主电动机在全电压、定子绕组三角形联结下直接起动，低速运行。

当要求主电动机为高速旋转时，行程开关 SQ7 的触点（11—12）、SQ3（4—9）、SQ4（9—10）均处于闭合状态。按下 SB2 后，一方面 KA1、KM3、KM1、KM4 的线圈相继通电吸合，使主电动机在低速下直接起动；另一方面由于 SQ7（11—12）的闭合，使时间继电器 KT（通电延时型）线圈通电吸合，经延时后，KT 的通电延时断开的动断触点（13—20）断开，KM4 线圈断电，主电动机的定子绕组脱离三相电源，而 KT 的通电延时闭合的动合触点（13—22）闭合，使接触器 KM5 线圈通电吸合，KM5 的主触点闭合，将主电动机的定子绕组接成双星形后，重新接到三相电源，故从低速起动转为高速旋转。

主电动机的反向低速或高速的起动旋转过程与正向起动旋转过程相似，但是反向起动旋转所用的电器为按钮 SB3、中间继电器 KA2，接触器 KM3、KM2、KM4、KM5、时间继电器 KT。

(3) 主电动机 1M 的反接制动控制。当主电动机正转时，速度继电器 KS 正转，动合触点 KS（13—18）闭合，而正转的动断触点 KS（13—15）断开。主电动机反转时，KS 反转，动合触点 KS（13—14）闭合，为主电动机正转或反转停止时的反接制动做准备。按停止按钮 SB1 后，主电动机的电源反接，迅速制动，转速降至速度继电器的复位转速时，其动合触点断开，自动切断三相电源，主电动机停转。具体的反接制动过程如下所述：

1) 主电动机正转时的反接制动。设主电动机为低速正转时，电器 KA1、KM1、KM3、KM4 的线圈通电吸合，KS 的动合触点 KS（13—18）闭合。按下 SB1，SB1 的动断触点（3—4）先断开，使 KA1、KM3 线圈断电，KA1 的动合触点（17—14）断开，又使 KM1 线圈断电，一方面使 KM1 的主触点断开，主电动机脱离三相电源，另一方面使 KM1（3—13）分断，使 KM4 断电；SB1 的动合触点（3—13）随后闭合，使 KM4 重新吸合，此时主电动机由于惯性转速还很高，KS（13—18）仍闭合，故使 KM2 线圈通电吸合并自锁，KM2 的主触点闭合，使三相电源反接后经电阻 R、KM4 的主触点接到主电动机定子绕组，进行反接制动。当转速接近零时，KS 正转动合触点 KS（13—18）断开，KM2 线圈断电，反接制动完毕。

2) 主电动机反转时的反接制动。反转时的制动过程与正转制动过程相似，但是所用的电器是 KM1、KM4、KS 的反转动合触点 KS（13—14）。

3) 主电动机工作在高速正转及高速反转时的反接制动过程可仿上自行分析。在此仅指明，高速正转时反接制动所用的电器是 KM2、KM4、KS（13—18）触点；高速反转时反接制动所用的电器是 KM1、KM4、KS（13—14）触点。

（4）主轴或进给变速时主电动机 1M 的缓慢转动控制。主轴或进给变速既可以在停车时进行，又可以在镗床运行中变速。为使变速齿轮更好的啮合，可接通主电动机的缓慢转动控制电路。

当主轴变速时，将变速孔盘拉出，行程开关 SQ3 动合触点 SQ3（4－9）断开，接触器 KM3 线圈断电，主电路中接入电阻 R，KM3 的辅助动合触点（4－17）断开，使 KM1 线圈断电，主电动机脱离三相电源。所以，该机床可以在运行中变速，主电动机能自动停止。旋转变速孔盘，选好所需的转速后，将孔盘推入。在此过程中，若滑移齿轮的齿和固定齿轮的齿发生顶撞时，则孔盘不能推回原位，行程开关 SQ3、SQ5 的动断触点 SQ3（3－13）、SQ5（15－14）闭合，接触器 KM1、KM4 线圈通电吸合，主电动机经电阻 R 在低速下正向起动，接通瞬时点动电路。主电动机转动转速达某一转时，速度继电器 KS 正转动断触点 KS（13－15）断开，接触器 KM1 线圈断电，而 KS 正转动合触点 KS（13－18）闭合，使 KM2 线圈通电吸合，主电动机反接制动。当转速降到 KS 的复位转速后，则 KS 动断触点 KS（13－15）又闭合，动合触点 KS（13－18）又断开，重复上述过程。这种间歇的起动、制动，使主电动机缓慢旋转，以利于齿轮的啮合。若孔盘退回原位，则 SQ3、SQ5 的动断触点 SQ3（3－13）、SQ5（15－14）断开，切断缓慢转动电路。SQ3 的动合触点 SQ3（4－9）闭合，使 KM3 线圈通电吸合，其动合触点（4－17）闭合，又使 KM1 线圈通电吸合，主电动机在新的转速下重新起动。进给变速时的缓慢转动控制过程与主轴变速相同，不同的是使用的电器是行程开关 SQ4、SQ6。

（5）主轴箱、工作台或主轴的快速移动。该机床各部件的快速移动，由快速手柄操纵快速移动电动机 2M 拖动完成的。当快速手柄扳向正向快速位置时，行程开关 SQ9 被压动，接触器 KM6 线圈通电吸合，快速移动电动机 2M 正转。同理，当快速手柄扳向反向快速位置时，行程开关 SQ8 被压动，KM7 线圈通电吸合，2M 反转。

（6）联锁保护。为防止镗床工作台及主轴箱与主轴同时进给，将行程开关 SQ1 和 SQ2 的动断触点并联接在控制电路（1－2）中。当工作台及主轴箱进给手柄在进给位置时，SQ1 的触点断开；而当主轴的进给手柄在进给位置时，SQ2 的触点断开。如果两个手柄都处在进给位置时，则 SQ1、SQ2 的触点都断开，机床不能工作。

3. 照明电路和指示灯电路

由变压器 TC 提供 24V 安全电压供给照明灯 H，H 的一端接地，Q1 为灯开关，由 FU4 提供照明电路的短路保护。HL 为 6.3V 的电源指示灯。

二、T68 型卧式镗床的常见电气故障分析

由于镗床的机—电联锁较多，且采用双速电动机，所以会有一些特有的故障，现举例分析如下：

1. 主轴的转速与转速指示牌不符

这种故障一般有两种现象：一种是主轴的实际转速比标牌指示数增加或减少一半；另一种是电动机的转速没有高速挡或者没有低速挡。这两种故障现象，前者大多由于安装调整不当引起，因为 T68 镗床有 18 种转速，是采用双速电动机和机械滑移齿轮来实现的。变速后，1、2、4、6、8…挡是电动机以低速运转驱动，而 3、5、7、9…挡是电动机以高速运转驱动。主轴电动机的高低速转换是靠微动开关 SQ7 的通断来实现，微动开关 SQ7 安装在主轴调速手柄的旁边，主轴调速机构转动时推动一个撞钉，撞钉推动簧片使微动开关 SQ7 通

或断，如果安装调整不当，使SQ7动作恰恰相反，则会发生主轴的实际转速比标牌指示数增加或减少一倍。后者的故障原因较多，常见的是时间继电器KT不动作，或微动开关SQ7安装的位置移动，造成SQ7始终处于接通或断开的状态等。如KT不动作或SQ7始终处于断开状态，则主轴电动机1M只有低速；若SQ7始终处于接通状态，则1M只有高速。但要注意，如果KT虽然吸合，但由于机械卡住或触点损坏，使动合触点不能闭合，则1M也不能转换到高速挡运转，而只能在低速挡运转。

2. 主轴变速手柄拉出后，主轴电动机不能冲动

产生这一故障一般有两种现象：一种是变速手柄拉出后，主轴电动机1M仍以原来转向和转速旋转；另一种是变速手柄拉出后，1M能反接制动，但制动到转速为零时，不能进行低速冲动。产生这两种故障现象的原因，前者多数是由于行程开关SQ3的动合触点SQ3（4—9）由于质量等原因绝缘被击穿造成。而后者则由于行程开关SQ3和SQ5的位置移动、触点接触不良等，使触点SQ3（3—13）、SQ5（14—15）不能闭合或速度继电器的动断触点KS（13—15）不能闭合所致。

3. 主轴电动机1M不能进行正反转点动、制动及主轴和进给变速冲动控制

产生这种故障的原因，往往在上述各种控制电路的公共回路上出现故障。如果伴随着不能进行低速运行，则故障可能在控制线路13—20—21—0中有断开点，否则，故障可能在主电路的制动电阻器R及引线上有断开点，若主电路仅断开一相电源时，电动机还会伴有缺相运行时发出的嗡嗡声。

4. 主轴电动机正转点动、反转点动正常，但不能正反转

故障可能在控制线路4—9—10—11—KM3线圈—104中有断开点。

5. 主轴电动机正转、反转均不能自锁

故障可能在KM3（4—17）动合触点中。

6. 主轴电动机不能制动

可能原因有：①速度继电器损坏；②SB1中的动合触点接触不良；③3、13、14、16号线中有脱落或断开；④KM2（14—16）、KM1（18—19）触点不通。

7. 主轴电动机点动、低速正反转及低速接制动均正常，但高、低速转向相反，且当主轴电动机高速运行时，不能停机

可能的原因是误将三相电源在主轴电动机高速和低速运行时，都接成同相序所致，把1U2、1V2、1W2中任两根对调即可。

8. 不能快速进给

故障可能在2—24—25—26—KM6线圈中有断路。

三、T68型卧式镗床的PLC控制

1. T68型卧式镗床的主电路图

T68型卧式镗床的主电路图，如图12-3（a）所示。

2. T68型卧式镗床PLC的I/O地址分配

由T68型卧式镗床的电气控制原理可知，该系统共有16个输入信号和7个输出信号，其I/O地址分配表如表12-3所示。

3. T68型卧式镗床PLC的输入/输出外部接线图

T68型卧式镗床PLC的输入/输出外部接线图，如图12-4所示。

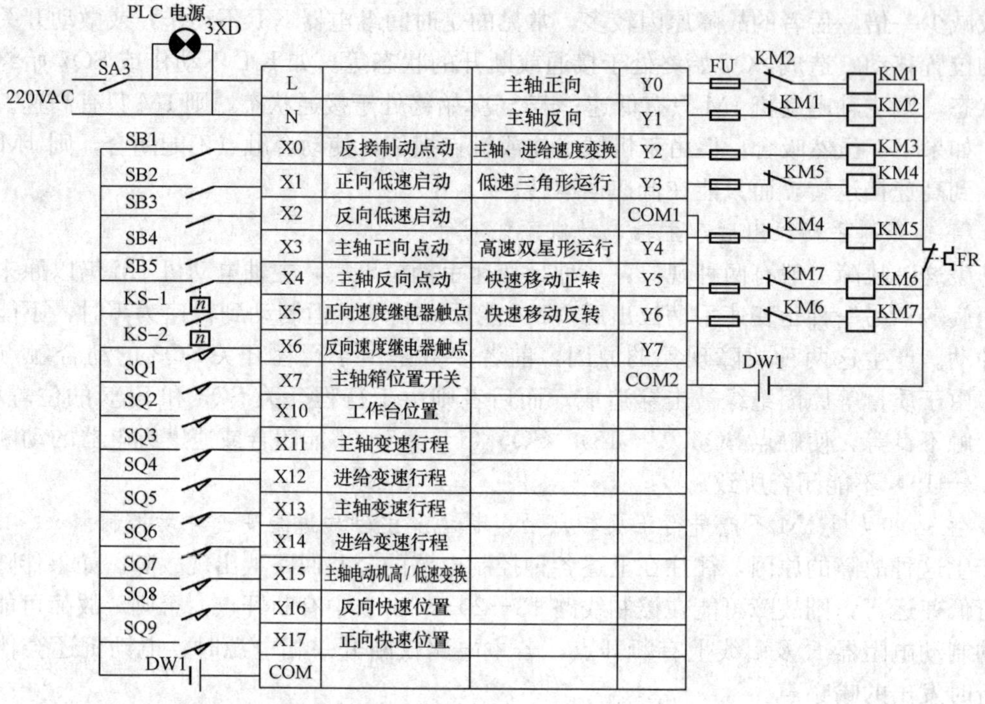

图 12-4　T68 型卧式镗床 PLC 的输入/输出外部接线图

4. T68 型卧式镗床 PLC 梯形图

T68 型卧式镗床 PLC 梯形图如图 12-5 所示。

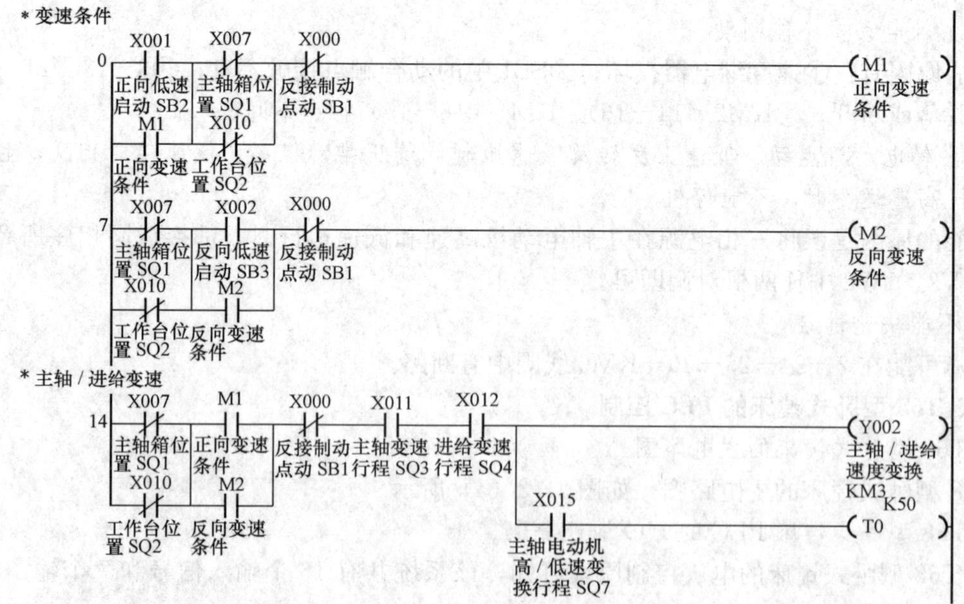

图 12-5　T68 型卧式镗床 PLC 梯形图（1）

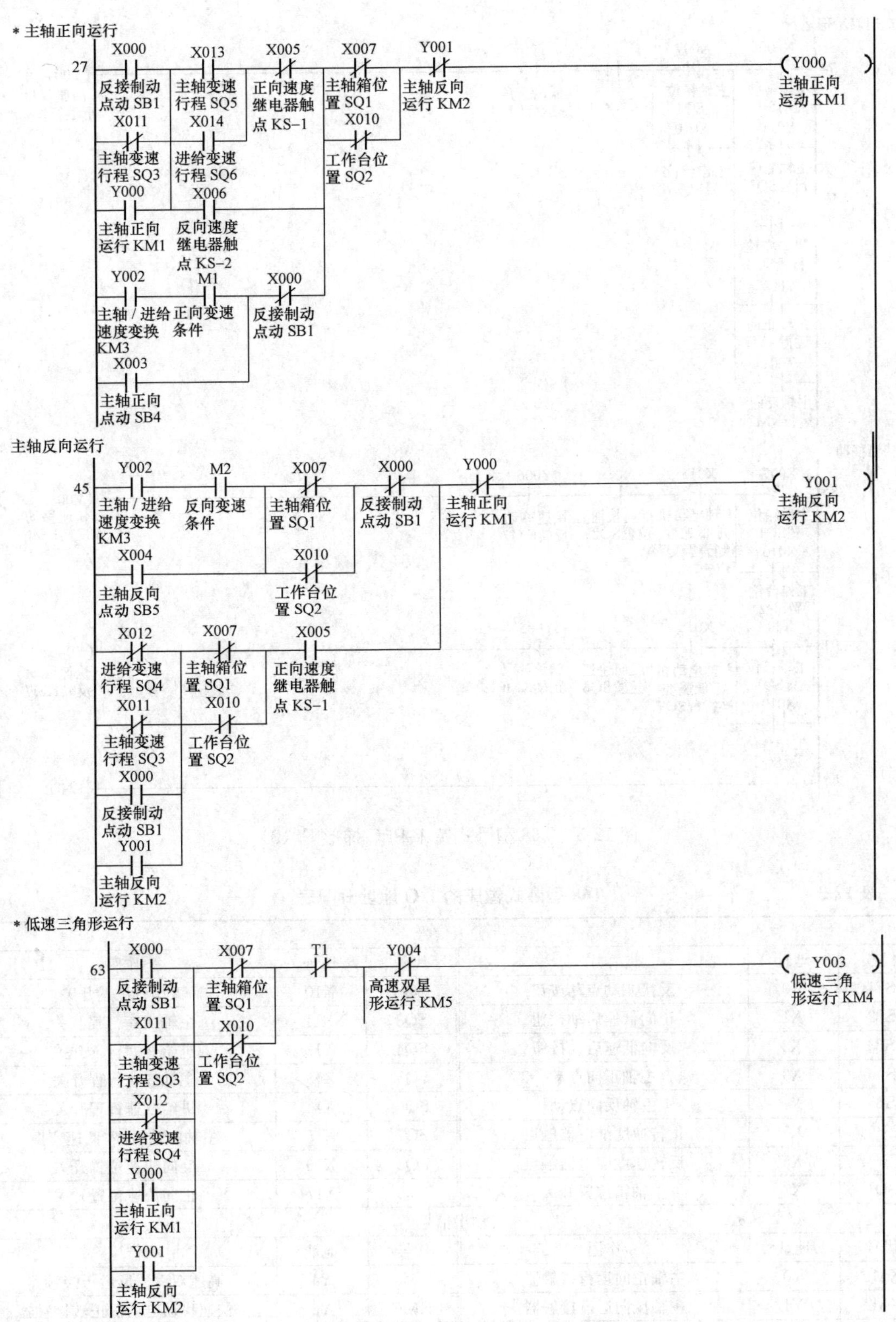

图 12-5 T68 型卧式镗床 PLC 梯形图（2）

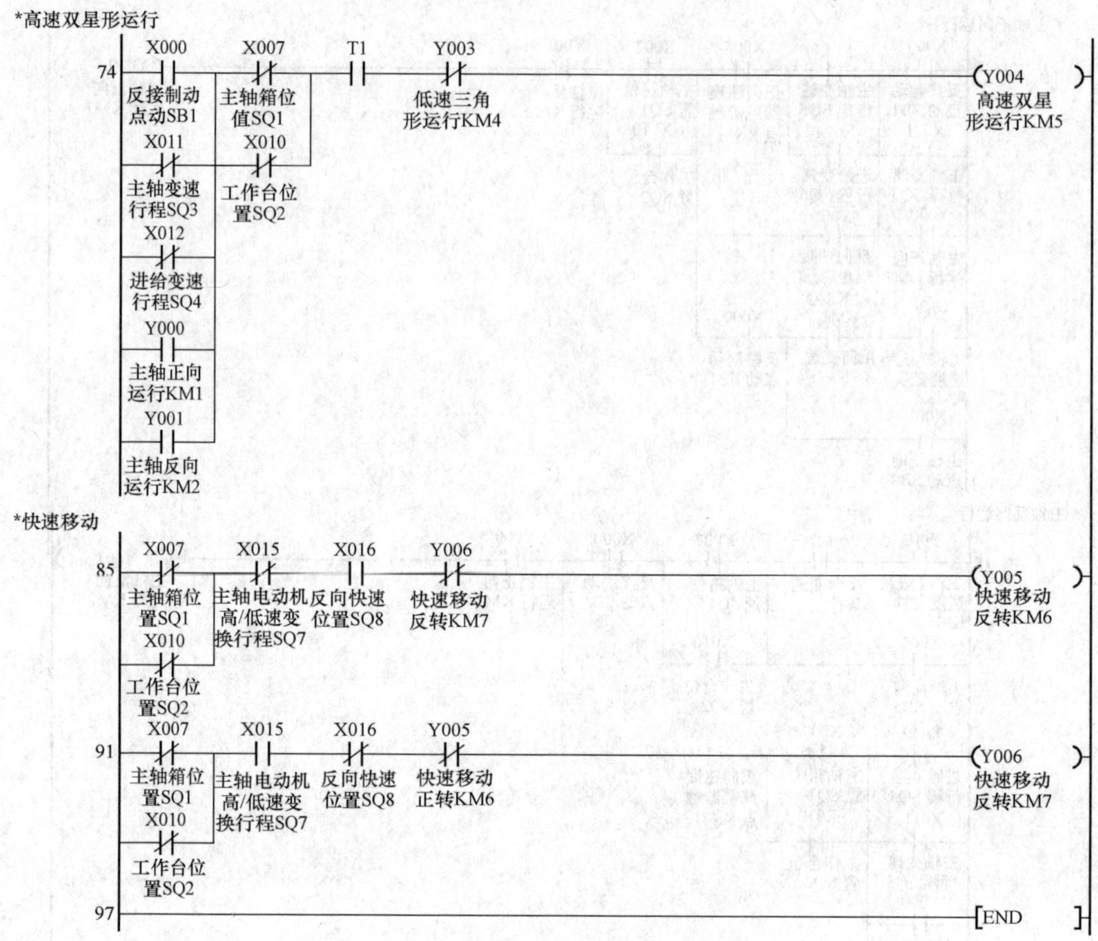

图 12-5 T68 型卧式镗床 PLC 梯形图（3）

表 12-3　　T68 型卧式镗床的 I/O 地址分配表

输入信号					
代号	地址	作用	代号	地址	作用
SB1	X0	反接制动点动按钮	SQ2	X10	工作台位置开关
SB2	X1	正向低速启动按钮	SQ3	X11	主轴变速行程开关
SB3	X2	反向低速启动按钮	SQ4	X12	进给变速行程开关
SB4	X3	主轴正向点动	SQ5	X13	主轴变速行程开关
SB5	X4	主轴反向点动	SQ6	X14	进给变速行程开关
KS－1	X5	正转速度继电器触点	SQ7	X15	主轴电动机高/低速变换
KS－2	X6	反转速度继电器触点	SQ8	X16	反向快速位置开关
SQ1	X7	主轴箱位置开关	SQ9	X17	正向快速位置开关
输出信号					
代号	地址	作用	代号	地址	作用
KM1	Y0	主轴正向运行接触器	KM5	Y4	高速双 YY 形运行接触器
KM2	Y1	主轴反向运行接触器	KM6	Y5	快速移动电动机正转接触器
KM3	Y2	主轴、进给速度变换接触器	KM7	Y6	快速移动电动机反转接触器
KM4	Y3	低速三角形运行接触器			

习　　题

12-1　T68卧式镗床的运动形式有哪几种？

12-2　在图12-3T68型卧式镗床的电气原理图中，试分析：

（1）KM1和KM2的自锁回路是如何组成的？

（2）KT的作用是什么？它是如何完成任务的？

（3）在KM1正常运转时，点动控制有效吗？为什么？

（4）主轴电动机如何由低速实现高速控制的？

12-3　试画出T68型卧式镗床电气控制和PLC控制原理图中起动运行和制动控制线路部分，并分析其工作过程。

第十三章

平面磨床的电气与 PLC 控制

本章主要内容 掌握平面磨床的结构、基本运动、电气控制与 PLC 控制电路；了解平面磨床的常见故障及其维修。

所有用砂轮、油石、砂带、游离磨料等为磨具对金属表面进行磨削加工的机床，称为磨床。

磨床能加工硬度较高的材料，如淬硬钢、硬质合金等；也能加工脆性材料，如玻璃、花岗石等。磨床能作高精度和表面粗糙度很小的磨削，也能进行高效率的磨削，如强力磨削等。随着科学技术的不断发展，对仪器、设备零部件的精度和表面粗糙度要求越来越高，各种高硬度材料的应用日益增多，以及由于精密铸造和精密锻造技术的不断发展，有可能将毛坯不经其他切削加工而直接由磨床加工后形成成品。因此，现代机械制造业中磨床的使用越来越广泛，磨床在机床总量中的比重也在不断上升。

由于被加工零件的加工表面、结构形状、尺寸大小和生产批量的不同，磨床也有不同的种类。主要类型有：

（1）外圆磨床。主要用于磨削外回转表面。

（2）内圆磨床。主要用于磨削内回转表面。

（3）平面磨床。用于磨削各种平面。

（4）导轨磨床。用于磨削各种导轨。

（5）工具磨床。用于磨削各种工具，如样板、卡板等。

（6）砂带磨床。用于磨削大尺寸板材、耐热难加工材料和大量生产的平面零件等。

（7）精磨机床。用于对工件进行光整加工，获得很高的加工精度和很低的表面粗糙度。

（8）专门化磨床。用于专门磨削某一类零件的磨床，如曲轴、凸轮轴、花键轴、导轨、叶片、轴承滚道及齿轮和螺纹等磨床。

本章以 M7475 型立轴圆台平面磨床为例介绍磨床的电气与 PLC 控制及故障分析。

第一节 平面磨床的概述

平面磨床是磨床中的一种，它主要用于磨削各种零件的平面，根据砂轮工作面的不同，平面磨床可分为圆周磨削和端面磨削两种。其中圆周磨削中的砂轮处于水平（卧式）位置，端面磨削中的砂轮主轴处于垂直（立式）位置。根据工作台形状不同，平面磨床又可分为矩形工作台和圆形工作台两类。因此，普通平面磨床主要有如下 4 种类型：

（1）卧轴矩台式平面磨床。卧轴矩台式平面磨床的特点是砂轮旋转为主运动，工作台纵向往复移动和砂轮架间歇横向移动为进给运动，砂轮垂直移动是切入运动[见图 13-1(a)]。

(2) 立轴矩台式平面磨床。这类磨床的特点是砂轮旋转为主运动，工作台纵向往复移动是进给运动，砂轮垂直移动是切入运动，砂轮架间歇垂直移动是切入运动[见图 13-1(b)]。

(3) 卧轴圆台式平面磨床。卧轴圆台式平面磨床的特点是砂轮旋转为主运动，圆工作台转动是圆周进给运动，砂轮架连续径向移动是进给运动，砂轮架间歇垂直移动是切入运动。此外，圆工作台的回转中心线可倾斜，以便磨削锥面[见图 13-1(c)]。

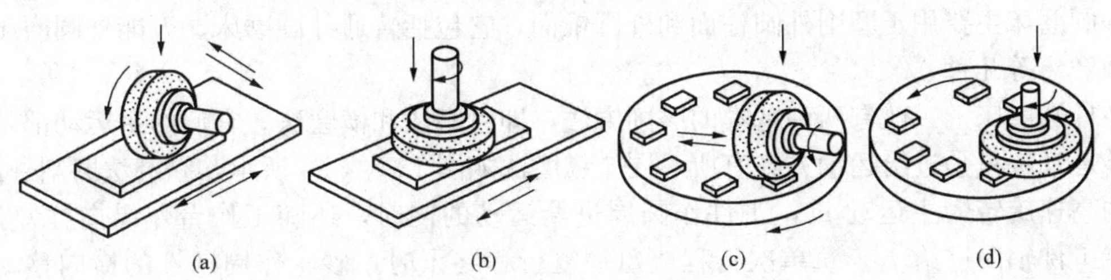

图 13-1　平面磨床加工示意图

(a) 卧轴矩台平面磨床；(b) 立轴矩台平面磨床；(c) 卧轴圆台平面磨床；(d) 立轴圆台平面磨床

(4) 立轴圆台式平面磨床。该类磨床的特点是砂轮旋转为主运动，圆工作台转动是圆周进给运动，砂轮架间歇垂直移动是切入运动，工作台的左右移动是进给运动[见图 13-1(3)]。

上述 4 种类型中，圆周磨削与端面磨削相比，端面磨削的砂轮直径较大，能同时磨削出工件的全宽，磨削面积大，生产效率高，但端面磨削时砂轮与工件接触面大，冷却困难不易排屑，故加工精度和表面粗糙度稍差。圆台与矩台相比，圆台式平面磨床由于连续进给，生产效率高。但圆台式只适于磨削小零件和大直径的环形零件端面，不能磨削长形零件。而矩台式可方便地磨削各种零件及直径小的矩台宽度的环形零件。

一、M7475 型立轴圆台平面磨床的用途

M7475 型立轴圆台平面磨床采用圆形工作台承接工件或工装旋转，砂轮端面磨削工件成平面形式的一种平面磨床。工作台可采用电磁吸盘或花盘；立柱与床身采用三点调整机构连接，便于将工件平面磨成中凹或中凸形状；磨头主轴采用装入式大功率电动机驱动，切削能力强；砂轮可采用筒形或多块砂瓦圆周均布组合式结构。

该机床适用于大批量盘类工件的平面磨削加工，如金属行业中的轴承、盘类刀具、圆锯片、汽车发动机连杆、离合器摩擦片、泵阀门等；非金属行业的陶瓷、玻璃大理石等。该系列机床主要用来磨削毛坯及一般精密的大型零件，表面粗糙度达 0.8 以上，平行度 0.02/1000mm 以内。

因此，M7475 型立轴圆台平面磨床适用于冶金、锯片、汽车、拖拉机、工具、轴承等行业对大型零部件的磨削加工。

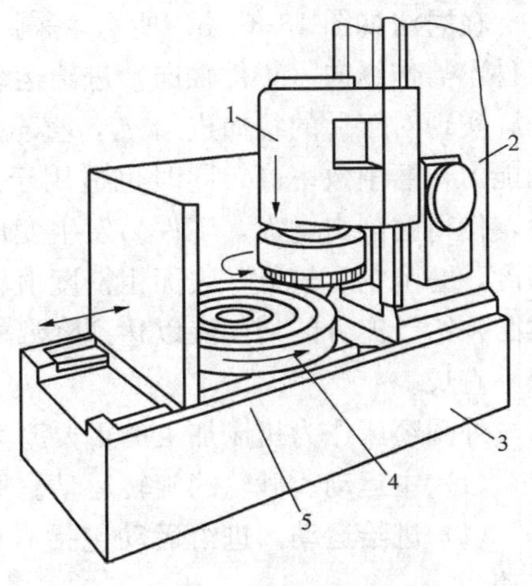

图 13-2　立轴圆台平面磨床结构示意图

1—砂轮架；2—立柱；3—底座；4—工作台；5—床身

二、立轴圆台平面磨床的结构

立轴圆台平面磨床结构示意图，如图 13-2 所示。

砂轮架1的主轴是由内连式异步电动机直接驱动。砂轮架1可沿立柱2的导轨，作间歇的竖直切入运动。圆工作台4旋转作圆周进给运动。为了便于装卸工件，圆工作台4还能沿床身导轨纵向移动。由于砂轮直径大，所以常采用镶片砂轮。这种砂轮使冷液容易冲入切削使砂轮不易堵塞。这种机床生产率高，适用于成批生产。

三、外圆磨床的运动形式

外圆磨床主要用于磨削外圆柱面和外圆锥面，它包括普通外圆磨床、万能外圆磨床和无心外圆磨床等几种。

在外圆磨床上一般有两种基本的磨削方法，即纵磨法和横磨法。它们的主运动都是砂轮的旋转运动，只是进给运动方式有所不同。纵磨法如图13-3（a）所示，纵磨法磨削外圆时，砂轮的高速旋转为主运动 n_0，工件作圆周进给运动的同时，还随工作台作纵向往复运动，实现沿工件轴向进给 f_a。每单次行程或每往复行程终了时，砂轮作周期性的横向移动，实现沿工件径向的进给 f_r，从而逐渐磨去工件径向的全部留磨余量。磨削到尺寸后，进行无横向进给的光磨过程，直至火花消失为止。由于纵磨法每次的径向进给量 f_r 少，磨削力小，散热条件好，充分提高了工件的磨削精度和表面质量，能满足较高的加工质量要求，但磨削效率较低。纵磨法磨削外圆适合磨削较大的工件，是单件、小批量生产的常用方法。

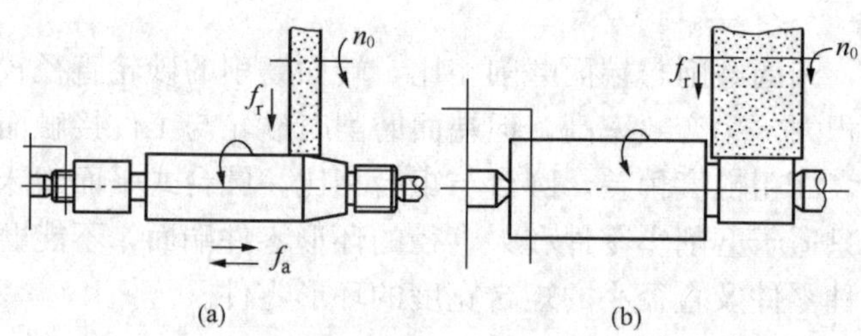

图13-3　外圆磨削的两种基本方法

（a）纵磨法；（b）横磨法

横磨法如图13-3（b）所示。采用横磨法磨削外圆时，砂轮宽度比工件的磨削宽度大，工件不需作纵向（工件轴向）进给运动，砂轮以缓慢的速度连续地或断续地沿作横向进给运动，实现对工件的径向进给 f_r，直至磨削达到尺寸要求。其特点是：充分发挥了砂轮的切削能力，磨削效率高，同时也适用于成形磨削。然而，在磨削过程中砂轮与工件接触面积大，使得磨削力增大，工件易发生变形和烧伤。另外，砂轮形状误差直接影响工件几何形状精度，磨削精度较低，表面粗糙度值较大。因而必须使用功率大，刚性好的磨床，磨削的同时必须给予充分的切削液以达到降温的目的。使用横磨法，要求工艺系统刚性要好，工件宜短不宜长。

外圆磨床作为机床加工的重要磨削工具，其主要运动形式可归纳为：

（1）主运动。砂轮的旋转运动。

（2）进给运动。进给运动包括有：①砂轮的升降运动；②工作台的转动；③工作台的移动。

（3）辅助运动。工作台的自动工进等。

第二节　M7475型立轴圆台平面磨床的电气与PLC控制

一、M7475型立轴圆台平面磨床的电动机拖动特点

M7475型立轴圆台平面磨床共有六台电动机，其中砂轮电动机M1是主运动电动机，直接带动砂轮旋转，对工件进行磨削加工；工作台转动电动机M2驱动工作台高速和低速转动；工作台移动电动机M3带动工作台进入、退出；砂轮升降电动机M4使拖板沿立柱导轨上下移动，用以调整砂轮位置；冷却泵电动机M5带动冷却泵供给砂轮和工件冷却液，从而对工件和砂轮冷却，同时利用冷却液带着磨下的铁屑；自动进给电动机M6带动磨头对工件自动磨削。

M7475型立轴圆台平面磨床电机主电路如图13-4所示。

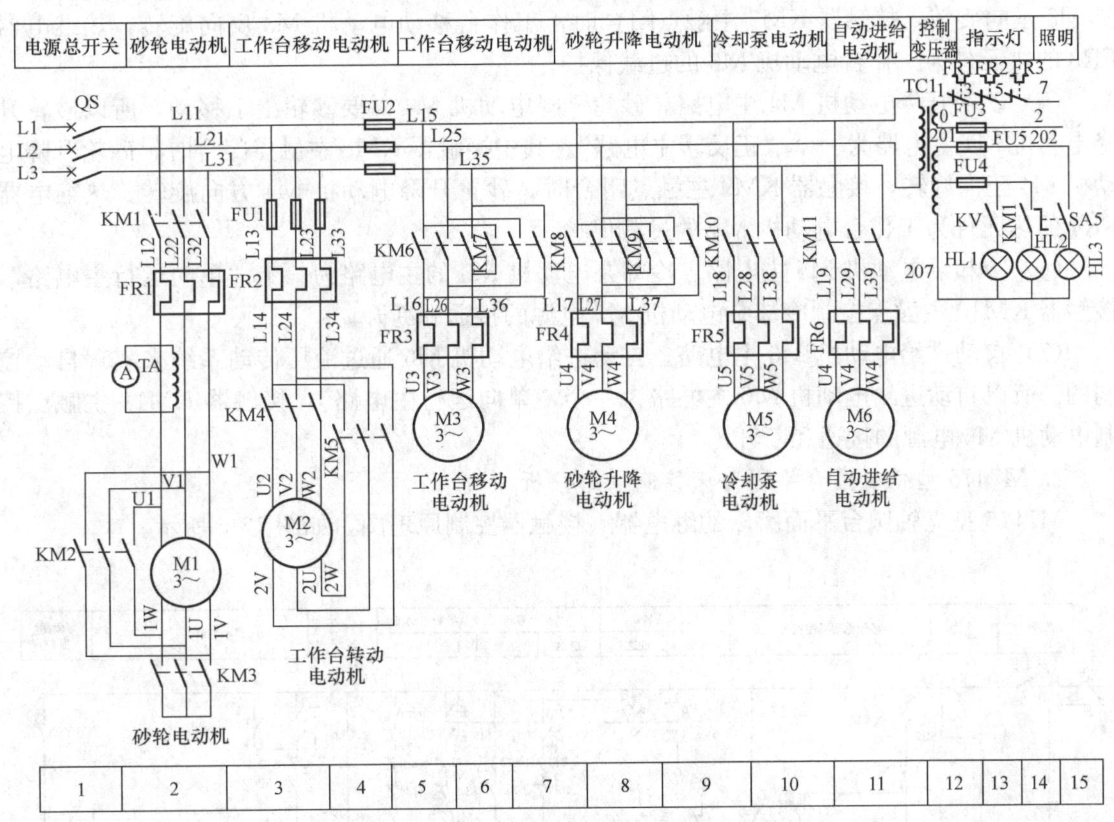

图13-4　M7475型立轴圆台平面磨床主电路图

二、M7475型立轴圆台平面磨床控制电路原理分析

1. M7475型立轴圆台平面磨床主电路分析

根据图13-4的主电路图，可按照如下步骤对主电路进行分析：

（1）电源开关及短路保护。图13-4中，QS为机床的电源总开关，由于工作台转动电动机M2本身具有两个速度，故由熔断器FU1作短路保护；变压器TC1由熔断器FU2作短路保护；机床控制电路、指示电路和照明电路分别由FU3、FU4和FU5作短路保护，图13-6中的电磁工作台控制电路由熔断器FU6作短路保护。

(2) 砂轮电动机 M1 主电路。M1 电动机的功率较大，超过 20kW，所以采用 Y－△降压启动减少启动电流，把砂轮电动机 M1 设计为一个“Y－△降压单元主电路”。其中接触器 KM3 和接触器 KM1 主触头闭合时，砂轮电动机 M1 的定子绕组结成 Y 连接减压启动；接触器 KM1 和接触器 KM2 主触点闭合时，砂轮电动机 M1 定子绕组接成△连接全压运行，热继电器 FR1 的热元件为砂轮电动机 M1 的过载保护，电流互感器 TA 与电流表 A 组成了砂轮电动机 M1 在运行时的电流监视器，随时监视砂轮电动机 M1 运行时的电流值。

(3) 工作台转动电动机 M2 主电路。工作台转动电动机 M2 需要两种速度以方便使用需要，所以工作台转动电动机 M2 采取双速电动机，接触器 KM4（或 KM5）主触点闭合时，工作台转动电动机 M2 运转，热继电器 FR2 的热元件为工作台电动机 M2 的过载保护。

(4) 工作台移动电动机 M3 主电路。机床工作时需要工作台的左右移动来实现，所以电动机 M3 主电路为一个“正反转主电路”。其中接触器 KM6 主触点闭合时，工作台移动电动机 M3 正向旋转，接触器 KM7 主触点闭合时，工作台移动电动机 M3 反向旋转，热继电器 FR3 的热元件为工作台电动机 M3 的过载保护。

(5) 砂轮升降电动机 M4 主电路。砂轮升降电动机 M4 需要砂轮上下移动，所以砂轮升降电动机 M4 主电路为一个“正反转主电路”。其中接触器 KM8 主触点闭合时，砂轮升降电动机 M4 正向旋转，接触器 KM9 主触点闭合时，砂轮升降电动机 M4 方向旋转。热继电器 FR4 的热元件为工作台电动机 M4 的过载保护。

(6) 冷却泵电动机 M5 主电路。冷却泵电动机 M5 的主电路为一个“单向运行主电路”，接触器 KM10 主触点控制冷却泵电动机 M5 电源的接通和断开。

(7) 自动进给电动机 M6 主电路。自动进给电动机 M6 通过液压传动系统来实现自动控制的。所以自动进给电动机 M6 主电路为一个“单向运行主电路”，接触器 KM11 主触点控制电动机 M6 电源的接通和断开。

2. M7475 型立轴圆台平面磨床控制电路分析

M7475 型立轴圆台平面磨床的继电器—接触器控制原理图，如图 13-5 所示。

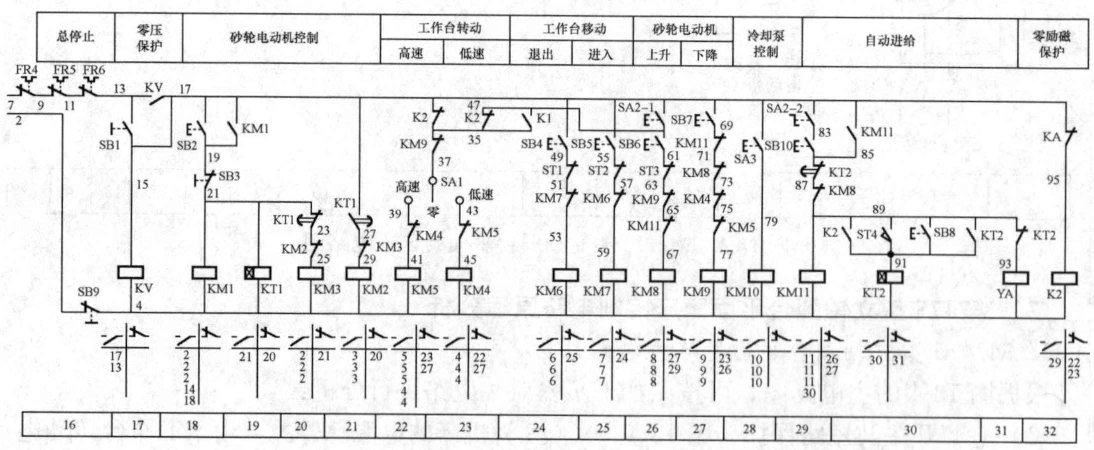

图 13-5　M7475 继电器—接触器控制电路原理图

图 13-5 和图 13-6 中，各开关、按钮的功能如表 13-1 所示。

表 13-1　　开关、按钮功能表

代号	功能	代号	功能
SB1	系统启动按钮	SB8	自动进给停止按钮
SB2	砂轮电动机 M1 启动按钮	SB9	系统停止按钮
SB3	砂轮电动机 M1 停止按钮	SB10	自动进给启动按钮
SB4	工作台移动电动机 M3 退出按钮	SA1	工作台转动电动机 M2 高/低速
SB5	工作台移动电动机 M3 进入按钮	SA2	砂轮升降电动机 M4 手/自动开关
SB6	砂轮升降电动机 M4 上升按钮	SA3	冷却泵控制开关
SB7	砂轮升降电动机 M4 下降按钮	SA4	充、退磁转换开关

合上总开关 QS 后，整流变压器二次侧输出 135V 交流电压，按下按钮 SB1，电压继电器 KV 通电闭合并自锁，其动合触点闭合，为启动各电动机做好准备。如果 KV 不能正常可靠工作，各电机均无法运行。只有电磁吸盘的吸力将磨床工作台上的工件吸牢后，即只有在电磁吸盘不欠电流的情况下，才允许启动砂轮转动和工作台转动系统，以保证安全。

按下砂轮电动机 M1 的启动按钮 SB2，接触器 KM1、KM3 线圈得电，主电路中的 KM1 和 KM3 动合触点闭合，砂轮电动机 M1 为 Y 接法，低压启动，同时时间继电器 KT1 线圈也得电，KT1 开始计时，当时间到达设定时间时，KT1（21—23）动断触点断开，KM3 线圈失电，同时 KT1（17—27）动合触点闭合，KM2 线圈得电，此时主电路中 KM3 主触点断开、KM2 主触点闭合，砂轮电动机 M1 的接线方式转换为三角形接法，砂轮电动机 M1 作△运行，砂轮指示灯 HL2 亮。按下 SB3 按钮，砂轮停止运转。

将转换开关 SA1 扳至“高速”挡，工作台电动机 M2 高速启动运转；将转换开关 SA1 扳至“低速”挡，工作台电动机 M2 低速启动运转。

按下按钮 SB4，接触器 KM6 通电闭合，工作台移动电动机 M3 带动工作台退出；按下按钮 SB5，接触器 KM7 通电闭合，工作台移动电动机 M3 带动工作台进入。

砂轮升降电动机 M4 的控制分为自动和手动。将转换开关 SA2 扳至“手动”位置时（SA2—1），按下上升 SB6 或下降按钮 SB7，接触器 KM8 或 KM9 得电，砂轮升降电动机 M4 正转或反转，带动砂轮上升或下降。

将转换开关 SA2 扳至“自动”挡位置（SA2—2），按下按钮 SB10，接触器 KM11 和电磁铁 YA 得电，自动进给电动机 M6 启动运转，带动砂轮电动机自动向下工进，对工件进行磨削加工，加工完毕，压合行程开关 ST4，时间继电器 KT2 得电并自锁，YA 断电，工作台停止进给，经过一段时间后，接触器 KM1、KT2 失电，自动进给电动机 M6 停止转动。

冷却泵电动机 M5 由手动开关 SA3 控制。

SA4 为电磁吸盘充、退磁转换开关，通过扳动 SA4 至不同位置，可获得可调与不可调的充磁控制。SA4 扳至关闭状态，电磁吸盘自动退磁。

3. M7475 型立轴圆台平面磨床电磁吸盘电路分析

M7475 型立轴圆台平面磨床电磁吸盘电路图，如图 13-6 所示。

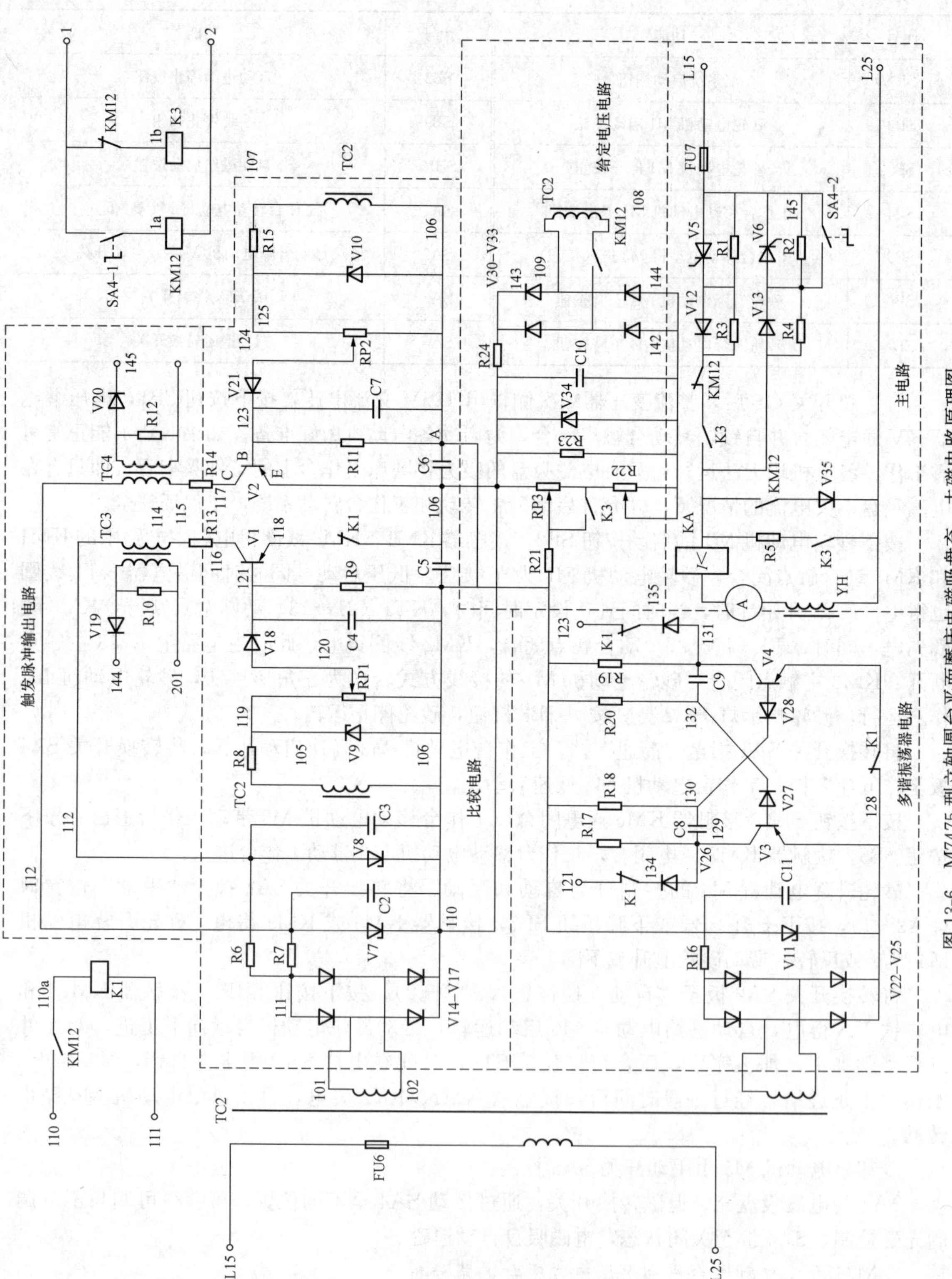

图13-6 M7475型立轴圆台平面磨床电磁吸盘充、去磁电路原理图

电磁吸盘是固定加工工件的一种夹具。它是利用通电导体在铁心中产生的磁场吸牢铁磁材料的工件，以便工件的加工。与机械夹具比较，电磁吸盘具有夹紧迅速，不损伤工件，能同时吸牢若干个小工件，以及工件发热能自动伸缩等特点，因而电磁吸盘在平面磨床上应用十分广泛。

电磁吸盘的外壳是钢制箱体，中部的芯体上绕有线圈，吸盘的盖板用钢板制成，钢制盖板用非磁性材料如铅锡合金隔离成若干小块。当线圈通入直流电后，吸盘的芯体被磁化，产生磁场，磁感线便以芯体和工件为回路，使得工件被牢牢吸住。

（1）自动充、退磁原理。电磁吸盘由初始零状态（$I=0$，$B=0$）开始充磁，随着励磁电流的增大，吸盘磁感应强度沿着磁化曲线不断增大，励磁电流增至 I_m 时，磁感应强度增至 B_m。退磁时，励磁电流减少至 0，磁感应强度并不会减少为 0，而是有剩余磁感应强度 B_r，须通以反向励磁电流 I_c，磁感应强度才减少为 0。如反向励磁电流继续增大，吸盘则被反向磁化，励磁电流达到 $-I_m$，感应强度达到 $-B_m$，如励磁电流在 $I_m \sim -I_m$ 之间反复变化，则形成一个磁带回线。如果励磁电流正负反复变化时，其最大值不断衰减，则磁滞回线的面积逐渐缩小，如图 13-7 所示。当励磁电流最大值衰减到零，磁滞线的面积也缩小到零，剩余磁感应强度也减少到零，从而达到了消磁的目的。

（2）电磁吸盘充、退磁控制电路分析。如图 13-6 所示为晶闸管无触点自动充、退磁电路，主要由主电路、触发脉冲输出电路、控制电路、多谐振荡电路等部分组成。

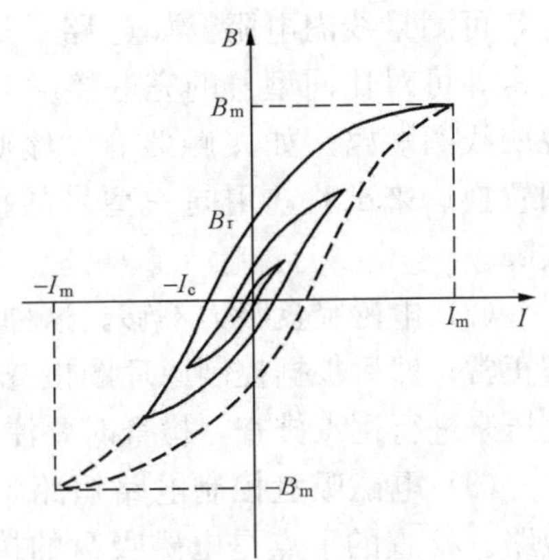

图 13-7 退磁过程中的磁化曲线

1）主电路。主电路由反并联晶闸管组成的两相零式整流电路。充电时，将 SA4 扳至“1”位置（SA4—1），可获得电磁吸盘充磁可调控制，这时接触器 KM12 线圈得电，KM12（110—110a）动合触点闭合，继电器 K1 得电吸合，中间继电器 K3 断开，晶闸管 V6 导通，可以通过调节电位器 RP3 改变给定电压，从而改变 V6 的导通角，使电磁吸盘获得 0～110V 连续可调的直流电压，从而电磁吸盘产生不同大小的吸力，吸住工件。将 SA4 扳至“2”位置（SA4—2），可获得电磁吸盘充磁不可调控制，这时接触器 KM12 失电断开，动断触点 KM12（1—1b）导通，中间继电器 K3 得电闭合，中间继电器 K1 失电断开，调节电位器被短路，使电磁吸盘获得 110V 的直流电压，从而电磁吸盘产生吸力，吸住工件。退磁时，晶闸管 V5、V6 交替导通，不断改变 V5、V6 的导通角，使电磁吸盘获得正负交替变换的衰减电流，从而达到自动消磁的目的。

2）触发脉冲输出电路。触发脉冲输出电路中晶体三极管 V1 及 V2 构成两个锯齿波发生器，作为 V5、V6 的触发电路。充电时 V1 的发射极开路，只有 V33 工作，使晶闸管 V5 导通，保证电磁吸盘获得稳定的直流电压。退磁时，V1 及 V2 在控制电路及多谐振荡器共同控制下交替工作，从而使 V5、V6 轮流导通。

3）控制电路。控制电路包括比较电路和给定电压电路。V30～V33 四个整流二极管将 70V 交流电压整流后，经 R24 及 C10 滤波，再由电位器 RP3 分压取出给定电压，叠加在 V1、V2 的基极，改变给定电压即可改变三极管由截止转为导通的时间，从而改变晶闸管的导通角。充磁时，调整电位器 RP3 即可改变给定电压，从而改变电磁吸盘上的直流电压。退磁时，接触器 KM12 断开，电容器 C10 通过电阻 R23 放电，由 RP3 取出的电压不断减少，使 V1、V2 的导通时间后移，V5、V6 的导通角逐渐减少，从而使激磁电流逐渐衰减到 0，达到自动消磁的目的。

4）多谐振荡器电路。多谐振荡器电路由晶体三极管 V3、V4 组成的多谐振荡器在退磁时开始工作，从两个三极管集电极引出的相位相反的方波，叠加在 V1 和 V2 的基极，使两个锯齿波发生器交替工作，从而控制两个晶闸管 V5 和 V6 轮流导通，这样电磁吸盘就得到交替变化且自动衰减的激磁电流，电流变化的频率与多谐振荡器的频率相等。

三、M7475 型立轴圆台平面磨床的故障与维修

M7475 型立轴圆台平面磨床电气控制线路与机械系统配合密切，其电气线路的正常工作往往与机械系统的正常工作是分不开的。正确判断是电气还是机械故障和熟悉机电部分配合情况，是迅速排除电气故障的关键。这就要求维修电工不仅要熟悉电气控制线路的工作原理，而且还要熟悉有关机械系统的工作原理及机床操作方法。下面通过几个实例来叙述 M7475 型立轴圆台平面磨床的常见故障及其排除方法。

(1) 砂轮只能下降不能上升。观察接触器 KM8 是否吸合，如电压正常且接触器无声音，可测量线圈电阻。如电路不通，可确定为断路。如有一定阻值又无法确定阻值是否正常，可对比同型号的完好接触器线圈，如电阻高很多，说明线圈断路；若电阻小很多，说明线圈短路。如接触器有“嗡嗡”声但不吸合，可能是机械部分的故障，这种故障可用置换法来试验，用同一型号的接触器重新换上，若故障消失，则判断为接触器本身的故障。

(2) 电磁吸盘吸力不够。这种故障可用对比法来检查，首先检查各操作控制器件是否工作正常；然后根据控制原理图检查整流电源部分各元器件是否正常工作；逐步测量各部分的电压来进行逐点排查，检查时要注意先用简单方法，后用复杂方法。

(3) 电磁吸盘控制电路短路。若 FU6 熔断后，更换新的熔体后继续熔断，可判断为短路。检查的重点是电磁吸盘的接触器口和电磁吸盘进线口，原因是电磁吸盘随机床工作台活动运动频繁，而且冷却液直接喷洒在上面，很容易造成短路。电磁工作台线圈损坏需重绕时，应持慎重态度，因拆卸很费力，线圈绕好后要用沥青灌注在台座内，故修理应一次成功。绕制线圈的匝数及导线规格应与原来的一致，若选的导线截面积偏小，则电阻大；若线圈通过的电流小，电磁工作台吸力比原来的减少，影响使用。修理完毕，应进行吸力实验，用电工纯铁或 10 号钢制成试块，跨放在两极之间，用弹簧在垂直方向测试，应达到 $70N/cm^2$。线圈对地绝缘应不小于 5MΩ。因为加工时经常用冷却液且工作台往复运动很频繁，应注意两出线端的密封和加牢，否则容易出现接地、短路和断路等故障。

四、M7475 型立轴圆台平面磨床的 PLC 控制

1. M7475 型立轴圆台平面磨床 PLC 控制系统的电气图纸设计

(1) M7475 型立轴圆台平面磨床的主电路图，如图 13-8 所示。

(2) M7475 型立轴圆台平面磨床 PLC 的输入/输出地址分配。由 M7475 型立轴圆台平面磨床的电气控制原理可知，该系统共有 22 点输入和 19 点输出，其输入地址分配表，如表 13-2 所示；输出地址分配表如表 13-3 所示。

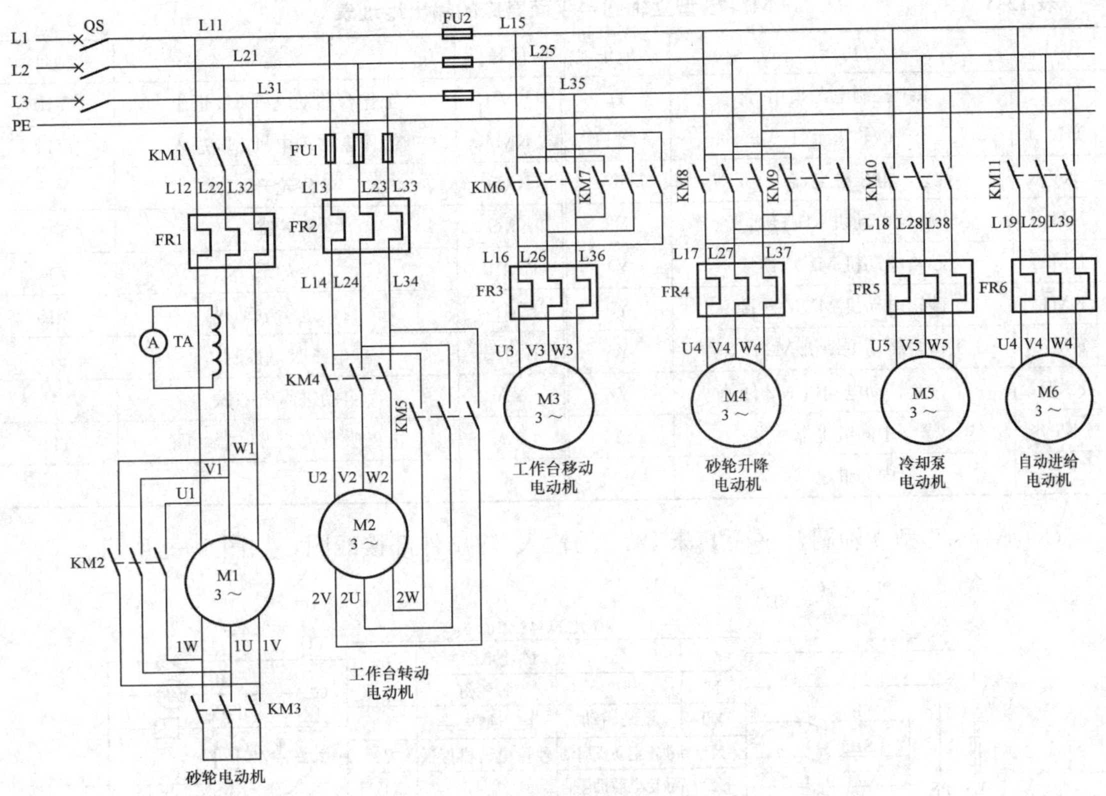

图 13-8　M7475 型立轴圆台平面磨床的主电路图

表 13-2　**M7475 型立轴圆台平面磨床的输入地址表**

代号	功能	地址	代号	功能	地址
SB1	系统启动按钮	X0	SA4-1	电磁吸盘充磁可调	X14
SB2	砂轮电动机 M1 启动按钮	X1	SA4-2	电磁吸盘充磁不可调	—
SB3	砂轮电动机 M1 停止按钮	X2	SB10	自动进给启动按钮	X15
SB4	工作台移动电动机 M3 退出	X3	SA3	冷却泵控制	X16
SB5	工作台移动电动机 M3 进入	X4	SA2-1	砂轮升降电动机手动开关	X17
SB6	砂轮升降电动机 M4 上升	X5	SA2-2	砂轮升降电动机自动开关	X20
SB7	砂轮升降电动机 M4 下降	X6	KV	系统启动电压继电器触点	X21
SB8	自动进给停止按钮	X10	ST1	工作台退出限位	X22
SB9	系统停止按钮	X11	ST2	工作台进入限位	X23
SA1-1	转动电机 M2 高速	X12	ST3	砂轮升限位	X24
SA1-2	转动电机 M2 低速	X13	ST4	自动进给限位	X25

表 13-3 **M7475型立轴圆台平面磨床的输出地址表**

代号	功能	地址	代号	功能	地址
HL1	系统控制电源指示灯	Y0	KM6	工作台移动电机 M3 退出	Y10
HL2	砂轮指示灯	Y1	KM7	工作台移动电机 M3 进入	Y11
KV	电压继电器	Y2	KM8	砂轮升	Y12
KM1	砂轮电动机 M1 接通	Y3	KM9	砂轮降	Y13
KM2	砂轮电动机 M1 △连接	Y4	KM10	冷却泵	Y14
KM3	砂轮电动机 M1 Y 连接	Y5	KM11	自动进给电动机	Y15
KM4	工作台转动电动机 M2 高速	Y6	KM12	电磁吸盘控制	Y16
KM5	工作台转动电动机 M2 低速	Y7	YA	自动进给电磁铁	Y17
K1	中间继电器	Y21	KA	电磁吸盘欠流继电器线圈	Y20
K3	中间继电器	Y22			

(3) M7475型立轴圆台平面磨床PLC的输入/输出外部接线图，如图13-9所示。

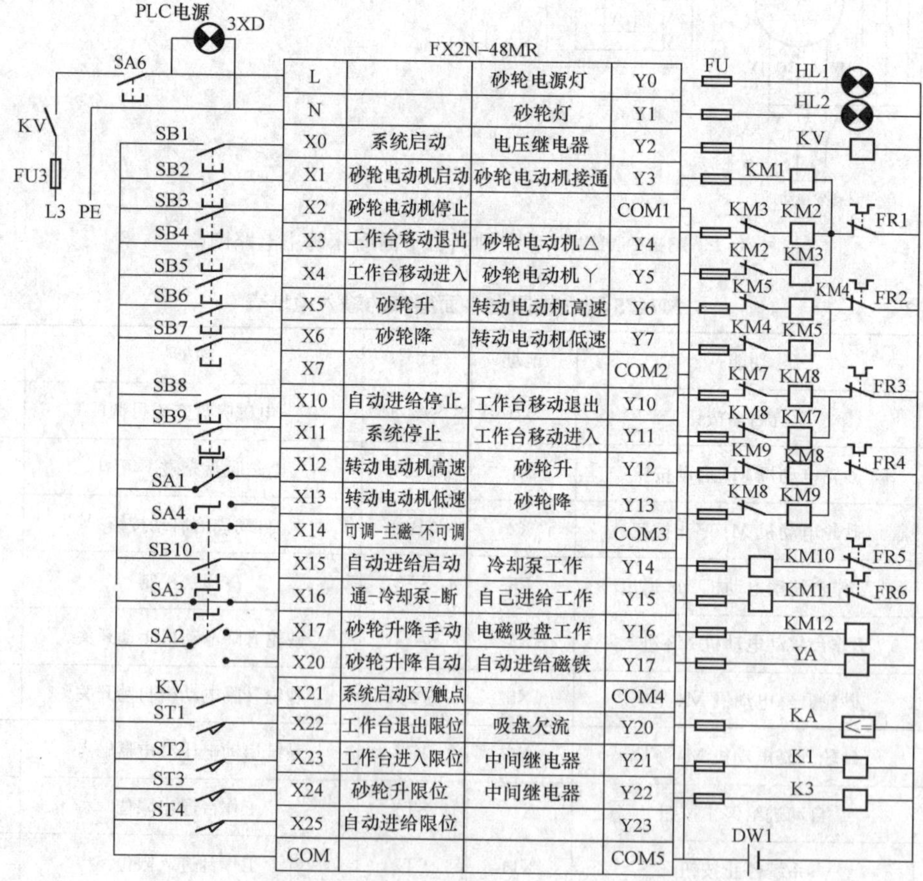

图13-9 M7475型立轴圆台平面磨床PLC的输入/输出外部接线图

2. M7474型立轴圆台平面磨床基本部分的PLC控制程序

(1) 砂轮电动机M1的Y—△程序，如图13-10所示。

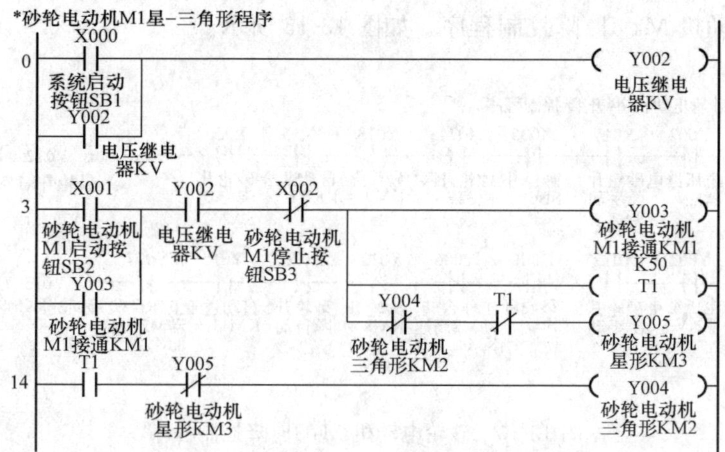

图 13-10　砂轮电动机 M1 的 Y—△梯形图

（2）工作台转动电动机 M2 高/低速控制程序，如图 13-11 所示。

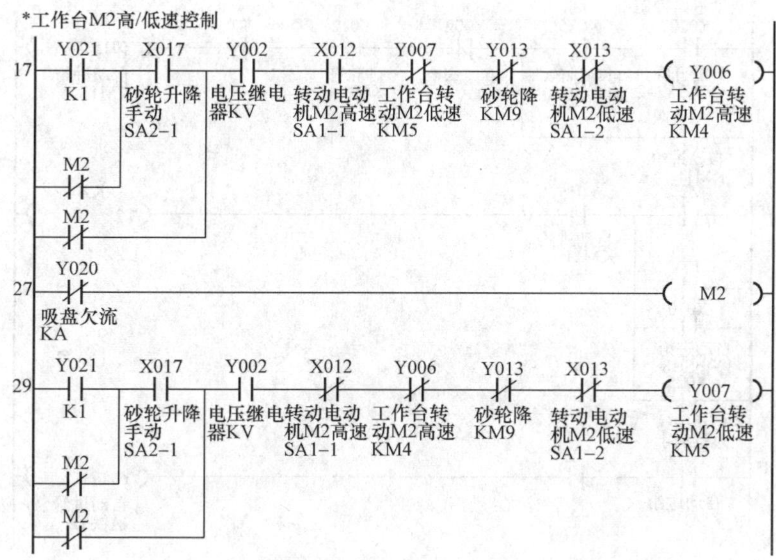

图 13-11　工作台转动电动机 M2 高低/速控制梯形图

（3）工作台移动电动机 M3 控制程序，如图 13-12 所示。

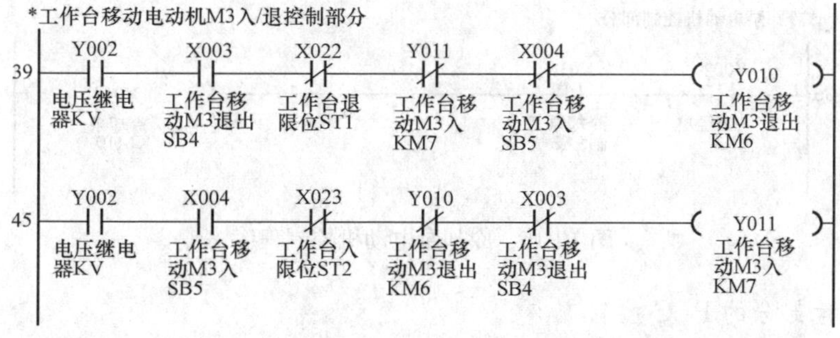

图 13-12　工作台移动电动机 M3 进入/退出控制程序

（4）砂轮电动机M4升/降控制程序，如图13-13所示。

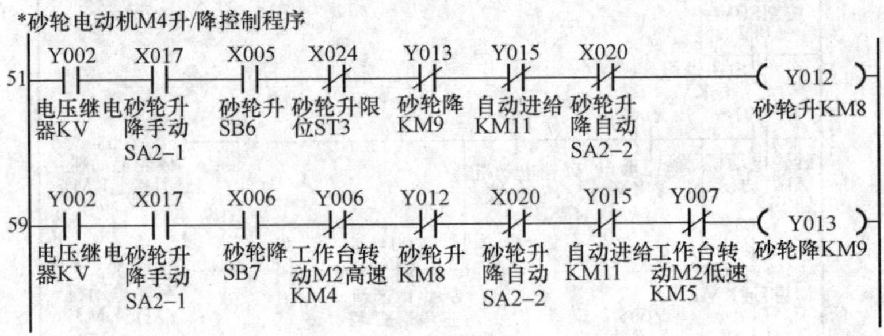

图13-13　砂轮电动机M4升/降控制程序

（5）自动进给控制程序，如图13-14所示。

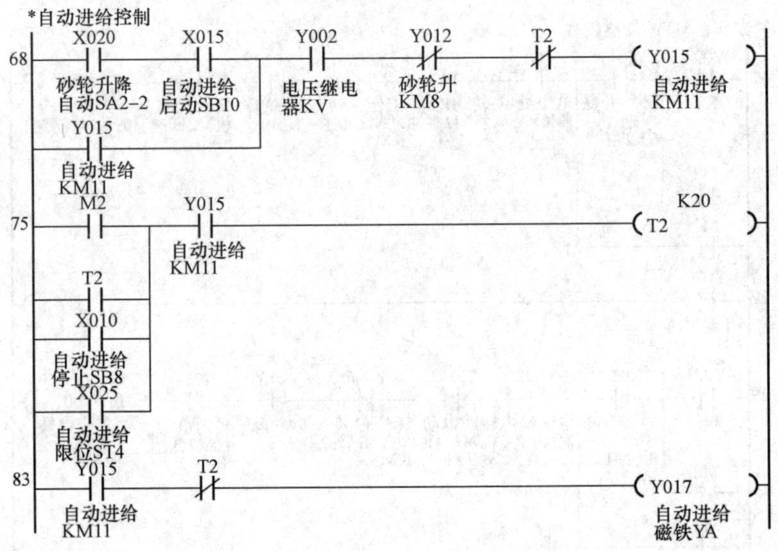

图13-14　自动进给控制程序

（6）冷却泵控制程序，如图13-15所示。

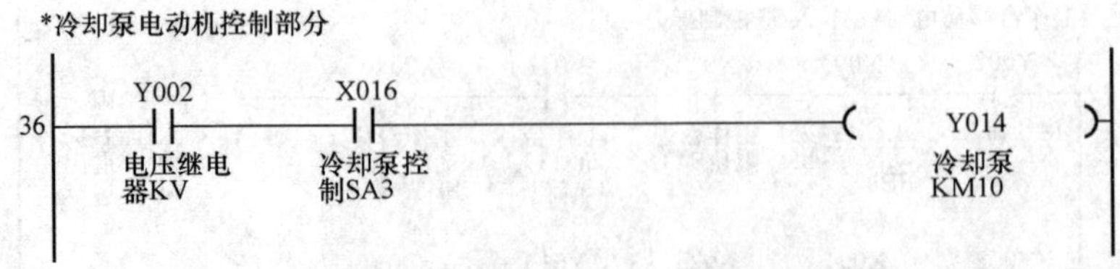

图13-15　冷却泵电动机控制程序

3. 电磁吸盘部分的PLC控制

（1）M7475型立轴圆台平面磨床的电磁吸盘电路图，如图13-16所示。

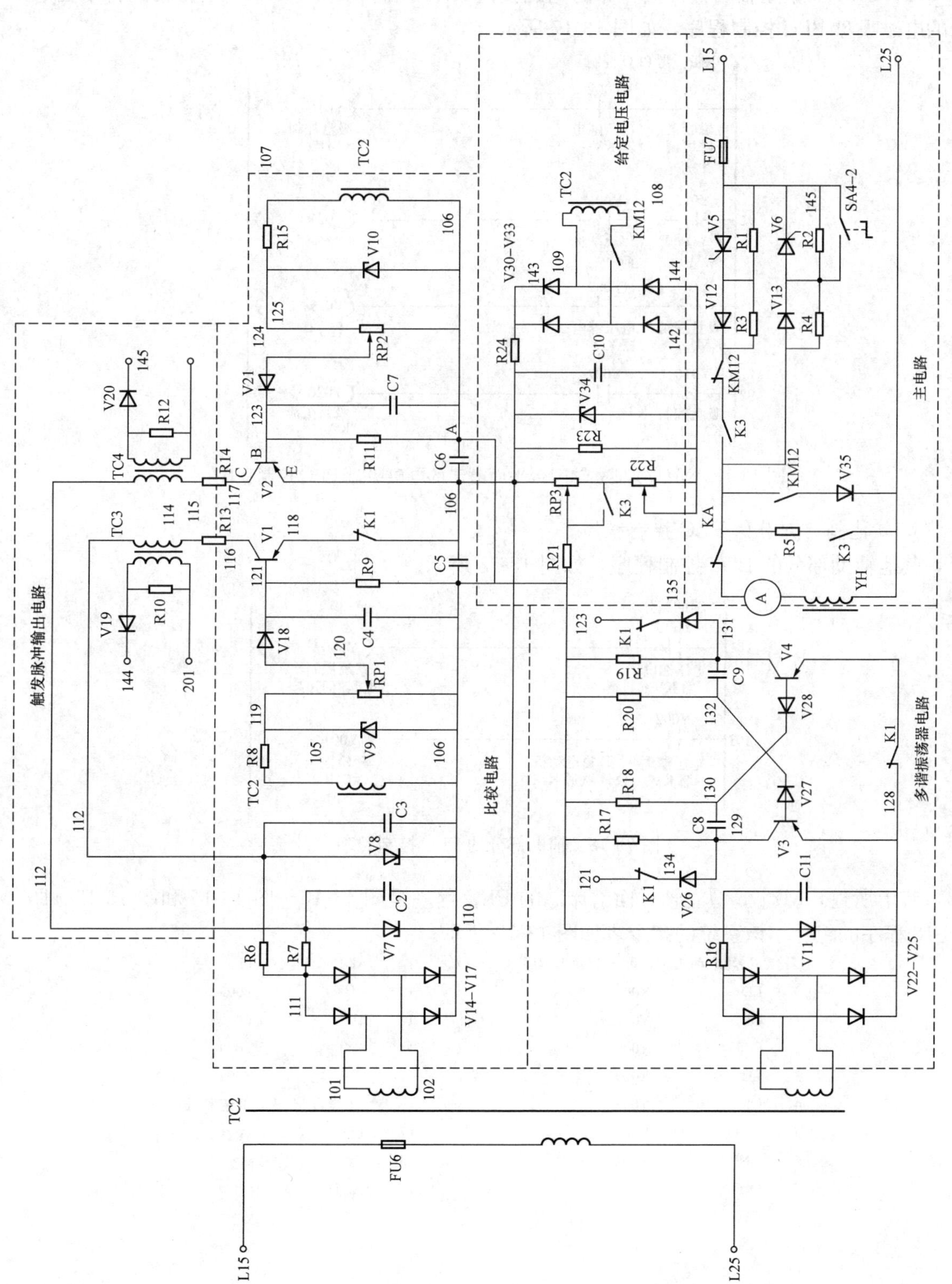

图 13-16　M7475 型立轴圆台平面磨床的电磁吸盘电路图

（2）M7475型立轴圆台平面磨床的电磁吸盘PLC控制程序。M7475型立轴圆台平面磨床的电磁吸盘PLC控制程序，如图13-17所示。

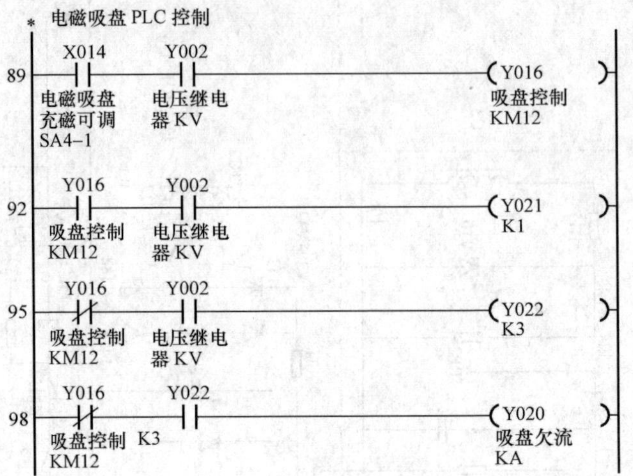

图13-17　M7475型立轴圆台平面磨床的电磁吸盘PLC控制程序

4．其他辅助部分的PLC控制程序

其他辅助部分的PLC控制程序，如图13-18所示。

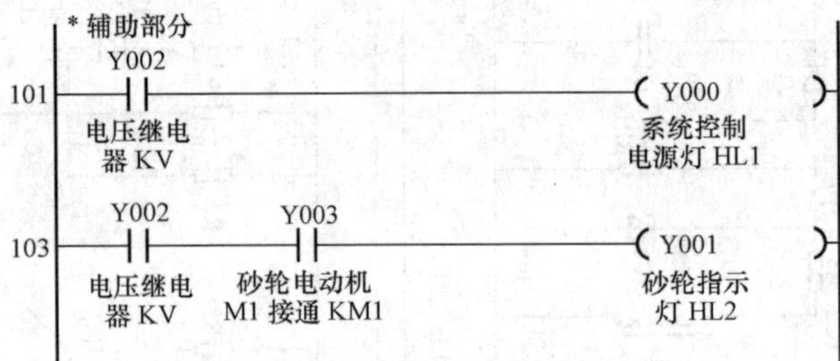

图13-18　辅助部分的PLC控制程序

综上所述，M7475型立轴平面磨床总的PLC程序是图13-10～图13-15和图13-17、图13-18程序的组合，该系统的指令表如图13-19所示。

;* 砂轮电动机M1星—三角形程序				12	ANI	T1
0	LD	X000		13	OUT	Y005
1	OR	Y0002		14	LD	T1
2	OUT	Y0002		15	ANI	Y005
3	LD	X0001		16	OUT	Y004
4	OR	Y003		;* 工作台M2高/低速控制		
5	AND	Y002		17	LD	Y021
6	ANI	X002		18	ORI	M2
7	OUT	Y003		19	AND	X017
8	OUT	T1	K50	20	ORI	M2
11	ANI	Y004		21	AND	Y002

(a)

图13-19　M7475型平面磨床指令表（一）

（a）指令表（一）

```
22	AND	X012
23	ANI	Y007
24	ANI	Y013
25	ANI	X013
26	OUT	Y006
27	LDI	Y020
28	OUT	M2
29	LD	Y021
30	ORI	M2
31	AND	X017
32	ORI	M2
33	AND	Y002
34	ANI	X012
35	ANI	Y006
36	ANI	Y013
37	AND	X013
38	OUT	Y007
;*  工作台移动电动机 M3 入 / 退控制部分
39	LD	Y002
40	AND	X003
41	ANI	X022
42	ANI	Y011
43	ANI	X004
44	OUT	Y010
45	LD	Y002
46	AND	X004
47	ANI	X023
48	ANI	Y010
49	ANI	X003
50	OUT	Y011
;*  砂轮电动机 M4 升 / 降控制程序
51	LD	Y002
52	AND	X017
53	AND	X005
54	ANI	X024
55	ANI	Y013
56	ANI	Y015
57	ANI	X020
58	OUT	Y012
59	LD	Y002
60	AND	X017
61	AND	X006
62	ANI	Y006
63	ANI	Y012
64	ANI	X020
65	ANI	Y015
66	ANI	Y007
67	OUT	Y013
;*  自动进给控制
68	LD	X020
69	AND	X015
70	OR	Y015
71	AND	Y002
72	ANI	Y012
73	ANI	T2
74	OUT	Y015
75	LD	M2
76	OR	T2
77	OR	X010
78	OR	X025
79	AND	Y015
80	OUT	T2	K20
83	LD	T015
84	ANI	T2
85	OUT	Y017
;*  冷却泵电动机控制部分
86	LD	Y002
87	AND	X016
88	OUT	Y014
;*  电磁吸盘 PLC 控制
89	LD	X014
90	AND	Y002
91	OUT	Y016
92	LD	Y016
93	AND	Y002
94	OUT	Y021
95	LDI	Y016
96	AND	Y002
97	OUT	Y022
98	LDI	Y016
99	AND	Y022
100	OUT	Y020
;*  辅助部分
101	LD	Y002
102	OUT	Y000
103	LD	Y002
104	AND	Y003
105	OUT	Y001
106	END
107
```

(b)

图 13-19　M7475 型平面磨床指令表（二）

（b）指令表（二）

习　　题

13-1　M7475 型立轴平面磨床采用电磁吸盘夹持工件有何特点？为什么电磁吸盘要用直流电而不用交流电？

13-2　M7475 型立轴平面磨床继电器控制中采用了哪些控制电路环节和保护环节？

13-3　简述平面磨床的类型及各类型磨床的加工特点。

13-4　简述外圆磨床有哪几种磨削方法，以及各磨削方法的特点。

第十四章

组合机床的电气与PLC控制

本章主要内容 了解组合机床的结构和基本运动形式；
掌握组合机床的电气和PLC控制电路；
掌握组合机床控制电路中常用的基本控制环节原理。

前面主要介绍了通用机床的控制，在通用机床加工过程中工序只能一道一道地进行，不能实现多道、多面同时加工。其生产效率低，加工质量不稳定，操作频繁。为了改善生产条件，满足生产发展的专业化、自动化的要求，人们经过长期生产实践的不断探索、不断改进、不断创造，逐步形成了各类专用机床，专用机床是为完成工件某一道工序的加工而设计制造的，可采用多刀加工，具有自动化程度高、生产效率高、加工精度稳定、机床结构简单、操作方便等优点。但当零件结构与尺寸改变时，须重新调整机床或重新设计、制造，因而专用机床又不利于产品的更新换代。

为了克服专用机床的不足，在生产中又发展了一种新型的加工机床。它以通用部件为基础，配合少量的专用部件组合而成，具有结构简单、生产效率和自动化程度高等特点。一旦被加工零件的结构与尺寸改变时，能较快地进行重新调整，组合成新的机床。这一特点有利于产品的不断更新换代，目前在许多行业得到广泛的应用。这就是本章要介绍的组合机床。

第一节 组合机床的概述

组合机床是以系列化和标准化的通用部件为基础，配以少量专用部件对一种或多种工件按预先确定的工序进行切削加工的机床，同时它还兼有万能机床和专用机床的优点。可以完成钻孔、扩孔、锪孔、铰孔、镗孔、铣削平面、切削内外螺纹以及加工外圆和端面等多道加工工序，一般采用多轴、多刀、多工序、多面或多工位同时加工的方式，生产效率比通用机床高几倍至几十倍。

一、组合机床的主要结构

图14-1为双面钻孔组合机床结构示意图。它主要由底座、动力头、液压动力滑台、液压站、工作台、夹具及工件松紧油缸等部件组成。

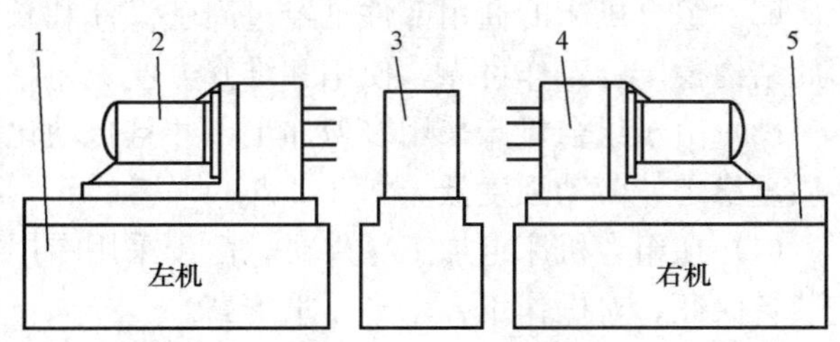

图14-1 双面钻孔组合机床结构示意图
1—侧底座；2—刀具电动机；3—工件及定位夹紧装置；4—主轴箱及钻头；5—动力滑台

由于通用部件已经标准化和系列化，可根据需要灵活配置，能缩短设计和制造周期。因此，组合机床兼有低成本和高效率的优点，在大批、大量生产中得到广泛应用，并可用以组成自动生产线。

在组合机床中，通用零部件通常占整个机床零部件的70%～80%，只需要根据被加工零件的形状及工艺改变极少量的专用部件就可以部分或全部进行改装，从而组成适应新的加工要求的设备。

组合机床的通用部件按功能可分为以下几种：

（1）动力部件。动力部件是组合机床用来实现主运动和进给运动的部件，有动力箱、切削头和动力滑台。

（2）支承部件。支承部件主要为各种底座，用来支承、安装组合机床的其他零部件，它是组合机床的机床部件。

（3）输送部件。输送部件用于多工位组合机床，用来完成工件的工位转换，有回转工作台、回转鼓轮工作台、直线移动工作台等。

（4）控制部件。控制部件用于组合机床完成预定的工作循环程序。它包括液压站、电气柜、按钮盒及电气控制部分等。

（5）辅助部件。辅助部件包括润滑、冷却和排屑等装置以及机械手、定位、夹紧、导向等部件。

二、组合机床的运动形式

机床由动力滑台提供进给运动，电动机拖动主轴箱的刀具，由主轴提供切削主运动。两液压动力滑台对面布置，安装在标准侧底座上，刀具电动机固定在滑台上，中间底座上装有工件定位夹紧装置。机床工作时，工件装入夹具（定位夹位夹紧装置），按下启动按钮，开始工件的定位和夹紧，然后两面的动力滑台同时进行快速进给，工作进给和快速退回的加工循环，同时刀具电动机也起动工作，冷却泵在工进过程中提供切削液，加工循环结束后，动力滑台退回到原位，夹具松开并拔出定位销，一次加工的工作循环结束。

三、组合机床的工作特点

组合机床主要由通用部件装配组成。各种通用部件的结构虽有差异，但它们在组合机床中的工作却是协调的，能发挥较好的效果。

组合机床是由万能机床和专用机床发展而来，它除了具有专用机床结构简单和能根据新工件加工要求重新调整等特点外，还具有以下特点：

（1）组合机床上的通用部件和标准零件约占全部机床零部件总量的70%～80%，因此设计和制造的周期短，投资少，经济效果好。

（2）组合机床的通用部件是经过周密设计和长期生产实践考验的，又由厂成批制造的，因此结构稳定、工作可靠，使用和维修方便。

（3）由于组合机床采用多刀加工，并且自动化程度高，因此比通用机床生产效率高，产品质量稳定，劳动强度低。

（4）在组合机床上加工零件时，由于采用专用夹具、刀具和导向装置等，加工质量靠工艺装备保证，对操作工人水平要求不高。

（5）当被加工产品更新时，采用其他类型的专用机床时，大部分工件报废。而用组合机床时，其通用部件和标准零件可重复利用，不必另行设计和制造。

（6）组合机床易于联成组合机床自动线，以适应大规模的生产需要。

四、组合机床的拖动特点及控制要求

（1）机床的动力滑台和工件的定位夹紧装置均由液压系统驱动，定位夹紧装置的动作由定位销液压缸和夹紧液压缸完成，三位四通电磁换向阀控制液压缸活塞运动方向的切换。

（2）M1 为液压泵的驱动电动机，液压泵电动机 M1 首先直接起动，使系统正常供油后，其他电动机的控制电路以及液压系统的控制电路方可通电工作。

（3）M2 为左动力头的刀具电动机，M3 为右动力头的刀具电动机，刀具电动机中滑台进给循环开始时就起动，滑台退回原位后停机。

（4）M4 为冷却泵电动机，冷却泵电动机可手动控制起停，也可机动控制在滑台工作进给时，自动起动供液和工作进给结束时停止供液。

第二节　组合机床控制电路的基本控制环节

一、多台电动机同时起动的控制电路

图 14-2 为三台电动机 M1、M2 和 M3 同时起动的控制电路。其中 KM1、KM2、KM3 分别为电动机 M1、M2 和 M3 的控制接触器，SA1、SA2、SA3 分别为电动机 M1、M2 和 M3 单独工作的调整开关；FR1、FR2、FR3 分别为电动机 M1、M2 和 M3 的热继电器。

图 14-2 中，系统起动时，SA1～SA3 处于动合触点断开、动断触点闭合的状态。按下 SB2 时，KM1、KM2 和 KM3 线圈同时通电并自锁，三台电机同时起动。当需要单独调整组合机床的某一运动部件，即只要求某一台电机单独工作时，只需操作相应的调整开关即可实现。如需 M3 电动机单独工作，只要扳动 SA1 和 SA2，使其动断触点断开，动合触点闭合，这时按下 SB2，则只有 KM3 线圈通电自锁，使 M3 起动运行，达到单独调整的目的。

电路中 KM1～KM3 动合辅助触点串联后形成自锁电路，当任一台电动机过载、热继电器动作时，使得其余两台电动机也不能工作，达到同时起动、同时保护的目的。在单机调整时，则由相应的调整开关与自锁触点并联、实现回路的导通，从而达到单机调整的目的。

二、两台动力头同时起动、同时或分别停机的控制电路

图 14-3 为两台动力头同时起动与停机的控制电路。其中 SQ1、SQ3 为甲动力头在原位压动的行程开关；SQ2、SQ4 为乙动力头在原位压动的行程开关；KA 为中间继电器；SA1、SA2 为单独调整开关。

起动时，按下 SB2，KM1 和 KM2 通电并自锁，电动机起动运转，甲乙两动力头同时起动，当动力头离开原位后，SQ1～SQ4 全部复位，KA 通电并自锁，其动断触点断开，KM1 和 KM2 依靠 SQ1 和 SQ2 动断触点保持通电，动力头电动机继续工作。当动力头加工结束，退至原位时，分别压下 SQ1～SQ4，使 KM1 和 KM2 线圈断电，达到同时停机的目的。同时 KA 也断电，其动断触点复原，为再次起动作准备。操作 SA1 或 SA2 可实现单台动力头调整工作。

图 14-4 为两台动力头同时起动与分别停机的控制电路。图中 SQ1 和 SQ3 为甲动力头在原位压动的行程开关，SQ2 和 SQ4 为乙动力头在原位压动的行程开关，KA 为中间继电器，利用其两对触点实现分别停机控制。SB2 为复合开关，来实现两台电动机的同时起动，SA1 和 SA2 为单独调整开关。

三、主轴不转时引入和退出的控制电路

组合机床在加工中有时要求进给电动机拖动的动力部件，在主轴不转的状态下向前运动，当运动到接近工件加工部件时，主轴才开始运转。加工结束，动力头退离工件时，主轴即停止，而进给电机当动力部件退回到原位后才停止。并要求在加工过程中，主轴电动机与进给电机两者之间要联锁，以达到保护刀具、工件和设备安全的目的。

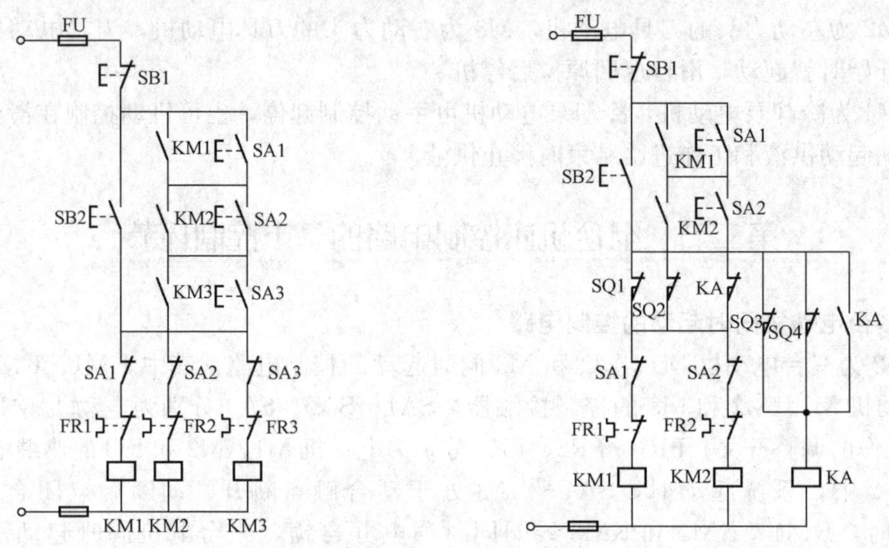

图 14-2　多台电动机同时起动的控制电路　　图 14-3　两台动力头同时起动与停机的控制电路

图 14-5 为主轴不转时引入和退出的控制电路。其中 KM1 和 KM2 分别为主轴电动机和进给电动机接触器。SQ1 和 SQ2 为实现加工时进给运动和主轴旋转联锁的行程开关，加工过程中一直由长挡铁压着。

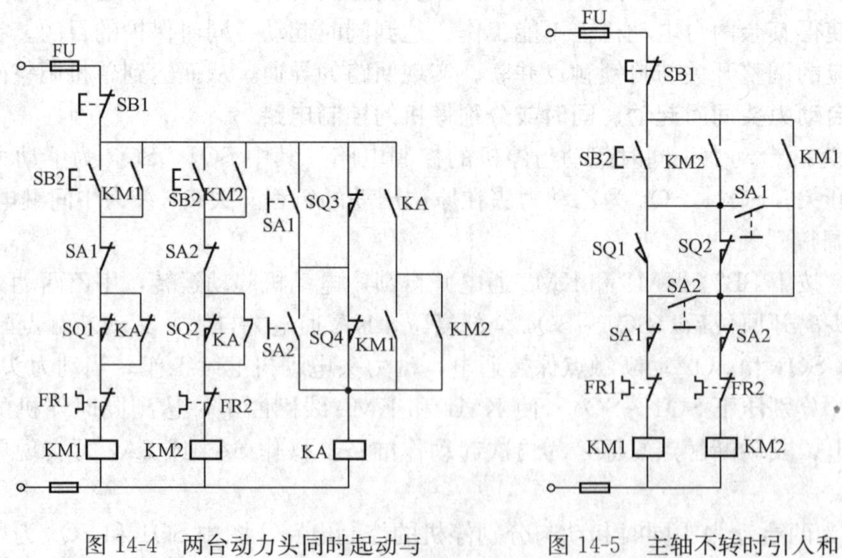

图 14-4　两台动力头同时起动与分别停机的控制电路　　图 14-5　主轴不转时引入和退出的控制电路

起动时，按下起动按钮 SB2，KM2 线圈经 SQ2 动断触点通电并自锁，进给电动机起

动，拖动运动部件开始进给，当进给到主轴接近工件的加工部件时，挡铁 A 压下 SQ1，KM1 线圈得电，主轴电动机起动旋转，开始加工。此时 KM1 和 KM2 辅助触点同时为 KM1 和 KM2 线圈提供供电回路。当运动部件继续前进很小距离后，挡铁压下 SQ2，动断触点断开，使 KM1 和 KM2 线圈通过对方已闭合的动合辅助触点继续通电，构成互锁电路。加工结束，动力头退回，主轴退到挡铁释放 SQ2 时，KM2 线圈由 KM1 和 KM2 动合辅助触点并联供电，动力头继续后退。当挡铁 A 释放 SQ1 时，KM1 线圈断电，主轴电动机停转，但 KM2 仍自锁，进给系统继续退回，实现了主轴不转时的退出。直到动力头退回原位，按下 SB1，进给电机停转，加工过程结束。

通过操作调整开关 SA1 和 SA2，可实现进给电动机和主轴电动机单独工作。

四、危险区自动切断电机的控制电路

组合机床加工工件时，往往从几个加工面用多把刀具同时进行，此时就有可能出现刀具在工件内部发生相碰撞的危险，这个区域称为“危险区”。图 14-6 为加工交叉孔零件，用两把钻头从工件相互垂直的两表面同时进行钻削加工，当钻头加工至两孔相连接的位置时，可能出现两钻头相撞事故。因此，通常在加工过程中，在两钻头进入危险区之前，其中一台动力头暂停进给，另一台动力头则继续加工，直到加工结束退离危险区，再起动暂停进给的那一台动力头继续加工，直至全部加工完成。

图 14-7 为危险区自动切断电机的控制电路。图中 KM1 和 KM2 为甲乙两动力头接触器，KA1 和 KA2 为中间继电器，SQ1 和 SQ3 为甲动力头在原位压动的行程开关，SQ2 和 SQ4 为乙动力头在原位压动的行程开关，SQ5 为危险区开关。按下 SB2，KM1 和 KM2 同时得电，并由 KA1 自锁，甲乙两动力头同时起动运行，当动力头离开原位后，SQ1～SQ4 全部复位，KA2 得电并自锁，其动断触点断开，为加工结束停机作准备。此时 KA1，KM2 分别经由 SQ1 和 SQ2 动断触点继续通电。当动力头加工进入危险区时，甲动力头压下行程开关 SQ5，使 KM1 线圈断电，甲动力头停止进给。乙动力头仍继续进给加工，直到加工结束，退回原位并压下 SQ2 和 SQ4，接触器 KM2 才断电，乙动力头停止在原位。此时 KM1 线圈又再次通电，甲动力头重新起动继续进给，直到加工结束、退回原位并压下 SQ1 和 SQ3，此时 KA1 和 KA2 和 KM1 相继断电，整个加工循环结束。

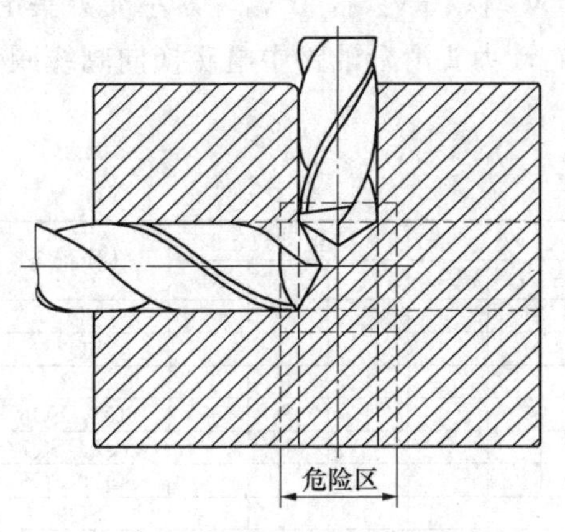

图 14-6　危险区加工示意图

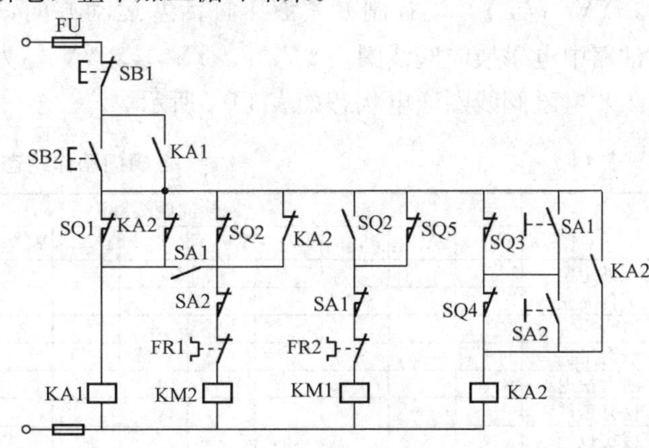

图 14-7　危险区自动切断电动机的控制电路

单独调整动力头时，可分别操作 SA1 和 SA2 开关。若需甲动力头单独工作，则可操作开关 SA2，使其动断触点断开，使 KM2 无法得电，乙动力头不工作，SQ2 和 SQ4 始终被压下，SA2 动合触点闭合，将 SQ4 短接，为 KA2 提供供电电路。此时按下 SB2，KA1 通电并自锁，同时 KM1 通电，甲动力头进给，离开原位后，SQ1 和 SQ3 开关复位，KA2 通电并自锁。KA1 通过 SQ1 动断触点继续保持通电，当进给到危险区，压下行程开关 SQ5，但由于 SQ2 始终受压，KM1 经 SQ2 触点继续通电，直到加工结束，退到原位压下 SQ1 和 SQ3，使 KA1，KA2 和 KM1 相继断电，甲动力头单独工作结束。

若需乙动力头单独工作，则可操作开关 SA1，使其动断触点断开，使 KM1 无法通电，甲动力头不工作，SQ1 和 SQ3 始终被压下，SA1 动合触点闭合，将 SQ3 短接，为 KA2 提供供电电路。此时，按下 SB2，KA1 通电并自锁，同时 KM2 线圈通电，乙动力头进给。当它离开原位后，SQ2 和 SQ4 复位，KA2 通电并自锁，KA1 和 KM2 经 SQ2 触点继续通电，直到加工结束，退到原位，压下 SQ2 和 SQ4，使 KA1，KA2 和 KM2 相继断电，乙动力头单独工作结束。

第三节　双面钻孔组合机床的电气控制与 PLC 控制

一、双面钻孔组合机床的电气控制

图 14-8 为双面钻孔组合机床的电路图，其主电路共有四台电动机，电动机 M1～M4 分别由接触器 KM1～KM4 控制其定子绕组的通电或断电。各电动机只有在液压泵电动机 M1 正常启动时运转，动力头液压系统只有在液压泵工作后才能启动。动力头电动机 M2、M3 应在动力头进给循环开始时启动运转，动力头退回原位后停止运转。冷却液电动机 M4 可在动力头工进时自动启动，工进结束后自动停止，也可手动控制其启动和停止。控制电路有交流电路部分和直流电路部分，交流部分用于对电动机进行控制，直流部分用于对液压系统的控制。左右动力头的工作循环图如图 14-9 所示。

1. 双面钻孔组合机床的控制过程分析

（1）各电磁阀的动作状态。电磁阀线圈 YV_{5-1} 与 YV_{5-2} 控制定位销液压缸活塞运动方向，YV_{1-1} 与 YV_{1-2} 控制夹紧液压缸活塞运动方向，YV_{2-1}、YV_{2-2}，YV_{4-1} 为左动力头滑台油路中电磁换向阀线圈，YV_{3-1}、YV_{3-2}，YV_{4-2} 为右动力头滑台油路中电磁换向阀线圈，各工步电磁阀线圈通电状态如表 14-1 所示。

表 14-1　各阀门动作状态

	电磁换向阀线圈										电动机			转换指令
	YV_{1-1}	YV_{1-2}	YV_{2-1}	YV_{2-2}	YV_{4-1}	YV_{3-1}	YV_{3-2}	YV_{4-2}	YV_{5-1}	YV_{5-2}	M_2	M_3	M_4	
工件定位									+					SB6
工件夹紧	+													SQ2
滑台快进	(+)		+		+	+		+			+	+		KP
滑台工进	(+)		+			+					+	+	+	SQ3，SQ6
滑台快退	(+)			+			+				+	+		SQ4，SQ7
松开工件		+												SQ5，SQ8
拔定位销										+				SQ9
停　止														SQ1
备　注	夹紧		左动力头滑台			右动力头滑台			定位		刀具电动机		冷却	

注　（　）为保持得电，“+”为得电；空格为失电。

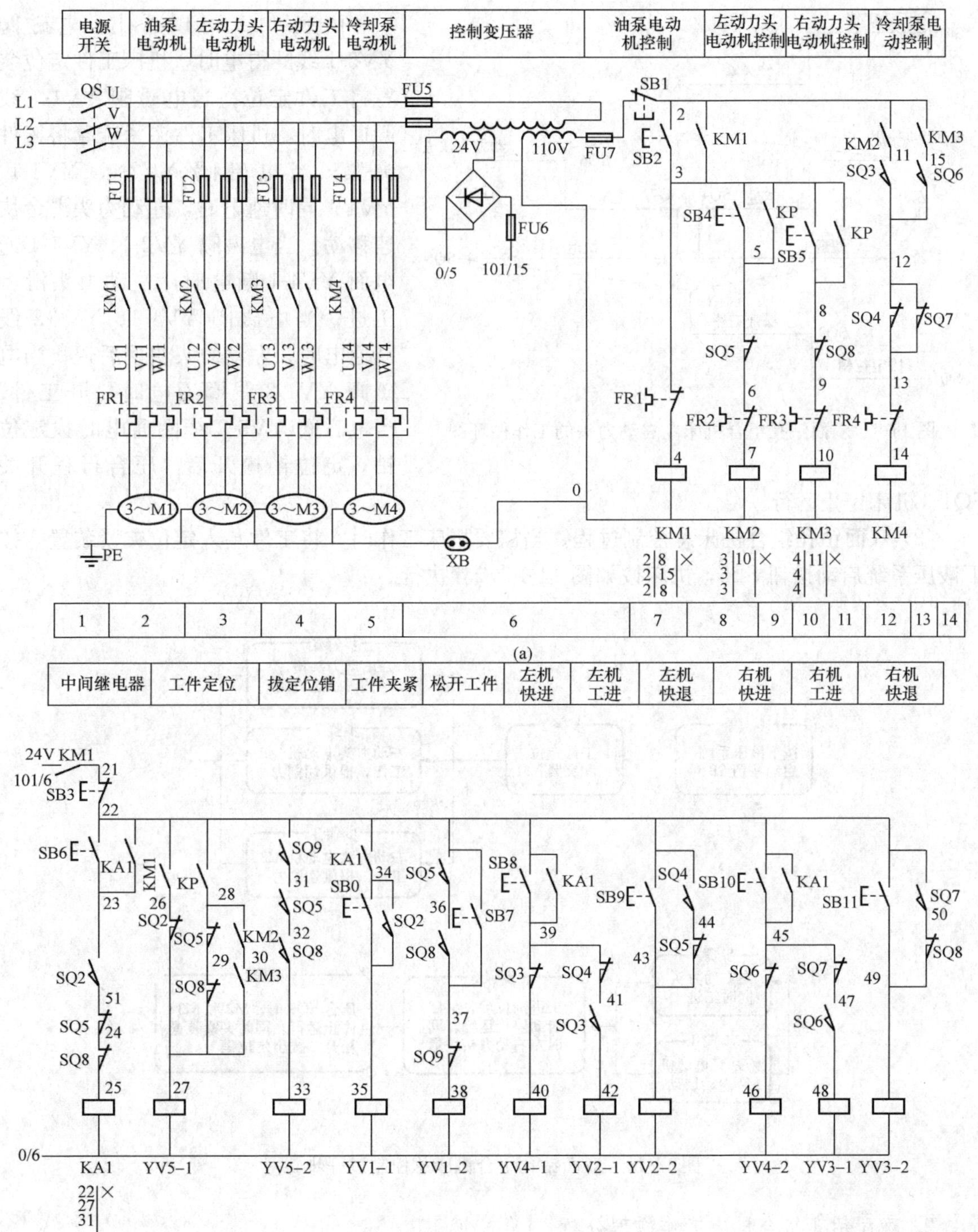

图 14-8　双面钻孔组合机床电路图

（a）主电路图（b）控制电路图

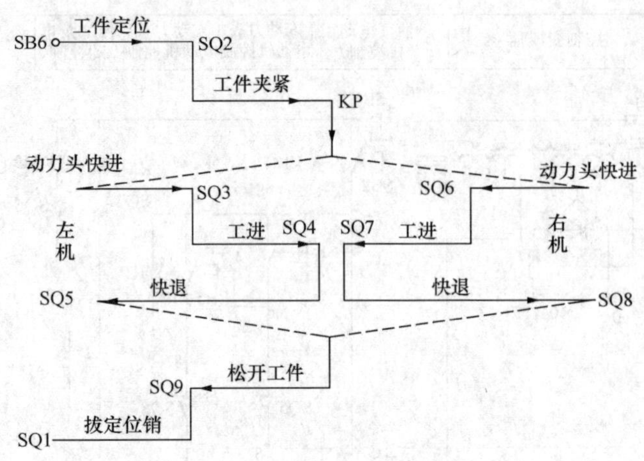

图 14-9　双面钻孔组合机床左右动力头的工作循环图

由表 14-1 可以看出，电磁阀 YV5-1 线圈得电时，机床工件定位装置将工件定位；当电磁阀 YV1-1 线圈通电时，机床工件夹紧装置将工件夹紧；当电磁阀 YV2-1、YV1-1、YV4-1 同时通电时，左动力头滑台快速移动；当电磁阀 YV2-1、YV1-1 通电而 YV4-1 断电时，左动力头滑台工进；当电磁阀 YV1-1、YV2-2 线圈通电时，左动力头快速后退；当电磁阀 YV1-2 线圈通电时松开工件；当电磁阀 YV5-2 线圈通电时拔定位销；定位销松开后，压合行程开关 SQ1，机床停止运行。

(2) 双面钻孔组合机床总控制过程。当需要机床工作时，将工件装入定位夹紧装置，按下液压系统启动按钮 SB6，机床按如图 14-10 步骤执行。

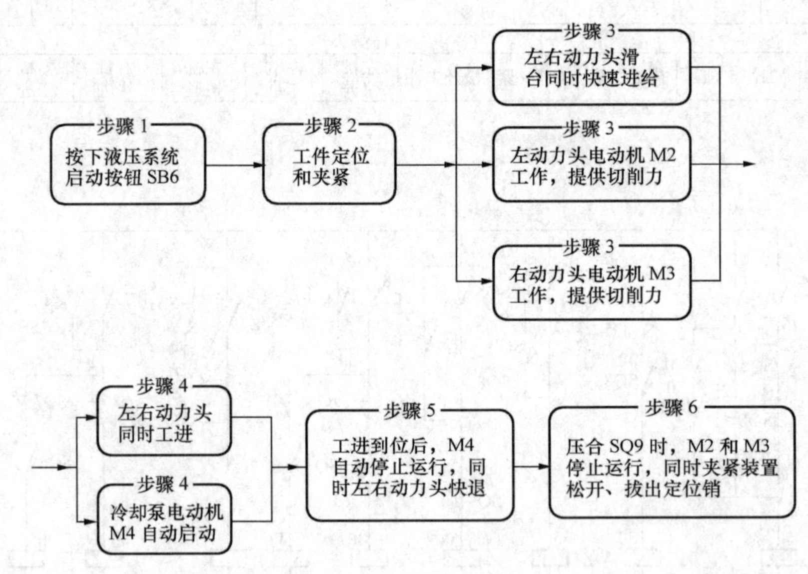

图 14-10　双面钻孔组合机床总控制过程步骤

2. 双面钻孔组合机床工作原理分析

双面钻孔组合机床工作原理如图 14-11 所示。

二、双面钻孔组合机床的 PLC 控制

1. 双面钻孔组合机床输入输出点的分配

双面钻孔组合机床 PLC 输入输出点的分配，如表 14-2 所示。

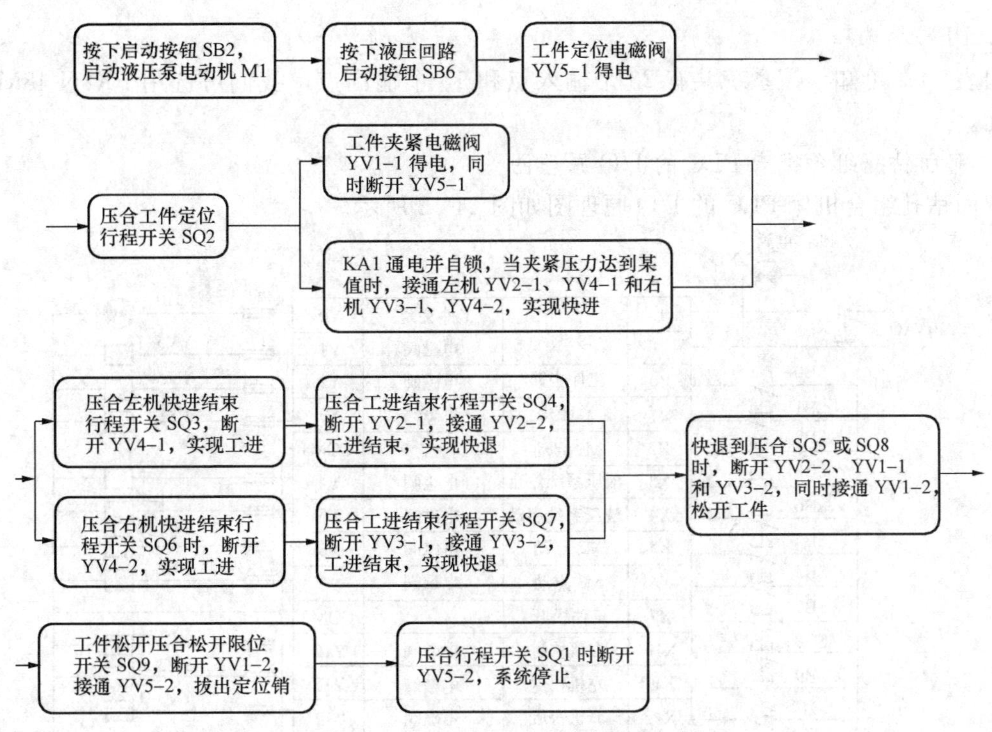
按下启动按钮 SB2，启动液压泵电动机 M1
按下液压回路启动按钮 SB6
工件定位电磁阀 YV5-1 得电
压合工件定位行程开关 SQ2
工件夹紧电磁阀 YV1-1 得电，同时断开 YV5-1
KA1 通电并自锁，当夹紧压力达到某值时，接通左机 YV2-1、YV4-1 和右机 YV3-1、YV4-2，实现快进
压合左机快进结束行程开关 SQ3，断开 YV4-1，实现工进
压合工进结束行程开关 SQ4，断开 YV2-1，接通 YV2-2，工进结束，实现快退
压合右机快进结束行程开关 SQ6 时，断开 YV4-2，实现工进
压合工进结束行程开关 SQ7，断开 YV3-1，接通 YV3-2，工进结束，实现快退
快退到压合 SQ5 或 SQ8 时，断开 YV2-2、YV1-1 和 YV3-2，同时接通 YV1-2，松开工件
工件松开压合松开限位开关 SQ9，断开 YV1-2，接通 YV5-2，拔出定位销
压合行程开关 SQ1 时断开 YV5-2，系统停止

图 14-11 双面钻孔组合机床工作原理图

表 14-2　　双面钻孔组合机床 PLC 输入数分配表

输入部分			输出部分		
名　称	代号	输入地址	名称	代号	输出地址
工件手动夹紧	SB0	X00	工件夹紧指示灯	HL	Y00
总停止按钮	SB1	X01	电磁阀	YV5-1	Y01
液压泵 M1 启动	SB2	X02	电磁阀	YV5-2	Y02
液压系统停止	SB3	X03	电磁阀	YV1-1	Y03
液压系统启动	SB6	X04	电磁阀	YV1-2	Y04
左动力 M2 点动	SB4	X05	电磁阀	YV4-1	Y05
右动力头 M3 点动	SB5	X06	电磁阀	YV2-2	Y06
工件松开	SB7	X07	电磁阀	YV2-1	Y07
左机快进	SB8	X10	电磁阀	YV4-2	Y10
左机快退	SB9	X11	电磁阀	YV3-2	Y11
右机快进	SB10	X12	电磁阀	YV3-1	Y12
右机快退	SB11	X13	液压泵 M1 接触器	KM1	Y13
松开工件定位限位	SQ1	X14	左机 M2 接触器	KM2	Y14
夹紧工件定位限位	SQ2	X15	右机 M3 接触器	KM3	Y15
左机快进限位	SQ3	X16	冷却泵 M4 接触器	KM4	Y16
左机工进限位	SQ4	X17			
左机快退限位	SQ5	X20	工件夹紧原位限位	SQ9	X24
右机快进限位	SQ6	X21	工件夹紧压力开关	KP	X25
右机工进限位	SQ7	X22	手动选择开关	SA1	X26
右机快退限位	SQ8	X23			

2. PLC的选择

由表14-2可知，该系统共有23个输入点和15个输出点，我们可选用FX2N-48MR基本单元。

3. 双面钻孔组合机床PLC的I/O原理图

双面钻孔组合机床PLC的I/O原理图如图14-12所示。

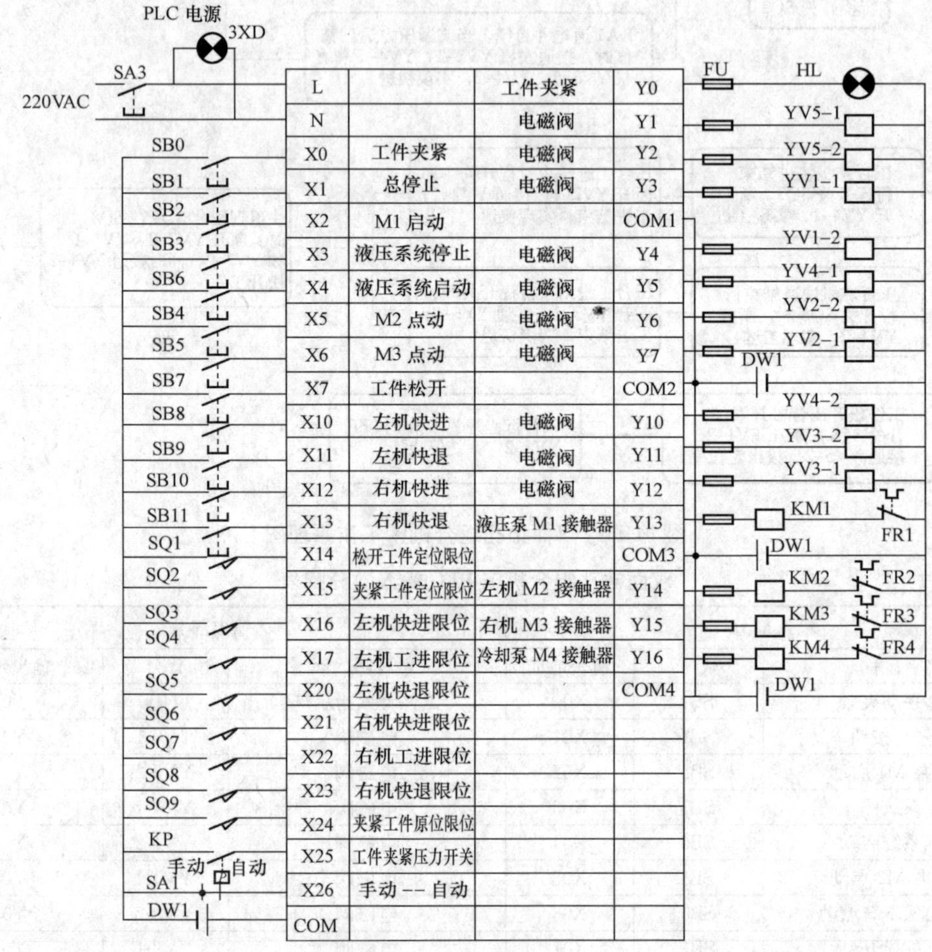

图14-12 双面钻孔组合机床PLC的I/O原理图

4. 双面钻孔组合机床PLC梯形图

双面钻孔组合机床PLC梯形图如图14-13所示。

图14-13 双面钻孔组合机床PLC梯形图（一）

(a) 梯形图（一）

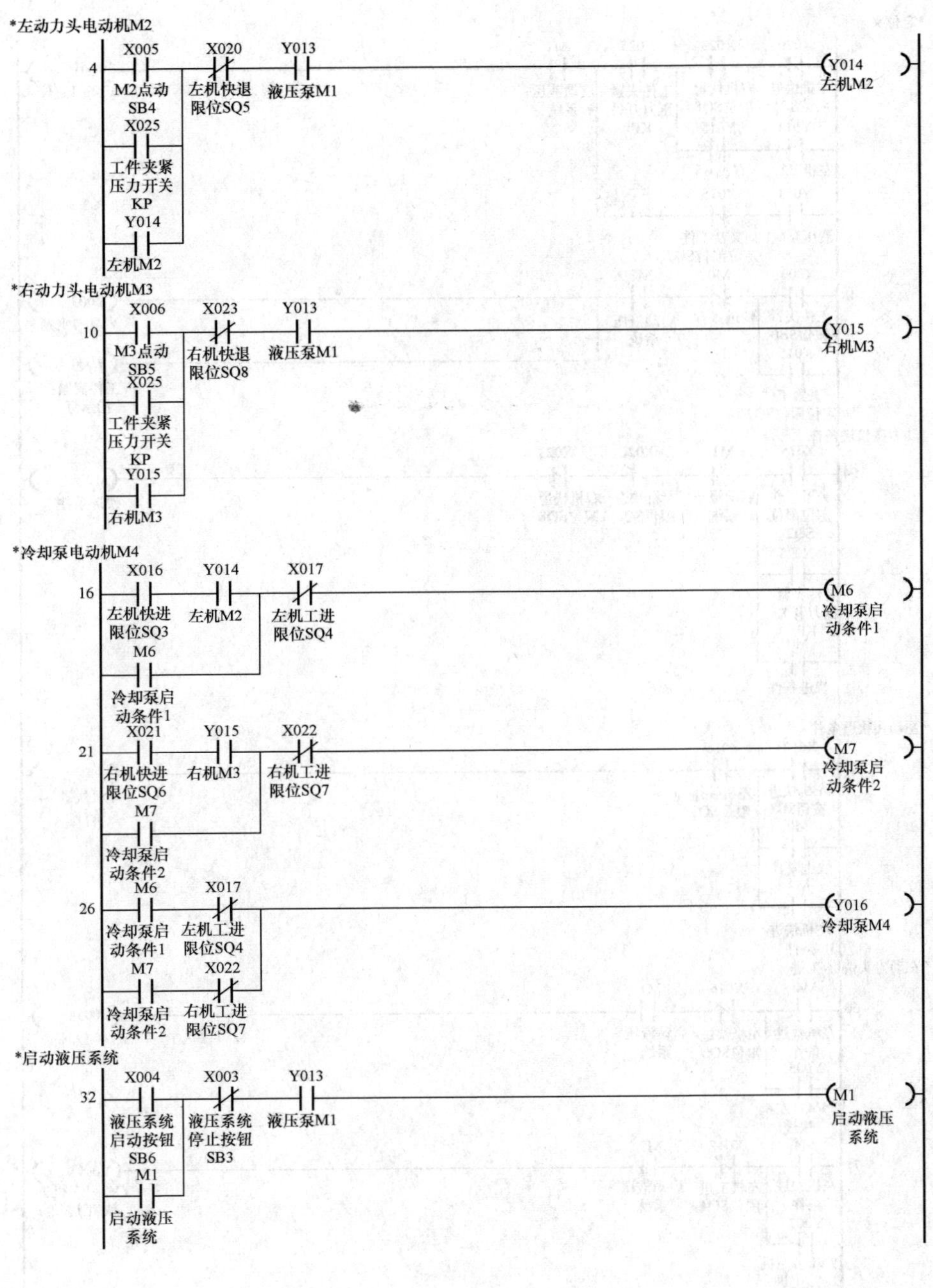

(b)

图 14-13 双面钻孔组合机床 PLC 梯形图（二）

（b）梯形图（二）

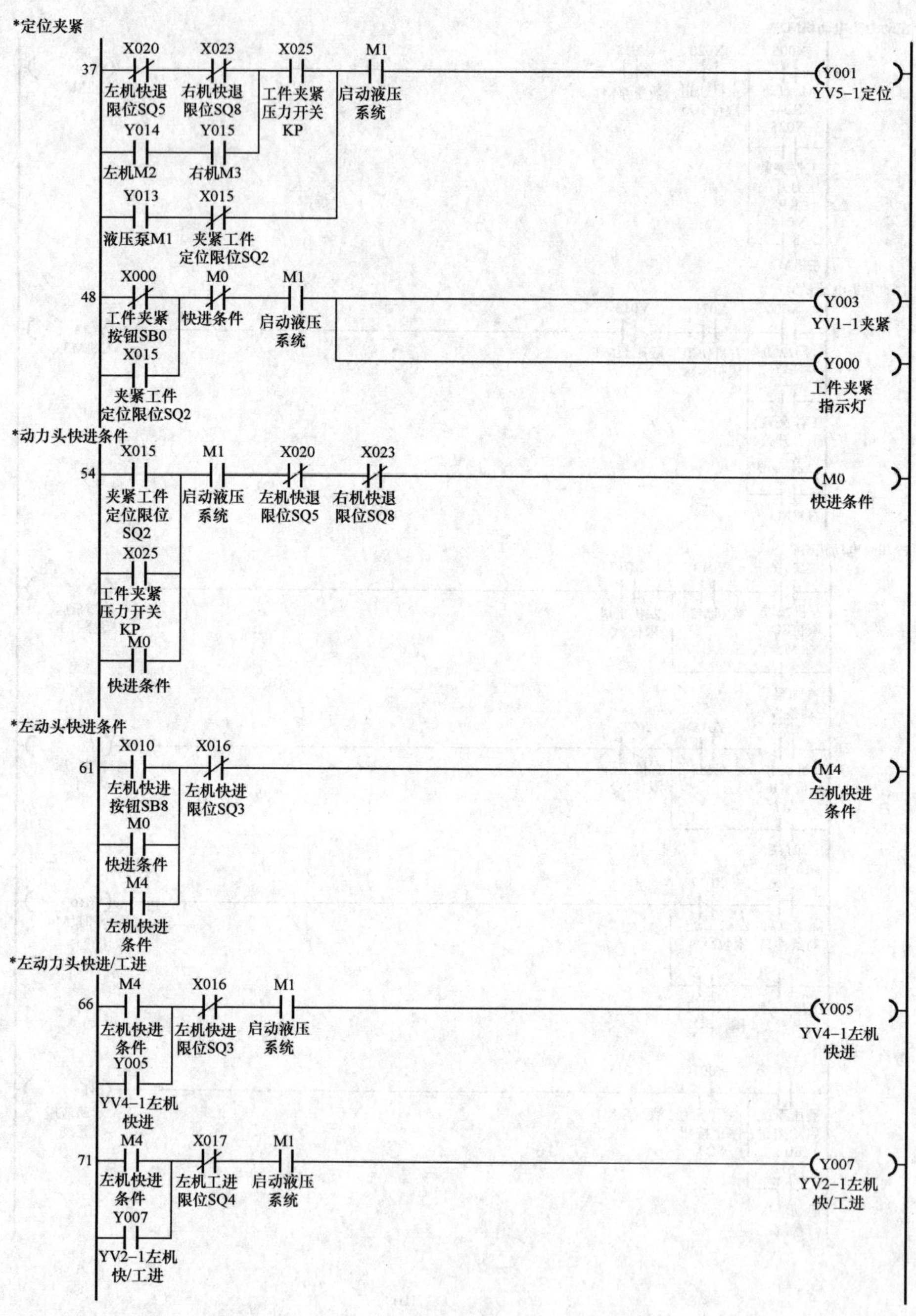

(c)

图 14-13 双面钻孔组合机床 PLC 梯形图（三）

(c) 梯形图（三）

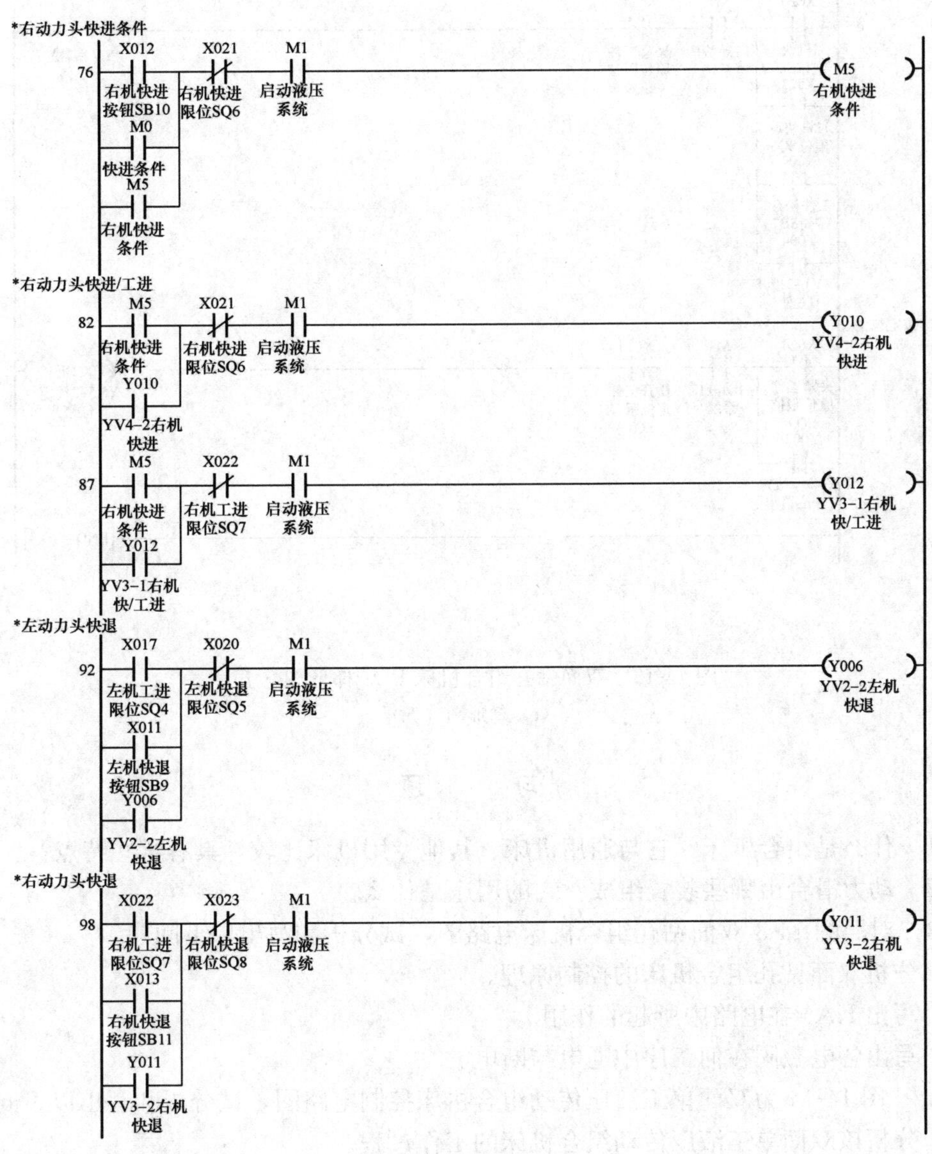

(d)

图 14-13　双面钻孔组合机床 PLC 梯形图（四）

（d）梯形图（四）

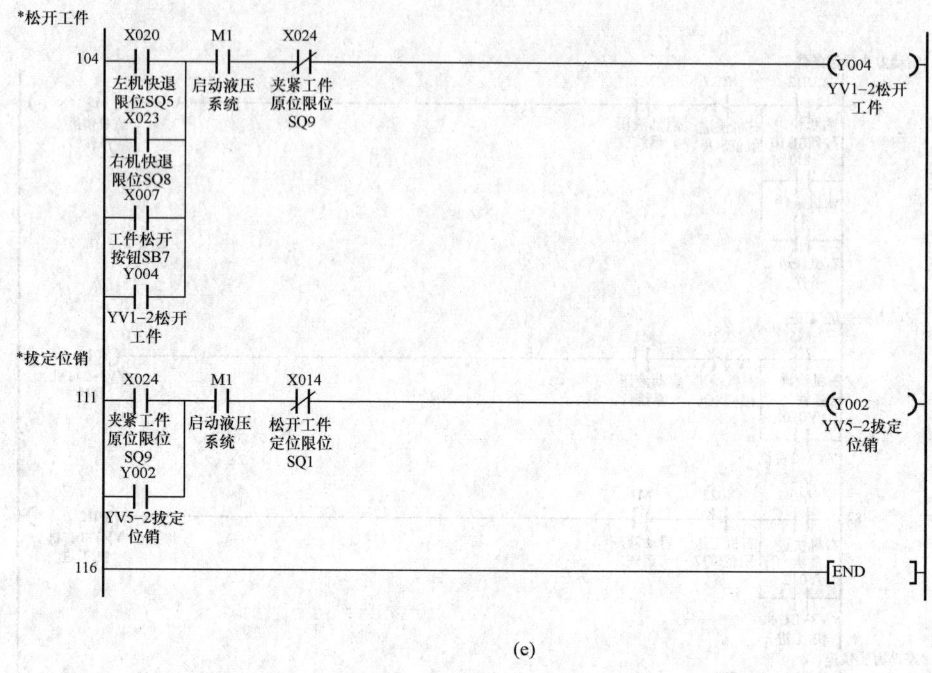

(e)

图 14-13 双面钻孔组合机床 PLC 梯形图（五）

（e）梯形图（五）

习 题

14-1 什么是组合机床？它与通用机床、其他专用机床比较，具有哪些特点？

14-2 动力滑台由哪些装置组成？它的用途是什么？

14-3 对照图 14-8 双面钻孔组合机床电路图，试分析和写出以下问题：

（1）分析双面钻孔组合机床的控制原理。

（2）写出 KA1 在电路中所起的作用。

（3）写出各电磁阀在何工序中通电与断电。

14-4 图 14-14 为双面单工液压传动组合机床控制电路图，试分析和写出以下问题：

（1）分析该双面单工液压传动组合机床的工作过程。

（2）写出 KA1～KA4 在电路中所起的作用。

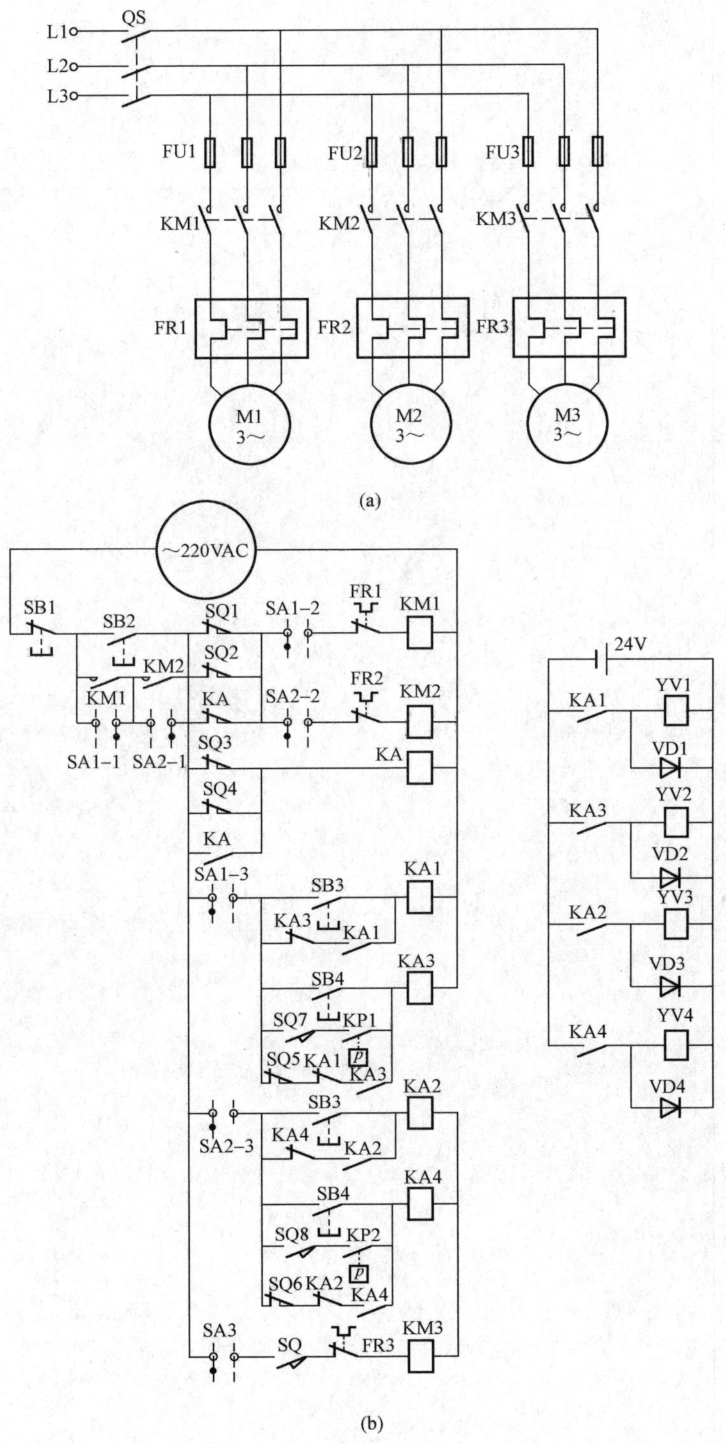

图 14-14 双面单工液压传动组合机床

（a）主电路；（b）控制电路

第四部分

实　　验

实验项目1　机床电气控制部分实验

实验一　机床电气典型控制环节实验

一、实验目的

（1）了解三相异步电动机的结构，熟悉其使用方法。

（2）掌握三相异步电动机以及常用控制环节的基本原理，熟悉常用的电机控制电路。

（3）通过常用电动机控制实验，了解电动机连续运转、星—三角形降压启动、自锁、互锁等常用控制环节的硬件接线和控制原理。

（4）培养连接、检查和操作控制电路的能力。

二、预习要求

（1）认真阅读实验内容，了解实验要求。

（2）预习有关低压电器和继电接触控制的有关知识。

（3）看懂相异步电动机的几种控制常用控制电路，了解各触点及其他元件的作用。

（4）了解实验设备、低压电器型号及使用方法。

三、实验设备

三相异步电动机、交流接触器、按钮等。

四、实验原理

图1为电动机连续运转控制原理图，其具体工作过程如下：

先接通电源总开关QS。

起动过程：按下起动按钮SB2→KM线圈得电，KM动合辅助触点闭合自锁，同时KM主触点闭合→电动机运转并保持。

停转过程：按下停止按钮SB1→KM线圈失电→KM主触点和辅助触点断开→电动机停转。

五、实验内容及步骤

（1）实物观摩三相异步电动机正反转控制系统的组成以及使用。

（2）看懂图2电动机正反转控制原理图并正确选择电器元件、实现元器件的合理布局。

（3）根据图2所用的电器元件，找出实验相关联的电气元器件，并分析各元器件的原理及功能，并填写表1元器件列表及功能说明。

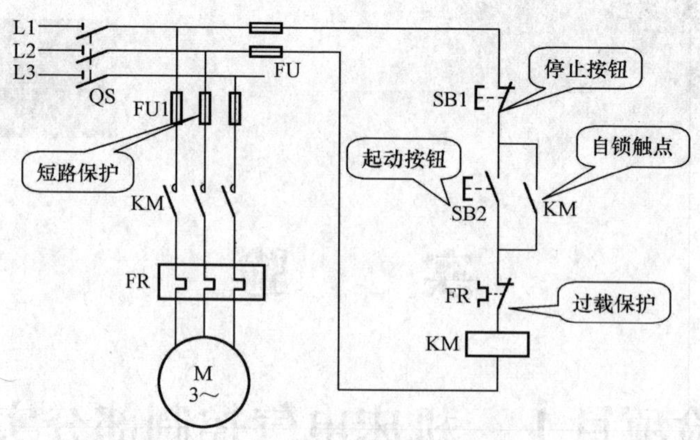

图 1 电动机连续运转控制原理图

（4）根据图 2，完成线路的硬件连接。接线完毕，通过相应的控制原理和按键功能，实现电动机的启、停、自锁、互锁、长动等功能的测试，同时实现电动机的正反转控制电路的调试与实现。

（5）发挥部分：如何将图 2 由正转启动→停止→自动切换到反转，反之亦可，设计出合理的控制原理图，并进行调试。

表 1 实验元器件列表及功能说明

序号	元器件名称	元器件数量	功能说明
1			
2			
3			
4			
5			
6			
7			

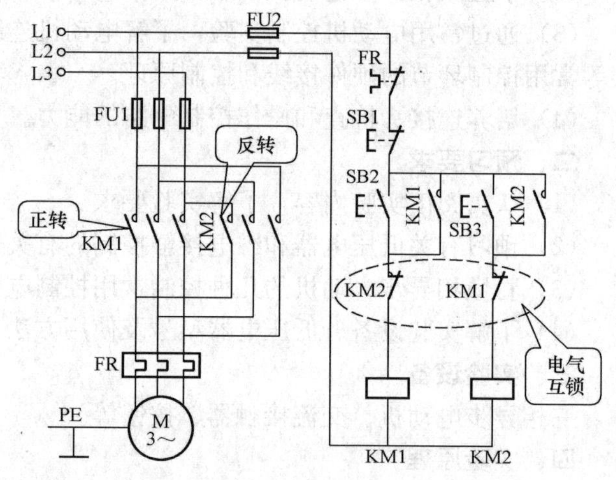

图 2 电动机正反转控制原理图

六、注意事项

（1）首先要认清接线板上线圈、触点的符号和端子，再进行接线，以防短路。

（2）必须遵守“先接线，后合闸”和“先拉闸，后接线”的安全操作规则。

（3）启动电动机时，密切注视电动机工作是否正常，若发现电动机有“嗡嗡”声或不转等异常现象，应马上拉闸，排除故障。

七、实验报告要求

（1）记录实验每一步骤的具体过程及实验现象。

（2）叙述实验步骤中发挥部分的具体构思，同时将调试过程作详细记录。

（3）设计并记录发挥部分的控制电路图，同时说明设计原理。

（4）总结本次实验知识点及调试心得体会。

实验二　三相异步电动机顺序控制

一、实验目的

（1）通过各种不同顺序控制的接线，加深对一些特殊要求的机床控制线路的了解。

（2）进一步加深学生的动手能力和理解能力，使理论知识和实际经验进行有效地结合。

二、预习要求

（1）认真阅读实验内容，了解实验要求。

（2）了解电动机顺序控制的工作原理，并在实验中进行验证和操作。

三、实验设备

三相异步电动机、交流接触器、按钮等。

四、实验原理

在电动机顺序控制线路中，通过先启动电动机动合辅助触点作为下一级电动机启动的条件之一来启动后续电动机（如图 3 所示），也可用前级电动机工作的时间继电器作为后续电动机启动的条件。

五、实验内容及步骤

（1）三相异步电动机起动顺序控制 1。按照图 3 进行线路连接，该实验中 M1、M2 两台电动机也可用两盏灯负载来模拟。图中 U、V、W 为三相电源。

1）按下 SB1，观察电动机运行情况及接触器吸合情况；

2）保持 M1 运转时按下 SB2，观察电动机运转及接触器吸合情况。

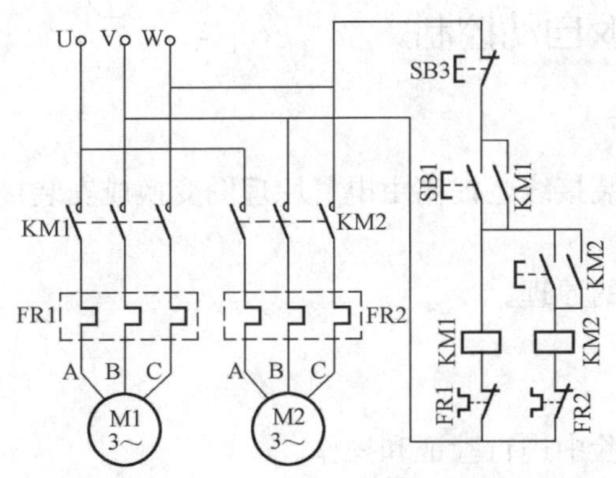

图 3　三相异步电动机起动顺序控制原理图 1

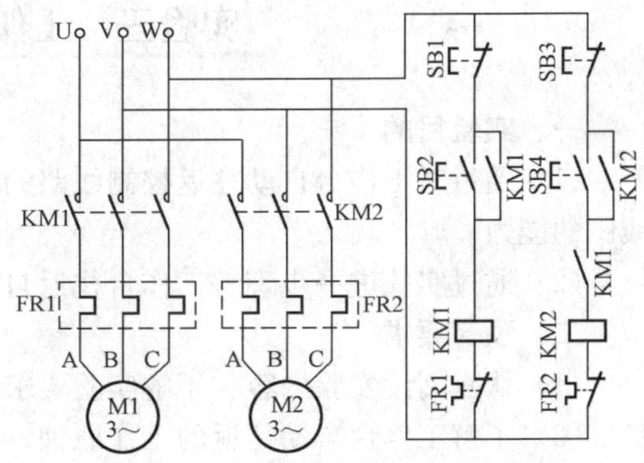

图 4　三相异步电动机起动顺序控制原理图 2

（2）三相异步电动机起动顺序控制 2。按照图 4 进行线路连接，图中 U、V、W 为三相电源，接通电源。

1）按下 SB2，观察并记录电动机及各接触器运行状态；

2）再按下 SB1，观察并记录电动机及各种接触器运行状态；

3）单独按下 SB4，观察并记录电动机及各种接触器运行状态；

4）在 M1 和 M2 都运行时，按下 SB3，观察电动机及各种接触器运行状态。

(3) 三相异步电动机停止顺序控制。实验线路如图 4，接通电源。

1) 按下 SB2，观察并记录电动机及接触器运行状态；

2) 同时按下 SB4，观察并记录电动机及接触器运行状态；

3) 在 M1 与 M2 都运行时，单独按下 SB1，观察并记录电动机及接触器运行状态；

4) 在 M1 与 M2 都运行时，单独按下 SB3，观察并记录电动机及接触器运行状态；

5) 按下 SB3 使 M2 停止后再按 SB1，观察并记录电动机及接触器运行状态。

(4) 发挥部分：如何实现图 4 中三相异步电动机的自动停止顺序控制？设计出合理的控制电路图，并进行调试。

六、实验报告要求

(1) 记录实验每一步骤的具体过程及实验现象。并回答思考题中的问题。

(2) 叙述实验步骤中发挥部分的具体构思，同时将调试过程作详细记录。

(3) 设计并记录发挥部分的控制电路图，同时说明设计原理。

(4) 总结本次实验知识点及调试心得体会。

七、思考题

(1) 画出图 3 和图 4 的运行原理流程图。

(2) 比较图 3 和图 4 两种线路的不同点和各自的特点。

(3) 列举几个顺序控制的机床控制实例，并说明其用途。

(4) 图 3 中，在 M1 和 M2 都运转时，能否单独停止 M2；若不能，电路图如何设计。

(5) 图 3 中，按下 SB3 电动机停转后，直接按下 SB2，电动机 M2 能否起动？为什么？

实验三 工作台往返自动控制

一、实验目的

(1) 通过对工作台自动往返控制线路的实际安装接线，提高由电气原理图变换成安装接线图的能力。

(2) 通过实验进一步理解工作台往返自动控制的原理。

二、预习要求

(1) 认真阅读实验内容，了解实验要求。

(2) 了解工作台自动往返的工作原理，并在实验中进行验证和操作。

三、实验设备

三相异步电动机、交流接触器、按钮、热继电器、行程开关等。

四、实验原理

图 5 为工作台自动往返控制线路图。当工作台的挡块停在限位开关 SQ1 和 SQ2 之间的任意位置时，可以按下任意起动按钮 SB1 或 SB2，使工作台向任意方向运动。例如按下正转按钮 SB1，电动机正转带动工作台左行，当工作台到达终点时挡块压下终点限位开关 SQ2，SQ2 的动断触点断开正转控制电路，电动机停止正转，同时 SQ2 的动合触点闭合，使反转接触器 KM2 得电动作，工作台右行，当工作台退回到原位时，挡块又压下 SQ1，其动断触点断开反转控制电路，动合触点闭合，使接触器 KM1 得电，电动机带动工作台左行，实现

了自动往返运动。

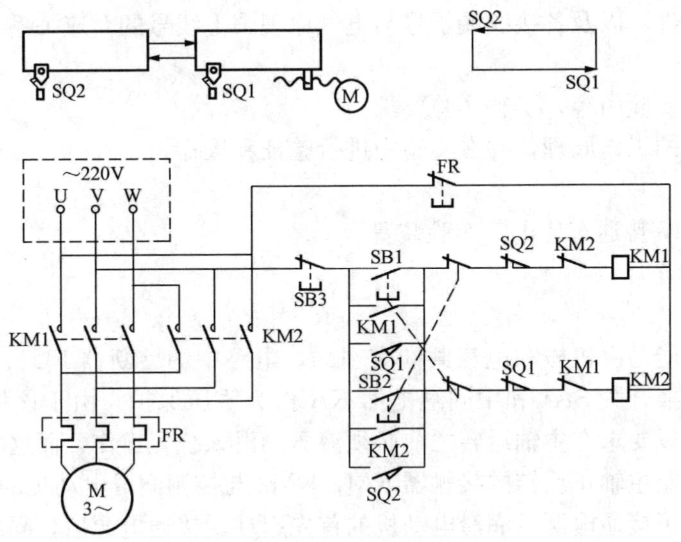

图 5　工作台自动往返控制电路图

五、实验内容及步骤

鼠笼型三相异步电动机接成△接法，实验线路电源端接三相自耦调压器输出（U、V、W），供电线电压为 220V，按图 5 所示电路图接线，经指导老师检查后方可进行通电操作。

（1）接通总电源开关，按启动按钮，调节调压器输出，使输出线电压为 220V。

（2）按下 SB1，使电动机正转，运转约 0.5min。

（3）用手按下 SQ2（模拟工作台左行到达终点，挡块压下限位开关 SQ2），观察电动机应停止正转运行，并变为反转运行。

（4）反转约 0.5min，用手按下 SQ1（模拟工作台右行到达终点，挡块压下限位开关 SQ1），观察电动机应停止反转运行，并变为正转运行。

（5）发挥部分：工作台左行到终点 SQ2 后延长数分钟后，工作台又自动右行，应如何设计满足该条件的控制电路图。

六、实验报告要求

（1）记录实验每一步骤的具体过程及实验现象。

（2）叙述实验步骤中发挥部分的具体构思，同时将调试过程作详细记录。

（3）设计并记录发挥部分的控制电路图，同时说明设计原理。

（4）总结本次实验知识点及调试心得体会。

实验四　车床电气控制实验

一、实验目的

（1）熟悉 C616 机床的电气控制原理及操纵控制过程。

（2）通过 C616 车床实物，了解车床的电气控制系统在机床上的布局。

（3）了解各主令元件在机床上的位置，比较反接制动与普通停车的区别。

(4) 对照实验系统上的电气原理图，认识电动机、接触器、热继电器、熔断器、变压器等主要机床电器元件，以及各接线端子号与电气原理图上线号的对应关系。

二、预习要求

(1) 认真阅读实验内容，了解实验要求。

(2) 了解车床的工作原理，并在实验中进行验证和操作。

三、实验设备

(1) QSJC-C616 普通车床电气实验装置。

(2) C616 普通车床。

四、实验原理

机床时使用性能是由机械和电气共同实现的，电路中的熔断器 FU1、FU2 实现对电动机的短路保护，转换开关 SA1 和中间继电器 KA 作为零压保护。由于该机床主轴采用短三瓦式润滑轴承，所以要求在主轴运转之前必须液压润滑系统先工作，而这恰恰是由电气控制系统来保证的。控制主轴正反转的接触器 KM1/KM2 与控制润滑电动机的接触器 KM3 之间的联锁控制，保证了接通电源后润滑电动机的首先起动。接通电源后，润滑电动机如不能正常起动，则主电动机不可能起动。

五、实验内容及步骤

(1) 切断电源，结合电气原理图 6，观察电动机及接触器、继电器、熔断器、变压器等主要控制元件的形状、规格、布局及安装情况等。

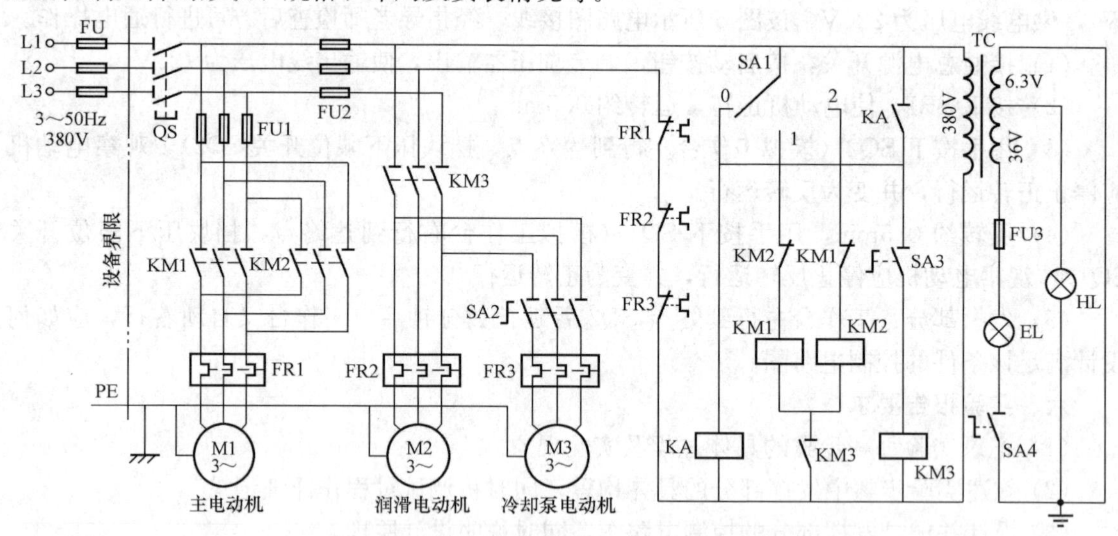

图 6　C616 普通车床的电气原理图

(2) 合上电源，观察电动机的启动及正、反转的运行情况。比较车床高、低速运行下停车的过渡时间，再比较反接制动的停车时间。注意反接制动引起的冲击，该冲击对传动部件有损害，此外，由手工操纵的反接制动不能达到准确停车，在操作者具有一定的技术水平后，可以提高生产效率。

(3) 观察零压保护的实现。在主轴运转的情况下，拉掉引入电源的开关，待停稳之后再合上引入电源的开关，机床不能自行起动。

(4) 在实验系统上观察控制系统所用的低压电器规格型号；在指导教师指导下对系统进

行实际操控，分析系统中各电动机所代表的作用；由指导教师设置故障，同学们对所出现的故障进行分析并排除。

六、实验报告要求

(1) 根据机床的结构特点，说明控制电路原理图各环节的作用。并回答思考题中的问题。

(2) 说明控制电路原理图中 KM1/KM2 与 KM3 之间采用联锁控制的原因。

(3) 给两个复合按钮用来代替转换开关 SA1，试画出电气控制原理图。

(4) 总结本次实验知识点及调试心得体会。

七、思考题

(1) 是否可以去掉主电路中的熔断器 FU？若可以去掉，应作哪些改动？

(2) 该机床允许采用反接制动，怎样能提高反接制动控制的精度？如果机床功率很多，是否还可以采用反接制动？

(3) 是否可以将原理图中的热保护继电器 FR2 的动断触点移换到紧靠接触器 KM2 线圈的边上？

(4) 实验系统中出现的故障在哪里？如何排除？

实验项目 2

机床 PLC 控制部分实验

实验一　可编程控制器的认识和手持编程器使用

实验性质：验证性

一、实验目的

熟悉 PLC 主机的结构，熟悉手持编程器的功能及使用方法。

二、预习要求

(1) 复习课本中有关 FX2N-48MR PLC 的面板结构。

(2) 预习实验内容及要求。

三、实验设备

(1) FX2N-48MR 型的 PLC 主机	1 台
(2) 手持编程器	1 台
(3) 编程电缆	1 根
(4) 连接导线	若干

四、实验内容及步骤

1. 熟悉 PLC 主机的结构

了解主机面板各组成部分的功能及各端子、端口与外部电路的连接方法。

2. 熟悉 FX2N-20P 手持编程的结构与使用

了解 FX2N-20P 手持编程面板各组成部分的功能，以及与 PLC 的连接。

(1) FX2N-20P 手持编程的认识。FX-20P 手持编程器（Handy Programming Panel，简称 HPP）。用于 FX 系列 PLC，FX-20P 有联机（OnLine）和脱机（Offline）两种操作方式。

1) HPP 操作面板。HPP 操作面板图如图 7 所示。

a. 功能键【RD/WR】，读出/写入；【INS/DEL】，插入/删除；【MNT/TEST】，监视/测试；各功能键交替起作用，按一次时选择第一个功能，再按一次，则选择第二个功能。

b. 其他键【OTHER】，在任何状态下按此键，显示方式菜单（项目单）。安装 ROM 写入模块时，在脱机方式菜单上进行项目选择。

c. 清除键【CLEAR】，如在按【GO】键前（即确认前）按此键，则清除键入的数据。此键也可以用于清除显示屏上的出错信息或恢复原来的画面。

d. 帮助键【HELP】，显示应用指令一览表。在监视时，进行十进制数和十六进制数的转换。

e. 空格键【SP】，在输入时，用此键指定元件号和常数。

f. 步序键【STEP】，用此键设定步序号。

g. 光标键【↑】、【↓】，用此键移动光标和提示符，指定当前元件的前一个或后一个元件，作行滚动。

h. 执行键【GO】，此键用于指令的确认、执行，显示后面的画面（滚动）和再搜索。

i. 指令、元件号、数字键，上部为指令，下部为元件符号或数字。上、下部的功能是根据当前所执行的操作自动进行切换。下部的元件符号【Z/V】、【K/H】、【P/I】交替起作用。

面板的组成如图 7 所示。

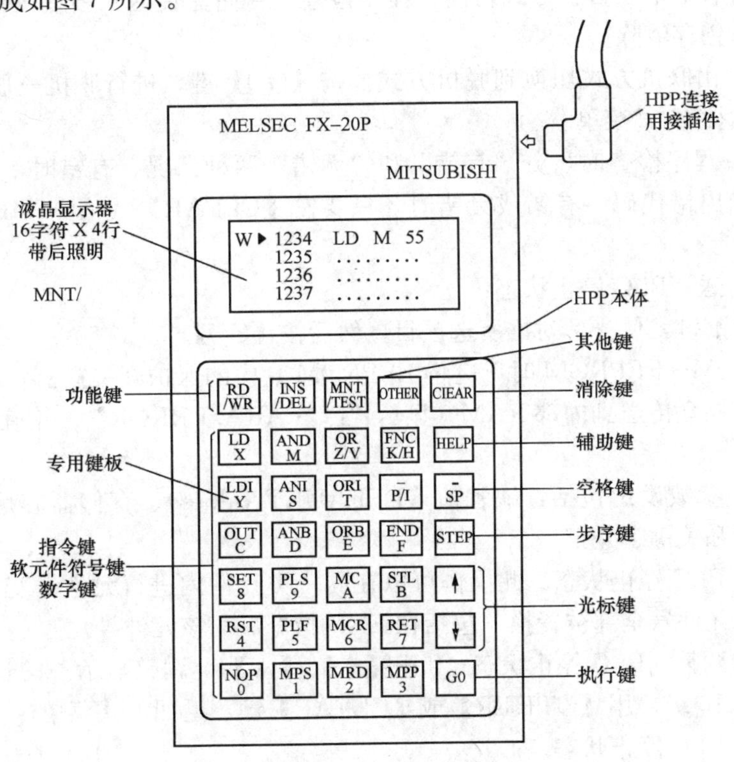

图 7　HPP 操作面板图

2）HPP 主要功能操作。

手持编程器 HPP 复位：RST＋GO；

程序删除：PLC 处于 STOP 状态。

逐条删除：读出程序，逐条删除用光标指定的指令或指针，基本操作：

【读出程序】→【INS】→【DEL】→【↑】、【↓】→【GO】。

指定范围的删除：【INS】→【DEL】→【STEP】→【步序号】→【SP】→【STEP】→【步序号】→【GO】。

元件监控：【MNT】→【SP】→【元件符号】→【元件号】→【GO】→【↑】、【↓】。

强制 ON/OFF：PC 状态：RUN、STOP

元件的强制 ON/OFF，先进行元件监控，而后进行测试功能。

【MNT】→【SP】→【元件符号】→【元件号】→【GO】→【TEST】→

【SET】/【RST】。

其中【SET】为强制 ON，【RST】为强制 OFF。

注意：在 PLC 为 RUN 运行时，可能会使强制失效，为验证强制输出，最好 PLC 为

STOP。

程序的写入：【RD/WR】→【指令】→【元件号】→【GO】。

计时器写入：【RD/WR】→【OUT】→【T××】→【SP】→【K】→【延时时间值】→【GO】。

程序的插入：PLC 处于 STOP 状态。读出程序→【INS】→指令的插入→【GO】。

联机方式菜单有 7 个项目：方式切换、程序检查、存储盒传送、参数设置、元件变换、蜂鸣器音量调整、锁存清除。

a. 方式切换：由联机方式切换到脱机方式。按【GO】键，进行联机→脱机方式切换。按【CLEAR】键返回方式菜单。

b. 程序检查：程序检查时，分“有错”和“无错”两种情况。有错时，显示有错的步序号，出错信息和出错代码。有错或无错时，只要按【CLEAR】或【OTHER】键，则显示方式菜单。

c. 存储盒的传送：PLC 停止状态：

用【↑】、【↓】键，使光标对准所选项目，然后按【GO】。

说明：FX ROM→EEPROM 时，应将 EEPROM 盒内的保护开关置于 OFF；4K 或 8K 的程序，不能从存储盒传送到内部 RAM（显示“PC PARA. ERROR”）。正确传送后，显示“COMPLETED”。

d. 参数设定：参数设定包括：缺省值（DEFAULT values）、存储器容量、锁存范围、文件寄存器的设定和关键字登记。

e. 元件变换：PLC 停止状态。此操作可以在同一类元件内进行元件号变换。执行此操作时，程序中的该元件号全部被置换（包括在 END 指令后的该元件号）。

f. 蜂鸣器音量调整：PLC 停止状态。利用【↑】、【↓】键调整显示条的长度，条越长，音量越大，音量分 10 级，用【OTHER】或【CLEAR】键，返回方式菜单。

g. 锁存清除：PLC 停止状态。

注意：程序存储器为 EPROM 时，此操作不能用来进行文件寄存器的清除。

程序为 EEPROM 时，存储器保护开关处于 OFF 位置，才能进行文件寄存器的清除。文件寄存器以外的元件，无论存储器的形式为 RAM、EPROM、EEPROM 中任何一种，其锁存清除均有效。

（2）FX2N-20P 手持编程的使用和编程举例。

1）编程前的准备工作。

a. 编程电缆的连接。打开 FX 系列 PLC 主机上（左下角）外围设备接线插座盖板，将 FX-20P-CAB0 型编程电缆（直柄端）接至该插座，编程电缆的另一端（直角端）接至 FX-20P-E 型编程器的右侧插座。注意要对准电缆插头与插座的定位方向直接插入，切忌左右转动插入，否则会损坏电缆插头。

b. 接通电源。将 PLC 主机电源接通，则编程器的电源也接通，在手持编程器液晶屏上按顺序显示信息内容如图 8 所示，若同时按下 RST 键和 GO 键，可以对 FX-20P-E 型手持编程器进行复位，重新按顺序显示开机的版本。

2）编程。

a. PLC 主机开关位置：将 PLC 主机“RUN/STOP”选择开关置于“STOP”位置；

b. 方式选择：按下 RD/WR 键一次，编程器液晶屏上左边显示“R”为读出方式，从 PLC 中读出已经存在的程序；再按一次 RD/WR 键，编程器液晶屏上左边显示“W”为写入方式，即可进行编程；

c. 用户程序存储器初始化（清零）：在写入一个新的程序之前，一般需要将存储器中原有的内容全部清除，让编程器处于“W”写入方式，接着按以下顺序按键：

NOP → A→ GO→ GO

d. 编程举例。编程举例如图 9 所示（三相异步电动机的 Y-△减压起动控制程序）。输入程序之前，首先让编程器保持在“W”写入方式，光标“ ■ ”指向步序号“0”，然后将图 9 的指令表按如下内容输入：

PROGRAM MODEM
ONLINE(PC)联机
OFFLINE(HPP)脱机

图 8　开机显示

步序	指令	元件	步序	指令	元件
0	LD	X000	9	OUT	Y001
1	OR	Y000	10	LD	T0
2	ANI	X001	11	ANI	Y001
3	OUT	Y000	12	OUT	Y002
4	LD	Y000	13	END	
5	OUT	T0　K30	14		
8	ANI	Y002			

图 9　三相异步电动机的 Y-Δ 减压起动控制程序

LD → X→0→GO，OR→Y→0→G0，ANI→X→1→GO，OUT→Y→0→GO;

LD→Y→0→GO，OUT→T→0→SP→K→3→0→GO，ANI→T→0→GO，ANI→Y→2→GO，OUT→Y→1→GO；LD→T→0→GO，ANI→Y→1→GO，OUT→Y→2→GO，END→GO.

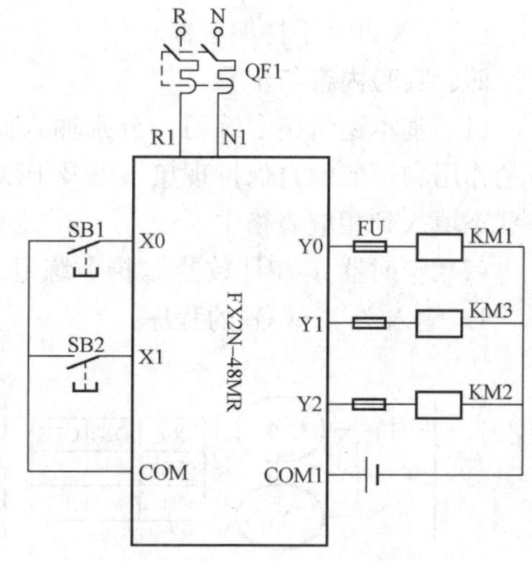

图 10　PLC 的外部接线图

e. 程序读出与检查。程序输入完毕后，需要检查程序输入是否正确，可按下 RD/WR 键一次，使编程器出入“R”读出方式，按 STEP 键（步序键）和步序号，再按下 GO 键，即可从该地址号检查，通过按↑或↓键，可以继续往上或往下检查；

f. 程序试运行。通过程序运行可以检验编写程序的正确性，PLC 的外部接线图如图 10 连接。主电路电源开关先不接通，将 PLC 主机“RUN/STOP”选择开关置于“RUN”（运行）位置，运行结果如下：

按下 SB1（ON/OFF）→X0（ON/OFF）→YO（ON 自锁）→Y1（ON）→KM3（ON）

T0（定时开始）

→T0（延时 3s 到）→Y1（OFF）→KM3（OFF）→Y2（ON）→KM2（ON）.

按下 SB2（ON/OFF）→X1（ON/OFF）→Y0（OFF）→KM1（OFF）

T0（OFF）→Y2（OFF）→KM2（OFF）

五、实验报告

（1）写出手持编程器指令写入过程。并回答思考题中的问题。

（2）仔细观察实验现象，认真记录实验中发现的问题、错误、故障及解决方法。

六、实验思考题

（1）说明实验箱所用 PLC 的型号、输入为多少点、输出为多少点？

（2）说明 PLC 由几部分组成？输入电源规格为多少伏？

（3）如何用编程器检查 PLC 程序的对错？

（4）梯形图中开关接动断，程序应如何修改？

实验二　常用指令练习实验

一、实验目的

进一步熟悉编程器的结构及使用方法，掌握输入/输出、定时器/计数器、微分、中间继电器等常用指令的功能和编程方法。

二、预习要求

（1）复习课本中与本次实验有关的指令。

（2）分析实验内容中各程序段的执行结果，弄清各实验内容的目的。

三、实验仪器与设备

（1）FX2N-48MR　　　　　　1 台

（2）FX-20P 手持编程器　　　1 台

四、实验内容与步骤

（1）基本逻辑指令练习。分别输入图 11（a）～（d）的程序。执行程序，观察各输入点的作用和可能的自保持现象，以及 PLC 模块中输入、输出 LED 的状态，并将所观察到的各状态填入到相应表格中。

（2）定时器 T 和计数器 C 指令练习。

1）输入图 12（a）的程序。

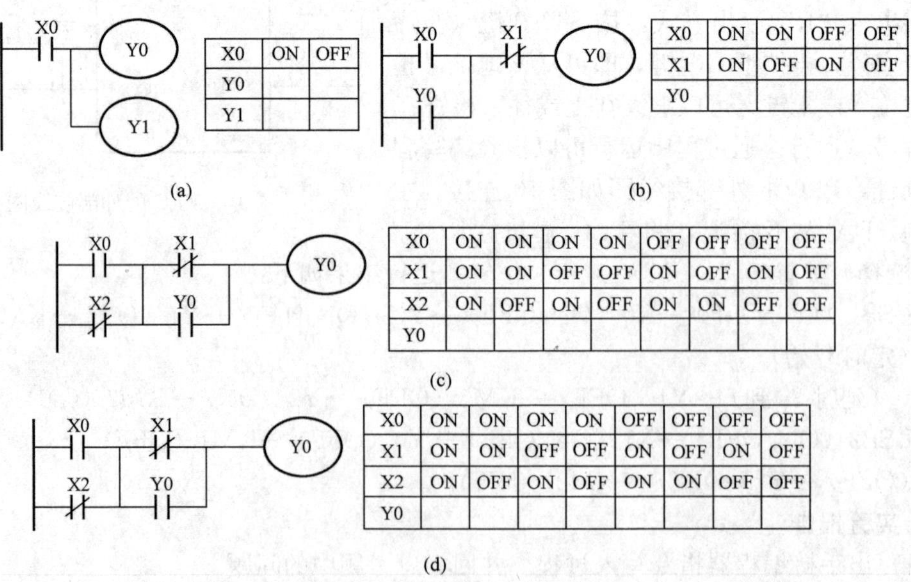

X0	ON	OFF
Y0		
Y1		

(a)

X0	ON	ON	OFF	OFF
X1	ON	OFF	ON	OFF
Y0				

(b)

X0	ON	ON	ON	ON	OFF	OFF	OFF	OFF
X1	ON	ON	OFF	OFF	ON	OFF	ON	OFF
X2	ON	OFF	ON	OFF	ON	ON	OFF	OFF
Y0								

(c)

X0	ON	ON	ON	ON	OFF	OFF	OFF	OFF
X1	ON	ON	OFF	OFF	ON	OFF	ON	OFF
X2	ON	OFF	ON	OFF	ON	ON	OFF	OFF
Y0								

(d)

图 11　基本逻辑指令练习

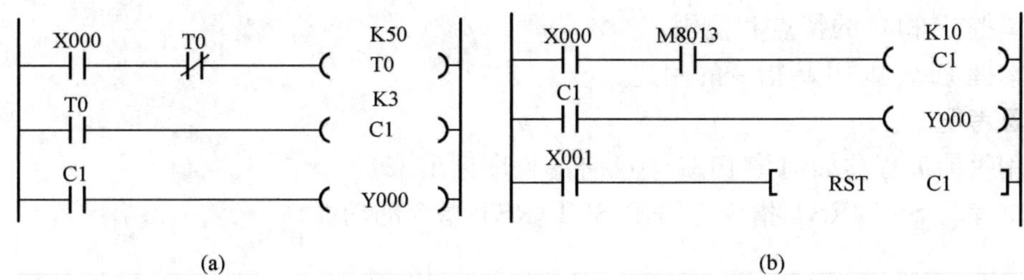

图12　定时器T和计数器C指令练习

2）自闭合自锁开关X0起，监视C1的计数和T0定时的全过程；

3）将C1的设定值该为K10，监视C1的计数过程。当其当前值为5时断开电源，观察复电后Y0对应的LED灯过几秒时亮。分析计数器是否有掉电保护功能。其控制程序如图12（b）所示；

4）发挥部分：用定时器T指令编写一个定时程序，用Y0观察其输出。当Y0对应的LED灯亮后断电再复电，分析定时器是否有掉电保护功能。

（3）PLS、PLF微分输出指令练习。

1）输入图13的程序。

2）运行程序。接通自锁开关X0时，观察Y0和Y1的状态；断开自锁开关X0时，观察Y0和Y1的状态。

3）将Y0和Y1复位。重新作一次步骤2）的内容。

4）将PLC断电，先将自锁开关X0闭合后再接通电源，观察Y0和Y1的状态。

5）将PLC断电，先断开自锁开关X0后再接通电源，观察Y0和Y1的状态。

6）发挥部分。不用PLS/PLF微分指令，如何修改图13的梯形图，使之满足其微分要求？

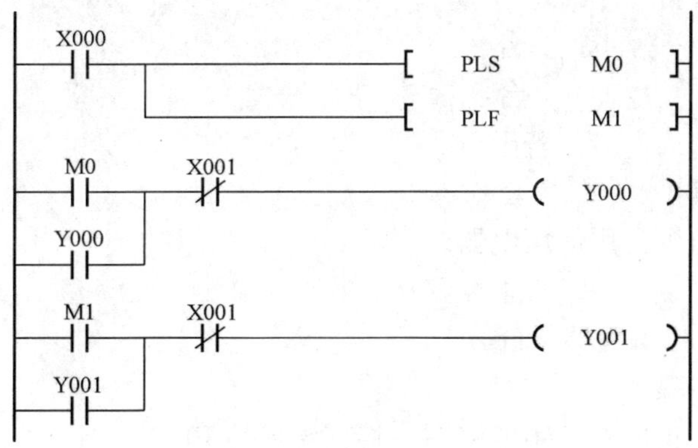

图13　PLS、PLF微分输出指令练习

五、实验报告要求

（1）记录实验每一步骤的具体过程及实验现象，并回答思考题中的问题。

（2）叙述实验步骤，同时将调试过程作详细记录。

（3）总结本次实验知识点及编程调试心得体会。

六、实验报告

（1）掌握 T 和 C 的特点和使用。

（2）掌握 PLS 和 PLF 指令的用途。

七、思考题

（1）用手持编程器如何将 PLC 中已有的程序读出来？

（2）试编写 SET/RST 指令，写出 SET/RST 指令的功能。

实验三 三相异步电动机正反转的 PLC 控制

一、实验目的

（1）看懂三相异步电动机铭牌数据和定子三相绕组六根引出线在接线盒中的排列方式。

（2）根据电动机铭牌要求和电源电压，能正确连接定子绕组（Y 形或 Δ 形）。

（3）了解复式按钮、交流接触器和热继电器等几种常用控制电器的结构，并熟悉它们的接用方法。

（4）通过实验操作加深对三相异步电动机直接起动和正反转控制线路工作原理及各环节作用的理解和掌握，明确自锁和互锁的的作用。

（5）在理解顺序控制工作原理的基础上，学会对三相异步电动机进行简单顺序控制。

（6）学会检查线路故障的方法，培养分析和排除故障的能力。

（7）掌握将电气控制转换为 PLC 控制的设计步骤和设计思路。

二、预习要求

（1）复习三相异步电动机直接启动和正反转控制线路的工作原理，并理解自锁、互锁及点动的概念，以及短路保护、过载保护和零压保护的概念。

（2）复习 PLC 输入/输出部分的接线方式和接线技巧。

三、实验仪器与设备

（1）电动机 1 台

（2）万用表 1 台

（3）连接导线 若干

（4）常用电工工具 1 套

（5）接触器、按钮等常用低压电器。

（6）FX2N PLC 1 台

（7）FX2N-20P 手持编程器 1 台

四、实验内容与步骤

根据图 2 电动机的正反转控制电路图，将其转换为 PLC 控制。

（1）写出该系统的输入/输出地址分配表。

（2）根据输入/输出地址分配表，设计出该系统的电气原理图。

（3）根据附图 2 电动机正反转的工作原理和所设计的 PLC 电气原理图，设计出合理的 PLC 梯形图。

（4）将所设计的梯形图转换为指令表，用 FX-20P 手持编程器写入到 PLC 中，并进行调试。

五、实验报告要求

（1）记录实验每一步骤的具体过程及实验现象。

（2）叙述实验步骤中程序编写的具体构思，同时将调试过程作详细记录。

（3）记录该系统的完整程序，同时将程序分块化，并且标注好每部分程序块功能及关键语句的作用。

（4）总结本次实验知识点及编程调试心得体会。

六、实验报告

（1）写出 I/O 分配表、程序梯形图、程序清单。并回答思考题的问题。

（2）仔细观察实验现象，认真记录实验中发现的问题、错误、故障及解决方法。

七、实验思考题

（1）说明电动机正反转 PLC 控制的优点（与电气控制比较）。

（2）说明 PLC 梯形图中如何实现电气互锁和机械互锁的。

（3）如何用编程器将指令写入到 PLC 中，又如何将 PLC 中的程序读取出来。

（4）在 PLC 电气原理图中按钮能否接动断？如果接 SB1 接动断触点，其他按钮均接动合触点，梯形图如何修改？

实验四　PLC 顺控程序设计及调试实验

一、实验目的

（1）学习和掌握 PLC 的实际操作方法。

（2）学习和掌握 PLC 顺控程序的设计及调试方法。

二、实验器材

（1）个人计算机（PC）　1 台

（2）FX2N PLC　1 台

（3）PLC 与个人计算机通信电缆　1 根

（4）断路器　1 个

（5）连接导线　若干

（6）24VDC 指示灯　3 个

三、预习要求

（1）预习实验报告并设计出控制程序梯形图。

（2）熟练操作 Gx-Developer 工具软件。

四、实验内容及步骤

（1）实验内容。图 14 为 PLC 和 PC 机连接示意图，其中，编程电缆将 PLC 的接口与 PC 机的 COM2 连接起来。PC 机上安装的 Gx-Developer 工具软件具有如下基本功能：

1）可进行 PLC 梯形图的输入、编辑及指令转换。

2）可对 PLC 控制程序进行错误检查。

3）可实现 PLC 和 PC 之间的程序传输。

4）可对 PLC 控制程序的运行状况进行实时的监控和调试。

运用 Gx-Developer 工具软件，可大大缩短 PLC 控制程序的开发和调试时间。图 14 为用于信号灯控制的 PLC 电气原理图，其控制要求如下：

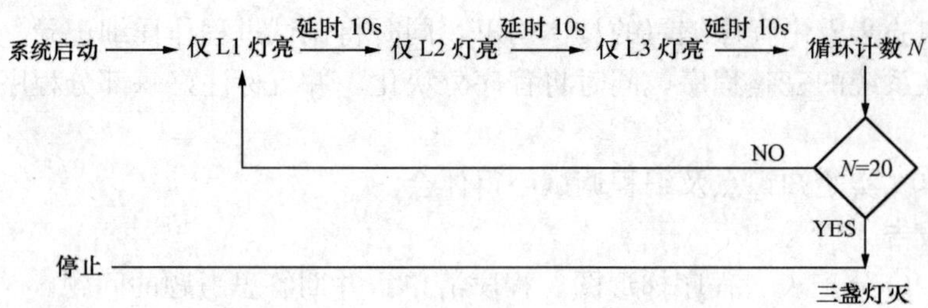

（2）实验步骤。

1）在断电的情况下，学生请按图 15 接线。

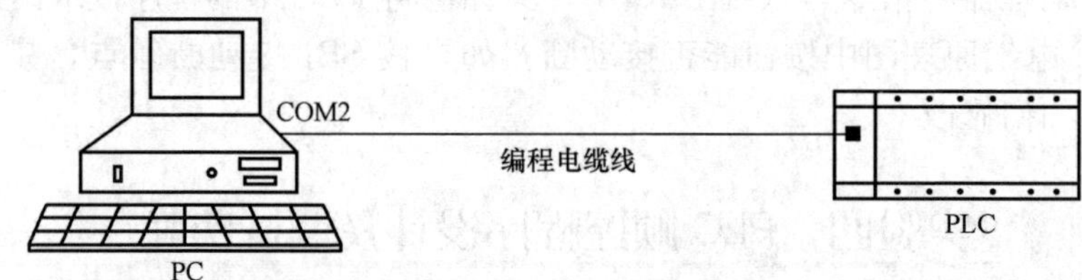

图 14　PLC 和 PC 机连接示意图

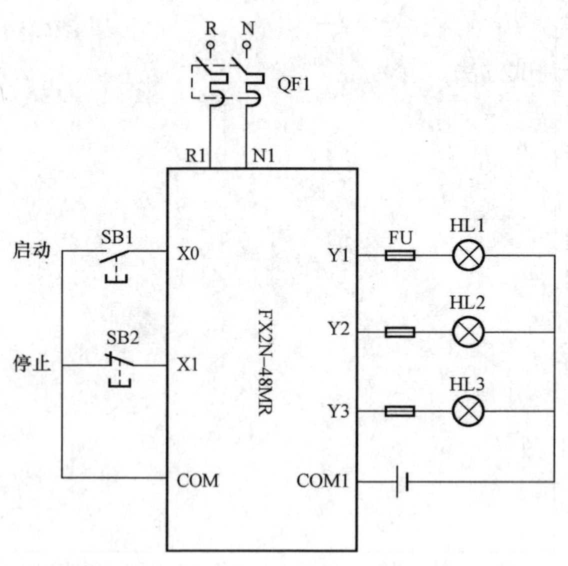

图 15　信号灯的 PLC 电气原理图

2）经老师检查合格后方可接通断路器 QF1。

3）运行工具软件 Gx-Developer，按控制要求编写梯形图。

4）将编写好的梯形图进行程序检查。

5）编写的梯形图确认准确无误后，通过 PLC 与 PC 间的通信电缆将梯形图传送到 PLC 中。

6）在线调试程序直至正确。

五、实验说明及注意事项

（1）不可带电插拔 PLC 和 PC 的通信电缆线，以免损坏 PC 和 PLC 接口。

（2）编程电缆线接至 PC 机的 COM2。

六、实验报告

（1）简要说明工具软件 Gx-Developer 的作用及其先进性。

（2）写出控制程序梯形图并写出相应的指令表，关键语句要有文字说明，必要时配合时序图加以说明。

七、思考题

（1）编写出满足下列控制要求的 PLC 梯形图并实现模拟仿真。

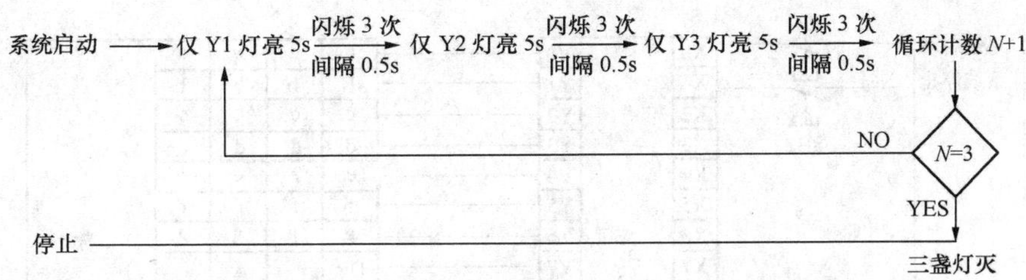

（2）编写出十字路口交通信号灯的 PLC 控制程序，并进行调试。

实验五　LED 数码管显示控制实验

一、实验目的

（1）学会用 PLC 控制 LED 数码管。

（2）采用循环扫描法控制输出负载。

二、实验器材

（1）FX2N-48MR 型 PLC 主机	1 台
（2）LED 数码管显示控制演示版	1 块
（3）计算机	1 台
（4）编程电缆	1 根
（5）连接电缆	若干

三、预习要求

复习 LED 数码管的工作原理及相应的电路图。

四、实验内容及步骤

（1）设计要求。设计一个用 PLC 控制的数字电子钟程序，左边两位为小时（00-23）；右边两位为分钟（00-59），中间为两个发光二极管，模拟秒显示。

（2）I/O 地址。

输入地址：系统启动按钮-X0，系统停止按钮-X1

输出地址：显示 a 段-Y0，显示 b 段-Y1，显示 c 段-Y2，显示 d 段-Y3，显示 e 段-Y4，显示 f 段-Y5，显示 g 段-Y6，显示公共端 C1-Y12，显示公共端 C2-Y13，显示公共端 C3-Y14，显示公共端 C4-Y15。

（3）接线图。接线图如图 16 所示。

（4）实验步骤。

1）根据设计要求，编写出合理的梯形图并将其输入到 PLC 中。

2）按 I/O 地址和接线图接线。

3）按设计要求检验程序是否正确，并进行调试。

五、实验报告要求

（1）记录实验每一步骤的具体过程及实验现象。

（2）叙述实验步骤中程序编写的具体构思，同时将调试过程作详细记录。

（3）记录该系统的完整程序，同时将程序分块化，并且标注好每部分程序块功能及关键语句的作用。

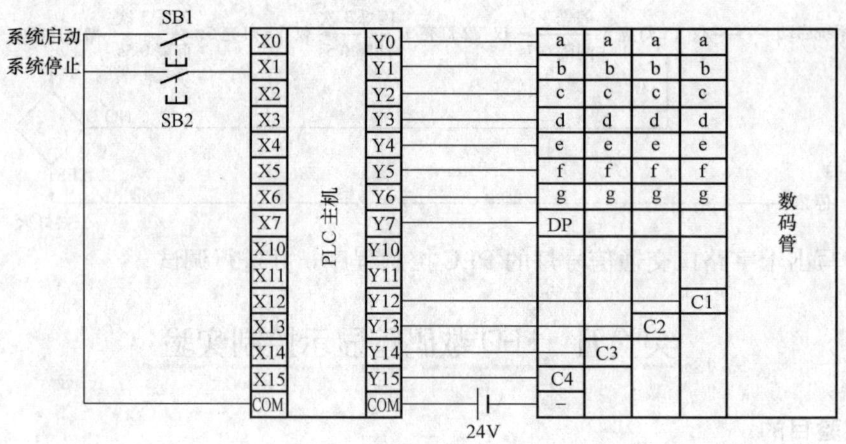

图 16 LED 数码管显示控制接线图

（4）总结本次实验知识点及编程调试心得体会。

六、实验报告

（1）回答思考题的问题。

（2）仔细观察实验现象，认真记录实验中发现的问题、错误、故障及解决方法。

七、实验思考题

（1）如果实物中停止按钮接动断触点，PLC 梯形图如何修改？

（2）该数码管是低电平有效还是高电平有效？

（3）输出模块部分中 COM 端不接 24VDC 可以吗？为什么？

附　　录

附录 A　三菱 FX 系列 PLC 公共指令一览表

1. 三菱 FX 系列 PLC 基本指令一览表

符号名称	功能	目标元件	电路表示
LD 取	运算开始，动合触点	X，Y，M，S，T，C	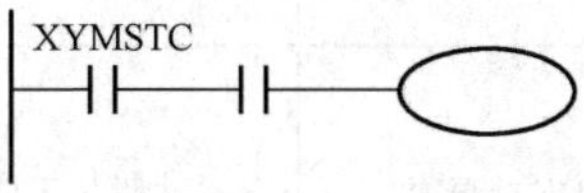 XYMSTC
LDI 取反	运算开始，动断触点	X，Y，M，S，T，C	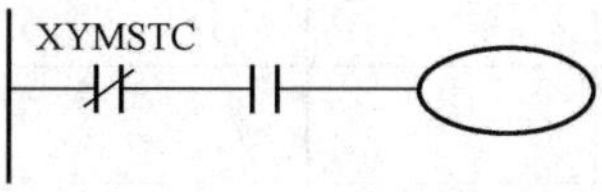 XYMSTC
LDP 取上升沿脉冲	运算开始，上升沿触点	X，Y，M，S，T，C	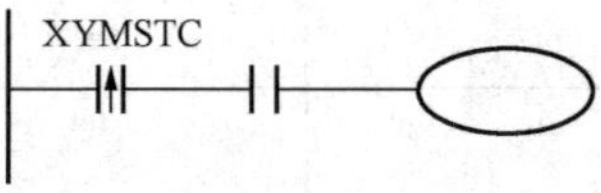 XYMSTC
LDF 取下降沿脉冲	运算开始，下降沿触点	X，Y，M，S，T，C	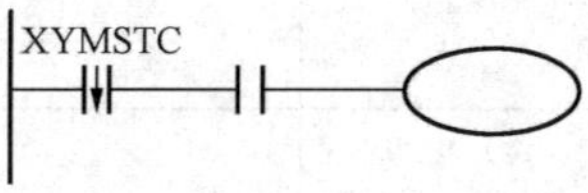 XYMSTC
AND 与	串联，动合触点	X，Y，M，S，T，C	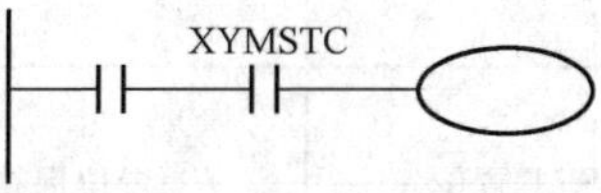 XYMSTC
ANI 与非	串联，动断触点	X，Y，M，S，T，C	 XYMSTC
ANDP 与脉冲	串联，上升沿触点	X，Y，M，S，T，C	 XYMSTC
ANDF 与脉冲	串联，下降沿触点	X，Y，M，S，T，C	 XYMSTC
OR 或	并联，动合触点	X，Y，M，S，T，C	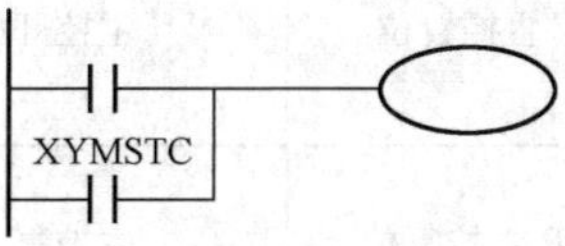 XYMSTC

续表

符号名称	功能	目标元件	电路表示
ORI 或非	并联，动断触点	X，Y，M，S，T，C	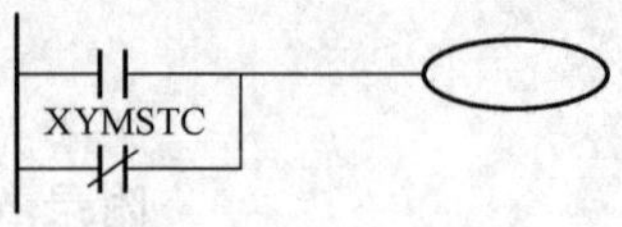 XYMSTC
ORP 或脉冲	并联，上升沿触点	X，Y，M，S，T，C	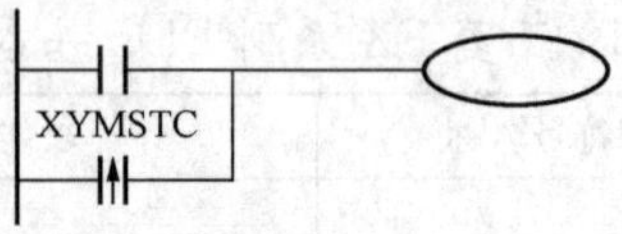 XYMSTC
ORF 或脉冲	并联，下降沿触点	X，Y，M，S，T，C	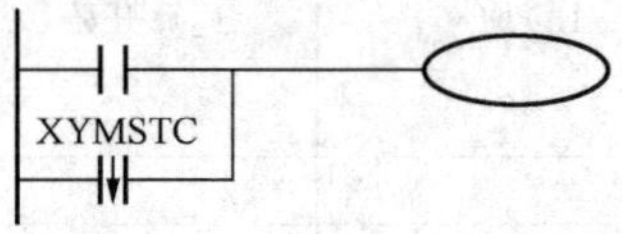 XYMSTC
ANB 逻辑块与	块串联		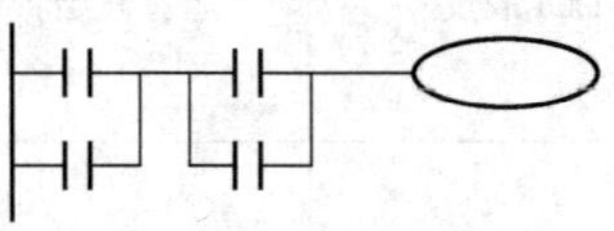
ORB 逻辑块或	块并联		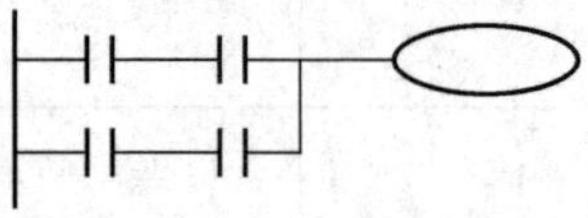
OUT 输出	线圈驱动指令	Y，M，S，T，C	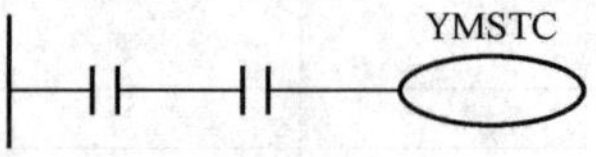 YMSTC
SET 置位	置位保持指令	Y，M，S	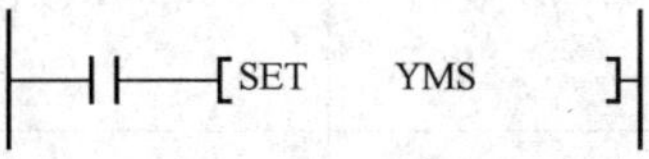 [SET　YMS]
RST 复位	复位指令	Y，M，S，T，C，D	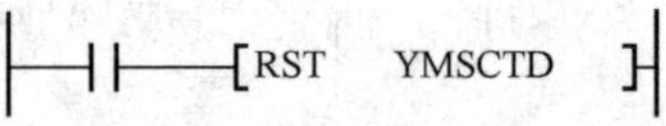 [RST　YMSCTD]
PLS 脉冲输出	上升沿检测输出指令	Y，M	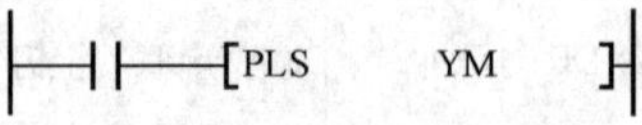 [PLS　YM]
PLF 脉冲输出	下降沿检测输出指令	Y，M	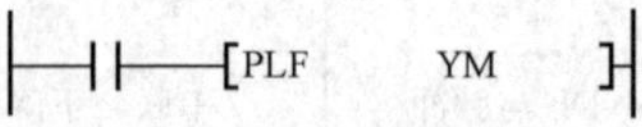 [PLF　YM]
MC 主控置位	主控开始指令	Y，M	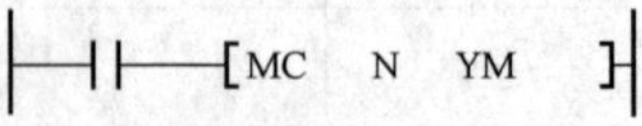 [MC　N　YM]
MCR 主控复位	主控复位指令		 [MCR　N]

续表

符号名称	功能	目标元件	电路表示
MPS 进栈	进栈指令（PUSH）		MPS MRD MPP
MRD 读栈	读栈指令		
MPP 出栈	出栈指令（POP）		
INV 反向	运算结果的反向		INV
NOP 无	空操作	程序清除或空格用	
END 结束	程序结束	程序结束，返回 0 步	

2. 三菱 FX 系列 PLC 功能指令一览表

分类	FNC NO.	指令助记符	功能说明√×	对应不同型号的 PLC				
				FX0S	FX0N	FX1S	FX1N	FX2N，FX2N（C）
程序流程	00	CJ	条件跳转	√	√	√	√	√
	01	CALL	子程序调用	×	×	√	√	√
	02	SRET	子程序返回	×	×	√	√	√
	06	FEND	主程序结束	√	√	√	√	√
	08	FOR	循环的起点与次数	√	√	√	√	√
	09	NEXT	循环的终点	√	√	√	√	√
传送与比较	10	CMP	比较	√	√	√	√	√
	11	ZCP	区间比较	√	√	√	√	√
	12	MOV	传送	√	√	√	√	√
	13	SMOV	位传送	×	×	×	×	√
	15	BMOV	成批传送	×	√	√	√	√
	16	FMOV	多点传送	×	×	×	×	√
	18	BCD	二进制转成 BCD 码	√	√	√	√	√
	19	BIN	BCD 码转成二进制	√	√	√	√	√
算术与逻辑运算	20	ADD	二进制加法运算	√	√	√	√	√
	21	SUB	二进制减法运算	√	√	√	√	√
	22	MUL	二进制乘法运算	√	√	√	√	√
	23	DIV	二进制除法运算	√	√	√	√	√
	24	INC	二进制加 1 运算	√	√	√	√	√
	25	DEC	二进制减 1 运算	√	√	√	√	√
	26	WAND	字逻辑与	√	√	√	√	√
	27	WOR	字逻辑或	√	√	√	√	√
	28	WXOR	字逻辑异或	√	√	√	√	√

续表

分类	FNC NO.	指令助记符	功能说明√/×	对应不同型号的PLC				
				FX0S	FX0N	FX1S	FX1N	FX2N，FX2N（C）
循环与移位	30	ROR	循环右移	×	×	×	×	√
	31	ROL	循环左移	×	×	×	×	√
	32	RCR	带进位右移	×	×	×	×	√
	33	RCL	带进位左移	×	×	×	×	√
	34	SFTR	位右移	√	√	√	√	√
	35	SFTL	位左移	√	√	√	√	√
	36	WSFR	字右移	×	×	×	×	√
	37	WSFL	字左移	×	×	×	×	√
时钟运算	160	TCMP	时钟数据比较	×	×	√	√	√
	161	TZCP	时钟数据区间比较	×	×	√	√	√
	162	TADD	时钟数据加法	×	×	√	√	√
	163	TSUB	时钟数据读出	×	×	√	√	√
	166	TRD	时钟数据读出	×	×	√	√	√
	167	TWR	时钟数据写入	×	×	√	√	√
触点比较	224	LD＝	（S1）＝（S2）时起始触点接通	×	×	√	√	√
	225	LD＞	（S1）＞（S2）时起始触点接通	×	×	√	√	√
	226	LD＜	（S1）＜（S2）时起始触点接通	×	×	√	√	√
	228	LD＜＞	（S1）＜＞（S2）时起始触点接通	×	×	√	√	√
	229	LD⩽	（S1）⩽（S2）时起始触点接通	×	×	√	√	√
	230	LD⩾	（S1）⩾（S2）时起始触点接通	×	×	√	√	√
	232	AND＝	（S1）＝（S2）时串联触点接通	×	×	√	√	√
	233	AND＞	（S1）＞（S2）时起始触点接通	×	×	√	√	√
	234	AND＜	（S1）＜（S2）时起始触点接通	×	×	√	√	√
	236	AND＜＞	（S1）＜＞（S2）时起始触点接通	×	×	√	√	√
	237	AND⩽	（S1）⩽（S2）时起始触点接通	×	×	√	√	√
	238	AND⩾	（S1）⩾（S2）时起始触点接通	×	×	√	√	√
	240	OR＝	（S1）＝（S2）时并联触点接通	×	×	√	√	√
	241	OR＞	（S1）＞（S2）时并联触点接通	×	×	√	√	√
	242	OR＜	（S1）＜（S2）时并联触点接通	×	×	√	√	√
	244	OR＜＞	（S1）＜＞（S2）时并联触点接通	×	×	√	√	√
	245	OR⩽	（S1）⩽（S2）时并联触点接通	×	×	√	√	√
	246	OR⩾	（S1）⩾（S2）时并联触点接通	×	×	√	√	√

注　标准“ × ”表示不可以使用该指令，“√ ”表示可以使用该指令。

附录 B　常用电气图形符号和文字符号新旧标准对照表

名称		新标准		旧标准	
		图形符号	文字符号	图形符号	文字符号
一般三极电源开关			QS		K
低压断路器			QF		UZ
位置开关	动合触点		SQ		XK
	动断触点				
	复合触点				
熔断器			FU		RD
按钮	启动		SB		AN
	停止				
	复合				
接触器	线圈		KM		C
	主触点				
	动合触点				
	动断触点				
速度继电器	动合触点		KS		SDJ
	动断触点				

续表

名称		新标准		旧标准	
		图形符号	文字符号	图形符号	文字符号
时间继电器	线圈		KT		SJ
	延时闭合动合触点				
	延时断开动断触点				
	延时闭合动断触点				
	延时断开动合触点				
热继电器	热元件		FR		RJ
	动断触点				
继电器	中间继电器线圈		KA		ZJ
	欠电压继电器线圈		KV		QYJ
	过电压继电器线圈		KV		GYJ
	动合触点		相应继电器符号		相应继电器在符号
	动断触点				
	欠电流继电器线圈		KI		QLJ
	过电流继电器线圈		KI		GLJ
万能转换开关			SA		HK
制动电磁铁			YB		DT
电磁离合器			YC		CH
电位器			RP		W

续表

名称	新标准		旧标准	
	图形符号	文字符号	图形符号	文字符号
桥式整流装置		VC		ZL
照明灯		EL		ZD
信号灯		HL		XD
电阻器		R		R
接插器		X		CZ
电磁铁		YA		DT
电磁吸盘		YH		DX
串励直流电动机	M	M		ZD
并励直流电动机	M			
他励直流电动机	M			
复励直流电动机	M			
直流发电动机	G	G	E	ZF
三相鼠笼式异步电动机	M 3~	M		D

参 考 文 献

[1] 廖晓梅．三菱 PLC 编程技术及工程案例精选．北京：机械工业出版社，2012.
[2] 巫莉．电气控制与 PLC 应用．北京：中国电力出版社，2010.
[3] 高安邦，等．新编机床电气与 PLC 控制技术．北京：机械工业出版社，2008.
[4] 方承远．工厂电气控制技术．北京：机械工业出版社，2000.
[5] 电气制图国家标准汇编．北京：中国标准出版社，2001.
[6] 廖常初．PLC 基础及应用．北京：机械工业出版社，2005.
[7] 张万忠，孙晋．可编程控制器入门与应用实例(三菱 FX2N 系列)．北京：中国电力出版社，2005.
[8] 王仁祥．常用低压电气原理及其控制技术．北京：机械工业出版社，2002.
[9] 王兰君，张景皓，谭亚林．电力拖动技术入门与应用．北京：科学出版社，2007.
[10] 徐建俊．机电设备控制与维修．北京：电子工业出版社，2002.
[11] 常晓玲．电气控制系统与可编程控制器．北京：机械工业出版社，2004.
[12] 陈立定．电气控制与可编程控制器．北京：高等教育出版社，2002.
[13] 高勤．电气及 PLC 控制技术．北京：高等教育出版社，2002.
[14] 曲尔光，弓铿．机床电气控制与 PLC. 北京：电子工业出版社，2010.
[15] 孟艳君，刘超．基于 PLC 的 M7475 磨床电气控制系统改造．装备制造技术，2009(3).
[16] 侯玉秀．用 PLC 改造 M8802 轴承磨床的电气控制系统．长春理工大学学报，2004(3).
[17] 李玮．立式平面磨床电气系统的改造与应用．新技术新工艺，2009(4).
[18] 马汝彩，徐广振．普通车床电气控制系统的 PLC 改造．机床电器，2011(5).